北京理工大学“双一流”建设精品出版工程

Computer Aided Engineering for Launcher Systems

发射系统CAE分析

傅德彬　陈 阵 ◎ 编著

北京理工大学出版社
BEIJING INSTITUTE OF TECHNOLOGY PRESS

内容简介

本书围绕航天发射系统设计分析中常见的力学问题和常用的计算机辅助分析（CAE）方法，对相关的理论基础、计算方法以及应用模型等进行较为系统的介绍。书中将发射系统 CAE 分析分为三个大类进行阐述：一是发射气体动力学与计算流体力学分析，主要对象是燃气射流及其与不同环境的相互作用特性；二是发射系统结构力学与有限元分析，主要内容是发射系统的刚强度及动态响应特性；三是发射动力学与计算多体动力学分析，重点考察发射系统在发射、运输及操瞄状态下的动力学响应特征。

本书可作为航天发射技术、兵器发射理论与技术等学科专业的学生教材，也可作为相关领域工程技术人员的参考书。

图书在版编目（CIP）数据

发射系统 CAE 分析 / 傅德彬，陈阵编著. --北京：北京理工大学出版社，2022.8

ISBN 978-7-5763-1627-8

Ⅰ.①发… Ⅱ.①傅… ②陈… Ⅲ.①航天器—发射系统—有限元分析—应用软件 Ⅳ.①V55

中国版本图书馆 CIP 数据核字（2022）第 153435 号

出版发行 / 北京理工大学出版社有限责任公司
社　　址 / 北京市海淀区中关村南大街 5 号
邮　　编 / 100081
电　　话 /（010）68914775（总编室）
　　　　（010）82562903（教材售后服务热线）
　　　　（010）68944723（其他图书服务热线）
网　　址 / http://www.bitpress.com.cn
经　　销 / 全国各地新华书店
印　　刷 / 三河市华骏印务包装有限公司
开　　本 / 787 毫米×1092 毫米　1/16
印　　张 / 19.25
字　　数 / 452 千字
版　　次 / 2022 年 8 月第 1 版　2022 年 8 月第 1 次印刷
定　　价 / 79.00 元

责任编辑 / 王玲玲
文案编辑 / 王玲玲
责任校对 / 刘亚男
责任印制 / 李志强

PREFACE

前言

发射系统作为火箭、导弹以及其他兵器装备的发射平台，决定着一个国家航天活动和国防保障区域的范围，是航天和国防科技发展的重要组成部分；而航天活动的日益频繁以及新形势下国防建设面临的巨大挑战，又不断对发射系统提出新的要求。随着计算机技术及数值计算方法的发展，计算机辅助分析工程（CAE）正逐渐应用到发射系统设计、分析、评估、使用的各个环节，成为推动航天发射技术向更高层次发展的重要助力。因此，系统归纳、总结发射系统中CAE应用的原理和方法，编写供相关领域本科生或研究生学习参考的专门书籍，对提高教育水平和推动学科发展具有重要的意义。

参照教育部相关要求及高等学校教学特点，本书尽力做到将理论、实践与应用相结合，将素材的传统形态与新形态相结合，并力争体现如下特色：①知识结构的系统性。本书围绕发射系统设计应用和评价分析数值研究的主要内容，对发射系统常见流动问题、结构问题以及动力学问题等进行系统的介绍和阐述，保证学习内容的系统性和完整性。②理论方法与实践应用的结合。在系统阐述知识结构的基础上，强调理论、方法与实践应用之间的结合。在具体内容中，以发射系统设计应用的关键问题为导向进行梳理和阐述，并结合实例应用进行分析，如水下发射气液多相流场及发射弹道分析、发射系统载荷及初始扰动特性分析等。③突出新方法与新成果。在内容选择和安排上，突出介绍近年来发射系统计算机辅助分析的新方法及新成果，如动网格技术、发射系统刚柔耦合动力学模型等。④新形态资源的应用。为提高教学效果，增加信息容量，教材中结合现代信息技术融入多种资源。教材中以二维码形式提供了包括实例演示动画、扩展数据及模型信息、交互沟通信息等多种材料。

在内容编排方面，本书从发射系统和CAE技术的发展历程入手，阐述发射系统研究的主要内容以及CAE技术的应用情况，帮助读者建立发射系统和CAE技术的整体概念，并对全书框架脉络形成总体认识。在此基础上，从发射系统涉及的发射气体动力学、结构力学以及发射动力学三个主要力学领域出发，对CAE技术应用需要掌握的基本原理和方法进行系统介绍，进而结合近年来新型发射系统设计、研制、使用等环节中的CAE应用实例，对发射系统计算机辅助分析的具体方法、流程及典型状态等进行详细介绍，为结合实例应用的启发式教学提供条件。全书计划分为两篇共7个章节。第一篇为基础篇，包括第1章绪论、第2章发射气体动力学数值模拟基础、第3章发射系统设计与结构有限元基础、第4章发射动力学与计算多体动力学基础。第二篇为应用篇，包括第5章CAE在发射气体动力学中的应用、第6章CAE在发射系统结构分析中的应用、第7章CAE在发射动力学分析中的应用。在实际的教学环节中，可按两种形式进行书中内容的讲授：一是结合书中编排方式，先进行不同力学领域基础知识和计算方法的介绍，再进行CAE应用分析环节的讲授；二是结合不同的力学领域进行授课，即在介绍完第1章绪论后，可将第2章、第5章安排在一起介绍发射气体动力学及CAE应用，将第3章、第6章安排在一起介绍发射系统中的结构力学及CAE应用，将第4章、第7章安排在一起介绍发射动力学及CAE应用。

本书由傅德彬、陈阵编著。傅德彬负责教材大纲的制定、统稿与审定，并完成大部分章节的编写；陈阵完成第7章部分内容编写。何泽鹏、李超艳、刘浩天、杨珺凡等为部分章节进行了实例计算及校核。在编写过程中，得到了北京理工大学宇航学院航天发射技术学科组的大力支持，在此编著者对他们的工作表示衷心感谢。同时，书中参阅了大量国内外相关文献，在此谨向文献作者表示感谢。

由于编著者水平有限，书中可能存在不妥之处，恳请广大读者批评指正。

编著者

目　录
CONTENTS

基础篇

应用篇

基 础 篇

第 1 章
绪　　论

1.1　发射系统与 CAE 发展概况

1.1.1　火箭导弹发射系统

通常来讲，火箭导弹发射系统是指火箭导弹进入临射状态到点火起飞并飞抵起控点过程中，一直与导弹保持联系并处于工作状态的所有技术设备。在发射前，发射系统完成对火箭导弹的固定、支撑、射前检查和准备工作；发射过程中，发射系统按照指挥控制系统的指令发射导弹，并赋予导弹初始射向和离轨速度；发射完成后，发射系统与装弹设备一起完成弹药再装填。发射系统是火箭导弹武器系统的重要组成部分，主要完成火箭导弹的可靠发射，并保证要求的发射精度，其结构与组成、功能与性能直接影响武器系统的战术技术性能和作战效能。

为认识和了解火箭导弹发射系统的发展历程，这里分别从发射系统发展的主要阶段和主要形式入手，对其进行简要介绍。

（一）发射系统发展的主要阶段

最早的火箭发射装置可追溯至我国古代三国时期，这里主要关注第二次世界大战以来现代火箭导弹武器兴起后的发射系统发展情况。现代火箭导弹武器兴起的代表是德国 V－Ⅰ和 V－Ⅱ导弹，如图 1.1.1 所示，在此后的半个多世纪里，火箭导弹武器在世界各国得到飞速发展，与此相对应的发射系统也经历了多个不同发展阶段。

图 1.1.1　德国 V－Ⅱ导弹及发射系统

（1）第一阶段：第二次世界大战至 20 世纪 50 年代末期

在这一阶段，液体导弹发动机及控制等方面取得了重大突破，研制出了第一代地－地液体战略导弹。第一代战略弹道导弹主要采用地面固定发射和地下井发射，发射系统设备众多、结构庞大，需要专门的液体燃料加注系统，发射准备时间长，生存能力较低。

（2）第二阶段：20 世纪 50 年代末期至 60 年代末期

这一阶段火箭导弹发射方式主要是地面阵地发射、地下井自力发射和潜艇水下发射。由于这一时期火箭导弹大多大而笨重，火控系统由多部单功能雷达组成，系统结构复杂，从而使得地面发射系统功能分散、多车配套，不得不采用固定或半固定阵地发射的机制，这些地面发射系统大多采用单装倾斜发射。这个阶段的地下井自力发射、潜艇水下发射和地面拖车牵引式机动方式，发射系统结构复杂，系统反应时间较长，只能对付低速中远程单个目标。第二代发射系统的战术技术指标有了一定的提高，采用潜艇发射有了一定的机动性，提高了生存能力。

（3）第三阶段：20 世纪 60 年代末期至 80 年代末期

到 20 世纪 60 年代末期，受美苏争霸和当时的冷战环境影响，火箭导弹武器系统开始得到长足的发展。在这一阶段，火箭导弹发射系统类型种类明显增加，指标性能均有了较大提升。在发射动力上，自力发射、外力发射（弹射）均得到了应用；在发射形式上，倾斜发射、垂直发射均已出现；在阵地平台上，涵盖了潜载发射、舰面发射、地下井发射、公路机动发射、机载发射等不同类型。这个阶段早期的裸弹发射已向箱式或筒式发射方式发展，发射系统具有了较高的生存能力、快速反应能力和较强的环境适应能力。

（4）第四阶段：20 世纪 90 年代至今

20 世纪 90 年代以来，火箭导弹发射系统反应能力及生存能力均得到了较大的发展，新型发射方式得到了较多的研究和应用。在这一阶段，通用化、模块化、集成化设计应用思路得到广泛认可，贮运发一体化技术、箱装模块互换技术、快速调平起竖技术、共架技术等得到长足的发展和应用，低特征发射、电磁弹射等新型发射技术得到深入的研究和实践，无人值守平台、铁路机动平台、天基平台等新型发射平台也先后涌现。这个阶段发射系统的发展，为火箭导弹武器系统以及航天技术发展提供了有力的支撑。

（二）发射系统的主要形式

由于火箭导弹类型、发射方式、作战使命等不同，发射系统的组成与结构也有较大区别。火箭导弹的发射方式按发射地点，可分为海基发射、陆基发射和空基发射；按发射姿态，可分为倾斜发射、垂直发射、水平发射等；按发射动力，可分为自力发射、外力发射等；按发射装置是否机动，可分为固定发射和机动发射。依据发射方式。发射系统的主要分类如图 1.1.2 所示。

这里从这些发射方式出发，对发射系统的主要类型和形式进行介绍。

（1）发射姿态

倾斜发射是指导弹纵轴线与发射点的大地水平面之间呈一定倾角的发射方式。倾斜发射可节约发射后火箭导弹进行程序转弯时所需的横向操控力，有利于减少能量消耗，增大射程；倾斜发射的火箭导弹通常在稠密的大气层中飞行，可充分利用空气动力的作用，实现导弹的可操纵性和稳定性；此外，倾斜发射弹道曲率较小，飞行路径、飞行时间相对较短，有利于攻击活动目标。

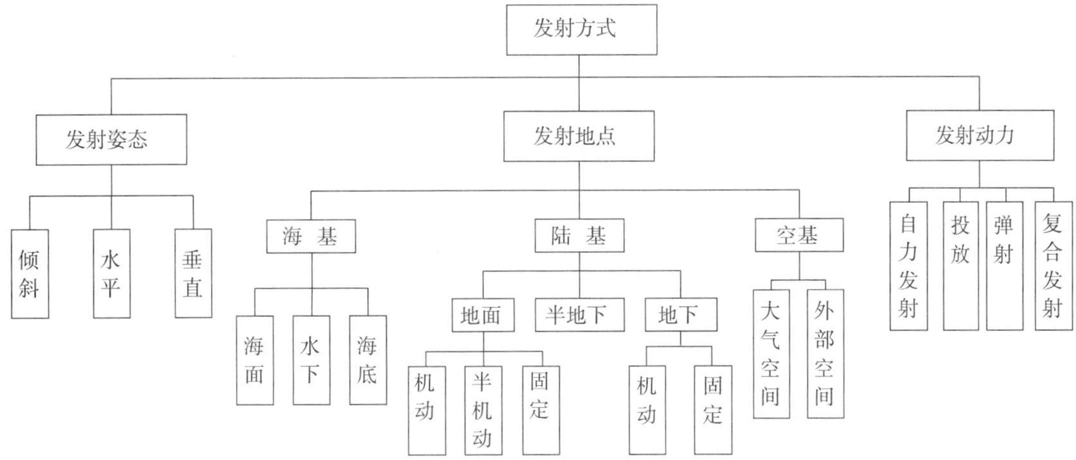

图 1.1.2　依据发射方式的发射系统分类

垂直发射是指火箭导弹呈垂直状态的发射方式。垂直发射的发射装置结构简单而紧凑，并具有如下特点：在推重比较小的情况下，火箭导弹也能正常起飞；火箭导弹在大气层中飞行时间短，动力损失小；燃气流排导较容易，有害作用区域小，对发射场地的空间要求不高；可以减少发射盲区；垂直发射的主要不足是，在近距离攻击活动目标时，会增大导弹杀伤区的近界，影响攻击效果。

水平发射一般采用在潜艇上水平安装现成的鱼雷管作为发射装置，其特点是能够大量节省导弹发射装置研究经费，缩短研制周期，所以，潜艇水平发射导弹方式也得到广泛采用。

（2）发射地点

海基发射是指以海洋作为火箭导弹发射基点的发射，主要分为潜载水下发射和舰载发射，如图 1.1.3 所示。水下发射通常由携带武器的潜艇实现，具有航速高、自给力大、续航

（a）　　　　　　　　（b）

图 1.1.3　海基发射示例

（a）潜载水下发射；（b）舰载发射

力强，以及能在水下长期隐蔽活动等优点。水下发射技术非常复杂、技术含量高、难度大且涉及学科范围广，除需解决武器与发射平台的匹配技术外，还需解决水环境适应技术、水动力、水弹道控制技术、发射控制技术、水下发射试验与测试技术等关键技术。舰载发射主要由各类舰船上的专用发射系统实现，舰载导弹在早期多采用倾斜发射，目前多采用垂直发射方式。舰载垂直发射具有高发射率、载弹量大、无发射盲区、模块化、通常化程度高等特点。

陆基发射一般分为地下井发射和车载发射两种发射方式，如图 1.1.4 所示。采用经过加固的地下井发射具有实施稳定、命中精度高、攻击力强等特点，但随着侦察手段的日益完善，对地下井发射的隐蔽性提出了较大挑战。通过公路、越野或铁路机动的发射增加了发射系统的机动能力，但对公路、铁路、桥梁等具有较强的依赖性。地面机动发射的火箭导弹发射车涉及多种专业技术，包括机械设计、结构力学、流体力学、电源系统、车控系统、材料学、制造工艺等。

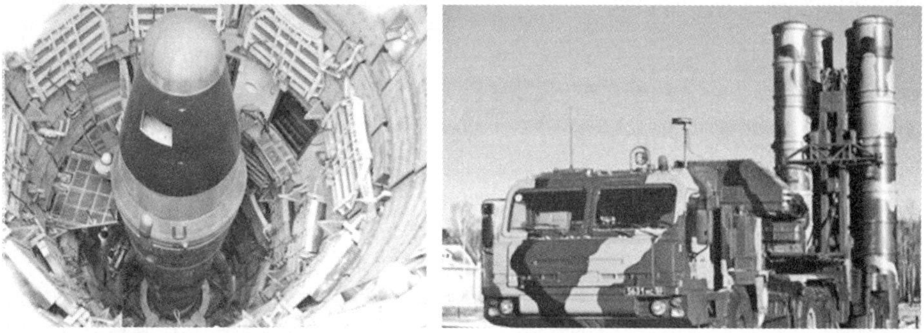

(a) (b)

图 1.1.4　陆基发射装置示例

(a) 地下井发射系统；(b) 车载发射装置

机载发射系统是现代飞机、导弹武器系统的一个重要组成部分，它将随飞机导弹系统的发展而协调和同步地发展，依据导弹的安装方式，可分为内埋式和外挂式，如图 1.1.5 所示。为使导弹能搜索和跟踪目标并保证能使导弹发射离机，目前主要采用两种发射装置：一是投放装置，在发射时解除对导弹的固定约束，使其在重力作用下运动至安全距离后点火飞行；二是弹射发射装置，将导弹以一定的初速弹离载机，至安全距离后点火飞行。导弹发射

(a) (b)

图 1.1.5　机载导弹示例

(a) 内埋式导弹发射；(b) 外挂式导弹

离机瞬间的姿态直接影响其分离特性、载机的飞行安全和导弹的战术效果，是机载发射研究关注的重要内容。

（3）发射动力

自力发射也称为热发射，是指火箭导弹依靠自身发动机产生的推力离开发射装置的发射方式。自力发射具有如下一些典型特点：发射动力由火箭导弹自身发动机产生，技术成熟，发射可靠性高；发射装置结构简单、使用方便；自力发射排出大量高温高速燃气流，燃气流核心区温度可达1 000 ℃以上，对发射平台及周围环境产生很大影响，考虑燃气流的排导及防护是自力发射需要关注的重要内容。

外力发射也称冷发射或弹射，是指依靠外力将火箭导弹弹离发射装置后，火箭导弹的发动机点火继续飞行的发射方式。外力发射具有如下典型特点：火箭导弹在发动机点火前便获得了一定的初速度；火箭导弹安装在发射筒内，能改善贮存条件；不需要考虑燃气流对发射装置的烧蚀，冲刷问题和导流、排焰、燃气流处理等问题，因而对发射设施及周围环境的适应性较强；发射装置结构较为复杂，火箭导弹发射后，还需要进行尾罩分离及发动机点火等动作，对可靠性的要求很高。

1.1.2 CAE 技术的发展及应用

CAE（Computer Aided Engineering，计算机辅助工程或计算机辅助分析）技术是以数值分析为基础，并综合计算力学、工程管理学以及现代计算机技术形成的一门综合型、知识密集型学科。CAE 技术能够对产品进行物理和力学性能的分析、模拟、预测及评价，能够及早了解设计方案的实施性能，了解产品运行的详细状态及演变机制，在为创新和优化提供基础的同时，能够提高设计质量、降低研究开发成本、缩短研究开发周期。随着 CAE 技术的不断发展和推广应用，CAE 在科学研究和工程实践中发挥着越来越重要的作用，已成为科学研究人员和工程技术人员需要掌握的重要研究手段。

为了解 CAE 的发展及应用情况，这里从 CAE 发展情况、技术种类以及应用流程等方面入手，对其进行简要介绍。

（一）发展情况

CAE 技术基础之一数值分析作为一种求解复杂问题的数学方法发展已有几百年的时间，作为早期 CAE 主要技术种类的有限元法也可追溯到 20 世纪 50 年代，但 CAE 技术的发展还依赖于现代计算机及通用化软件的出现和发展。一般来讲，CAE 技术的发展直接体现为 CAE 软件的兴起和应用。

（1）发展历程

早期的 CAE 软件只是计算处理特殊单一问题的简单程序，到 20 世纪 60 年代，开始出现大型通用 CAE 软件。在此期间，世界三大 CAE 软件公司 MSC、SDRC 和 ANSYS 先后成立。1963 年，MSC 公司开发了 SADSAM 结构分析软件，并在 1965 年参与美国国家航空航天局发起的计算结构分析方法研究，SADSAM 更名为 MSC/NASTRAN。1967 年，SDRC 公司成立，并在 1971 年推出商用有限元分析软件 SuperTab。1970 年，SASI 公司成立，后来重组并改为 ANSYS 公司，开发了 ANSYS 通用有限元分析软件。

20 世纪 70—80 年代是 CAE 技术的蓬勃发展时期，这期间许多 CAE 软件公司相继成立，如致力于发展高级工程分析通用有限元程序的 MARC 公司；致力于机械系统仿真软件开发的 MDI 公司；针对大结构、流固耦合、热及噪声分析的 CSAR 公司；致力于结构、流体、流固耦合分析的 ADIND 公司等。

进入 20 世纪 90 年代以来，CAE 开发商为满足市场需求和适应计算机硬、软件技术的迅速发展，对软件的功能、性能，特别是用户界面和前后处理能力进行了大幅扩充，对软件的内部结构和部分模块，特别是数据管理和图形处理部分，进行了重大改造，使得 CAE 软件在功能、性能、可用性和可靠性以及对运行环境的适应性方面基本满足了用户的需要，它们可以在超级并行机、分布式微机群、大/中/小/微各类计算机和各种操作系统平台上运行。

随着我国科学技术现代化水平的提高，CAE 技术也在我国蓬勃发展起来。近年来，CAE 技术研究开发和推广应用在许多行业和领域已取得了一定的成绩。但从整体来看，研究和应用的水平还不高，某些方面与发达国家相比仍存在差距。

（2）应用情况

早期的 CAE 技术通常指有限元分析技术，一般用于结构分析领域。随着 CAE 的技术发展和软件推广，目前 CAE 已广泛应用于结构力学、动力学、热力学、流体力学、电路学、电磁学等不同领域以及多种学科综合交叉领域。而从工业领域看，现代 CAE 技术已在航空航天、国防军工、核工业、石油化工、土木工程、铁道机械制造，以及能源、汽车、交通、造船、地矿、电子、生物医学、轻工业、水利等学科领域得到了广泛的应用研究。CAE 技术在工程中的典型应用见表 1.1.1。

表 1.1.1 CAE 在工程中的典型应用

应用领域	稳态问题	动态问题	特征值问题
结构力学	结构刚强度，含梁、板、壳结构分析，复杂或混杂结构分析，二维或三维应力分析等；热力耦合分析	应力波的传播，结构对于瞬态载荷的动态响应，热弹性力学与热黏性力学	结构的稳定性，结构的固有频率和振型，线性黏弹性阻尼
流动与传热	定常流动，含流体的势流、黏性流动、空气绕流、喷管流动、射流流动等	扰动波的传播，非定常流动，含瞬态演变流动（如湍流涡生成发展过程）、非定常边界流动（如级间分离）及发射流动等	刚性或柔性容器中流体的晃动，大型水系波动
动力学	平衡分析	运动学与动力学分析，含机构动力学、机械运动受力状态、振动响应特性等	动力学系统的模态与振型
其他（电磁学、声学、光学等）	二维或三维静态电磁场分布、声压分布、声辐射分析、光学辐射传输分析等	二维或三维时变、高频电磁场分析，瞬态声压分析，声辐射及声传播分析，瞬态光学辐射分析	—

（二）技术种类

CAE 的技术种类很多，既包括传统用于结构分析的有限元法、边界元法，也包括主要用于流动与传热分析的有限差分法、有限体积法等。随着复杂系统和多体系统建模分析技术的发展，用于多体动力学分析的虚拟样机技术、复杂系统建模仿真技术等也归属于 CAE 技术种类。除此以外，正在飞速发展的无网格法、用于稀薄气体流动计算的直接蒙特卡诺方法（DSMC）等也在 CAE 分析中得到较多的实践和应用。这里对其中主要的几种技术种类进行简要介绍。

（1）有限元法

有限元法的基础是结构离散和分片插值。在结构有限元分析中，就是把一个本来是连续的弹性体划分为有限数量的单元，把一个具有无限多自由度的结构离散为有限自由度的系统；进而对每个单元给出满足连续条件的假定位移模式，各个单元在相互连接的节点处有跨单元的连续性；然后再从能量原理出发建立起整体控制方程，并求解这一线性代数方程组，就可以得到结构的位移场以及应力场等。

（2）边界元法

边界元法本质是边界积分方程的数值解法，其基本思路是首先将微分方程组的定解问题化为边界积分问题；进而将边界离散化为有限个边界元的集合，在每个边界元上通过插值将待定函数用其节点值表示，将边界积分方程转换为代数方程组；在此基础上求解代数方程组，获得边界节点和区域内任意点待定函数值。边界元法是一种高效的数值分析方法，用边界元法求解时，只需要将区域的表面离散化，不仅大大减少了未知数的个数，而且极大地方便了以离散化为主要内容的前处理工作。

（3）有限差分法

有限差分法的核心是采用差分替代微分，其基本思想是先把求解问题的定义域进行网格剖分，然后在保证相容性的基础上，在网格节点上把定解问题的微分替换为差分，从而将原问题离散为代数方程组，通过求解代数方程获得原问题的数值解。有限差分法数学概念直观，表达简单，是发展较早且较成熟的数值方法，但应用时需要着重关注数值方法的收敛性、稳定性等问题。

（4）有限体积法

有限体积法又称控制体积法，其基本思路是将计算区域划分为一系列不重复的控制体积，使每个网格点周围有一个控制体积；将待解微分方程对每一个控制体积积分，得到一组离散的控制方程；通过求解离散方程组获得求解问题的数值解。为了求出控制体积的积分，需要假定网格点之间的变化规律，即假设值的分段分布形式，该分布形式对解的相容性、收敛性和稳定性均有着重要影响。

（5）计算多体动力学与虚拟样机技术

计算多体动力学的目标是应用计算机技术进行复杂机械系统的动力学计算与分析，其核心是求解由多体系统构成的代数微分方程组。虚拟样机技术通常指利用虚拟样机或数字样机代替物理样机来进行产品性能和各种特性的仿真分析技术。由于产品结构大多数均是多体结构，因此在有些文献中将计算多体动力学与虚拟样机技术的名称混合使用，不过前者更侧重于数学方法，后者更侧重于计算机建模、模型间的协同以及计算机操作展示等内容。

（三）一般应用流程

应用 CAE 软件进行问题研究或产品性能分析，一般要经历前处理、求解计算以及后处理三个过程。其中，前处理主要是物理或力学问题的建模过程，即将数学模型转换为数值计算模型的过程，包括计算结构或计算域的建模处理、网格或单元划分、初值或边值条件的设定等。求解计算主要指 CAE 软件对数值计算模型进行求解计算的过程，通常由软件的计算模块完成。对于不同的模型，往往有着不同的求解算法及收敛特性，相应的求解算法及计算步长等也需要进行人为的设置或干预。后处理主要是计算结果的分析和应用过程，包括结果数据的提取、数据曲线或云图的查看以及输出等。

在笔者的教学和实践中，更多将 CAE 软件的应用分为四个过程，即在一般三个过程的基础上，增加一个主要用于判断、选择的思考过程，如图 1.1.6 所示。思考过程中，需要明确待求解问题的类型、求解问题的定解参数、模型的简化及结果精度需求等内容。

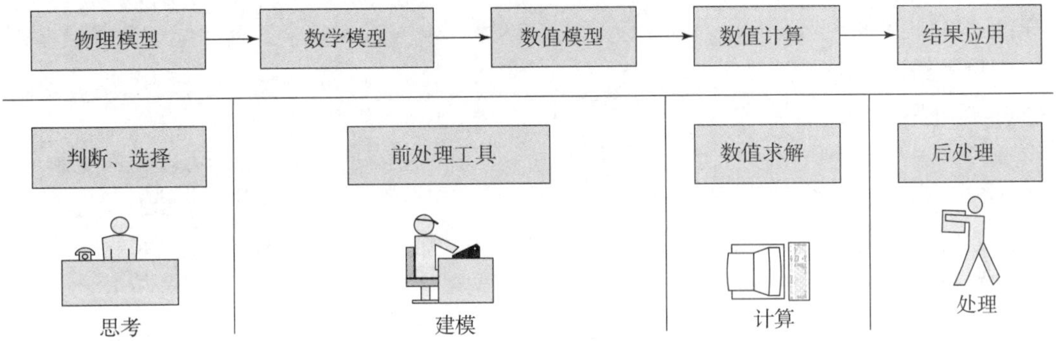

图 1.1.6　一般 CAE 分析流程

1.2　发射系统典型 CAE 分析

1.2.1　发射气体动力学分析

目前，国内外大多数火箭、导弹均依靠将推进剂的化学能转换为动能作为其发射和飞行的动力。伴随推进剂燃烧和喷管流动，喷入环境介质中的高温高速燃气产生显著的声、光、力、热等作用效应，对地面设备产生烧蚀和冲击，对飞行器气动力、热载荷产生影响，并成为飞行目标特性辨识的重要内容。

火箭、导弹发射气体动力学的主要对象是由燃气发生器或火箭发动机工作产生的高温高速气体射流。由于这类射流通常由推进剂燃烧后经喷管流动形成，常被称为燃气射流；又由于火箭发动机多数工作在贫氧状态，燃气中包含大量未燃尽的可燃产物，在喷入环境大气后与空气中的氧气相互作用产生二次燃烧现象，因此有时也被称为发动机尾喷焰；在高空稀薄大气条件下，流出发动机喷口的燃气急剧膨胀，形成空间覆盖范围很广的羽毛状流场，又被称为发动机羽流。在水下发射或水下推进时，由发动机或燃气发生器生成的燃气射流与周围水介质相互作用，形成显著的射流气泡，因此，在水下发射系统中，燃气流动有时也被称为水下射流气泡流动。对于由发动机喷出的高温高速气体流动，书中以科学研究及工程应用中的通常叫法为主，不再做特别说明。

发射气体动力学的主要任务就是围绕发射过程中涉及的典型流动或传热问题，研究流动产生机理及影响因素，并发展完善相应的流动计算分析方法。目前关注和研究较多的发射气体动力学问题主要包括如下一些类型。

（一）燃气自由射流

燃气射流流出喷口后不受固体边界的限制，而在某一空间中自由扩张的喷射流动称为自由射流。严格地说，当环境空间中的介质温度、密度与射流介质的温度、密度相同时，才能称为自由射流；而当空间介质静止不动时，该射流称为自由淹没射流；当空间介质非静止时，则称为自由伴随射流。不过，在工程实际中，只要射流喷向自由空间，即可按自由射流处理，并不严格要求空间介质与射流介质的温度、密度完全相同。

燃气自由射流属于发射气体动力学中研究最为广泛的一类流动状态。依据燃气自由射流的典型特征，可对其结构进行分区。按燃气和空气是否混合来区分，有燃气起始核心区和空气－燃气混合区；若按流速来分，则有超声速湍流区和亚声速湍流混合区；若按湍流是否形成来分段，则有初始段、湍流过渡段和湍流完全发展段（或称基本段、主体段），如图 1.2.1 所示。

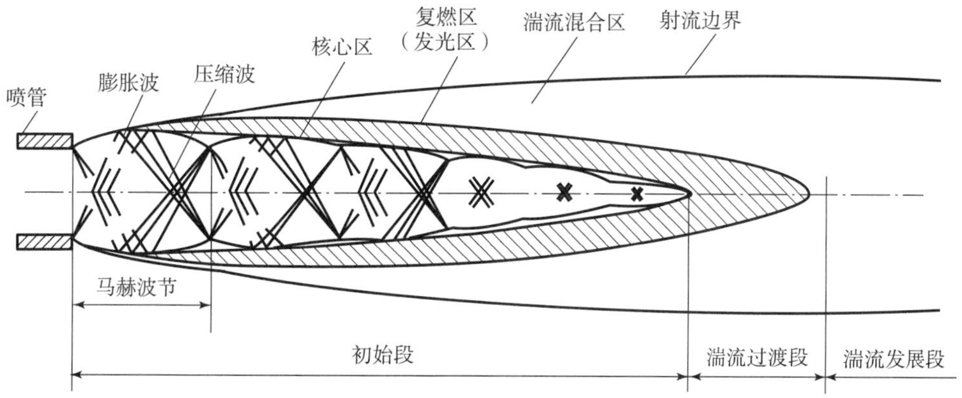

图 1.2.1 典型燃气自由射流结构示意

一般说来，燃气自由射流的流动结构与喷管的形状、喷管出口的气流参量、非计算度、周围介质状况以及射流的组分等因素有关，其中主要取决于非计算度 n。假设射流出口压强为 p_1，周围环境介质压强为 p_a，则非计算度定义为 $n = p_1/p_a$。n 值是从火箭发动机的设计工况引出的一个特征值，当 $n = 1$ 时，一般称作发动机的设计状态，因为这时发动机的热效率最高。但实际使用的发动机一般却不是这个状态，而由结构和使用高度决定。针对不同的非计算度 n，超声速燃气自由射流可分为低度欠膨胀流动、中度欠膨胀流动、高度欠膨胀流动、超高度欠膨胀流动、低度过膨胀流动、中度过膨胀流动等类型。

在科学研究领域和工程技术领域，燃气自由射流被作为一种典型流动状态进行研究，如射流与环境介质的掺混过程及湍流发展状态、射流形成的马赫波系结构及演变规律、射流结构与环境大气条件的关联特征等。

（二）燃气流中的粒子非平衡效应

在火箭发动机的研制初期，推进剂中不含轻金属粉末，燃烧室内容易发生不稳定燃烧，用某些机械办法虽能消除不稳定燃烧，但增加了发动机的消极重量，并使发动机设计及结构复杂化，而且设计新发动机往往不能保证设计的发动机在试验时不发生不稳定燃烧。后来研制了含铝粉或其他金属粒子的推进剂，含铝推进剂燃烧后生成 Al_2O_3 颗粒，分散在燃烧室的燃烧产物中，有效地控制了燃烧室内发生的压力振荡。含铝推进剂不但能有效地抑制不稳定燃烧，还能提高推进剂的能量和密度，因此得到了广泛的应用，现在不但复合推进剂、改性双基推进剂含有铝粉，而且液体推进剂也在研究把轻金属或它们的化合物作为推进剂的组分之一，以提高推进剂的能量。

推进剂能量的提高和固体颗粒的加入为火箭导弹的发展提供了更大的空间，同时也给燃气射流的研究和排导带来了新的问题。采用含颗粒的推进剂后，在燃气中包含大量炽热的固体颗粒，常用复合推进剂中铝粉含量大都在百分之十几，产生的燃气流中颗粒含量可达到30%左右。这些颗粒一方面对燃气射流流场产生很大影响，使燃气射流的流场特性相对于只考虑燃气相的流场发生改变；另一方面，高温高速运动的炽热粒子对火箭导弹的燃气排导、防护装置产生巨大的冲刷烧蚀作用，并可能使其发生损坏，如图 1.2.2 所示。分析含固体颗粒的燃气流场和固体颗粒对燃气排导、防护装置的冲刷烧蚀作用，已是必须考虑和解决的一个问题。

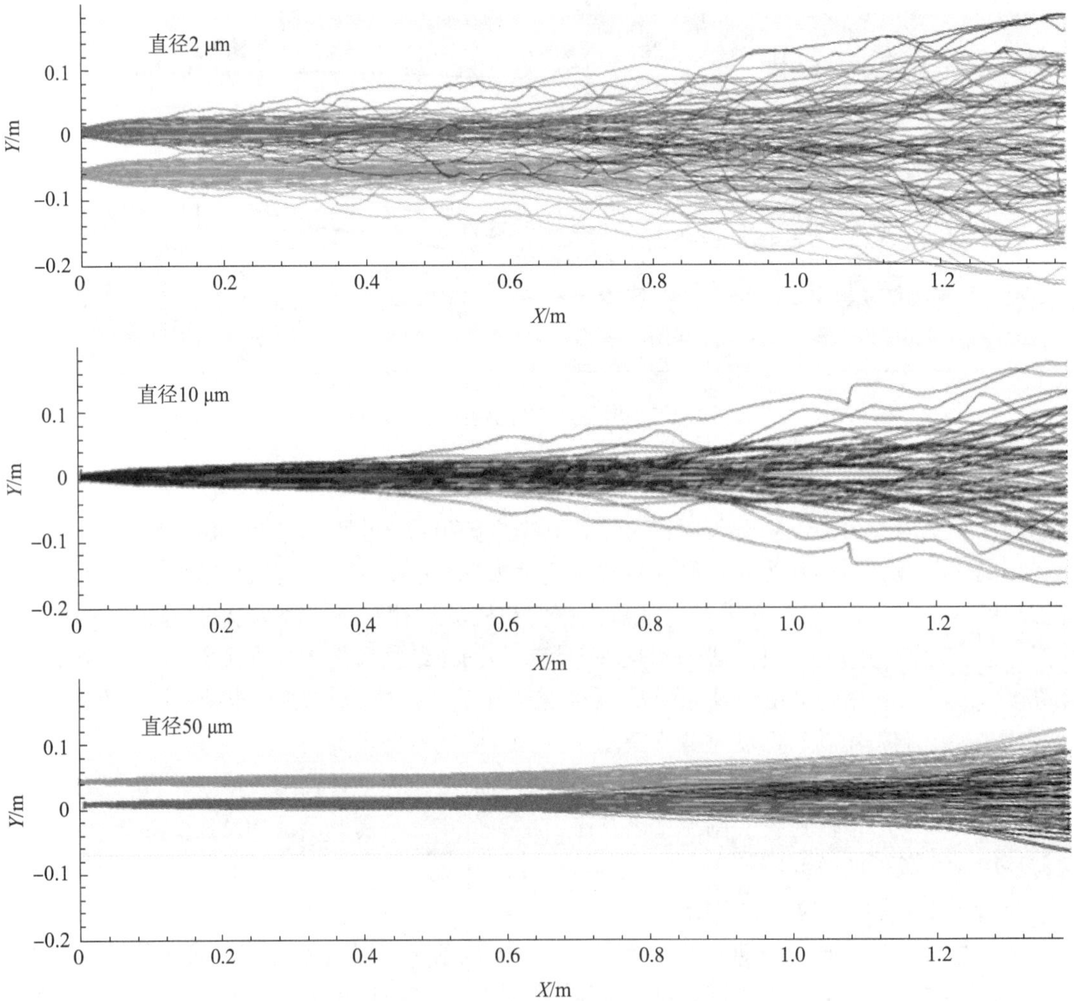

(a)

图 1.2.2　燃气射流中的粒子运动与沉积状态

(a) 数值模拟获得的不同粒子轨迹状态

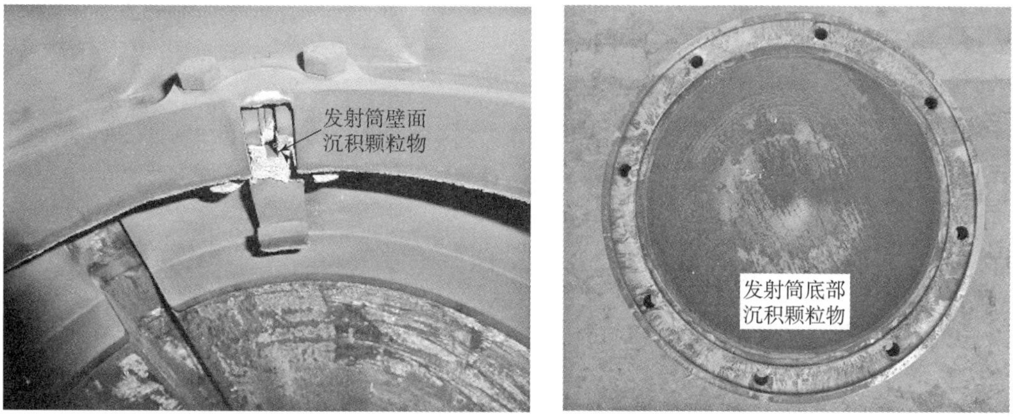

(b)

图 1.2.2 燃气射流中的粒子运动与沉积状态（续）

(b) 沉积在发射筒内的颗粒物

此外，燃气射流中的金属氧化物颗粒在导弹飞行过程中也将引起能见度、光学制导信号及激光信号的严重衰减，对导弹的制导和控制产生影响，因此，开展燃气射流气固两相流动的研究，确定流场中固体颗粒的分布、尺寸及其对燃气流动特性的影响是正确预测和预防燃气流场信号特征效应的前提与基础。

（三）喷焰流动中的化学非平衡效应

火箭发动机内部高温燃气组分由于贫氧而未燃烧完全喷入大气空间时，与周围大气产生显著的卷吸掺混作用，未燃尽组分与从大气中卷吸的氧气混合后产生显著的二次燃烧化学反应，也称为复燃效应，对喷焰流场的温度分布及组分分布产生影响。

在喷焰流动过程中，未燃尽组分的二次燃烧对压力场和动压场影响相对较小，因此在一些结构的工程设计中忽略复燃效应对结构载荷的影响。但在喷焰目标特性研究中，喷焰复燃效应引起的温度变化和组分变化，如图 1.2.3 所示，对喷焰辐射强度、辐射光谱等均有着显著影响，对光学目标探测识别有着重要价值。与此同时，喷焰复燃引起的温度增加，往往带来喷焰气体的离解而产生出大量的自由电子，当雷达信号穿越这种喷焰射流区时，自由电子的存在将使信号产生较大的衰减。此外，喷焰复燃引起的温度和辐射强度增加，对火箭导弹底部热环境同样会产生较大影响。因此，考虑喷焰流动中由于复燃状态引起的化学非平衡效应，是飞行目标辐射特性及底部热环境考察的重要内容，也是发射气体动力学研究的重要内容。

火箭、导弹飞行过程中，喷焰复燃化学反应主要由发动机喷口温度、组分含量、伴随大气环境以及流动状态等因素决定。由于喷口附近燃气温度超过 1 500 K、组分数量多，喷焰复燃效应往往包含几十至上百个不同的反应过程，完整地描述这类复杂的流动反应过程仍然是一个巨大的挑战。在实际应用中，往往结合影响喷焰辐射效应的主要因素，考虑主要组分和主要反应过程。

（四）燃气射流冲击效应

燃气射流冲击是发射系统设计、应用过程中关注的重要内容。发射过程中，火箭发动机喷出的燃气射流速度超过 2 000 m/s、温度超过 1 500 K，对发射系统及附近设备产生显著的

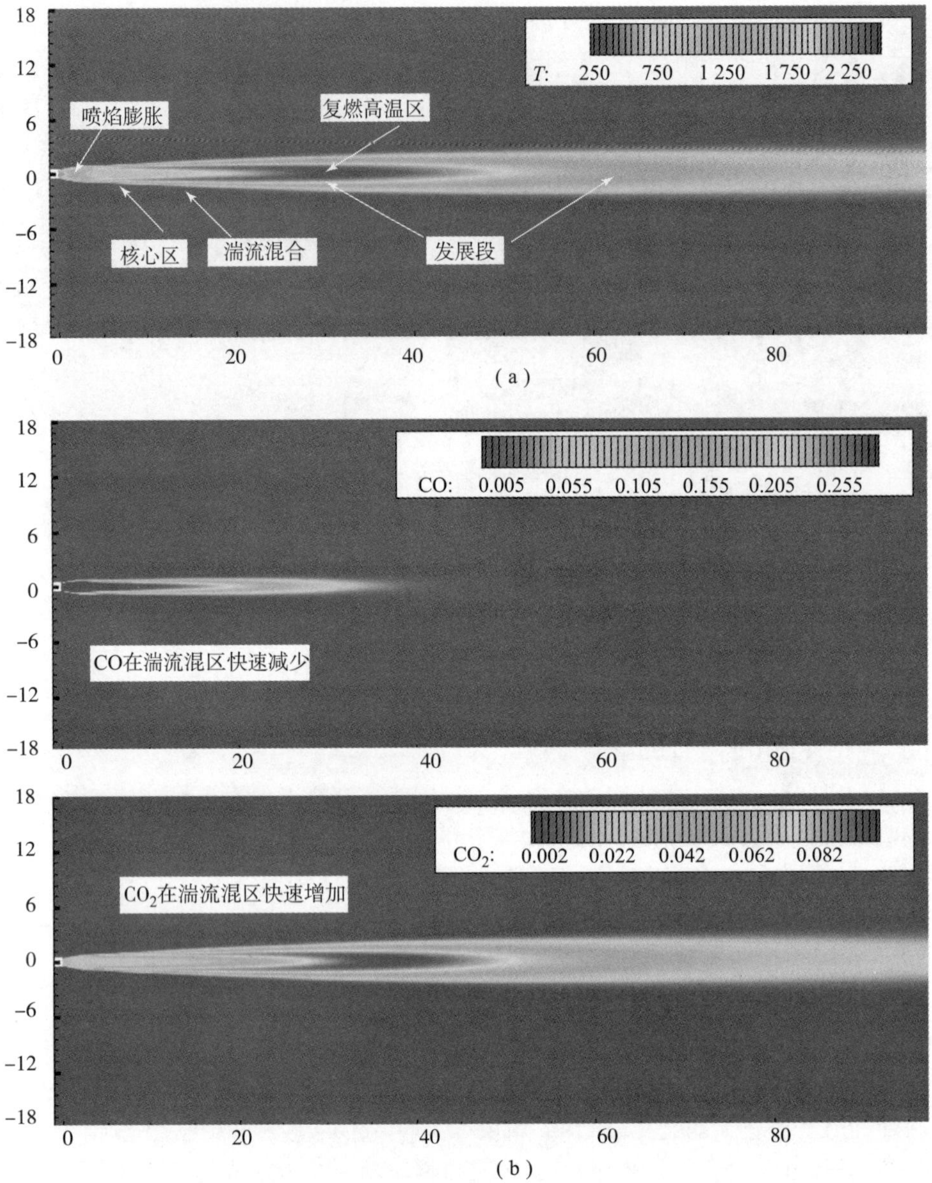

(a)

(b)

图 1.2.3 数值模拟获得的喷焰复燃流动示例

(a) 温度分布状态；(b) 组分 CO 及 CO_2 分布

力学和热学冲击，如图 1.2.4 所示。

燃气射流冲击流场有时也称为限制射流，即燃气射流遇有障碍物的流动。当超声速燃气流冲击作用到各类障碍物迎气面时，会产生复杂的有黏与无黏激波干扰结构流场；而各类障碍物的迎风面又类型多变，使得限制射流的理论研究进展缓慢，多数情况下只能通过实验或数值模拟来预估流动状态。而在发射的不同阶段，燃气射流冲击也呈现出不同的状态，具有典型的非定常流动特征。在发射初期当燃气射流与迎气面距离较近时，在迎气面附近形成穿过射流核心区马赫波节的拦截激波，波后压强、温度显著增加，并在滞止区周围形成贴壁射

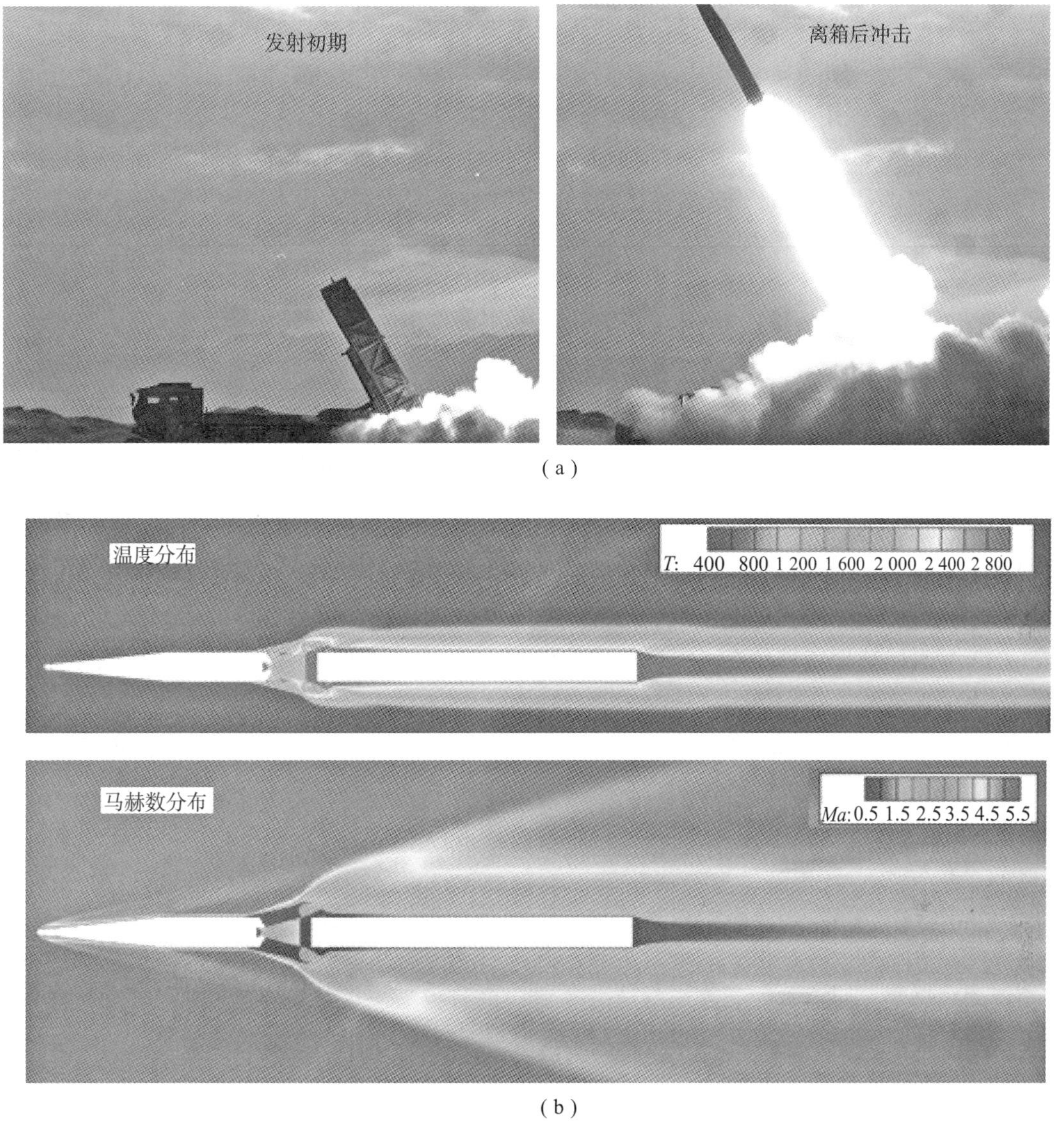

图 1.2.4　燃气射流冲击状态示例

流流动；随着冲击距离变化，拦截激波与马赫波节相互作用，形成显著的振荡冲击状态；当燃气射流与迎气面较远时，在迎气面附近形成远场冲击状态，冲击作用逐渐减弱；当燃气流与发射箱（筒、井）壁面相互作用时，还会形成拥塞流动、箱口临界流动及超临界流动等现象，对发射载荷产生影响。

发射系统设计中，除需要考虑燃气射流冲击、烧蚀等不利影响外，有时也会利用燃气射流冲击作用实现特定的功能。如目前研究和应用较广的激波开盖技术，即是利用燃气射流瞬态冲击产生的压缩波传递载荷，实现发射箱（筒）前、后盖的快速开启。在飞行器级间热分离过程中，也通常采用燃气流在级间段的作用载荷，实现前后级的快速分离运动。

（五）气液多相流动及作用效应

水下发射过程中，弹射动力装置产生的弹射工质气体或由火箭发动机喷出的高温燃气与周围水环境相互作用，形成复杂的水气（汽）多相流场，如图 1.2.5 所示，对发射装置及周围设备产生显著的作用载荷，并对弹体初始弹道产生明显的扰动，是水下发射系统研究考察的重要内容。此外，弹体水下高速发射运动形成的空泡效应、弹体由箱（筒）内高速入水及其与横向来流相互作用下的水动力和水弹道特性等，同样是水下发射需要考察的重要内容。

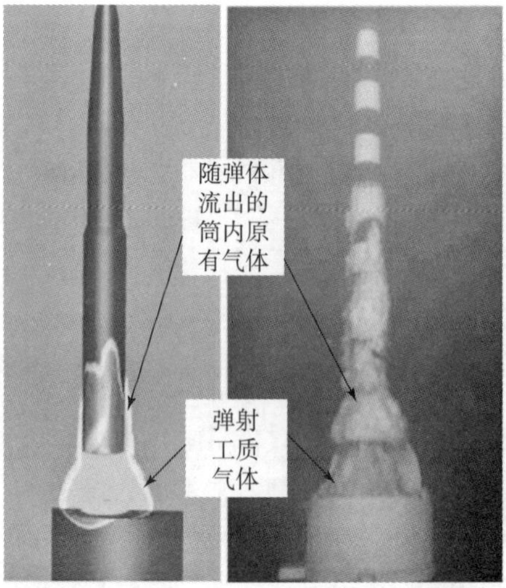

（a）　（b）

图 1.2.5　水下发射气液多相流动示例

（a）仿真结果剖面气相分布；（b）实验图像

水下发射产生的气液多相流动是一种具有显著传热传质效应的瞬态多相流动。在高温高速或高温高压的发射工质气体与水环境作用初期，受水环境的阻滞作用，气体射流会形成明显的高压气泡；水环境在气泡压强的推动作用下向四周运动，气泡呈现鼓胀状态，泡内压强降低；当气泡压强接近环境压强时，由于周围水介质运动的惯性作用，气泡会继续鼓胀，使得气泡内压强远低于环境压强；此后，水环境在压差作用下向气泡内部方向运动，气泡呈现收缩状态，泡内压强升高，同样，由于水介质运动的惯性作用，泡内压强会增加到远大于环境压强的状态。在射流气泡发展过程中，相间界面在相间密度差和速度差作用下产生显著的不稳定性，形成射流气泡的缩聚、断裂等动态演变状态，进一步增加水下气体射流的复杂程度。

值得关注的是，发射系统中经常使用的连续注水式和集中注水式燃气－蒸汽弹射，采用高温燃气与水汽相变转换形成的混合工质作为发射动力，同样属于包含传热传质效应的气液多相流动。燃气－蒸汽弹射装置内的液滴雾化、水汽相变、射流冲击以及载荷变化过程等同样是发射气体动力学研究关注的重要内容。

（六）高空稀薄条件下喷焰羽流

空间发射、月面发射以及助推发动机高空工作过程中，由发动机喷口喷出的高温高速燃气急剧膨胀，经历从连续流区向过渡流区、稀薄流区发展的跨流域流动过程，形成作用范围远大于飞行器尺度的羽流流场，对发射载荷、气动载荷、目标特性等产生显著影响，成为空间发射和推进关注的重要内容。

对于高空稀薄大气环境，通常采用克努森数 Kn，即分子平均自由程与考察对象特征尺寸的比值来衡量流动的稀薄程度。随着高度的增加，克努森数也随之增大，按照克努森数由低到高，依次将流动区域划分为连续流区、滑移流区、过渡流区以及自由分子流区，如图 1.2.6 所示。在稀薄大气条件下，喷焰流动成为包括连续流区、过渡流区和稀薄气流区的跨流域流动。随着稀薄程度的增加，气体的非连续粒子效应就会变得显著，使得通常用于求解流体问题的 Navier－Stokes 方程中的输运系数不再正确，因此对稀薄气体进行统计性的描述成为目前唯一可行的方式。基于统计原理，气体宏观量的描述要依赖速度分布函数，并由玻尔兹曼方程给出分布函数对空间位置和时间变化率的关系。

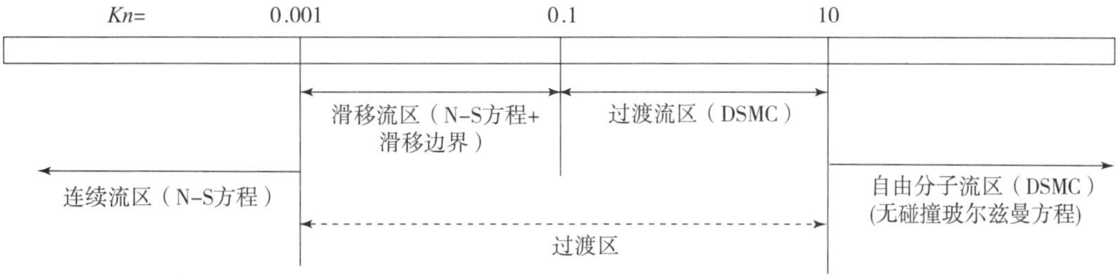

图 1.2.6　流动分区和对应的求解方法

在稀薄流动状态下，喷焰流动呈现出大量与连续流动不同的状态和特性。如在稀薄流动中，气体分子或粒子的惯性对运动状态产生显著影响，出现不同质量或相对分子质量的组分分布呈分散状态的组分分离效应，如图 1.2.7 所示；由于稀薄条件下分子或粒子间的碰撞次数显著减少，分子运动的平动能和内能出现显著差异，从而产生温度非平衡效应；此外，在分子碰撞换能减少状态下，辐射传输成为稀薄条件下喷焰流动换热的主要形式，对流动状态及能量分布产生显著影响。

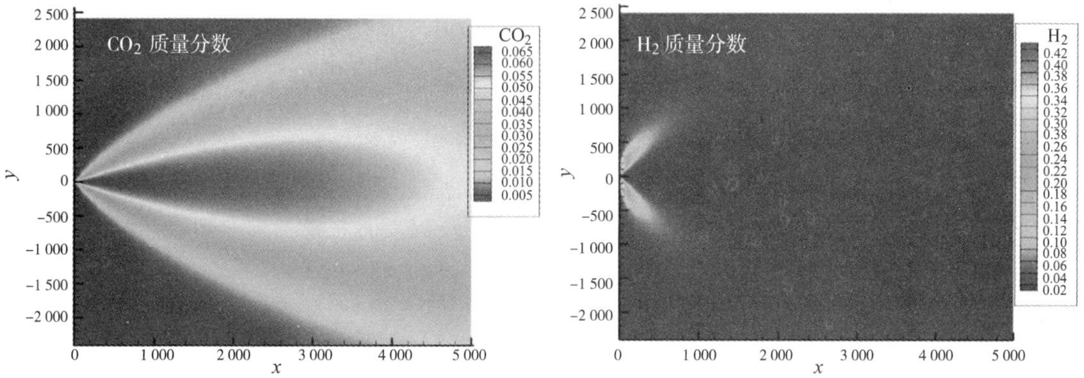

图 1.2.7　高空稀薄条件下喷焰组分分离状态示例

（七）燃气射流的噪声特性

火箭、导弹发射或飞行过程中，燃气射流与环境大气或周围设备相互作用，会产生显著的声波扰动，对设备和环境产生噪声干扰，如图 1.2.8 所示。如大型发射场或地下井发射时，射流噪声可超过 150 dB，对箭（弹）体结构、地下井内设备等产生严重影响，因此，发射井吸声降噪也是发射技术应用研究关注的重要课题；在飞行过程中，射流噪声反馈循环机制对飞行器结构的影响，同样是国内外大型飞行器结构分析考察的重要内容。

燃气射流噪声覆盖从几十赫兹的低频噪声至几十万赫兹的高频噪声，产生机制相当复杂。目前考察和分析较多的射流噪声机制主要是 LightHill 和 Powell 等提出的涡声循环机制，即射流剪切层非稳定涡与超声速马赫波相互作用，产生大量的噪声扰动向四周传递；向上游传递的声波到达喷口附近时，又会激励出新的剪切层扰动涡，形成一个完整的涡声激励循环，对流动和周围结构产生影响。这一机制从原理上阐述了射流噪声振荡现象产生的物理过程，也是多数喷流涡声耦合振荡研究的基础。

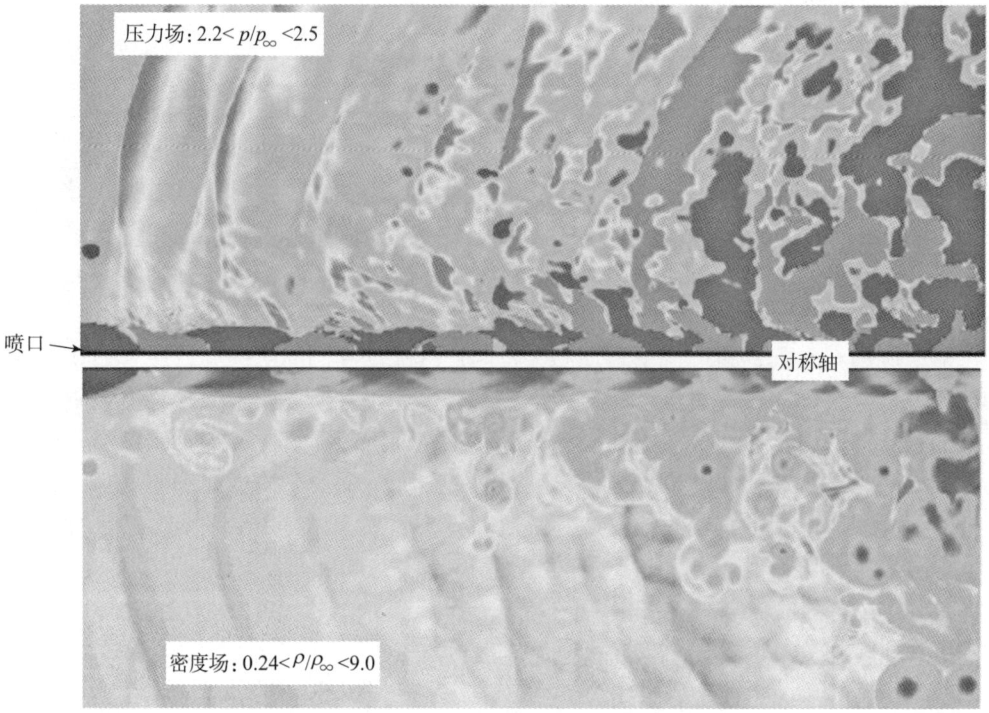

图 1.2.8　直接数值模拟获得的射流声压和密度场示例

此外，随着发射系统从传统解决有无的设计理念向人－机－环综合设计理念发展，发射过程中射流噪声产生机制，射流噪声对设备、乘员的影响，射流噪声的抑制等，也逐渐成为发射系统设计考察的重要环节。

（八）喷焰相变与尾迹云

火箭发动机燃烧产物中包含大量水汽和微小粒子，在火箭导弹发射和飞行过程中，高温水汽降温过冷生成的相变粒子及其他微小粒子沿飞行轨迹运动扩散，形成明显的尾迹云，如图 1.2.9 所示。近年来，随着目标探测技术的发展和高空大气环境研究的深入，飞行器尾迹云的生成扩散机制及演变过程在国内外也开始得到广泛关注和研究。

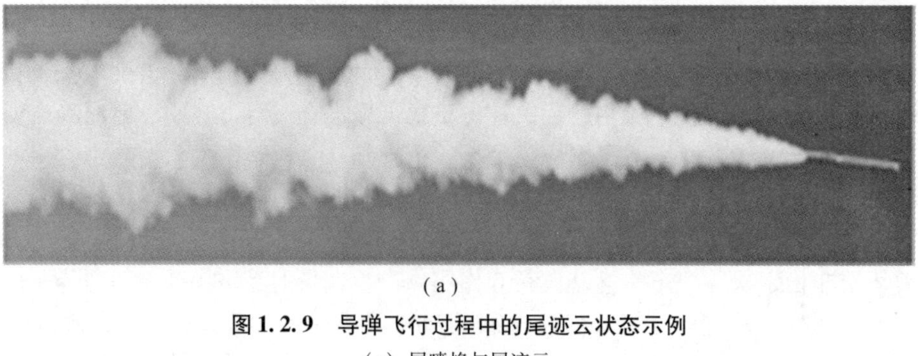

（a）

图 1.2.9　导弹飞行过程中的尾迹云状态示例

（a）尾喷焰与尾迹云

(b)

图1.2.9 导弹飞行过程中的尾迹云状态示例（续）

(b) 不同高度下的尾迹云

喷焰流动中，高温水汽的降温及过冷过程具有多种不同的机制，如喷管内部及射流核心区附近以气流膨胀占主导的降温过程、射流边界层及湍流混合区以大气掺混占主导的降温过程、高空稀薄条件下以热辐射占主导的降温过程等。受其影响，喷焰相变同样呈现复杂的微观机制和宏观粒子特性，对尾迹云形态及扩散状态产生影响。

1.2.2 发射装置结构分析

结构设计和分析是火箭导弹发射系统研究与应用的重要内容，小到连接螺栓的强度校核，大到发射塔架的刚强度计算以及潜载装置的减振性能分析等，都属于结构分析的范围。随着国防和航天技术的不断发展，对发射系统的要求越来越高，从结构刚强度、重量、性能、可靠性等方面不断提出新的指标，也对精准的结构分析提出了更多的需求。

火箭导弹类型和用途不同，相应的发射系统存在显著差异，对结构设计的要求也有着较大区别。比如对于陆基车载贮运发一体化发射系统，结构设计的重点是满足陆上贮存、运输和起竖发射的刚强度要求；而对于舰载发射系统，结构设计不但要满足一般运输和发射的刚强度要求，还需要考虑舰船设备横摇、纵摇、垂荡以及非接触爆炸等特殊振荡环境和冲击条件的要求。针对不同的应用环境，发射系统结构设计典型要求包括如下一些类型。

（一）常用状态下的刚强度及稳定性

发射系统刚强度及稳定性是结构设计的基本要求，依据应用场合，相应的载荷特性及作用状态是分析和关注的重点。

依据发射系统应用场合，可把发射装置承载情况分成若干特征状态，在每一状态下结构所处的外力环境条件是一定的。当然，发射系统要在各种状态下工作，要承受各种状态下的载荷。但是，每一结构部件的较大的内力或不利条件只出现在一种状态之中，这一状态叫作该部件的设计状态或载荷计算状态。结构的强度、刚度和稳定性等要根据载荷计算状态来设计。发射系统的设计状态可分为三类：

（1）贮运状态

贮运状态指发射系统在陆上、水中或空中运输以及吊装过程中结构的承载响应情况，也包括发射装置在空载和满载条件下的堆码承载情况。

通常情况下，运输状态下的结构需要承受较大的过载冲击，对结构刚强度的要求较高，是发射系统结构分析的重点状态。运输状态的载荷情况与运载体有关，有车载（轮式或履带车辆、铁路等）、舰载（水面或水下）、机载（飞机或直升机）、吊装过程等，也与所处的环境条件有关，如路面、海情、气候条件等。

（2）发射准备状态

发射准备状态指的是放列、撤收、瞄准、起竖及其他勤务操作等工作过程中发射系统结构的承载响应情况，也包括火箭或导弹处于待发状态的环境条件中结构的承载情况，如待发射运载火箭在塔架上承受的风场载荷及响应情况等。

（3）发射状态

发射状态指火箭导弹发射过程结构的承载响应情况。发射过程包括导弹解锁、约束期运动、半约束期运动及滑离后的自由飞行阶段等，相应的载荷类型涉及火箭发动机推力、运动质量载荷以及燃气射流冲击等。

在设计状态下，可以采用结构静力学方法考察最大载荷作用下的结构响应情况，也可以采用结构动力学方法考察周期载荷或频域载荷作用下的最大响应情况。图 1.2.10 给出了典型发射装置运输、起竖、发射状态以及发射过程中的结构响应特性。

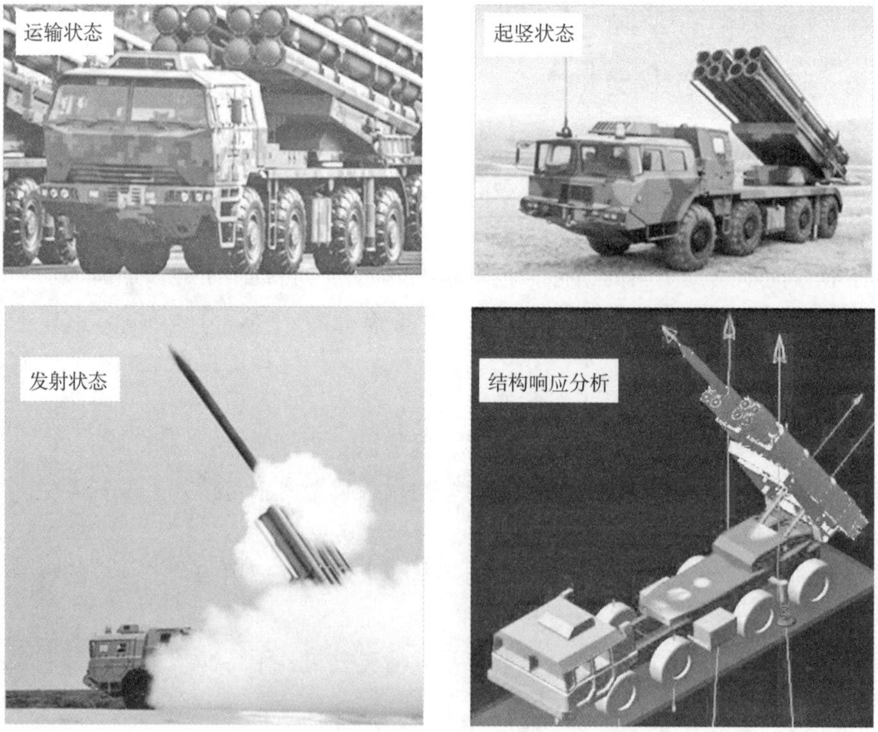

图 1.2.10　火箭弹运输、起竖、解锁以及发射状态示例

结构的稳定性是结构分析的一个重要组成部分。粗略地讲，结构稳定性问题是指所研究的系统在微小的外界干扰下系统平衡状态是否发生很大改变的问题。如果系统原有的状态发生了较大的变化，则称之为系统的失稳或屈曲。从数学上讲，结构在静载作用下出现屈曲可归结为平衡方程的多值性问题。

在外部载荷作用下，弹性结构存在两种可能的屈曲形式，即分支点屈曲和极值点屈曲。分支点屈曲是指结构在屈曲前以某种模式与外载荷相平衡，称为基本平衡状态。当外载荷小于分支点屈曲的临界值时，这种平衡状态是稳定的。当外载荷超过分支点屈曲的临界值后，原来的平衡就不稳定了，而转到新的稳定位置，即原来的稳定平衡变为不稳定平衡，而失稳后形成新的结构平衡位置。这种稳定平衡与不稳定平衡的交界点，称为分支点，它使屈曲前的基本平衡方程成为奇异的。典型的分支点问题如受压直杆和受压平板的屈曲问题。对有些结构的稳定性分析发现，在载荷－位移曲线中不存在明显的分支点，而存在极值点，即在变形途径中存在一个最大载荷，达到最大载荷值后，变形会迅速增大而载荷反而下降，这样的屈曲称为极值点屈曲。如果结构含有初始缺陷，或存在载荷的偏心，它的屈曲一般不是分支型，而在多数情况下出现极值点屈曲。所以，实际结构失去稳定往往是以极值点屈曲的形式出现的，因此需要根据结构对缺陷的敏感程度来确定极值点。

（二）发射系统的模态特性与动态响应

发射系统在贮运、放列、发射等状态下，承受的载荷大多为随时间变化的动态载荷，在进行刚强度分析时，可结合最大载荷采用结构静力学进行分析。但对于需要考虑模态特征、过载历程以及振荡幅值的状态，往往需要考察发射系统的动态响应特征。

发射系统动态响应分析方法涉及多种类型，包括模态分析、谐响应分析、瞬态响应分析以及响应谱分析等。模态分析主要用于考察发射系统的模态频率和模态振型，避免系统模态与弹体、载体以及激励频率的重合，并考察系统在动态载荷作用下的薄弱环节。谐响应分析用于考察发射系统在周期载荷作用下的响应特征，例如舰载或潜载发射系统在周期性波浪作用下的响应状态。瞬态响应分析主要考察瞬态载荷作用下的动态响应过程，如非接触爆炸、发射冲击等。响应谱分析用于考察结构在多种频率的瞬态激励共同作用下总体响应，包括多种类型，如单点谱分析、多点谱分析、DDAM 分析等。

图 1.2.11、图 1.2.12 给出了发射筒结构常见模态和潜载发射筒在非接触爆炸载荷作用下的动态响应示例，可以看出结构体的不同变形形式和瞬态响应特性。

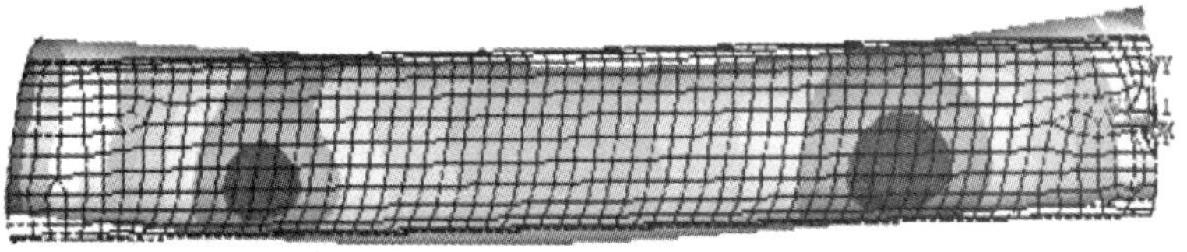

弯曲模态

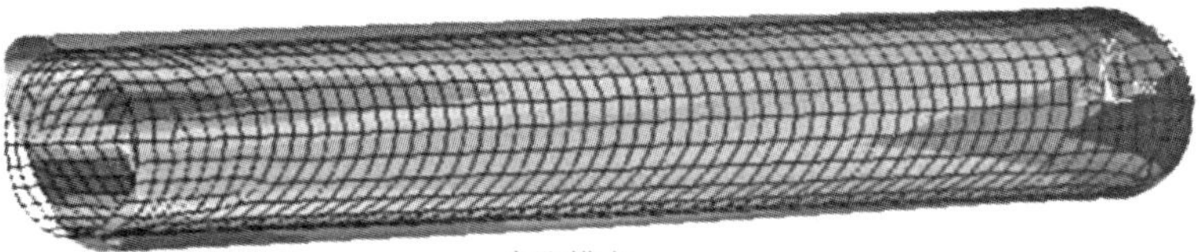

扁胀模态

图 1.2.11 发射筒结构的模态示例

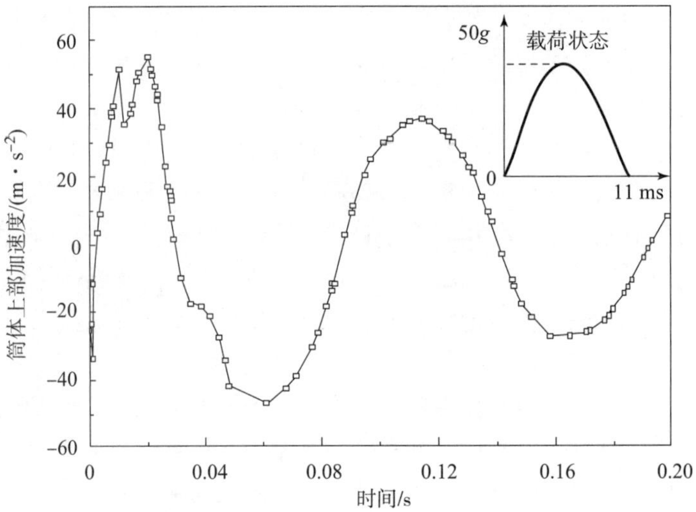

图 1.2.12　潜载发射筒冲击响应示例

（三）结构非线性特性

随着非金属材料以及瞬态吸能结构在发射系统中的广泛应用，结构非线性特性已成为发射系统结构分析关注的重要内容。结构非线性特性包括材料非线性、几何非线性以及接触非线性三类。材料非线性由材料物理属性（本构关系）非线性产生，几何非线性是由结构变形的大位移或大应变引起的，而接触非线性伴随接触状态出现。多数情况下，这三类非线性通常会同时出现在结构分析中，并呈现出复杂的响应特性。

图 1.2.13 给出了潜载发射系统减振垫结构的典型响应状态以及加、卸载过程中的变形 – 载荷曲线。减振垫结构由具有超弹性和黏弹性的非金属材料制成，具有显著的材料非线性特征；在变形过程中，V 形预弯结构产生大变形，出现明显的几何非线性；随着变形量增加，预弯 V 形结构表面之间出现接触状态，使得结构变形产生的载荷非线性增长。对应于加载过程，可以看出变形 – 载荷曲线的前期主要由材料非线性决定；而在几何大变形出现时，变形增加引起的载荷增量减少，在曲线上呈现平台状态；伴随接触非线性的产生，结构刚度显著增加。由于材料本身相关特性，加载和卸载对应的变形 – 载荷曲线具有显著差异。

发射系统设计分析中，结构非线性通常也可结合应用场合和载荷状态进行考察。对于整体结构中采用的非金属结构，如多层复合材料发射筒、聚酯材料适配器等，通常只需要结合材料本构和多层复合方式考虑材料非线性对结构响应的影响。对于由非金属材料或金属材料制备并具有吸能减振功能的结构，则需要考察多种非线性效应的综合作用，如前述发射系统减振结构、提拉缸冷弹发射系统中的吸能制动结构等。

（四）结构轻质化设计与综合优化

在满足功能指标以及刚强度要求基础上，实现结构轻质化一直是发射系统研制设计的重要课题。以功能和性能要求为约束、以轻质化为目标的综合优化方法正成为现代发射装置设计的重要途径。

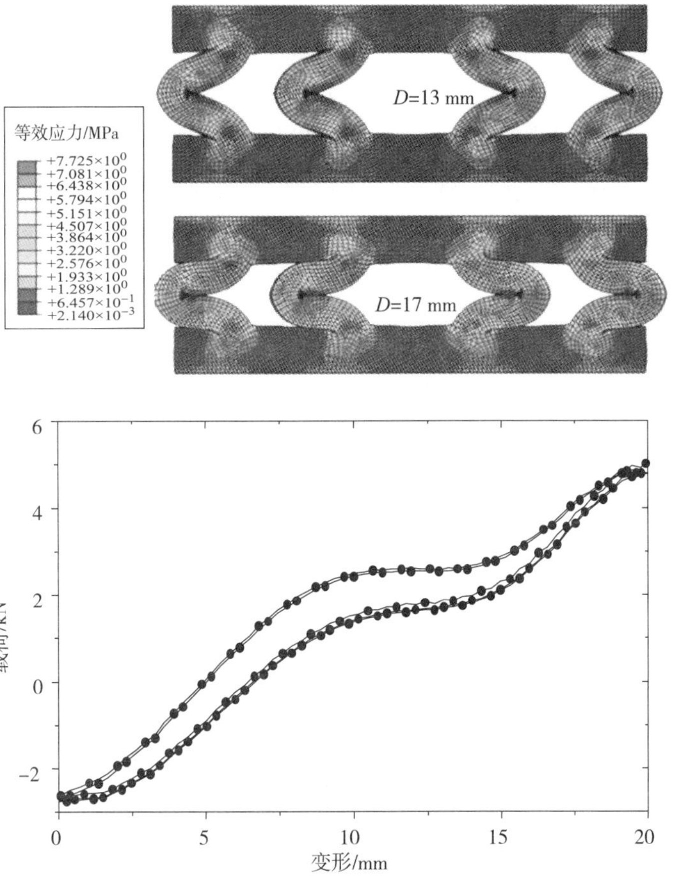

图 1.2.13 发射系统减振结构响应状态示例

此外，随着发射系统功能性能要求的逐步提高，发射装置长贮特性、重复使用特性等也受到广泛关注，相应的材料蠕变性能、高温老化特性等也是发射系统结构分析考虑和关注的内容。

1.2.3 发射动力学响应分析

一般来讲，发射系统是由运载体、固定支承结构、瞄准机构、定向器等结构部件组成的复杂多体系统，在外部激励作用下，各部件不但会产生弹性或塑性变形，同时会在未约束自由度方向产生大范围运动，对整个系统的振动响应、弹体发射姿态以及最小让开距离等产生重要影响。研究分析发射装置与弹体构成的弹－架系统动力学响应，同样是发射系统设计的重要内容。

针对发射系统动力学响应的状态，可将其分为不同的动力学响应类型，主要包括发射过程动力学响应、运输过程动力学响应、操作瞄准过程动力学响应、典型机构的响应特性以及水下发射横向动力学响应等。

（一）发射过程动力学响应特性

发射过程动力学响应通常指火箭导弹发射时弹体在发动机推力或弹射力作用下运动而产生的系统动力学响应，发射过程动力学响应是发射动力学研究的主要内容。除考虑作为主要动力的发动机推力或弹射力外，发射过程动力学响应通常还需要考虑外部风载、动作机构作用载荷、燃气作用载荷以及由于导轨不平度等因素产生的诱导载荷等激励形式。

发射过程动力学响应主要关注内容包括弹体初始扰动、弹架让开距离、发射稳定性、发射装置作用载荷以及结构响应特性等。

（1）弹体初始扰动

弹体初始扰动通常指弹体离开定向器或发射箱时的沿发射坐标系的位置和姿态扰动，包括弹体质心的下沉量和偏移量、质心下沉速度和偏移速度、弹体俯仰角及其他姿态角、弹体俯仰角速度及其他姿态角速度等。弹体初始扰动对发射安全、弹上控制系统的设计指标均有着重要的影响，往往是发射动力学最为关注的内容。

影响弹体初始扰动的因素很多，包括发射方式、发射系统结构、发射状态、发射环境等。发射方式是影响初始扰动最为重要的因素之一，通常情况下，由于弹体姿态受重力分量的影响小，垂直发射初始扰动小于倾斜发射，同时离轨发射初始扰动小于非同时离轨发射。发射系统结构主要指结构布置形式的影响，包括起竖系统布局方式、导轨平直度、弹架配合间隙等。值得关注的是，在有些情况下，弹架配合形式会对初始扰动产生显著影响，如图 1. 2. 14 所示。图 1. 2. 15 给出了由弹体与发射箱闭锁结构配合间隙引起的滚转扰动状态。合理地设置配合方式是避免同类扰动的重要内容。发射状态主要指发射高低角及方位角，发射环境主要指当地海拔、温度、阵风等环境条件。一般情况下，发射状态对初始扰动的影响采用典型状态进行分析，发射环境对初始扰动的影响采用极限散布形式进行分析。

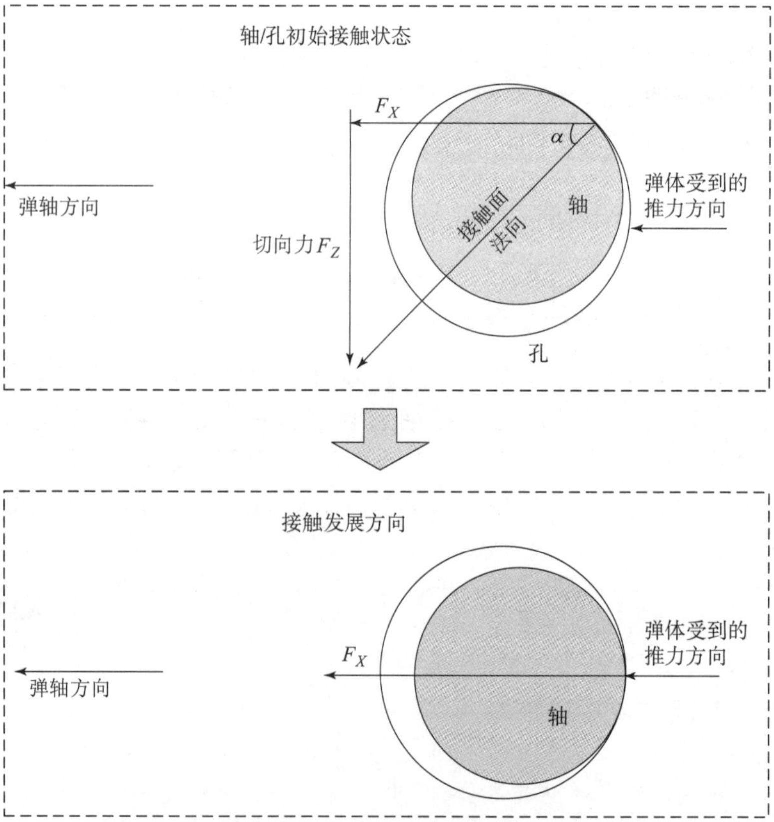

图 1. 2. 14　弹架轴孔配合对初始扰动的作用过程示意

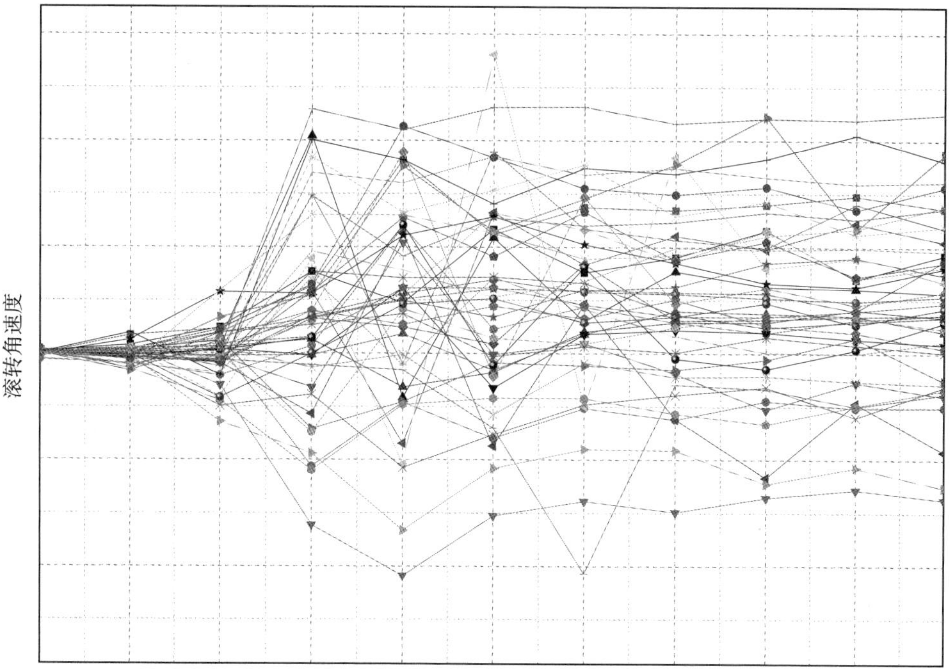

图 1.2.15 弹体滚转角速度初始扰动示例

(2) 弹架让开距离

弹架让开距离通常在同时离轨发射方式中进行考察。为避免非同时离轨弹体俯仰姿态角产生较大扰动，同时，离轨发射方式使弹体与发射箱之间的前后支承同步解除，如图 1.2.16 所示，此时还有部分弹体位于发射箱内或发射导轨上部，弹体在重力作用下的下沉和发射箱载荷卸除后回弹，使得弹体与发射箱之间存在较大的碰撞干涉风险。为避免碰撞干涉影响发射安全，针对同时离轨发射方式，需要对弹架间的最小让开距离进行深入的计算分析。

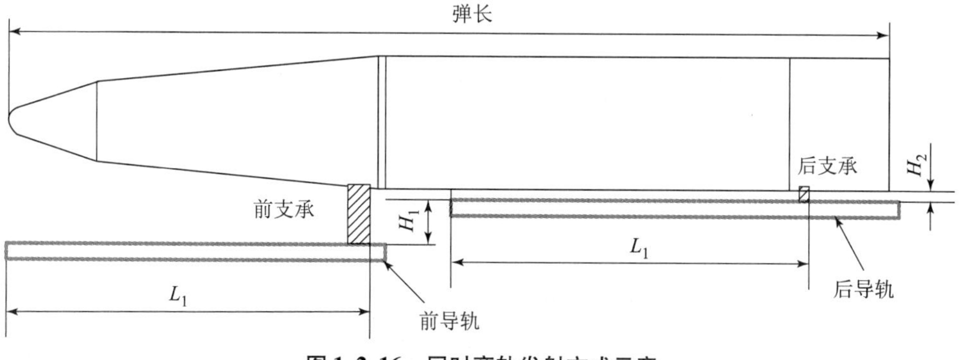

图 1.2.16 同时离轨发射方式示意

弹架让开距离除受重力分量影响外，也会受到发射系统动力学响应的影响，主要体现为弹体的下沉初始速度和发射箱体回弹两个方面。前者主要指弹体在发射箱内运动时，质心前移引起发射箱和间体呈整体低头趋势，弹体在离轨瞬间会具有一定的下沉初速；后者主要指弹体载荷从发射箱上释放后，发射箱体快速回弹。结合多体动力学分析综合考察多种因素对让开距离的影响，是保证同步离轨发射安全的重要内容。图 1.2.17 给出了实际测量获得的弹箱下沉反弹曲线，可以较清晰地看到两种位移变形情况。

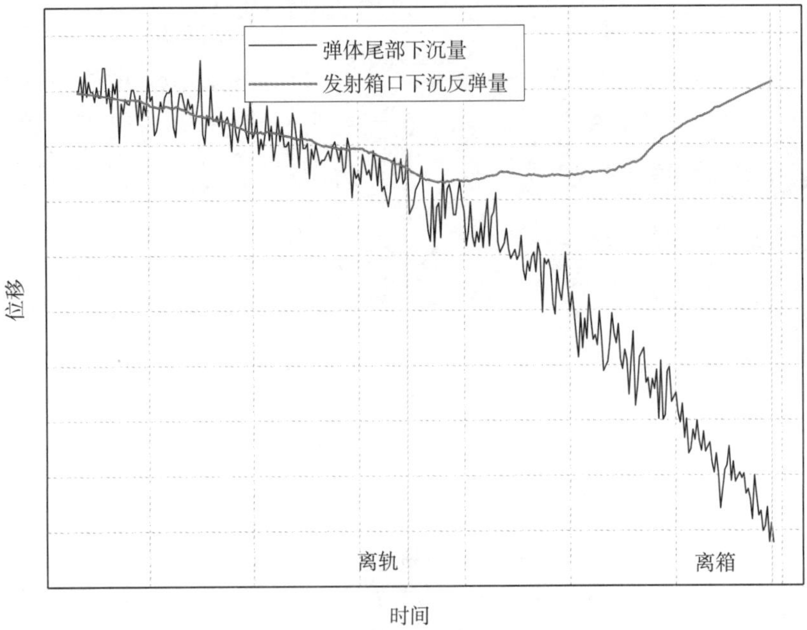

图 1.2.17　同时离轨发射方式示意

（3）发射稳定性

发射稳定性重点关注发射过程中载体的稳定状态，避免过大的作用载荷引起载体倾覆。当弹体质量远小于载体质量时，发射过程对载体的稳定性影响较小；但当弹体质量和载体质量差别不大时，如轻型导弹发射（图 1.2.18）、大型战略武器发射、无人机载发射等，需要对发射稳定性进行深入的考察和分析。

图 1.2.18　轻型导弹发射装置示例

影响发射稳定性的因素主要来自两方面，一是弹体运动质心前移引起的发射系统载荷变化，二是燃气流作用在发射系统迎风面上产生的冲击载荷。在研究分析时，通常需要结合燃气流动冲击状态和动力学响应模型进行综合考察。

（4）发射装置作用载荷以及结构响应

火箭导弹发射过程中产生的作用载荷不但对发射系统稳定性有影响，也对发射装置结构刚强度有着较大影响。从结构设计出发，考察发射过程动态载荷特性，同样是发射动力学关注的内容。发射装置作用载荷与结构响应往往结合刚柔耦合模型或机构动力学进行考察，这里对此不做详细介绍。

（二）运输动力学响应特性

运输动力学响应主要考察发射装置弹架系统在运输过程中的结构响应及振动特性。结构响应既包含系统结构在运输激励下的刚度和强度状态，也包含系统的位移及过载状态等；振动响应主要考察系统振动频率和幅值状态。

火箭导弹武器系统具有多种不同的运载平台，如图 1. 2. 19 所示。依据车载、舰载、潜载、机载以及铁路运输等不同的运载平台，运输动力学响应特性有着不同的考察重点和研究方法。比如，在车载运输过程中，往往考察路面不平度引起的弹架系统振动响应情况；在舰载或潜载运输过程中，通常关注弹架系统在横摇、纵摇以及垂荡等状态下的振动响应情况；而在列车运输中，重点考察碰撞条件下极限过载以及约束机构的安全性等内容。针对不同类型的运输平台，研究时需要结合相应的运输规范和激励条件等进行考察分析。

(a) (b) (c) (d)

图 1. 2. 19 不同发射载体平台示例

（a）车载发射平台；（b）舰载发射平台；（c）列车机动发射；（d）机载发射平台

发射系统运输动力学响应可采用结构动力学模型进行研究，也可采用多体动力学模型进行研究。在采用多体动力学模型进行研究时，通常将系统简化为多个通过弹性元件、阻尼元件、惯性元件以及可变形结构组成的系统，通过施加基础激励的形式进行考察和分析，如图 1. 2. 20 所示。

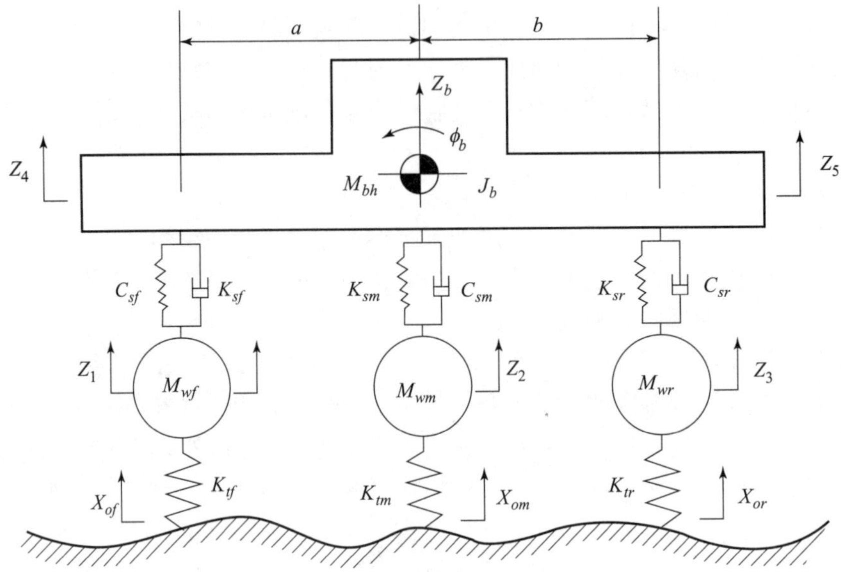

图 1.2.20　车载运输动力学分析模型示例

（三）操作瞄准动力学响应特性

操作瞄准动力学响应主要指火箭导弹发射系统在调平、起竖、回转等动作过程中的响应特性。与发射过程和运输过程不同，操作瞄准过程除考察发射系统在动作驱动装置作用下的运动和过载状态外，还需要关注控制系统的状态和动作机构的响应特性。

这里以车载发射装置起竖过程为例，对操作瞄准动力学响应分析进行简要介绍。图 1.2.21 给出了车载发射装置起竖原理，在起竖负载、起落架和底盘车之间有一个旋转自由度，通过多级液压缸或电动缸驱动起竖负载，起落架绕起竖转轴旋转，实现发射装置的起竖和回平，完成发射状态和行军状态的转换。在进行起竖过程动力学分析时，需要建立由发射车体、起竖负载以及动作机构构成的多体系统模型，还需要建立多级液压缸或电动缸的动作响应模型和起竖过程的控制模型。

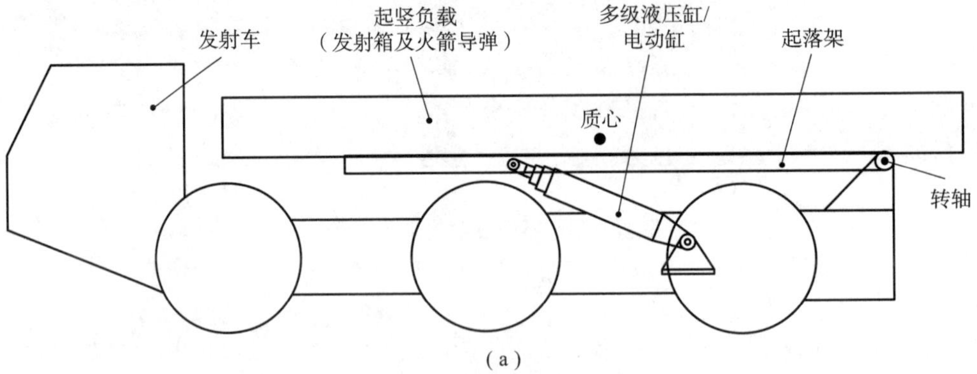

（a）

图 1.2.21　车载垂直起竖装置原理示意

（a）行军状态

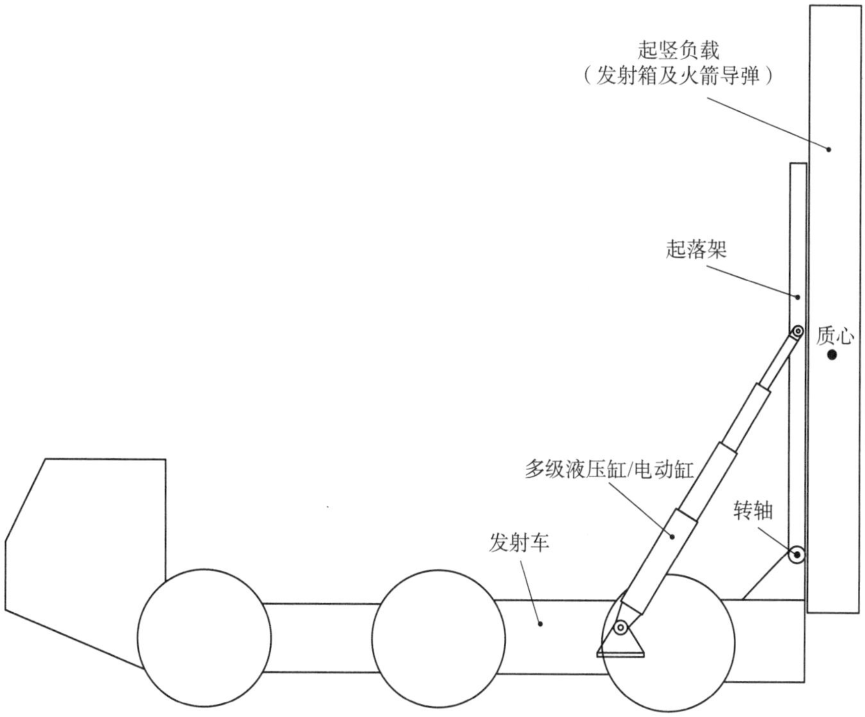

（b）

图 1.2.21 车载垂直起竖装置原理示意（续）

（b）发射状态

（四）典型机构响应特性

这里的典型机构响应特性主要指发射过程中经常受到关注的动作机构的响应状态，包括闭锁挡弹结构、插拔机构、密封盖结构以及弹射系统的缓冲止动结构等。典型机构的正常动作和响应是保证可靠发射的基础，因此，典型机构响应同样是发射动力学关注的重要内容。

闭锁挡弹结构在发射系统中具有重要作用，主要具有两项功能：一是在火箭导弹贮运过程中可靠锁紧弹体，避免过载条件下对弹体的约束失效；二是在发射时能够快速、可靠解锁，保证火箭导弹顺利地发射。闭锁挡弹结构具有多种不同的结构形式，并在解锁过程中伴随着局部结构的变形或失效，因此往往需要结合结构动力学和多体动力学进行综合分析。

插拔机构主要提供弹上电气系统与发射装置电气接口的连接，并在发射过程中能够实现弹上接口的有效脱离。插拔机构通常采用斜插结构或连杆结构，由弹体运动驱动机构动作实现电气接口的运动分离。

密封盖结构同样具有两项功能：一是在贮运过程中能够对发射箱实现有效密封，保护弹体；二是在发射过程中能够快速开启，保证弹体运动通道的畅通。依据密封盖的开启方式，可分为多种不同的形式，包括电气驱动开盖形式、爆炸螺栓或导爆索形式、激波开盖形式、弹头冲击破盖形式以及易碎盖形式等。密封盖动力学特性分析不但关注其开启动作的可靠性，往往还需要关注密封盖开启分离后的飞行状态和散布范围，避免盖体与弹体的相互干涉，也为发射安全区域划分提供依据。

弹射系统缓冲止动结构主要用于冷弹发射动作机构的缓冲和止动，如提拉缸止动、燃气隔离尾罩止动等。缓冲止动结构往往伴随吸能结构的大变形或失效破坏，因此也需要结合结构动力学和多体动力学进行综合分析。

（五）水下发射横向动力学特性

水下发射横向动力学是一类较为特殊的动力学状态，主要考察潜载导弹发射过程中发射筒结构、导弹以及横向来流相互作用下的动力学状态，包括发射筒内减振或适配结构变形响应、导弹质心运动和姿态变化、导弹典型截面承受弯矩载荷等。水下发射横向动力学响应往往涉及多相流动、多体运动以及结构变形等状态，往往需要耦合多种方法及模型进行综合分析。

思 考 题

1. CAE 技术常见的分析方法有哪些？其基本思路是什么？开展 CAE 分析的一般流程有哪些环节？

2. 火箭导弹发射时，由火箭发动机喷出的燃气流动具有哪些典型特征和效应？这些效应主要在哪些领域受到关注或应用？

3. 发射装置结构刚强度分析和动态特性分析考察的重点分别是什么？

4. 发射过程动力学分析、运输过程动力学分析和操作瞄准动力学分析有何差异？各自关注的重点有哪些？

第 2 章

发射气体动力学数值模拟基础

2.1 发射气体动力学模型及方程

2.1.1 气体流动的基本变量及特性

流体力学大类领域中包含着众多的学科分支，常见的如水动力学、空气动力学、气体动力学等。发射气体动力学属于气体动力学的一个专门的应用领域，主要考察与飞行器或航天器发射相关的气体动力学状态。相对于其他流体力学学科门类，气体动力学不但需要考虑一般流体力学的流动性、黏性等状态，还需要考察气体的可压缩性及热学特性等属性。本节从基本变量入手，对气体流动变量、特性及分类等进行介绍。

（一）气体流动的基本变量

气体流动基本变量通常指描述气体流动状态的独立变量，一般包括压强、密度、温度、速度等。

（1）压强

对流场中的某一点，其压强指在任意流体微团的表面 s 上，围绕 A 点取一微面积 Δs，设垂直于 Δs 作用有外力合力 Δp，则 A 点的压强定义为下列极限值

$$p = \lim_{\Delta s \to 0} \frac{\Delta p}{\Delta s} \tag{2.1.1}$$

在任一给定的瞬间，流体中任一给定点上的压强完全由函数 $p = f(x, y, z, t)$ 所确定，并可由它求解出来。

压强在国际单位制中的单位定义为 N/m^2 或者 Pascal（帕斯卡），记作 Pa（帕）。在很多情况下，会采用一个大气压力 $1.013\,25 \times 10^5$ Pa 作为参考压强，压强与参考压强的差值称为表压（Gauge Pressure），有时也称相对压力。

（2）密度

流体密度定义为单位体积内所含物质的多少。在连续介质假设前提下，物体中某一点密度定义为：在流体中围绕 A 点取出任一体积 ΔV，其中的质量为 Δm，则 A 点的密度定义为下列极限

$$\rho = \lim_{\Delta V \to 0} \frac{\Delta m}{\Delta V} \tag{2.1.2}$$

单位质量流体所占有的容积称为比容，它正好与密度的定义相反，二者互为倒数，即

$$v = \frac{1}{\rho} \tag{2.1.3}$$

（3）温度

温度是表示物体冷热程度的物理量，微观上来讲是物体分子热运动的剧烈程度。温度只能通过物体随温度变化的某些特性来间接测量，而用来量度物体温度数值的标尺叫温标。它规定了温度的读数起点（零点）和测量温度的基本单位。目前国际上用得较多的温标有华氏温标（℉）、摄氏温标（℃）、热力学温标（K）和国际实用温标。在气体动力学计算中，所有温度都取成用热力学温标表示的绝对温度。

（4）速度

一般情况下，流体速度是指气体或液体流质点在单位时间内所通过的距离，也即质点在某瞬时的运动方向和运动快慢的矢量。在流体力学中，通常采用欧拉坐标描述流体速度，表示的速度则是指在某瞬时 t 空间位置 (x,y,z) 所在的流体质点速度，该速度主要与时间和空间位置有关，通常表示为 $V(x,y,z,t)$。

（二）气体流动的广延变量

在流动过程中，气体的压强、温度、密度、速度等由其流动状态决定，通常称为基本变量。而在考察和分析过程中，往往涉及一些由基本变量决定的其他状态变量，在应用中通常称这些变量为广延变量。常见的广延变量包括：

（1）比热

单位质量气体温度升高 1 ℃时所需加进的热量叫作比热。一般情况下，加热时气体的压强和比容都在变。定压加热所得的比热叫定压比热，即

$$c_p = \left(\frac{\mathrm{d}q}{\mathrm{d}T}\right)_p \tag{2.1.4}$$

式中，c_p 为定压比热；$\mathrm{d}q$ 为定压过程中向单位质量气体所加进的微热量；$\mathrm{d}T$ 为定压过程中单位质量气体的微温升。

同理，定容加热所得的比热叫定容比热，即

$$c_V = \left(\frac{\mathrm{d}q}{\mathrm{d}T}\right)_V \tag{2.1.5}$$

由于定容加热时，所加热量全部变为气体的比内能 e，所以

$$\mathrm{d}q = \mathrm{d}e = c_V\mathrm{d}T \tag{2.1.6}$$

（2）比内能

气体分子运动论指出，气体在不发生热离解和电激化的情况下，其内能由四部分能量组成，即分子的平均移动能、分子的旋转动能、分子内部的原子振动能和分子间作用力所形成的位能。前三种能量都是温度的函数，后一种取决于比容。对于完全气体，由于忽略分子间的作用力，即无位能，故

$$e = f(T) \tag{2.1.7}$$

（3）比焓

在热力学中，比内能 e 和比压力能 pv 经常同时出现，因此，将此二项合起来用另一状态参数 h 代表，称为比焓（或比热焓），即

$$h = e + \frac{p}{\rho} \tag{2.1.8}$$

由热力学第一定律

$$dq = de + pd\left(\frac{1}{\rho}\right) = de + d\left(\frac{p}{\rho}\right) - \frac{1}{\rho}dp \tag{2.1.9}$$

则有

$$dq = dh - \frac{1}{\rho}dp \tag{2.1.10}$$

当压强不变时，为

$$dq = c_p dT = dh \tag{2.1.11}$$

（4）比热比

比热比指定压比热与定容比热的比值，用符号 k 表示，即

$$k = c_p / c_V \tag{2.1.12}$$

k 也称为绝热指数或等熵指数。

通常情况下，定压比热 c_p 和定容比热 c_V 只是温度的函数，且在一定温度范围内可视作常数，于是有

$$\int_{e_0}^{e} de = c_V \int_0^T dT,\ e = c_V T;\ \int_{h_0}^{h} dh = c_p \int_0^T dT,\ h = c_p T$$

对于完全气体，结合比焓定义 $h = e + RT$，有

$$c_p - c_V = R$$

$$c_p = \frac{k}{k-1}R,\ h = \frac{k}{k-1}RT \tag{2.1.13}$$

$$c_v = \frac{1}{k-1}R,\ e = \frac{1}{k-1}RT$$

（5）熵

物质在可逆变化过程中，对系统加入的热量 dQ 与当时的绝对温度 T 之比被规定为该系统的熵增量，即

$$dS = \frac{dQ}{T} \tag{2.1.14}$$

式中，dS 为系统熵增量。对单位质量介质而言，上式转换为比熵增量，即

$$ds = \frac{dq}{T} \tag{2.1.15}$$

结合热力学第一定律，则有

$$dq = dh - \frac{1}{\rho}dp = c_p dT - RT\frac{dp}{p} \tag{2.1.16}$$

$$ds = c_p \frac{dT}{T} - R\frac{dp}{p} = c_p\left(\frac{dT}{T} - \frac{k-1}{k}\frac{dp}{p}\right) \tag{2.1.17}$$

$$s = c_p \ln\left(\frac{T}{p^{\frac{k-1}{k}}}\right) + \text{const} \tag{2.1.18}$$

（三）气体流动的典型特性

气体流动具有多种属性，包括流动性、可压缩性、黏性、导热性等。在有些条件下，这些属性对流动状态具有显著影响，而在有些情况下，这些属性对流动影响较小，在实际应用中，往往需要结合流动状态考察气体流动特性。

（1）流动性

与其他流体相同，气体所具有的一个最基本的属性就是流动性。所谓流动性，是指在任意小的剪切力作用下，流体总是连续不断地变形，直到剪切力消失才停止变形。流动性是流体区别于固体的主要标志。

（2）可压缩性

可压缩性一般采用体积压缩系数来定义，即流体被增加一个单位的压强，其体积的相对变化量，可表示为

$$\beta = -\frac{\mathrm{d}V}{V\mathrm{d}p} = \frac{\mathrm{d}\rho}{\rho\mathrm{d}p} \tag{2.1.19}$$

气体体积压缩系数的倒数称为气体体积弹性模量，表征气体弹性，表示为

$$E = \frac{1}{\beta} \tag{2.1.20}$$

（3）黏性

流体运动时，流体内部抵抗其剪切变形的特性即称为黏性。流体黏性的物理本质是流体分子热运动的结果，一般说来，黏性的大小是随温度而变化的。但液体和气体两者随温度变化的趋势有所不同。液体的黏性来自分子之间的内聚力，当温度增高时，内聚力下降，抵抗剪切变形的能力也随之下降，黏性相应降低；气体的黏性来自相邻流层间分子动量交换，当温度增高时，分子运动加速，有助于动量交换，黏性反而增大。

黏性通常采用黏性系数来表达，即单位速度梯度作用下的剪切应力，可表示为

$$\tau = \mu\frac{\mathrm{d}u}{\mathrm{d}y} \tag{2.1.21}$$

式中，τ 为垂直于 y 轴的流体的剪切应力；μ 为流体的黏性系数（通常称为动力黏性系数）；$\mathrm{d}u/\mathrm{d}y$ 为垂直于流体运动方向的速度梯度。

在工程应用中，式（2.1.21）可以作为某种单向流动流体的黏性系数的测定方法，通过测定 τ 和 $u(y)$ 可以算出 μ。如果测得的 $\mu = \tau/(\mathrm{d}u/\mathrm{d}y) = \mathrm{const}$，则称这种流体为牛顿流体；如果 $\mu \neq \mathrm{const}$，则称该流体为非牛顿流体。

在流体力学中，由于经常出现 μ/ρ 的比值，故另用一个符号 υ 来表示，称为运动黏性系数，即

$$\upsilon = \frac{\mu}{\rho} \tag{2.1.22}$$

当压强不变时，不同温度下的气体动力黏性系数可根据萨瑟兰德公式估算

$$\mu = \mu_0\left(\frac{T}{T_0}\right)^{1.5}\frac{T_0 + C}{T + C} \tag{2.1.23}$$

式中，μ_0 为温度 T_0 时的动力黏性系数；C 为萨瑟兰德常数，取决于气体的种类。

实验证明，在压强不太高时，压强对 μ 的影响很小，当压强变化小于 10^6 Pa 时，可以认为 μ 不受压缩变化的影响。但一般说来，气体的 μ 随压强的增大而增大。当压强较高时，可以查询相关材料的特性曲线。

（4）导热性

流体不论是静止还是运动，只要其中的温度场不均匀，热量就会由高温处向低温处传递。在温度分布不均匀的连续介质中，仅仅由于其各部分直接接触而没有宏观的相对运动所

发生的热量传递称为热传导，气体的这种性质称为导热性。

一般来讲，绝大多数流体的导热性是各向同性的，其热传导规律遵从傅里叶定律，即

$$\dot{q} = -\lambda \frac{\mathrm{d}T}{\mathrm{d}n} \tag{2.1.24}$$

式中，$\dot{q}$ 为热流密度；λ 为导热系数；$\mathrm{d}T/\mathrm{d}n$ 为法向温度梯度。

导热系数反映了物质的导热能力，其量值的大小取决于流体的种类、温度和压强。工程中使用的各种物质的导热系数一般都是通过实验测定的，并制成图表以备查用。

（四）气体流动的量纲为 1 的参数

在不同流动状态下，气体流动特性及方程类型均呈现出不同的特性，为考察这些特性，通常会用到一些描述流动状态的量纲为 1 的参数，如马赫数、雷诺数、克努森数等，这里分别对其进行简要介绍。

（1）声速与马赫数

声速是指微小扰动在气体中的传播速度，通常用 a 表示。对于理想完全气体，声速在气体中的传播过程是一个等熵过程，其声速公式为

$$a = \sqrt{kRT} \tag{2.1.25}$$

式中，k 为气体比热比；R 为气体常数；T 为温度。由此可见，在非均匀的流场中，不同时刻，不同点上完全气体的声速大小和当时当地的温度有关，温度越高，声速越大。

当流动速度 v 大于 a 时，称为超声速流动；当流动速度 v 小于 a 时，称为亚声速流动。两类流动有着本质的不同。通常纲量为 1。

$$Ma = \frac{v}{a} \tag{2.1.26}$$

作为参考量，Ma 称为马赫（Mach）数。

（2）雷诺数

在流体理论中，当流体的黏性效应不可忽略时，将对应的流体称为黏性流体；当流体的黏性效应相对很小而可以被忽略时，将对应的流体当作无黏性的理想流体。在实际应用中，为表征黏性力对流动参数的影响程度，采用量纲为 1 的雷诺数度量黏性效应相对大小，即

$$Re = \frac{\rho VL}{\mu} = \frac{\text{惯性力}}{\text{黏性力}} \tag{2.1.27}$$

式中，Re 为雷诺数；ρ 为流体的密度；V 和 L 分别为流体的特征速度和特征长度；μ 为流体的黏性系数。

事实上，雷诺数不但是区分黏性流体和理想流体的主要参数，也是考察流动湍流状态的重要参数。当雷诺数较小时，流动通常为层流状态，而雷诺数增大至一定程度后，流动逐渐发展演变为湍流流动。

（3）克努森数（Knudsen number）

前文已经介绍，克努森数表示为分子平均自由程与流动特征尺度之间的比值，用于确定连续流、过渡流以及稀薄流等流域范围。依据其定义，克努森数可表示为

$$Kn = \frac{l}{L} = 1.255\sqrt{k} \cdot \frac{Ma}{Re} \tag{2.1.28}$$

式中，l 为气体分子运动自由程，分子运动论给出 $l = 1.255\sqrt{k} \cdot v/a$，此处 k 为气体的比热比，

υ 为气体运动黏性系数，a 为声速；L 为特征长度；Ma 为马赫数；Re 为雷诺数。

（五）典型流动状态及分类

流体流动的分类方式有很多，根据流体的物理属性或流动的结构，最常用的分类方式有：

（1）理想流体与黏性流体

如果忽略流体中流体黏性的影响，此时可以近似地把流体看成是无黏的，成为无黏流体，也叫作理想流体。这时的流动为理想流动，理想流体中没有摩擦，也没有耗散损失。事实上，真正的理想流体是没有的。但是在一定的情形下，至少在特定的流动区域中，某些流体的流动非常接近于理想流动的条件，在分析处理时可以当作理想流体。在理想流动中，所求解的控制方程组为不考虑黏性的欧拉方程组。如果黏性不能忽略，则是黏性流体，此时所求解的控制方程组为 Navier – Stokes 方程组。

在流体动力学理论中，划分理想流体与黏性流体的基准数不是直接采用流体黏性的大小，而是采用黏性效应的相对大小。度量黏性效应相对大小的是雷诺数。当雷诺数很大时，就表示黏性效应很小，在黏性效应很小的流域就可当作理想流体来处理。

在实际应用的附体流问题中，气体的黏性效应只显现在物面上的边界层（或称附面层）区域内以及物后的窄狭尾迹区内，在这些区域以外的流场都可认为是无黏性的。只要雷诺数很大，边界层足够薄，其位移厚度对无黏性外流的附加影响可忽略不计。这样，就可以不考虑边界层厚度的存在，认为物面外都是无黏性流场，这种处理方法的正确性已由大量实验和工程实践所证明。不过有些问题必须考虑边界层的存在，如研究物面受热问题、黏性阻力问题等。这时可将无黏外流与边界层关联起来求解而得到较完整较精确的流场参数。在数值计算的实际应用中，如果边界层的影响不可忽略，一般会选用黏性流体进行求解计算。

（2）可压缩流体与不可压缩流体

根据流体的密度 ρ 是否可视为常数，流体分为可压缩与不可压缩两大类。当密度 ρ 为常数时，流体为不可压缩流体，否则为可压缩流体。

一般来讲，液体是极难压缩的。如水的体积压缩系数 β 约为 3×10^5 psi，所以水的密度的微小改变，都需要很大的压强。而对于大气中的空气，在绝热压缩时的 β 约为 20 psi。因此，对于绝大多数问题来说，可以认为液体是不可压缩的，只有在研究声波在液体中的传播这类问题时，才需要考虑液体的可压缩性。

另外，气体通常被认为是可压缩流体，因为气体的密度很容易随着温度和压强变化。事实上，在低速气流中，压强和温度的变化都较小，不引起密度的大变化，这时密度仍然可以看作常数，这种气流也可视为不可压缩流动。但当速度更大时，就必须考虑气体的压缩性了。再有，结合可压缩性公式和声速公式 $a^2 = \mathrm{d}p/\mathrm{d}\rho$ 可得出

$$\beta = \frac{1}{\rho a^2} \tag{2.1.29}$$

由此可见，一般情况下，气流压缩性与气流的速度和声速密切相关，气流速度越大，压缩系数越大，反之越小；声速越大，气流越不容易压缩，反之越容易压缩。在这种情况下，经常采用马赫数来表征气体压缩性，当马赫数大于 0.3 时，气流压缩性就必须加以考虑。而在气流马赫数小于 0.3 时，可将气体当作不可压缩流体。

（3）层流与湍流

自然界中的流体流动状态主要有两种形式，即层流和湍流。层流是指流体流动是分层或

分片的；湍流则与之相反，在湍流中，速度分量在其平均值上还叠加有随机的湍流脉动，如图 2. 1. 1 所示。嵌入层流中的染料或墨水会显示出一条细线，而且总是由相同的流体质点组成。但在湍流中，染色会很快变粗，并且随着流动会和周围流体混合，能够观测到许多细丝和浑浊的流团逐渐变粗和弥散。

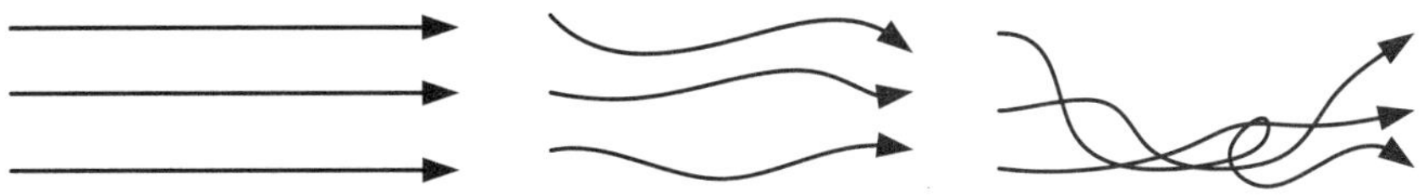

图 2. 1. 1　层流与湍流示意

那么如何确定流动是层流还是湍流呢？对于特定的流体，可由流动的速度和通道的形状或大小来确定。当流动速度变化时，流动速度往往会经过一个过渡状态，从层流变成湍流。在自然界中，层流和湍流都存在。不过湍流更为普遍。以圆管内的流动为例，当雷诺数 $Re \leqslant 2\ 300$ 时，管流一定为层流；$Re \geqslant 8\ 000 \sim 12\ 000$ 时，管流一定为湍流；当 $2\ 300 < Re < 8\ 000$ 时，流动处于层流与湍流间的过渡区。

一般来讲，湍流机理与流体的黏性耗散以及由此引起的流体扰动和稳定性相关，因此黏性效应一直存在于湍流中，但是被占优势的湍流剪切力所掩盖掉了。在一些数值计算分析中，理想流体的计算结果具有类似湍流的流动状态，这往往是由于数值黏性所带来的影响，而不是实际的湍流流动。

（4）定常流动与非定常流动

定常流动是指在空间的任何点上，流动中的物理量（如速度、压力、温度等）都不随时间改变，即 $\partial(\ )/\partial t = 0$；当流动的物理量随时间变化，即 $\partial(\ )/\partial t \neq 0$，则为非定常流动。

实际上，如果跟随单个流体质点来观察，则在流动过程中，该质点的物理量是可以变化的。但这并不影响对定常流动和非定常流动的定义。在流体力学中，经常关心的是在空间的特定点上发生了什么情况，而不去关心在任何特定的时间上是什么流体质点出现在这里。在这种意义上，定常流中的定常是指在空间的任何点上都没有参数随时间变化。即流体质点可以流走，但是在空间的任一点上，一个流体质点的特性就是所有流体质点到达该点时的特性。

（5）外部流动与内部流动

在很多时候，也可以根据流动的情况和形状分类。基本上存在两种流体形状或流动空间的类型：外部流动和内部流动，通常也可以简称为外流与内流。内部流动是指管道和渠道中的流动，以及类似的限制在一定结构中的流动，如火箭发动机的燃烧室流动和喷管流动。外部流动则是流过物体的流动，例如空气动力学中的绕流。

2. 1. 2　气体流动的控制方程

气体流动所遵循的规律由物理学三大守恒定律，即质量守恒定律、动量守恒定律和能量守恒定律规定。这三大定律对气体运动的数学描述就构成了流体力学的基本方程组——Navier－Stokes 方程组。在实际应用中，由于推导过程或表征方法的不同，控制方程往往具有不同的表达形式，但其物理意义并无实质差异。为增强对控制方程的理解，这里对几种不同形式的表达方式均进行阐述和介绍。

（一）微分形式的守恒型控制方程

微分形式的守恒型控制方程通常采用空间微团及邻域边界间的关系进行推导。依据微团边界上质量、动量和能量等不同的通量形式，分别建立不同的守恒方程。

（1）质量守恒方程

质量守恒方程又称连续性方程，任何流动问题都必须满足质量守恒定律。该定律可以表述为：单位时间内流体微元体中质量的增加，等于同一时间间隔内流入该微元体的净质量。按照这一定律，可以得出质量守恒方程为

$$\frac{\partial\rho}{\partial t}+\nabla\cdot(\rho\boldsymbol{V})=S_m \tag{2.1.30}$$

式中，ρ 为密度；t 是时间；$\boldsymbol{V}$ 是速度矢量；源项 S_m 是加入连续相的质量；∇为哈密顿算子，可表示为

$$\nabla=\frac{\partial}{\partial x}\boldsymbol{i}+\frac{\partial}{\partial y}\boldsymbol{j}+\frac{\partial}{\partial z}\boldsymbol{k} \tag{2.1.31}$$

因此质量守恒方程又可写为

$$\frac{\partial\rho}{\partial t}+\frac{\partial(\rho V_x)}{\partial x}+\frac{\partial(\rho V_y)}{\partial y}+\frac{\partial(\rho V_z)}{\partial z}=\frac{\partial\rho}{\partial t}+\mathrm{div}(\rho\boldsymbol{V})=S_m \tag{2.1.32}$$

（2）动量守恒方程

动量守恒定律也是任何流动系统都必须满足的基本定律，其本质是牛顿第二定律。该定律可表述为：微元体中流体的动量对时间的变化率等于外界作用在该微元体上的各种力之和。按照这一定律，可以得出在惯性坐标系中的动量守恒方程为

$$\frac{\partial(\rho\boldsymbol{V})}{\partial}+\nabla\cdot(\rho\boldsymbol{VV})=-\nabla p+\nabla\cdot\boldsymbol{\tau}+\rho\boldsymbol{g}+\boldsymbol{F} \tag{2.1.33}$$

式中，p 是流体微元体上的压强；$\boldsymbol{g}$ 和 $\boldsymbol{F}$ 分别代表作用在微元体上的重力体积力和其他外部体积力，也包含了其他模型的源项，如多孔介质、相间相互作用力等；$\boldsymbol{\tau}$ 是因黏性作用而产生的作用在微元体表面上的黏性应力张量，对牛顿流体，黏性应力与流体的变形率成比例，有

$$\boldsymbol{\tau}=\mu\left[(\nabla\boldsymbol{V}+\nabla\boldsymbol{V}^{\mathrm{T}})-\frac{2}{3}\nabla\boldsymbol{VI}\right]=\tau_{ij}=\mu\left[\left(\frac{\partial V_i}{\partial X_j}+\frac{\partial V_j}{\partial X_i}\right)-\frac{2}{3}\frac{\partial V_k}{\partial X_k}\delta_{ij}\right] \tag{2.1.34}$$

（3）能量守恒方程

能量守恒定律包含有热交换的流动系统必须满足的基本定律，其本质是热力学第一定律。该定律可表述为：微元体中能量的增加率等于进入微元体的净热流通量加上体积力与表面力对微元体所做的功。其方程形式为：

$$\frac{\partial(\rho E)}{\partial t}+\nabla\cdot(\boldsymbol{V}(\rho E+p))=\nabla\cdot(k_{\mathrm{eff}}\nabla T+(\tau_{\mathrm{eff}}\cdot\boldsymbol{V}))+S_h \tag{2.1.35}$$

式中，$E=h-\dfrac{p}{\rho}+\dfrac{V^2}{2}$ 代表流体微团的总能，即内能和动能之和；k_{eff}代表有效导热系数，方程中对应项表示由导热引起的能量传递；$\boldsymbol{\tau}_{\mathrm{eff}}$代表由黏性效应引起的能量耗散系数，对应项为由黏性耗散引起的能量传递；S_h 代表由于化学反应或其他因素产生的热源项。

（4）通用控制方程

从上述方程可以看出，气体流动的基本控制方程具有相似的表达形式，一般可表示为如下通用形式

$$\frac{\partial(\rho\phi)}{\partial t} + \nabla\cdot(\rho\boldsymbol{V}\phi) = \nabla\cdot(\Gamma\nabla\phi) + S \tag{2.1.36}$$

式中，从左到右依次代表瞬态项、对流项、扩散项和源项。对于特定的方程，所表示的物理量 ϕ、广义扩散系数 Γ 和广义源项 S 分别对应特别的形式。如当 $\phi = 1$ 时，表示质量守恒方程；当 $\phi = V$ 时，表示动量守恒方程；当 $\phi = E$ 时，表示能量守恒方程。对于这种通用的方程形式，可以设计通用的求解方法，只是对于不同的物理量，给定不同的表达式以适当的初始条件和边界条件。

（二）积分形式控制方程

将气体流动的守恒定律应用到空间中的任意微团，并考察微团内部守恒变量与界面通量间的关系，即可得到积分形式的流动控制方程。对于如图 2.1.2 所示任意微团 V，守恒物理量为 ϕ，界面 $\mathrm{d}S$ 上的物理量流动通量为 $\boldsymbol{F}$，界面法向量为 $\boldsymbol{n}$，微团内物理量的守恒方程可表示为

$$\frac{\partial}{\partial t}\iiint_V \phi \mathrm{d}V + \oiint_{\partial V} \boldsymbol{F}\cdot\boldsymbol{n} = 0 \tag{2.1.37}$$

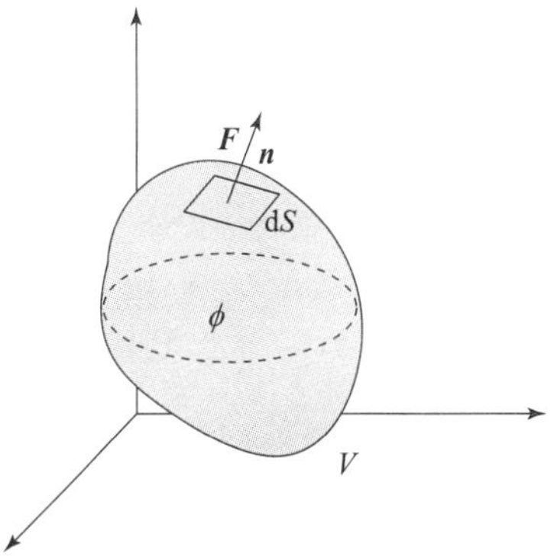

图 2.1.2　流体微团示意

利用高斯定理，将界面通量与法向量点乘的面积分表示为体积分形式，有

$$\iiint_V \left(\frac{\partial\phi}{\partial t} + \nabla\cdot\boldsymbol{F}\right)\mathrm{d}V = 0 \tag{2.1.38}$$

由于该模型方程对于所有微团均成立，可由其直接获得前述微分形式的通用方程，即

$$\frac{\partial\phi}{\partial t} + \nabla\cdot\boldsymbol{F} = 0 \tag{2.1.39}$$

这里忽略了源项的影响，当 $\phi = \rho$ 时，表示质量守恒方程；当 $\phi = \rho V$ 时，表示动量守恒方程；当 $\varphi = \rho E$ 时，表示能量守恒方程；$\boldsymbol{F}$ 表示为对应物理量的无黏通量项和黏性通量项。

（三）非守恒型控制方程

在前面所给出的各种基本方程中，所有物理量都出现在微分符号内，这种形式的方程称为守恒型控制方程，或控制方程的守恒形式（也称为散度型）。与非守恒形式控制方程相比，守恒型控制方程更能保持物理量守恒的性质，特别是在有限体积法中可方便地建立离散方程，因此得到广泛的应用。

事实上，通用形式守恒方程还可表示为如下形式

$$\rho\left(\frac{\partial\phi}{\partial t} + V\cdot\nabla\phi\right) = \nabla\cdot(\Gamma\nabla\phi) + S \tag{2.1.40}$$

上式即为通用控制方程的非守恒形式。从数学的角度，控制方程的守恒型与非守恒型是等价的。从物理的角度，守恒型方程出发点是控制体，边界形状不变，流体有入有出，控制体内的质量、动量和能量守恒；非守恒型方程的出发点是包含固定不变流体质点的微元体，跟踪微元体而得到的。

（四）矢量形式的控制方程

在气体动力学问题中，当采用理想气体状态方程或其他模型对控制方程进行封闭时，可对流动基本变量进行耦合求解。在这种情况下，通常将流动控制方程表示为矢量形式。当忽略体积力、外部热源等源项时，笛卡尔坐标下矢量形式的控制方程可表示为

$$\frac{\partial \boldsymbol{Q}}{\partial t}+\frac{\partial(\boldsymbol{F}_c-\boldsymbol{F}_v)}{\partial x}+\frac{\partial(\boldsymbol{G}_c-\boldsymbol{G}_v)}{\partial y}+\frac{\partial(\boldsymbol{H}_c-\boldsymbol{H}_v)}{\partial z}=0 \tag{2.1.41}$$

式中，$\boldsymbol{Q}$ 为守恒变矢量；$\boldsymbol{F}_c$、$\boldsymbol{G}_c$、$\boldsymbol{H}_c$ 分别为三个坐标方向的对流通量；$\boldsymbol{F}_v$、$\boldsymbol{G}_v$、$\boldsymbol{H}_v$ 分别为三个坐标方向的黏性通量，表示为

$$\boldsymbol{Q}=\begin{bmatrix}\rho\\ \rho u\\ \rho v\\ \rho w\\ \rho e\end{bmatrix}$$

$$\boldsymbol{F}_c=\begin{bmatrix}\rho u\\ \rho u^2+p\\ \rho uv\\ \rho uw\\ (\rho e+p)u\end{bmatrix}$$

$$\boldsymbol{F}_v=\begin{bmatrix}0\\ \tau_{xx}\\ \tau_{xy}\\ \tau_{xz}\\ u\tau_{xx}+v\tau_{xy}+w\tau_{xz}+q_x\end{bmatrix}$$

$$\boldsymbol{G}_c=\begin{bmatrix}\rho v\\ \rho uv\\ \rho v^2+p\\ \rho vw\\ (\rho e+p)v\end{bmatrix}$$

$$\boldsymbol{G}_v=\begin{bmatrix}0\\ \tau_{xy}\\ \tau_{yy}\\ \tau_{yz}\\ u\tau_{xy}+v\tau_{yy}+w\tau_{yz}+q_y\end{bmatrix}$$

$$\boldsymbol{H}_c=\begin{bmatrix}\rho w\\ \rho uw\\ \rho vw\\ \rho w^2+p\\ (\rho e+p)w\end{bmatrix}$$

$$\boldsymbol{H}_v = \begin{bmatrix} 0 \\ \tau_{xz} \\ \tau_{yz} \\ \tau_{zz} \\ u\tau_{xz} + v\tau_{yz} + w\tau_{zz} + q_z \end{bmatrix}$$

其中，应力项为

$$\tau_{xx} = \frac{2}{3}\mu\left(2\frac{\partial u}{\partial x} - \frac{\partial v}{\partial y} - \frac{\partial w}{\partial z}\right),\ \tau_{yy} = \frac{2}{3}\mu\left(2\frac{\partial v}{\partial y} - \frac{\partial u}{\partial x} - \frac{\partial w}{\partial z}\right)$$

$$\tau_{zz} = \frac{2}{3}\mu\left(2\frac{\partial w}{\partial z} - \frac{\partial u}{\partial x} - \frac{\partial v}{\partial y}\right),\ \tau_{xy} = \tau_{yx} = \mu\left(\frac{\partial u}{\partial y} + \frac{\partial v}{\partial x}\right)$$

$$\tau_{xz} = \tau_{zx} = \mu\left(\frac{\partial u}{\partial z} + \frac{\partial w}{\partial x}\right),\ \tau_{yz} = \tau_{zy} = \mu\left(\frac{\partial w}{\partial y} + \frac{\partial v}{\partial z}\right)$$

热流量与温度关系表示为

$$q_x = -\lambda\frac{\partial T}{\partial x},\ q_y = -\lambda\frac{\partial T}{\partial y},\ q_z = -\lambda\frac{\partial T}{\partial z}$$

（五）封闭性方程

值得关注的是，前文介绍气体流动的 6 个基本变量，包括压强、密度、温度和三个方向的速度，而前面给出的流动控制方程只有 5 个，即质量守恒方程、三个方向的动量守恒方程和能量守恒方程，控制方程本身是不封闭的。为了使控制方程封闭，需要加上封闭性方程。常用的封闭方程包括：

（1）状态方程

状态方程是表征流体压强、密度、温度等三个热力学参量的函数关系数，通常表示为如下形式

$$f(p,\rho,T) = 0 \tag{2.1.42}$$

不同流体模型具有不同的状态方程。对于连续流区的发射气体动力学问题，通常采用完全气体模型。完全气体是对低密度或中等密度真实气体的一个有效近似，它忽略了气体分子的体积以及气体分子间的内聚力，只考虑分子的热运动（平动、转动、振动）的内能。完全气体的热力学参数之间可以方便地用一个总的数学模型来描述，即

$$p = \rho RT = \rho\frac{R_0}{M}T \tag{2.1.43}$$

式中，p 为流体压强；ρ 为流体密度；T 为流体温度；R 为气体常数；R_0 为普适气体常数，也称为通用气体常数，$R_0 = 8\ 314\ \mathrm{J/(mol \cdot K)}$；$M$ 为摩尔质量。

（2）物性方程

在控制方程中引入气体广延变量或属性参数时，需要考虑这些广延变量或物性参数与基本变量间的关联关系，这类关系式称为物性方程，通常表示为

$$h = h(p,T);\ \mu = \mu(p,T);\ k = k(p,T)$$

（六）简化模型控制方程

在实际应用中，可依据流动问题的特性对控制方程进行简化，如前文提到的定常流动、理想流体、不可压缩流体等，常见简化控制方程包括：

(1) 欧拉方程

当流体黏性系数以及与它密切联系的导热系数都较小时，作为一种近似处理，可将流体视为理想流体，此时的流体控制方程为欧拉方程。不考虑体积力和外部热源，笛卡尔坐标下的欧拉方程可表示为

$$\frac{\partial \boldsymbol{Q}}{\partial t}+\frac{\partial \boldsymbol{F}_c}{\partial x}+\frac{\partial \boldsymbol{G}_c}{\partial y}+\frac{\partial \boldsymbol{H}_c}{\partial z}=0 \tag{2.1.44}$$

与 Navier - Stokes 方程相比，欧拉方程忽略了基本控制方程中的黏性通量项。

(2) 定常流动

当不考虑物理量随时间的变化情况时，可得到如下定常 Navier - Stokes 方程和定常欧拉方程

$$\frac{\partial(\boldsymbol{F}_c-\boldsymbol{F}_v)}{\partial x}+\frac{\partial(\boldsymbol{G}_c-\boldsymbol{G}_v)}{\partial y}+\frac{\partial(\boldsymbol{H}_c-\boldsymbol{H}_v)}{\partial z}=0 \tag{2.1.45}$$

$$\frac{\partial \boldsymbol{F}_c}{\partial x}+\frac{\partial \boldsymbol{G}_c}{\partial y}+\frac{\partial \boldsymbol{H}_c}{\partial z}=0 \tag{2.1.46}$$

(3) 不可压缩流动

对于液体或低速运动的气体而言，可以采用不可压缩近似，即 $\frac{\mathrm{d}\rho}{\mathrm{d}t}=0$。此时流动控制方程的非守恒形式为

$$\frac{\partial \phi}{\partial t}+V\cdot\nabla\phi=\nabla\cdot\left(\frac{\Gamma}{\rho}\nabla\phi\right)+S \tag{2.1.47}$$

对于不可压缩流动，通常可将能量方程与质量守恒方程以及动量守恒方程分开求解。

(4) 一维流动、平面流动与轴对称流动

在某些情况下，可以将控制方程简化为一维流动方程、二维平面流动方程或轴对称流动方程。以 $x-y$ 平面上的二维流动为例，忽略 z 方程上的对应项，可将不考虑体积力和外部热源的二维流动控制方程写为

$$\frac{\partial \boldsymbol{Q}}{\partial t}+\frac{\partial(\boldsymbol{F}_c-\boldsymbol{F}_v)}{\partial x}+\frac{\partial(\boldsymbol{G}_c-\boldsymbol{G}_v)}{\partial y}=0 \tag{2.1.48}$$

注意，式中 $\boldsymbol{Q}$、$\boldsymbol{F}_c$、$\boldsymbol{F}_v$、$\boldsymbol{G}_c$ 以及 $\boldsymbol{G}_v$ 需要转变为对应的二维形式。

(5) 其他简化形式

在理论分析或工程应用中，有时会利用物面附近的流动特性或扰动性质对流动控制方程进行简化。如抛物化的 Navier - Stokes 方程、速度势方程以及小扰动方程等。

众所周知，在物面附近的流动中，沿切线方向的耗散远小于沿法线方向的耗散，因此可把 Navier - Stokes 方程中包含沿主要流动方向的所有二阶导数项忽略，即可得到抛物化的 Navier - Stokes 方程。

当物体在理想流体中做亚临界飞行时，整个流场将是无旋的，即使当物体做跨声速飞行时，激波强度不大，整个流场也可近似地当作是无旋的。因此，尽管无旋流动是很特殊的流动，但具有很大的实用上的重要性。在无旋流动中，利用速度势建立控制方程，将使问题得到很大的简化。

如果研究的流场是由于在某个均匀流动中产生的微小扰动所引起的，可以应用小扰动假设而使问题得到简化，获得流动的小扰动方程。

2.1.3　控制方程的定解条件

气体流场中有六个基本变量，即速度的三个分量 v_x、v_y、v_z，压强 p，密度 ρ 和温度 T，在引入守恒方程和封闭性状态方程及物性方程后，模型方程是封闭的，但要求解它，还必须给出对应的初始条件和边界条件，也称为定解条件。事实上，从控制方程来看，尽管有着不同的表达形式，模型方程本身具有较为统一的形式。而自然界中存在的各种差异显著、状态复杂的流动现象，往往由不同的初始条件和边界条件决定。这里的初始条件指初始时刻所对应的流场中的各物理量，边界条件指任意时刻考察系统边界上物理量应满足的条件。

气体动力学控制方程是拟线性的偏微分方程，其时间导数项是线性的，而空间导数项常是非线性的，可见气体动力学的数值方法是偏微分方程数值解法的一部分。为更深入地认识流动控制方程的定解条件，这里结合偏微分方程的类型及性质，对定解条件进行介绍。

（一）偏微分方程的分类及性质

偏微分方程的分类法是为一般的二阶偏微分方程在独立坐标下建立的，考虑有 N 个独立变量（$x_1, x_x, \cdots, x_N$）的如下二阶偏微分方程

$$\sum_{j=1}^{N}\sum_{k=1}^{N} A_{jk}\frac{\partial^2\varphi}{\partial x_j \partial x_k} + H = 0 \tag{2.1.49}$$

式中，A_{jk} 为系数矩阵的元素，其中 $A_{jk} = A_{kj}$。方程可以按矩阵特征值分类，因此需要找到下列行列式的特征值 λ

$$\det[A_{jk} - \lambda \boldsymbol{I}] = 0 \tag{2.1.50}$$

这里的 $\boldsymbol{I}$ 是单位矩阵。分类规则是

①如有任一特征值 $\lambda = 0$，为抛物型方程。

②如所有特征值 $\lambda \neq 0$ 且同号，为椭圆型方程。

③如所有特征值 $\lambda \neq 0$ 且只有一个不同号，为双曲型方程。

多于两个独立变量的一阶偏微分方程，可类似写成矩阵形式，以获得系数矩阵的特征值。二阶偏微分方程或一阶、二阶偏微分方程的混合系统也可引入辅助变量，将二阶偏微分方程表示为一阶偏微分方程组再进行分类。

考虑如下拟线性偏微分方程组

$$\frac{\partial \boldsymbol{U}}{\partial t} + \boldsymbol{A}\frac{\partial \boldsymbol{U}}{\partial x_i} = \boldsymbol{F} \tag{2.1.51}$$

式中，$\boldsymbol{U} = [u_1 \quad u_2 \quad \cdots \quad u_n]^{\mathrm{T}}$；$\boldsymbol{A}$ 为 n 阶矩阵，同样可求出 $\boldsymbol{A}$ 的特征值 λ 来判断方程的类型。此时分类规则变化为

①当 n 个特征值全部为零时，称方程在（t，x_i）平面上为纯抛物型。

②当 n 个特征值全部为复数时，称方程在（t，x_i）平面上为纯椭圆型。

③当 n 个特征值全部为互不相等的实数时，称方程在（t，x_i）平面上为纯双典型；而当 n 个特征值全部为实数，但有部分为相等的实数时，称方程在（t，x_i）平面上为双曲型。

④当 n 个特征值部分为复数，部分为实数时，称方程在（t，x_i）平面上为双曲－椭圆型。

（二）偏微分方程的分类的意义

椭圆型方程对应物理上的平衡问题，如温度在固体材料内的定常态分布，固体物在给定载荷下的均衡应力分布以及定常的流体流动。椭圆型方程的模型可表示为如下 Laplace 方程

$$\frac{\partial^2 \varphi}{\partial x^2} + \frac{\partial^2 \varphi}{\partial y^2} = f(x,y) \quad [(x,y) \in D] \tag{2.1.52}$$

如果在解域的所有边界 ∂D 上规定因变量 φ 满足的条件（可以是第一类或第二类边值条件），则这个问题是适定的，即解存在且唯一；同时解稳定，即解连续依赖于定解条件或其他附属数据。此外，该类问题的内部解扰动使得解处处发生变化，扰动信号在内部向所有方向传播。所以即使边界上有间断，椭圆型方程描述的物理问题的解总是光滑的。

抛物型方程描述与时间有关的问题，伴随显著耗散。抛物型方程的模型是非定常扩散方程

$$\frac{\partial \varphi}{\partial t} = \alpha \frac{\partial^2 \varphi}{\partial x^2} \quad (0 < x < L; t > 0) \tag{2.1.53}$$

为使抛物型问题适定，需要规定初始条件，并且在整个 $t > 0$ 的时间规定所有边界的边界条件，这种类型的问题称为初边值问题。在解域上，某一时刻 t_1 的扰动只能影响 $t > t_1$ 以后的事件，因此，可认为解域上某一点的影响区域是有界的，可以采用步进的方法进行求解。另外，解随时间变化且在空间扩散，耗散作用保证内部解在时间 $t > 0$ 总是光滑的，即使初始条件含有间断。

双曲型方程与抛物型方程一样，都被用来描述发展问题。但与抛物型方程不同的是，双曲型方程一般出现在与时间有关，可忽略耗散的过程中，如波动方程或对流方程

$$\frac{\partial u}{\partial t} + a \frac{\partial u}{\partial x} = 0 \quad (0 < x < L; t > 0) \tag{2.1.54}$$

双曲型方程的典型特征是解域内存在不与主流方向垂直的特征线（抛物型问题只存在与主流方向垂直的特征线），因而具有如下性质：

①在特征线上，信息或扰动以特征速度沿特征线传播。

②双曲型方程也是步进问题，但解域内某点的依赖区域和影响区域由过该点的特征线决定。依赖区域外的扰动对该点无影响，而该点的扰动只对其影响区域产生作用。

③双曲型问题允许有所谓的弱解（间断或激波）存在，即解的一阶导数不连续。

从上文的描述可以看出，不同类型方程的定解条件有所不同，对于较为简单的问题，可以通过依赖区域的范围和特点确定定解条件。如果解域内部点的依赖区域包含初始条件或某个边界条件，则定解条件中应给出该初始条件以及对应的边界条件（对于流动方程这一类包含多个变量的问题，在某个边界上给出多少个条件才能使方程适定需要依据特征线性质确定，目前尚未完全解决）。模型方程的依赖域示意如图 2.1.3 所示。

综上，可以看出不同类型方程在描述问题类型、定解条件、解的性质等方面存在差异，这些方程的性质归纳见表 2.1.1。

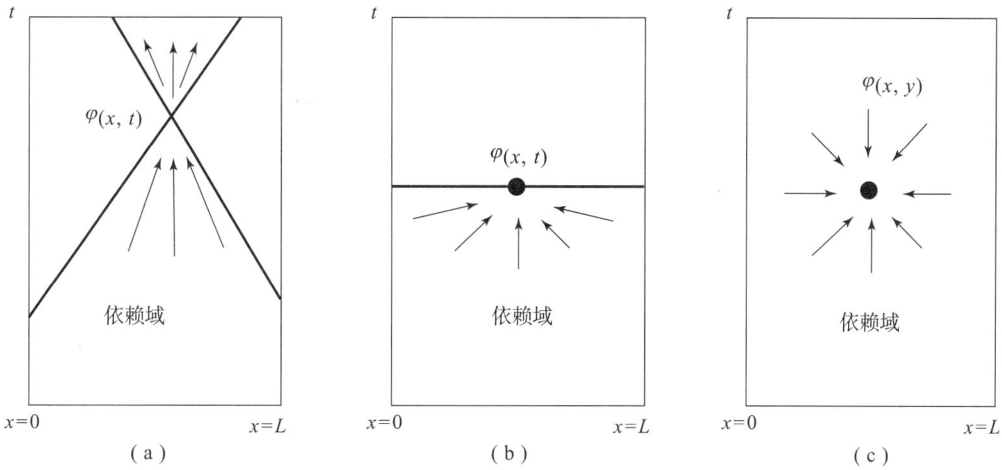

图 2.1.3　模型方程的依赖域

（a）双曲型；（b）抛物型；（c）椭圆型

表 2.1.1　模型方程的类型与特征

方程类型	椭圆型	抛物型	双曲型
物理意义	平衡问题或稳态问题，影响区域是椭圆的，与时间无关；是空间内的闭区域，又称边值问题	有耗散的发展问题。影响区域以特征线为分界，与主流垂直	无耗散的发展问题。影响区域由特征线决定
定解条件	边界条件	初值和边界条件	初值和边界条件
解域	闭域	开域	开域
解的光滑性	总是光滑	总是光滑	可以间断

（三）流动控制方程的分类及定解条件

流体流动的 Navier – Stokes 方程组和它的简化形式可以用上述矩阵法分类，这里仅列出其分类，见表 2.1.2。

表 2.1.2　流动方程的分类

方程类型	定常流	非定常流
Navier – Stokes 方程组	椭圆型	抛物型
欧拉方程组	$Ma<1$，椭圆型 $Ma>1$，双曲型	双曲型
边界层方程	抛物型	抛物型

从表 2.1.2 可以看出，无黏流动的欧拉方程与有黏流动的 Navier – Stokes 方程属于不同的类型。因为完全没有高阶（黏性）项，欧拉方程的分类取决于压缩性所起的作用，因而取决于马赫数 Ma 的大小。当 $Ma<1$ 时，压强能以大于流速的声速传播，能够影响到流动的上游区域；如果 $Ma>1$，流速大于扰动波传播的速度，压强不能影响上游方向的流动。在数值计算方法中，经常将 Navier – Stokes 方程中的黏性（耗散）项和对流项分开处理，黏性项

采用中心差分格式，对流项利用其双曲型特征构造上风离散格式。

对于非定常的流动与传热问题，定解条件包括初始条件和边界条件。初始条件就是在某一时刻给出速度、压力、密度、温度等的分布。对于定常问题，并不需要初始条件，但实际计算中对于非线性方程需要进行迭代，这一过程也可以看作某一非定常问题的渐近过程，因此将初始条件作为迭代的初值。关于边界条件容许范围的理论尚不成熟，这里结合物理概念和一些实践经验对其进行探讨。在流动与传热问题中，经常碰到的边界条件如图 2.1.4 所示。

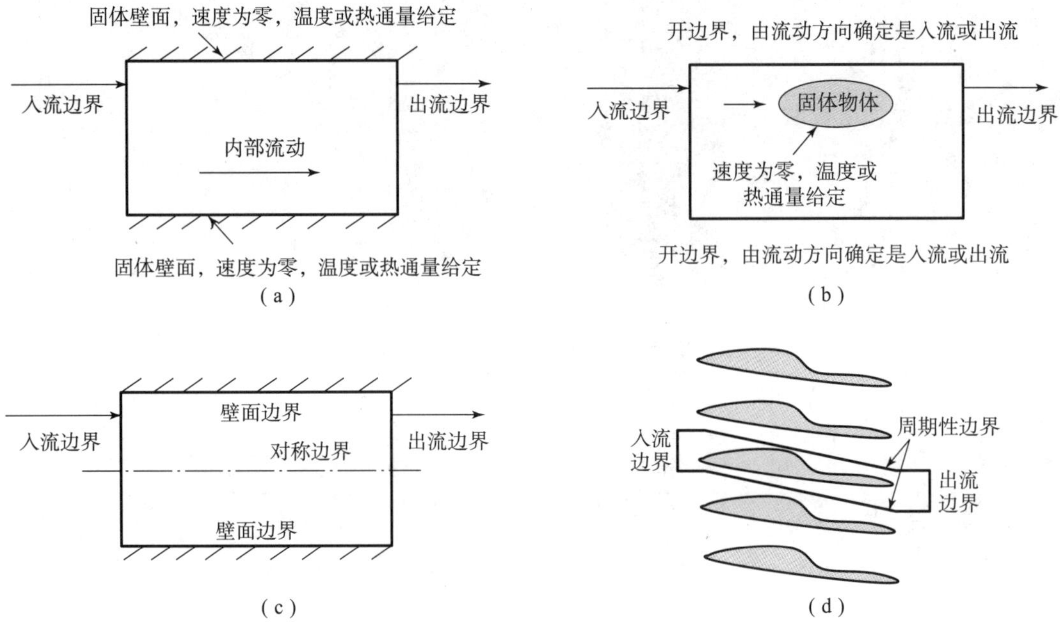

图 2.1.4　常见边界条件

（1）入流边界

不论是外流还是内流，入流边界应该给出流场各种参数的进口值，如压力、密度、速度、温度等。在实际应用中，部分参数由封闭性代数方程（如气体状态方程）相互关联，只需要给定部分参数即可确定其他的参数。如在压力入口条件下，只需要给定边界上的总温、总压以及静压即可（边界上的其他参数如密度、速度可由这些给定参数确定）。

（2）出流边界

在超声速流动出口，出流边界上的值可通过计算得到，不接受任何出流边界条件。但有些情况下，需要指定部分参数，或做一些人为的假定。如远离固体的高雷诺数外部流动或充分发展的内流出流，任一速度分量在越过边界的方向无变化，且有 $\tau_n = -p$ 和 $\tau_\tau = 0$（其中，n 和 τ 分别指边界外法向和切向）。在这种情况下，可给定出流边界上的一般条件：密度、压强、$\partial u_n/\partial n = 0$ 和 $\partial T/\partial n = 0$。在实际应用中，经常会将出流边界作为开边界，即略去耗散项并用特征分析的方法给定出口条件。

（3）开边界

开边界依据流动的特征确定边界为入流或出流，在对流动情况缺乏了解的情况下，很难确定开边界需要指定的边界参数。然而，在数值计算中，往往可以通过计算过程中所获得的已知流动情况确定开边界上的流动方向和流动特征，并据此指定边界参数。需要注意的是，数值计算中的这种处理方法虽然得到广泛应用并取得一定成功，但在有些情况下由于迭代过程中的流动情况并非真实的流动情况，由此指定的边界条件可能会引起迭代发散或产生非物理解。

（4）壁面边界

壁面是流场中最常见的边界。对于黏性流体，可认为壁面处流动速度与壁面该处的速度相同。当壁面固定时，流体速度为零。对于无黏性流体流动，则边界条件为滑移条件，即壁面上的流体对于壁面可以有相对切向滑移，但法向速度则需要相同。

除速度条件外，壁面上还应当给出温度条件。最常见的方法是给出壁面温度，并假定壁面处的流体温度与壁面温度相同；也可以给出壁面处的热流量大小，即给出 $\partial T/\partial n$ 的大小，最简单的条件为绝热条件，即 $\partial T/\partial n = 0$；比较复杂的条件是给出由于流体和固体在壁面处的温差引起的热交换，即给出 $\frac{\partial T}{\partial n} + \alpha T$ 的值。这三种不同的给法就是前面提到的导热微分方程的三类边界条件。

（5）对称边界

在流场内的流动及边界形状具有对称性时，可以在计算中设定使用对称边界条件。对称边界又包括轴对称边界和对称面边界。在对称边界上，法向速度为零，而且所有流动变量的通量为零，即对任意变量 ϕ，有 $\frac{\partial \phi}{\partial n} = 0$。

需要注意，对称边界除指计算域具有对称性外，流动现象也应具有对称性。

（6）周期性边界

在流场的边界形状和流场结构存在周期性变化特征时，可以采用周期性边界条件。周期边界是成对出现的，一般可将一侧周期边界看作另一侧周期边界的相邻边界。从这个假定出发，可以利用周期边界两侧的变量处理周期边界上的流动通量。

2.2　流动问题的数值计算

2.2.1　雷诺平均方法与湍流模型

目前流动的数值计算研究一般有三种方法，分别为直接数值模拟方法（DNS）、大涡模拟方法（LES）和雷诺平均方程方法（RANS）。

直接数值模拟方法通过直接求解流体流动的 Navier – Stokes 方程，得到流动的瞬时流场，即各种尺度的随机运动，从而获得流动的全部信息。但由于计算机条件的约束，目前只能限于一些低雷诺数的简单流动，还不能用于复杂的流动研究和工程应用。

大涡模拟是一种折中的方法，即将 Navier – Stokes 方程在一个小空间域内进行平均，以使从流场中去掉小尺度涡而导出大涡所满足的方程。小涡对大涡的影响会出现在大涡方程中，再通过建立亚格子尺度来模拟小涡的影响。但是仍然受计算机条件等的限制，要使之成为解决大量复杂流动问题和工程问题的成熟方法，仍有很长的路要走。

雷诺平均方法是解决流动问题和工程实际问题普遍采用的方法。该方法首先将满足动力学方程的瞬时运动分解为平均运动和脉动运动两部分，脉动部分对平均运动的贡献通过雷诺应力项来模化，然后依据湍流的理论知识、实验数据或直接数值模拟结果，对雷诺应力做出各种假设，形成各种经验或半经验的本构关系，从而使湍流的平均雷诺方程封闭。

在发射气体动力学中，往往需要考察包含复杂结构的大尺度流动状态，目前应用最广的数值计算方法还是计算量相对较小的雷诺平均方法。在一些前沿领域或需要采用高精度流动分辨率的应用中，也会采用大涡模拟方法或是大涡模拟与雷诺平均耦合方法进行发射气体动力学分析，如射流噪声分析、喷焰瞬态卷吸与复燃机理分析等。在本书中重点介绍雷诺平均方法，而其他计算方法及应用情况，读者可参考相关研究文献。

（一）雷诺平均方法

从原理上来说，Navier - Stokes 方程描述了完整的流动现象，其中也包含了湍流流动的所有现象。然而，湍流的尺度范围很广，湍流的最小尺度通常比其最大尺度小很多个量级，以目前的计算条件来讲，求解包含所有湍流的完整流场还存在很大的困难。在工程应用中，人们往往只关注流体流动的统计特性或平均特性，在这种情况下，雷诺平均方程在含湍流的计算中得到广泛应用。

雷诺平均就是把 Navier - Stokes 方程中的瞬时变量分解成平均量和脉动量两部分。对于速度，有

$$u_i = \bar{u}_i + u'_i \tag{2.2.1}$$

式中，$\bar{u}_i$ 和 u'_i 分别是平均速度和脉动速度。类似地，对于压力等其他标量，也有

$$\phi = \bar{\phi} + \phi' \tag{2.2.2}$$

式中，ϕ 表示标量，如压力、能量、组分浓度等。

对于密度变化的流动过程，需要采用法夫雷（Favre）平均进行处理。法夫雷平均就是除了压力和密度本身以外，所有变量都用密度加权平均。变量的密度加权平均定义如下

$$\tilde{\phi} = \overline{\rho\phi}/\bar{\rho} \tag{2.2.3}$$

式中，符号 ~ 表示密度加权平均，对应于密度加权平均值的脉动值用 ϕ'' 表示，有 $\phi = \tilde{\phi} + \phi''$。显然，这种脉动值的简单平均值不为零，但它的密度加权平均值等于零。

把上面的表达式代入瞬时连续性方程、动量方程和标量输运方程，并取平均（去掉平均速度上的横线），可以获得其在笛卡儿坐标系下的张量形式：

$$\frac{\partial \rho}{\partial t} + \frac{\partial}{\partial x_i}(\rho u_i) = 0 \tag{2.2.4}$$

$$\rho\left[\frac{\partial u_i}{\partial t} + \frac{\partial}{\partial x_j}(u_i u_j)\right] = \frac{\partial p}{\partial x_i} + \frac{\partial}{\partial x_j}\left[\mu\left(\frac{\partial u_i}{\partial x_j} + \frac{\partial u_j}{\partial x_i}\right) - \frac{2}{3}\delta_{ij}\frac{\partial u_l}{\partial x_l}\right] + \frac{\partial}{\partial x_j}(-\rho\,\overline{u'_i u'_j}) \tag{2.2.5}$$

$$\frac{\partial \phi}{\partial t} + \frac{\partial}{\partial x_j}(\phi u_j) = \frac{\partial}{\partial x_j}\left(\Gamma\frac{\partial \phi}{\partial x_j}\right) + \frac{\partial}{\partial x_j}(-\overline{u'_i u'_j}) \tag{2.2.6}$$

上面的方程称为雷诺平均的 Navier - Stokes（RANS）方程，它们和瞬时 Navier - Stokes 方程有相同的形式，只是速度或其他求解变量变成了时间平均量，并多出表示雷诺应力的 $\rho\,\overline{u'_i u'_j}$ 项和湍流标量输运的 $\overline{u'_i u'_j}$ 项。

为求解上述雷诺方程，必须模拟雷诺应力和湍流标量输运项，以使方程封闭。在实际应用中，通常的方法是采用 Boussinesq 仿照分子黏性的思路提出的涡黏性封闭模式。该模式认为雷诺应力与平均速度应变率成正比，表达式如下

$$-\rho\,\overline{u_i'u_j'} = \mu_t\left(\frac{\partial u_i}{\partial x_j}+\frac{\partial u_j}{\partial x_i}\right)-\frac{2}{3}\left(\rho k+\mu_t\frac{\partial u_i}{\partial x_i}\right)\delta_{ij} \tag{2.2.7}$$

在该模式中，当平均速度应变率确定后，雷诺应力只需通过确定一个涡黏性系数（也称湍流黏性系数）就可完全确定，并且涡黏性系数各向同性，可以通过附加的湍流量来模化，比如湍动能 k、耗散率 ε、比耗散率 ω 等。

（二）常用湍流模型

根据引入的湍流量不同，可以得到不同的涡黏性模式。为使控制方程封闭，引入多少个附加的湍流量，就要同时求解多少个附加的微分方程。根据求解的附加微分方程的数目，一般将涡黏性模式划分为三类：零方程模型、一方程模型和两方程模型。对于湍流的热量、质量和其他标量特性的湍流输运项可采用相似的方法处理。

（1）零方程模型

所谓零方程模型，就是试图直接用平均流动物理量获得涡黏性系数 μ_t，而不引入任何湍流量。例如，Prandtl 的混合长度理论就是一种零方程模型，Prandtl 认为湍流黏性系数与速度梯度成正比，其形式为

$$\mu_t = l_m^2\left|\frac{\partial u}{\partial y}\right| \tag{2.2.8}$$

在不可压缩流体中，忽略湍动能项对雷诺应力的影响，雷诺应力可表示为

$$-\rho\overline{u_i'u_j'} = \mu_t\left(\frac{\partial u_i}{\partial x_j}+\frac{\partial u_j}{\partial x_i}\right) = l_m^2\left|\frac{\partial u}{\partial y}\right|\frac{\partial u}{\partial y} \tag{2.2.9}$$

在零方程模型中，雷诺应力完全由当时的平均流场参数的代数关系式所决定，对于平均流场的任何变化，都立刻为当地的湍流所感知，这表明零方程模型是一个平衡态模型，即假定湍流运动处于与平均运动的平衡之中。实际上，对大多数湍流运动并非如此。

在实际流动中，靠近壁面处湍流脉动受到很大抑制，含能涡的尺度减小很多，因此湍流脉动长度也减小很多；另外，在边界层外缘，湍流呈间歇状，质量、动量和能量的输运能力大大下降，即湍流的扩散能力减小。这样，在这两个不同区域中应用混合长度理论来确定涡黏性系数应该有不同的形式，也就是目前零方程模型中应用最为广泛的 Baldwin - Lomax（BL）模型，即

$$\mu_t = \begin{cases}(\mu_t)_{\text{in}} & (y \leqslant y_c)\\ (\mu_t)_{\text{out}} & (y > y_c)\end{cases} \tag{2.2.10}$$

式中，y_c 为内外黏性系数相等时的最小距离 y 值。

计算实践表明，只要流动是附体的，零方程模型一般都可以较好地确定压强分布；但是摩阻和传热率的估算却不够准确，特别是当流动有分离和再附着时。总之，对附体流动，如果只关心压强分布，应用零方程模型通常可以给出满意的结果，而且应用简便。但对于计算摩阻的需求，零方程模型就不能满足要求。对于有分离或回流的流动，零方程模型是不适用的。

（2）一方程模型

与零方程模型不同，一方程模型不需要分为不同模式，而是须要对整个流场求解一组偏微分方程。一般来讲，一方程模型和两方程模型中的偏微分方程都可写成如下形式

$$\frac{\partial}{\partial t}(X) + u_j\frac{\partial}{\partial x_j}(X) = S_P + S_D + D \tag{2.2.11}$$

式中，S_P 是“产生”源项；S_D 为“破坏”源项；D 表示扩散项。

常用的一方程模型为 Baldwin - Barth 湍流模型（简称 BB 模型）和 Spalart - Allmaras 模型（简称 SA 模型）。BB 模型求解的是一个湍流雷诺数项 R_{et} 的方程；而 SA 模型求解的是一个有关运动涡黏性的变量的方程，这里不详细列出其表达形式，感兴趣的读者可参阅相关文献。

从适用性上看，BB 模型适用性较差。而对于 SA 模型，尽管对于射流类湍流的计算精度不令人满意，但其他类自由剪切湍流的计算精度很好。同样，对于分离湍流，SA 模型也有较好的精度，因此在机翼和翼型等领域得到广泛的认可。

（3）标准 $k-\varepsilon$ 模型

$k-\varepsilon$ 模型是最广为人知和应用最广泛的两方程涡黏性模型，并发展了不同版本的 $k-\varepsilon$ 模型，可参见各种文献。

$k-\varepsilon$ 模型最初的发展是为了改善混合长度模型以及避免复杂流动中湍流长度的代数表示。它求解两个湍流标量 k 和 ε 的输运方程。k 方程表示湍动能输运方程，ε 方程表示湍动能的耗散率的输运方程。标准 $k-\varepsilon$ 方程可表示为如下形式

$$\rho\frac{\mathrm{d}k}{\mathrm{d}t}=\frac{\partial}{\partial x_i}\left[\left(\mu+\frac{\mu_t}{\sigma_k}\right)\frac{\partial k}{\partial x_i}\right]+G_k+G_b-\rho\varepsilon-Y_M \tag{2.2.12}$$

$$\rho\frac{\mathrm{d}\varepsilon}{\mathrm{d}t}=\frac{\partial}{\partial x_i}\left[\left(\mu+\frac{\mu_t}{\sigma_\varepsilon}\right)\frac{\partial \varepsilon}{\partial x_i}\right]+C_{1\varepsilon}\frac{\varepsilon}{k}(G_k+C_{3\varepsilon}G_b)-C_{2\varepsilon}\rho\frac{\varepsilon^2}{k} \tag{2.2.13}$$

式中，G_k 表示平均速度梯度所引起的湍动能生成项；G_b 表示浮力所引起的湍动能生成项；Y_M 表示可压缩流动中脉动扩散所引起的耗散率。相关常数项取值可参考相关文献。

求出湍动能 k 和湍流脉动耗散率 ε 以后，就可以代入下列公式对湍流黏性系数进行求解

$$\mu_t=\rho C_\mu\frac{k^2}{\varepsilon} \tag{2.2.14}$$

式中，C_μ 为常数，$C_\mu=0.09$。

（4）重整化群 $k-\varepsilon$（RNG $k-\varepsilon$）模型

重整化群 $k-\varepsilon$ 模型是对瞬时的 Navier - Stokes 方程用重整化群的数学方法推导出来的模型。模型中的常数与标准 $k-\varepsilon$ 模型不同，而且方程中也出现了新的常数项。其湍动能和耗散率方程与标准 $k-\varepsilon$ 模型有相似的形式

$$\rho\frac{\mathrm{d}k}{\mathrm{d}t}=\frac{\partial}{\partial x_i}\left[(\alpha_k\mu_{\mathrm{eff}})\frac{\partial k}{\partial x_i}\right]+G_k+G_b-\rho\varepsilon-Y_M \tag{2.2.15}$$

$$\rho\frac{\mathrm{d}\varepsilon}{\mathrm{d}t}=\frac{\partial}{\partial x_i}\left[(\alpha_\varepsilon\mu_{\mathrm{eff}})\frac{\partial \varepsilon}{\partial x_i}\right]+C_{1\varepsilon}\frac{\varepsilon}{k}(G_k+C_{3\varepsilon}G_b)-C_{2\varepsilon}\rho\frac{\varepsilon^2}{k}-R \tag{2.2.16}$$

与标准 $k-\varepsilon$ 模型比较发现，重整化群 $k-\varepsilon$ 模型的主要变化是：通过修正湍动黏性，考虑了平均湍动中的旋转及旋流流动情况；在 ε 方程中增加了一项，从而反映了主流的时均应变率 E_{ij}，这样，重整化群 $k-\varepsilon$ 模型中产生项不仅与流动情况有关，而且在同一问题中也还是空间坐标的函数。从而，重整化群 $k-\varepsilon$ 模型可以更好地处理高应变率及流线弯曲程度较大的流动。

（5）可实现 $k-\varepsilon$ 模型

可实现 $k-\varepsilon$ 模型的湍动能及其耗散率输运方程为

$$\rho \frac{\mathrm{d}k}{\mathrm{d}t} = \frac{\partial}{\partial x_i}\left[\left(\mu + \frac{\mu_t}{\sigma_k}\right)\frac{\partial k}{\partial x_i}\right] + G_k + G_b - \rho\varepsilon - Y_M \tag{2.2.17}$$

$$\rho \frac{\mathrm{d}\varepsilon}{\mathrm{d}t} = \frac{\partial}{\partial x_i}\left[\left(\mu + \frac{\mu_t}{\sigma_\varepsilon}\right)\frac{\partial \varepsilon}{\partial x_i}\right] + \rho C_1 S\varepsilon - \rho C_2 \frac{\varepsilon^2}{k + \sqrt{v\varepsilon}} + C_{1\varepsilon}\frac{\varepsilon}{k}C_{3\varepsilon}G_b \tag{2.2.18}$$

该模型的湍流黏性系数与标准 $k-\varepsilon$ 模型相同。不同的是，黏性系数中的 C_μ 不是常数，而是通过下式计算得到的

$$C_\mu = \frac{1}{A_0 + A_s U^* \dfrac{k}{\varepsilon}} \tag{2.2.19}$$

该模型适合的流动类型比较广泛，包括有旋均匀剪切流、自由流（射流和混合层）、腔道流动和边界层流动。对以上流动过程模拟结果都比标准 $k-\varepsilon$ 模型的结果好，特别是可实现 $k-\varepsilon$ 模型用于圆口射流和平板射流模拟时，能给出较好的射流扩张角。

（6）$k-\omega$ 两方程模型

对标准 $k-\varepsilon$ 模型的 ε 方程，在固壁上湍动能 $k=0$ 时会存在奇点问题（ k 作为除数存在于方程中），这是模型不尽合理而带来的非物理的奇点。此外，在计算中，由于 k、ε 在壁面附近变化剧烈，所以必须在物面附近将网格划分得非常小，才能得到合理的结果。为了克服这些困难，人们试图寻找其他湍流量来代替 k 和 ε。比耗散率 $\omega = \varepsilon/k$ 是一个常用的选择。

$k-\omega$ 模型主要求解湍动能 k 和比耗散率 ω 的对流输运方程，目前应用较多的为 Wilcox 的 $k-\omega$ 模型。该模型在黏性层比 $k-\varepsilon$ 模型具有更好的数值稳定性。由于在壁面附近，ω 值较大，因此与 $k-\varepsilon$ 模型和其他两方程模型不同，该模型不需要显式的壁面衰减函数。k 和 ω 的输运方程可表示为

$$\rho \frac{\mathrm{d}k}{\mathrm{d}t} = \frac{\partial}{\partial x_i}\left[(\mu + \sigma^* \mu_t)\frac{\partial k}{\partial x_i}\right] + \tau_{tij}S_{ij} - \beta^* \rho\omega k \tag{2.2.20}$$

$$\rho \frac{\mathrm{d}\omega}{\mathrm{d}t} = \frac{\partial}{\partial x_i}\left[(\mu + \sigma\mu_t)\frac{\partial \omega}{\partial x_i}\right] + \alpha\frac{\omega}{k}\tau_{tij}S_{ij} - \beta\rho\omega^2 \tag{2.2.21}$$

涡黏性系数可采用下式进行计算

$$\mu_t = \rho k/\omega \tag{2.2.22}$$

（7）其他模型

湍流模型理论是依据湍流的理论知识、实验数据或直接数值模拟结果，对雷诺应力做出的各种假设，从而使湍流的平均雷诺方程封闭。但直到今天，仍然没有普遍适用的湍流模型，甚至对已经存在的湍流模型尚缺乏公认的评价。正因为如此，湍流模型仍处在发展过程中，原有的模型在不断完善，新的模型也在不断提出。除了上述模型外，经常会碰到的湍流模型还包括：

低雷诺数 $k-\varepsilon$ 模型，该模型主要是针对近壁区，湍流雷诺数很低，而且湍流发展并不充分的情况下提出的一种模型。

$k-\omega$ SST 剪切输运模型，该模型在近壁处采用 Wilcox $k-\omega$ 模型，在边界层边缘和自由剪切层采用 $k-\varepsilon$ 模型，其间通过一个混合函数来过渡。

雷诺应力方程模型，该模型从雷诺应力满足的方程出发，将方程右端的未知项用平均流动的物理量和湍流的特征尺度表示出来。这种模式可较好地反映湍流的运动规律，但由于整个方程组有 15 个方程，计算量很大，限制了其在实际工程中的应用。

代数应力方程模型，该模型是考虑雷诺应力各向异性的花费较少的方法，它不需要完全地去求解雷诺应力输运方程，而通过将对流和扩散输运项移走或模化，将雷诺应力方程简化为一组代数方程。

（三）湍流模型的一般性评价

一般说来，目前还没有一类湍流模型可以同时正确地模拟不同情况下的湍流，此外，不同的湍流模型计算量存在很大差异。因此，在实际应用中，选择合适的湍流模型对于在适当的计算量情况下获得正确的模拟结果具有重要意义。

对于湍流模型的性能分析和评价一直是近几十年来流体力学研究的热点之一，在此方面每年都有很多研究成果，但结论却不尽一致，缺乏公认的定论。这里结合文献中的各种结论进行综合，分别从不同模型适用性、设置方法和计算量等方面对上述湍流模型进行简单对比见表 2. 2. 1。

表 2. 2. 1　常见湍流模型的比较

湍流模型	不同湍流适用情况			经验参数	计算量
	分离湍流	自由剪切湍流	边界层湍流		
零方程模型	不适用	不适用	精度较低	混合长度	很小
SA 模型	精度一般	不适用于射流 精度较低	精度较低	无	较小
标准 $k-\varepsilon$ 模型	精度一般	精度较低	精度一般	无	一般
重整化群 $k-\varepsilon$ 模型	精度一般	精度一般	精度一般	无	一般
可实现 $k-\varepsilon$ 模型	精度一般	精度较好	精度一般	无	一般
$k-\omega$ 模型	精度较好	精度较好	精度较好	无	一般
雷诺应力模型	精度较好	精度较好	精度较好	无	很大

2. 2. 2　流动方程的数值离散方法

在流动问题的数值计算中，非常重要的一个环节是将模型方程离散化，将其转换成适合计算机辅助求解的数值模型。流动方程的离散方法包括有限差分方法、有限体积法、无网格法等，这里主要结合二维和三维模型对应用广泛的有限体积法进行阐述，并对具体的空间离散格式和时间离散格式进行简要介绍。

（一）有限体积法

有限体积法又称为控制体积法，其基本思路是将计算区域划分为互不重复的控制体积网格单元，将待求微分方程（控制方程）对每一个控制体积积分，从而得出一组离散方程。为了求出控制体积的积分，必须假定控制体积界面上的变量变化规律，也即采用合适的离散格式表征控制体积界面上的参数状态。

下面分别结合二维模型示例和通用形式，对有限体积法进行介绍。

（1）二维问题示例

考虑如下二维 Navier - Stokes 方程

$$\boldsymbol{Q}_t + \nabla \cdot \boldsymbol{P} = \boldsymbol{S} \tag{2.2.23}$$

式中，$\boldsymbol{P}=\boldsymbol{i}\boldsymbol{F}+\boldsymbol{j}\boldsymbol{G}$，$\boldsymbol{F}=\boldsymbol{F}_c+\boldsymbol{F}_v$，$\boldsymbol{G}=\boldsymbol{G}_c+\boldsymbol{G}_v$ 分别表示两个坐标方向上的通量，下标 c 表示无黏通量，下标 v 表示黏性通量。

在 2.2.1 图所示的控制体中，采用标量 V 表示它的体积，A 表示它的周界面积。令向量 $\mathrm{d}\boldsymbol{A}$ 表示周界上的微元面积，指向界面的外法线方向。在控制体内对模型方程积分，有

$$\iiint_V \boldsymbol{Q}_t\mathrm{d}V+\iiint_V \nabla\cdot\boldsymbol{P}\mathrm{d}V=\iiint_V \boldsymbol{S}\mathrm{d}V \tag{2.2.24}$$

利用高斯定理，可以将上式化为

$$\iiint_V \boldsymbol{Q}_t\mathrm{d}V+\iint_A \boldsymbol{P}\cdot\mathrm{d}\boldsymbol{A}=\iiint_V \boldsymbol{S}\mathrm{d}V \tag{2.2.25}$$

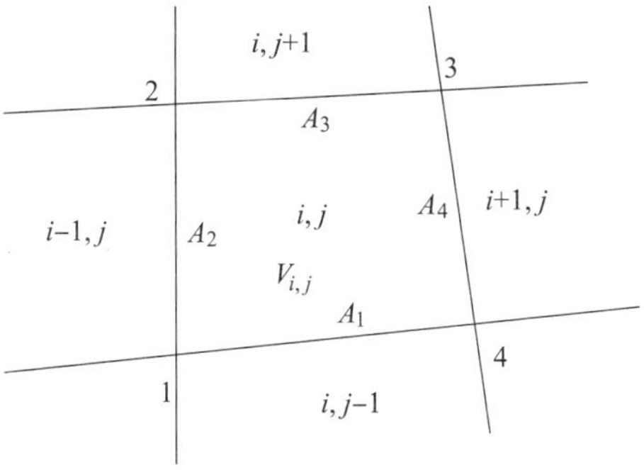

图 2.2.1　有限体积法的控制体

在进行离散时，以控制体中点值 $\boldsymbol{Q}_{ij}$ 代表体积积分内的物理量 $\boldsymbol{Q}$；周界积分内是物理量的通量 $\boldsymbol{P}$，以各段周界的中点值为代表。于是，上式在有限体积内可离散为

$$\begin{aligned}\boldsymbol{Q}_{ij}^{n+1}=\boldsymbol{Q}_{ij}^{n}-\frac{\Delta t}{V_{ij}}(&\boldsymbol{P}_{i,j-1/2}^{n}\cdot\boldsymbol{A}_1+\boldsymbol{P}_{i-1/2,j}^{n}\cdot\boldsymbol{A}_2+\boldsymbol{P}_{i,j+1/2}^{n}\cdot\boldsymbol{A}_3+\\&\boldsymbol{P}_{i+1/2,j}^{n}\cdot\boldsymbol{A}_4)+\Delta t\boldsymbol{S}\end{aligned} \tag{2.2.26}$$

式中

$$\boldsymbol{A}_1=-(y_1-y_4)\boldsymbol{i}+(x_1-x_4)\boldsymbol{j};\boldsymbol{A}_2=-(y_2-y_1)\boldsymbol{i}+(x_2-x_1)\boldsymbol{j}$$
$$\boldsymbol{A}_3=-(y_3-y_2)\boldsymbol{i}+(x_3-x_2)\boldsymbol{j};\boldsymbol{A}_4=-(y_4-y_3)\boldsymbol{i}+(x_4-x_3)\boldsymbol{j}$$
$$\begin{aligned}V_{ij}=&|(x_1-x_4)y_3+(x_4-x_3)y_1+(x_3-x_1)y_4|/2+\\&|(x_1-x_3)y_2+(x_3-x_2)y_1+(x_2-x_1)y_3|/2\end{aligned}$$

由此可得

$$\begin{aligned}\boldsymbol{Q}_{ij}^{n+1}=\boldsymbol{Q}_{ij}^{n}-\frac{\Delta t}{V_{ij}}(&\boldsymbol{F}_{i,j-1/2}^{n}(y_4-y_1)+\boldsymbol{G}_{i,j-1/2}^{n}(x_1-x_4)+\\&\boldsymbol{F}_{i-1/2,j}^{n}(y_1-y_2)+\boldsymbol{G}_{i-1/2,j}^{n}(x_2-x_1)+\\&\boldsymbol{F}_{i,j+1/2}^{n}(y_2-y_3)+\boldsymbol{G}_{i,j+1/2}^{n}(x_3-x_2)+\\&\boldsymbol{F}_{i+1/2,j}^{n}(y_3-y_4)+\boldsymbol{G}_{i+1/2,j}^{n}(x_4-x_3))+\Delta t\boldsymbol{S}\end{aligned} \tag{2.2.27}$$

若有限体积为矩形，上式可化简为：

$$\boldsymbol{Q}_{ij}^{n+1}=\boldsymbol{Q}_{ij}^{n}-[\lambda_i(\boldsymbol{F}_{i+1/2,j}^{n}-\boldsymbol{F}_{i-1/2,j}^{n})+\lambda_j(\boldsymbol{G}_{i,j+1/2}^{n}-\boldsymbol{G}_{i,j-1/2}^{n})]+\Delta t\boldsymbol{S} \tag{2.2.28}$$

式中，$\lambda_i=\Delta t/\Delta x_i$；$\lambda_j=\Delta t/\Delta y_j$；网格边界上通量 $\boldsymbol{F}_{i+1/2,j}^{n}$、$\boldsymbol{F}_{i-1/2,j}^{n}$、$\boldsymbol{G}_{i,j+1/2}^{n}$ 和 $\boldsymbol{G}_{i,j-1/2}^{n}$ 由具体的空间离散格式确定。

(2) 有限体积法通用表达形式

对于不考虑源项的如下守恒型 Navier – Stokes 方程

$$\frac{\partial \boldsymbol{Q}}{\partial t}+\frac{\partial(\boldsymbol{F}_c-\boldsymbol{F}_v)}{\partial x}+\frac{\partial(\boldsymbol{G}_c-\boldsymbol{G}_v)}{\partial y}+\frac{\partial(\boldsymbol{H}_c-\boldsymbol{H}_v)}{\partial z}=0 \tag{2.2.29}$$

当在空间控制体上采用有限体积法的思想离散，并用 i 表示 x 方向节点编号，j 表示 y 方向节点编号，k 表示 z 方向节点编号时，可得到统一的离散形式

$$\begin{aligned}\left(\frac{\partial \boldsymbol{Q}}{\partial t}\right)_{i,j,k}&+(\boldsymbol{F}_c-\boldsymbol{F}_v)_{i+\frac{1}{2},j,k}\cdot \mathrm{d}S_{i+\frac{1}{2},j,k}-(\boldsymbol{F}_c-\boldsymbol{F}_v)_{i-\frac{1}{2},j,k}\cdot \mathrm{d}S_{i-\frac{1}{2},j,k}+\\&(\boldsymbol{G}_c-\boldsymbol{G}_v)_{i,j+\frac{1}{2},k}\cdot \mathrm{d}S_{i,j+\frac{1}{2},k}-(\boldsymbol{G}_c-\boldsymbol{G}_v)_{i,j-\frac{1}{2},k}\cdot \mathrm{d}S_{i,j-\frac{1}{2},k}+\\&(\boldsymbol{H}_c-\boldsymbol{H}_v)_{i,j,k+\frac{1}{2}}\cdot \mathrm{d}S_{i,j,k+\frac{1}{2}}-(\boldsymbol{H}_c-\boldsymbol{H}_v)_{i,j,k-\frac{1}{2}}\cdot \mathrm{d}S_{i,j,k-\frac{1}{2}}=0\end{aligned} \tag{2.2.30}$$

式中，下标 $i\pm\frac{1}{2},j,k$、$i,j\pm\frac{1}{2},k$ 和 $i,j,k\pm\frac{1}{2}$ 表示三个方向控制体界面位置；$\mathrm{d}S$ 为界面的有向面积。上式可理解为控制体内的物理量变化（在控制体内）等于界面上的物理量通量（在控制体界面上）。由此可以看出，物理量与物理量通量的空间位置不同，这是有限体积法的主要特点之一。

可以看出，在这种形式下，采用具体的时间离散格式和空间离散格式，即可得到迭代计算用的离散化方程。

（二）空间离散格式

对于式（2.1.23）中的耗散项（黏性项），由于其具有椭圆特征，处理比较简单，一般采用简单的中心差分格式。而围绕如何处理 $(\boldsymbol{F}_c)_{i+\frac{1}{2},j,k}$、$(\boldsymbol{F}_c)_{i-\frac{1}{2},j,k}$、$(\boldsymbol{G}_c)_{i,j+\frac{1}{2},k}$、$(\boldsymbol{G}_c)_{i,j-\frac{1}{2},k}$、$(\boldsymbol{H}_c)_{i,j,k+\frac{1}{2}}$、$(\boldsymbol{H}_c)_{i,j,k-\frac{1}{2}}$ 等对流通量项，发展了不同的离散格式。大多数情况下，阐明这些离散格式都要包含复杂的数学推导和演算，这里不一一列出各种离散格式的推导过程和表达形式（感兴趣的读者可自行查看计算流体力学的相关书籍或文献），仅对常见的一些离散格式和相关概念进行简要介绍。

(1) 中心差分格式

控制方程中的黏性项经推导，最终都可以化成以下几种形式：

$$\frac{\partial}{\partial x}\left(f\frac{\partial g}{\partial x}\right),\frac{\partial}{\partial x}\left(f\frac{\partial g}{\partial y}\right),\frac{\partial}{\partial y}\left(f\frac{\partial g}{\partial y}\right),\frac{\partial}{\partial y}\left(f\frac{\partial g}{\partial x}\right),\cdots$$

其中，前两种形式的空间中心差分格式可分别写成（后几种形式是前两种形式 x 和 y 交换后得到的，可依此类推）

$$\begin{aligned}\frac{\partial}{\partial x}\left(f\frac{\partial g}{\partial y}\right)_{i,j}&=\frac{\left(f\frac{\partial g}{\partial y}\right)_{i+1,j}-\left(f\frac{\partial g}{\partial y}\right)_{i-1,j}}{2\Delta x}\\&=\frac{f_{i+1,j}\left(\frac{g_{i+1,j+1}-g_{i+1,j-1}}{2\Delta y}\right)-f_{i-1,j}\left(\frac{g_{i-1,j+1}-g_{i-1,j-1}}{2\Delta y}\right)}{2\Delta x}\\&=\frac{f_{i+1,j}(g_{i+1,j+1}-g_{i+1,j-1})-f_{i-1,j}(g_{i-1,j+1}-g_{i-1,j-1})}{4\Delta x\Delta y}+\\&\quad O(\Delta x^2,\Delta y^2)\end{aligned} \tag{2.2.31}$$

$$\frac{\partial}{\partial x}\left(f\frac{\partial g}{\partial x}\right)_{i,j} = \frac{\left(f\frac{\partial g}{\partial x}\right)_{i+1/2,j} - \left(f\frac{\partial g}{\partial x}\right)_{i-1/2,j}}{\Delta x}$$

$$= \frac{f_{i+1/2,j}\left(\frac{g_{i+1,j} - g_{i,j}}{\Delta x}\right) - f_{i-1/2,j}\left(\frac{g_{i,j} - g_{i-1,j}}{\Delta x}\right)}{\Delta x}$$

$$= \frac{f_{i+1/2,j}(g_{i+1,j} - g_{i,j}) - f_{i-1/2,j}(g_{i,j} - g_{i-1,j})}{\Delta x^2} + O(\Delta x^2) \tag{2.2.32}$$

式中的$f_{i\pm1/2,j}$ 由下式给出

$$f_{i\pm1/2,j} = \frac{1}{2}(f_{i\pm1,j} + f_{i,j}) \tag{2.2.33}$$

（2）Jameson 中心差分格式

通常情况下，中心差分格式稳定性适用范围较小，通常需要 Peclet 数满足如下条件才能保证离散格式的稳定性

$$Pe = \frac{\rho u}{\Gamma/\delta_x} < 2 \tag{2.2.34}$$

式中，Γ 为扩散系数；δ_x 为流动方向上的网格单元距离。为改善这一问题，常用的方法就是在格式中添加人工黏性项。人工黏性项一方面提供高频阻尼特性，以抑制奇异失效；另一方面防止在激波附近出现非物理振荡。人工黏性项既要足够大，以保证计算的收敛性；又要尽量小，以不降低数值计算的精度。

目前中心差分格式以 Jameson 中心差分格式为主要代表。它使用四阶、二阶差分混合形式的人工黏性，其中四阶差分人工黏性基本是线性的，提供背景耗散，用于衰减高频误差，以保证格式收敛；二阶差分人工黏性是非线性的，其目的是引入类熵条件，以抑制激波附近的振荡。

（3）矢通量分裂格式（FVS）

与中心差分格式不同，FVS 格式属于上风格式。在流动光滑区，物理量的变化可以认为是连续的，因此采用中心差分格式不存在问题。但对于具有特征线方向的问题，建立在一定阶导数存在基础上的中心差分格式就无法得到导数存在或连续的保证。与中心差分格式不同，在构造上风格式时体现了方程在波动和流量等传播方向的物理特性，具有表现流动物理特征的天然优势。依据体现方程的物理特征的方法差异，上风格式主要包括矢通量分裂格式和通量差分分裂格式两种。

FVS 格式通过分析矢量形式控制方程的特征值符号，并依据其正、负号对通量项进行分裂和定向离散——正号采用后向差分、负号采用前向差分。典型的 FVS 方法是 Van Leer 格式和 Steger - Warming 格式。

FVS 格式捕捉激波的能力很强，可靠性高，理论上不会出现非物理解，格式简单，计算效率高，因而得到了广泛的应用。但其数值耗散比较大，即便对于精确的间断条件，仍然存在数值通量，从而抹平接触间断，并导致显著的黏性区计算误差。

（4）通量差分分裂格式（FDS）

FDS 格式同样属于上风格式，其典型代表为 Roe 格式。Roe 格式是沿着 Godunov 方法发展的一种格式。Godunov 方法认为整个流场均是关于网格交界处间断的，然后利用精确的

Riemann 解求法在每个网格的交界处求解 Riemann 问题，在网格内求平均，并通过循环迭代，以得到每个网格的数值解。由于 Riemann 问题求解时计算量大，而且采用这种计算方法只有一阶精度，因此 Godunov 方法直接应用较少。但这种方法为后来的数值方法发展提供了思路，发展了一些 Riemann 问题的近似解法，以减小计算量、提高计算效率，这些方面已成为目前流动与传热的主要计算方法。

Roe 格式对线性波（如接触间断）具有天然的高分辨率，由于黏性作用区的剪切层流动类似接触间断，因而这类格式具有高的黏性分辨率。但它容易出现非物理解，需要引入包含经验性常数的熵修正条件。

（5）ASUM 格式

ASUM 格式认为对流波（与特征速度 u 有关，线性）与声波（与特征速度 $u \pm c$ 有关，非线性）是物理上的不同过程，因此将无黏通量项分裂为对流通量项及压力通量项进行分别处理。人们一般将这种方法认为是一种 FVS 和 FDS 的复合格式，兼有 Roe 格式的高分辨率和 Van Leer 格式的计算效率，并克服了二者的缺点。它的数值耗散小，具有激波与接触间断的高分辨率，无须熵修正，计算量较小，因此逐渐得到了好评，并发展了很多新的变种，如 AUSMD、AUSM +、AUSMDV 等。

（6）TVD 格式

TVD（Total Variation Diminishing，总变差衰减）概念在 1983 年由 Harten 提出，并由此成为计算流体力学发展上的一个重要里程碑。

考察如下模型方程

$$\frac{\partial u}{\partial t} + \frac{\partial f(u)}{\partial x} = 0 \tag{2.2.35}$$

在 n 时间层沿 x 轴给定的任一点上，u 及其导数 $\frac{\partial u}{\partial x}$ 已知。此时 $\left|\frac{\partial u}{\partial x}\right|$ 在 x 轴全域的积分不随时间而增加。这个积分量称为总变差（total variation），记为 TV，表示为

$$\mathrm{TV} = \int_{-\infty}^{\infty} \left|\frac{\partial u}{\partial x}\right| \mathrm{d}x \tag{2.2.36}$$

用 $(u_{i+1} - u_i)/\Delta x$ 离散 $\frac{\partial u}{\partial x}$，可得到离散数值解的总变差

$$\mathrm{TV}(u^n) = \sum_{i=-\infty}^{\infty} |u_{i+1}^n - u_i^n| \tag{2.2.37}$$

如果用数值方法，可以使 TV 不随时间增加，即 $\mathrm{TV}(u^{n+1}) \leqslant \mathrm{TV}(u^n)$，则该方法具有 TVD 性质。有 TVD 性质的格式称为 TVD 格式。

TVD 格式意义重大，但这类格式至多只能达到二阶精度，而且在间断和局部极值点处自动降阶，在一定程度上限制了其在一些问题上的应用。

（7）其他格式

为解决工程计算和科学研究中的复杂问题，发展高精度、高效率的数值计算格式一直激励人们在这条道路上不断探索，并发展了很多新的数值计算格式。

在高阶、高精度格式的发展中，ENO 格式具有十分特殊的地位，为守恒律方程的高阶和高分辨率数值方法设计找到了一种比较统一、有效的途径。ENO 格式放宽了数值解总变差不能增长的限制，即在不超出上界的情况下允许总变差有微小增加，从而使格式在理论上

可以达到全场任意高阶精度且基本无振荡。

（三）时间离散格式

同采用通用控制方程的离散过程一样，矢量形式控制方程的时间离散也有显式格式和隐式格式之分。

（1）显式格式

当采用半离散格式方法时，可将式（2.1.29）的通量项移到方程右端并表示为

$$\frac{\partial U}{\partial t} = R^{*}(U) \tag{2.2.38}$$

采用常用的 Runge - Kutta 多步格式，即可对这一方程进行迭代求解。如时间二阶精度的 TVD Rung - Kutta 方法可表示为

$$\begin{aligned} U^{(0)} &= U^{n} \\ U^{(1)} &= U^{(0)} + \Delta t R^{*}(U^{(0)}) \\ U^{(2)} &= \frac{1}{2}U^{(0)} + \frac{1}{2}U^{(1)} + \frac{1}{2}\Delta t R^{*}(U^{(1)}) \\ U^{n+1} &= U^{(2)} \end{aligned} \tag{2.2.39}$$

需要注意的是，采用显式格式时，为保证计算稳定，需要选择合适的计算时间步长，并需要多次利用求出的 $U^{(i)}$ 进行通量项计算。

（2）隐式格式

在 Navier - Stokes 方程中，对无黏通量项采用隐式格式离散、对黏性项采用显式格式离散、对时间进行一阶离散后，可得到

$$\frac{Q^{n+1} - Q^{n}}{\Delta t} + \left(\frac{\partial F_c}{\partial x} + \frac{\partial G_c}{\partial y} + \frac{\partial H_c}{\partial z}\right)^{n+1} = \left(\frac{\partial F_v}{\partial x} + \frac{\partial G_v}{\partial y} + \frac{\partial H_v}{\partial z}\right)^{n} \tag{2.2.40}$$

经变换后，有

$$\begin{aligned} Q^{n+1} - Q^{n} + \Delta t\left[\frac{\partial}{\partial x}(F_v^{n+1} - F_v^{n}) + \frac{\partial}{\partial y}(G_v^{n+1} - G_v^{n}) + \frac{\partial}{\partial z}(H_v^{n+1} - H_v^{n})\right] = \\ -\Delta t\left[\left(\frac{\partial F_c}{\partial x} + \frac{\partial G_c}{\partial y} + \frac{\partial H_c}{\partial z}\right)^{n} - \left(\frac{\partial F_v}{\partial x} + \frac{\partial G_v}{\partial y} + \frac{\partial H_v}{\partial z}\right)^{n}\right] \end{aligned} \tag{2.2.41}$$

定义右端项 RHS 为

$$\mathrm{RHS} = \left(\frac{\partial F_c}{\partial x} + \frac{\partial G_c}{\partial y} + \frac{\partial H_c}{\partial z}\right)^{n} - \left(\frac{\partial F_v}{\partial x} + \frac{\partial G_v}{\partial y} + \frac{\partial H_v}{\partial z}\right)^{n} \tag{2.2.42}$$

定义无黏通量的 Jacobi 矩阵为

$$A = \frac{\partial F_c}{\partial Q}, B = \frac{\partial G_c}{\partial Q}, C = \frac{\partial H_c}{\partial Q}$$

由 $Q^{n+1} = Q^{n} + \Delta t\frac{\partial Q}{\partial t} + O(\Delta t^2)$，有 $\Delta Q^{n} = Q^{n+1} - Q^{n} = O(\Delta t)$，由此对格式的隐式部分进行线性化处理，得到

$$\begin{aligned} F_c^{n+1} &= F_c^{n} + A\Delta Q^{n} + O(\Delta t^2) \\ G_c^{n+1} &= G_c^{n} + B\Delta Q^{n} + O(\Delta t^2) \\ H_c^{n+1} &= H_c^{n} + C\Delta Q^{n} + O(\Delta t^2) \end{aligned} \tag{2.2.43}$$

由此可得到如下常见隐式格式的一般形式，该形式具有时间一阶精度。

$$[I+\Delta t(D_xA+D_yB+D_zC)]\Delta Q^n=-\Delta t\mathrm{RHS} \tag{2.2.44}$$

式中，D_x、D_y、D_z 为微分算子；RHS 项可采用空间离散方法进行处理。

（四）定常问题的时间关系法

前面在介绍离散过程时都采用了考虑时间项的非定常控制方程。对于非定常问题，这种离散自然满足条件。对于定常问题，尽管可以从定常方程出发，离散方程中的空间导数，然后选择适当的直接解法或迭代解法求解。实践中用这种方法求解非线性问题是很困难的。首先难以选择一个好的快速收敛的迭代方法，而且初始条件也难以预测。从物理上讲，定常问题都是在一定的初始条件和边界条件下经过长时间过程的一个渐近解。基于这种原因，定常问题也可以从非定常问题的方程出发，在取定的初始条件和边界条件下，取长时间后的渐近解作为定常问题的解，这种提法也称为求解定常问题的时间关系法。值得注意的是，采用时间关系法求解定常问题时，人们关注的只是定常问题的解，时间步长只需要满足计算稳定性要求，而不具有实际上的意义。正是由于这种原因，可采用一些方法适当改变求解的中间过程，以加快达到定常解的目的，如局部时间步长法等。

2.2.3 流动数值计算模型设置

针对流动控制方程，应用雷诺平均方法及湍流模型对流动过程中的脉动量进行平均处理，再采用数值离散方法在计算网格上对模型进行离散处理，设置有效的定解条件，可获得一组封闭的代数方程，通过迭代计算，即可获得流动问题的数值解。但在流动问题的计算机辅助分析过程中，还需要对计算网格、初边界条件、计算参数等进行有效的设置和处理，才可获得有效的数值结果。

（一）计算网格

计算网格是进行流动问题数值求解的前提条件，网格质量的好坏直接影响到数值解的计算精度，而且这种影响在许多情况下是决定性的。下面从网格类型、划分方法、评价方法以及尺度选择等方面对其进行介绍。

（1）网格类型

计算网按网格点之间的邻接关系可分为结构网格、非结构网和混合网格。结构网格的网格点之间的邻接是有序而规则的，除了边界点外，内部网格点都有相同的邻接网格数（一维为 2 个、二维为 4 个、三维为 6 个）。非结构网格点之间的邻接是无序的、不规则的，每个网格点可以有不同的邻接网格数。混合网格是对结构网格和非结构网格的混合。典型网格类型如图 2.2.2 所示。

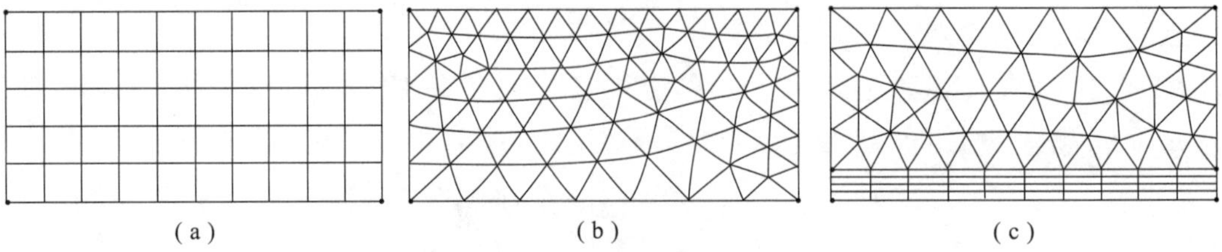

图 2.2.2 网格类型示意

（a）结构网格；（b）非结构网格；（c）混合网格

结构网格的数据按照顺序存储，可以方便地进行索引并减小存储开销。由于网格具有贴体性，流场的计算精度容易得到保证。但对于复杂外形，结构网格生成较为困难，要实现网格生成的工作量相对于非结构网而言要大很多。

非结构网能够非常方便地生成复杂外形的网格，而且由于它随机的数据结构，使得基于非结构网格的网格分区以及并行计算比结构网格更加直接。当然，由于非结构网格的随机结构，使得在同等网格数量情况下，所需内存空间和计算时间都比结构网格开销大；而且非结构网格控制网格疏密较为困难，为达到相同精度，所需的网格数量较多。

（2）复杂类型网格生成方法

对于具有复杂外形的外流或复杂流道的内流，采用单块结构网格通常具有很大困难，一般可采用如下方法来获得合适的网格：

➢ 多块结构网格方法

将原始的计算域按空间网格拓扑分成若干个子区域，每个子区域上网格拓扑简单，易于生成结构贴体网格，然后将每个块组合起来。在组合过程中，根据相邻块网格点数的不同，可以分为一对一搭接和一对多搭接。在一对一搭接情况下，块与块间的物理量通过边界点进行传递，因此应用较多。而对于一对多搭接情况，由于网格线相互交错，应特别注意交接面处流动信息的准确传递。

采用这种方法时，不同子区域充满整个流场，相互之间没有重叠区，相邻块之间以公共边界相连接。这种方法易于使用结构网格上成熟的高效算法，块与块之间的数值守恒容易保证，交接面处流动信息的传递不需要插值处理。但这种方法很难自动分块，通常需要人工参与分区。

➢ 多块嵌套网格（chimera 网格）方法

嵌套网格的思路是将复杂外形的各部件分别生成计算网格，从而形成多块计算网格，不同块之间出现一定的重叠区。在流场计算时，各块网格之间的流场信息交换通过重叠区内的插值来完成。这种方法易于实现一个网格子域相对于其他网格域的自由移动，在流场中有运动区域时非常适用。

这种方法网格生成简单，并可保留高效算法。但要依靠解向量的插值来传递各子域网格之间的流动信息，难以保证总体守恒性。

➢ 混合网格法

即采用结构网格和非结构网格混合的方法来进行网格划分。这种方法大部分区域可采用结构网格，只在很小部分采用非结构网格中，易于采用结构网格的高效算法。此外，物面附近可采用结构网格，易于处理复杂外形的黏性层流动。

➢ 非结构网格

由于非结构网格非常容易处理具有复杂几何边界的问题，因此可很方便地应用于复杂外形的网格划分中。其特点已在前文介绍。

（3）网格评价

网格生成的问题首先是网格质量问题。网格的正交性、光滑性等质量问题对流场解的影响很大。

对于结构网格而言，网格质量主要指网格的光滑、网格的正交和适应当地流动梯度。网格的光滑指不同方向的网格线间距在任何方向都要光滑变化、过渡均匀（包括分区之间的过渡)；正交指不同方向网格线应尽可能正交，不要有大的扭曲；适应当地流动梯度指应该根据当地流动梯度适当控制网格密度。

为评价网格质量，可以采用统计分析和网格显示的手段来进行检查。统计分析主要包括计算网格点的 Jacobi 值、网格扭角、纵横比、网格单元的体积分布等，通过这种方法，可以定性地，或是某种意义上定量地对网格质量进行评判。通过网格显示可对局部网格进行显示，以便于人工地对网格进行检查。

当网格质量不符合计算要求时，可以通过网格优化和光顺来改进网格正交性，或是重新规划网格的拓扑和网格点分布，以生成新的计算网格。

(4) 网格尺度

到目前为止，对于大多数流动问题，需要多大尺度的网格来进行数值计算尚缺少统一的认识。在工程应用中，大多数时候依据网格无关性分析确定计算所用的网格尺度。所谓网格无关性，即是指在所考察的精度范围内，网格尺度对计算结果的影响可忽略。网格无关性分析方法有时也称为网格灵敏度分析，该方法针对同一问题，选用不同尺度网格进行离散和计算，并通过结果对比来确定合适的网格尺度。

对于给定模型，网格尺寸与网格数量直接相关，网格尺寸越小，网格数量越大，反之，网格数量越少，网格数量的多少将影响计算结果的精度和计算规模的大小。网格无关性分析方法基于这样一种认识：网格数量增加，计算精度会有所提高，但同时计算规模也会增加，因此，在确定网格数量时，应权衡两个因数综合考虑。网格较少时，增加网格数量可以使计算精度明显提高，而计算时间不会有大的增加。当网格数量增加到一定程度后，再继续增加网格时精度提高甚微，而计算时间却有大幅度增加。

网格无关性分析时，可先在较粗的网格上开始，并逐步细化网格，当尺度的变化引起计算结果的变化很小时，即可采用这种网格尺度模型作为合理的模型进行分析。

(二) 常用边界条件及设置

前文给出了一般情况下流动与传热问题的定解条件，但在实际应用中，入流、出流以及壁面等条件又分为不同类型，需要依据分析问题的类型给予指定。这里对实际应用中常见的边界条件及设置进行简要介绍。

(1) 压力进口边界条件

这种边界条件用于定义流动进口的压力（总压 p_0）以及流动的其他标量特性参数（如静压 p、总温 T_0），对于可压和不可压缩流动都适用，一般用于进口的压力已知但流率或速度未知的情况。此外，它也可用来定义外部或无约束流动中的“自由”边界。

由前文分析可知，在入口边界需要所有的物理参数，因此，在实际处理中，压力进口边界条件的计算处理可描述为从驻点条件到入口条件的无损失过渡过程，其他参数可通过这一过程满足的关系式进行计算。

对于不可压缩流动，静温与总温相等，并可通过如下伯努利方程来确定流动速度

$$p_0 = p + \frac{1}{2}\rho |u|^2 \tag{2.2.45}$$

对于可压缩流动，利用理想气体的一维等熵流动关系可确定流动马赫数 Ma 和静温 T

$$p_0 = p\left(1 + \frac{k-1}{2}Ma^2\right)^{\frac{k}{k-1}} \tag{2.2.46}$$

$$\frac{T_0}{T} = 1 + \frac{k-1}{2}Ma^2 \tag{2.2.47}$$

式中，k 为比热比。进口密度可通过状态方程获得。

（2）速度进口边界

速度进口边界用于定义在流动进口处的流动速度及相关的其他标量（如温度 T、静压 p 等），这一边界条件适用于不可压缩流动。在这类边界的处理中，流场入口边界的驻点参数为了满足入口处的速度条件，允许任意浮动，由于这个原因，如果速度入口用于可压缩流动，可能导致非物理结果。同时，还需要注意不要让速度进口边界离入口内侧的固体障碍物太近，因为这样会导致进口驻点参数的不均匀程度大大增加。

（3）质量流进口边界

质量流入口用来描述进口的质量流量（$\dot{m}$）或质量通量（ρu）分布。两者的关系为 $\dot{m} = \rho u A$。进口边界指定质量流量或质量通量后，允许入口的总压随内部的求解过程而变化，即质量通量固定，总压可浮动。这类边界条件与压力进口边界条件相反，在压力进口边界条件中，总压固定，质量通量浮动。

如果流场在入口处的主要流动特征是质量流量保持不变，则适合采用这类入口条件。但是需要注意的是，固定入口质量流量将导致入口总压的调整，从而会降低计算的收敛性，所以，在计算中应尽量避免在流场的主要入口处使用质量进口边界条件。如果压力入口和质量入口边界都能适用，应该尽量选择前者。

对于不可压缩流动，不必使用质量进口边界，这是因为在不可压缩流动中密度是常数，速度进口边界条件就能确定流量。

质量流入口除指定质量流量或质量通量外，还需要指定静压和总温等标量参数。在已知质量流率的情况下，为了确定速度，还需要知道密度。而密度可通过理想气体状态方程求得。如果入口为超声速，理想气体状态方程的静压为指定的静压值；如果入口为亚声速，状态方程中的静压由入口边界相邻的内场网格节点的压强外插得到。状态方程的静温可通过总焓守恒计算

$$h_0(T_0) = h(T) + \frac{1}{2}V^2 \tag{2.2.48}$$

由此可见，质量流入口条件确定需要依据流动状态并联立方程求解其他参数，在使用中需要慎重处理。

（4）压力出口边界条件

压力出边界条件只需要在出口边界处设置静压和静温。设定值只用于亚声速流动，如果当地流动达到超声速时，所设置的压力就不再被使用，此时压力由流场内部通过插值外推得到，所有其他的流动参数也都从内部外推得到。

在实际应用中，压力出口边界允许回流出现。如果有回流发生，所设置的静压值将被用作总压。

（5）出流边界条件

出流边界用于模拟在求解前流速和压力都未知的出口边界。在该边界上，不需要定义任何参数。这类边界适用于出口处的流动是完全发展的情况，即出流边界上的变量都由区域内部直接外推得到，且对上游没有影响。

需要注意的是，出流边界条件不能用于以下几种情况：求解问题中含有压力进口边界条件，此时应用压力出口条件来代替出口条件；流场是可压缩流动；变密度的非定常流动；欧拉多相流模型。

（6）压力远场边界条件

压力远场边界条件用来描述无穷远处的自由可压来流，主要设置自由来流的马赫数和静参数条件（如静温、静压等）。压力远场边界条件也被称为特征边界条件，因为这种边界条件使用特征变量（Riemann 不变量）来定义边界上的流动变量。该边界只用于气体的密度通过理想气体状态方程来计算的情况，不能用于其他流动。为了满足“无穷远”的要求，需要将该边界远离关注的计算区域。

压力远场边界条件是在局部一维假设下通过引入 Riemann 不变量来定义的一类无反射边界条件。对于亚声速流动，存在如下两个 Riemann 不变量，分别对应于进入和离开计算域的波。

$$R_{\infty} = u_{n\infty} - \frac{2c_{\infty}}{k-1},\ R_i = v_{ni} + \frac{2c_i}{k-1} \tag{2.2.49}$$

式中，u_n 为边界法向速度；c 为当地声速；k 为比热比；下标 ∞ 表示计算域外来流；下标 i 表示紧邻边界的网格单元。这两个 Riemann 不变量相加、相减后，有

$$u_n = \frac{1}{2}(R_{\infty} + R_i),\ c = \frac{k-1}{4}(R_i - R_{\infty}) \tag{2.2.50}$$

在流体流出的边界面上，切向速度分量和熵由流场外推得到；在流体流入的边界面上，这些量由设定的来流值定义。利用 u_n、c、切向速度和熵，可以求出边界上的密度、速度、温度和压力等变量的值。

（7）固壁边界条件

在黏性流动中，壁面一般为无滑移边界条件，在流体和壁面之间的剪切应力和热传导可根据流场内部的流动参数来计算。

（8）内部界面与交界面

内部界面与交界面用到计算区域的界面处（如水泵中同叶轮一起旋转的流体区域和周围非旋转的流体区域），将两个区域“隔开”。在此边界上，参数通过内部插值传递，不需要单独指定。

依据实际分析的问题，还可以指定风扇、散热器以及多孔介质阶跃等多种边界条件，这里不再一一介绍，感兴趣的读者可参考相关文献。

（三）边界上的湍流参数设置

在选定湍流模型基础上，边界上的湍流变量应如何给定经常是令人困扰的问题。这里针对边界上设置均匀湍流参数的方法进行介绍。大多数情况下，湍流是在入口后面一段距离经过转捩形成，因此，在边界上设置均匀湍流条件是一种可以接受的选择。

一般来讲，可以通过给定湍流强度、湍流黏性比、水力直径或湍流特征长度等参数在边界上的值来定义流场边界上的湍流参数值，其他湍流变量可通过一些经验公式利用这些给定的值计算得到。

（1）湍流强度 I 与水力直径

湍流强度定义为脉动速度 u' 的均方根与平均速度 $\bar{u}$ 的比值，如下式

$$I = \frac{\sqrt{\overline{u'^2}}}{\bar{u}} \tag{2.2.51}$$

小于或等于 1% 的湍流强度通常被认为是低强度湍流，大于 10% 被认为是高强度湍流。定义时往往需要从来流或测量的入口边界来估计湍流强度。在外流中，低湍流度风洞中自由湍流强度通常低到 0.05%。对于内流问题，入口处的湍流强度一般取决于上游的流动状态。如果上游是没有充分发展的未受扰动流动，则进口处可以使用低湍流强度；如果上游是已经充分发展湍流，则入口处的湍流强度可以达到百分之几。对于充分发展的管流核心湍流强度，可用如下经验公式估计

$$I = u'/\bar{u} = 0.16(Re_{D_H})^{-1/8} \tag{2.2.52}$$

式中，下标 D_H 为水力直径。水力直径定义为流通面积与润湿周长比值的四倍。在实际应用中，水力直径可直接指定为入口界面的直径或等效直径。

（2）湍流长度尺度 l

湍流能量主要集中在大尺度涡结构中，湍流长度尺度 l 就是携带湍流能量的大尺度涡结构有关的物理量。在完全发展的管流中，因涡的尺寸不可能大于管道直径，所以 l 是受到管道尺寸制约的几何量。湍流长度尺度 l 和圆管物理尺寸直径 L 的关系可用下式表示

$$l = 0.07L \tag{2.2.53}$$

式中，因子 0.07 是基于充分发展湍流混合长度的最大值而来的。湍流的特征长度取决于湍流发展具有决定性影响的几何尺度，如果在流动中还存在其他对湍流的产生和发展影响更大的物体，比如流场中的一个障碍物，在这种情况下，湍流特征长度就应该取为障碍物的特征尺寸。

（3）湍流黏性比

湍流黏性比 μ_t/μ 表示湍流黏性与层流黏性的比值。湍流黏性的大小直接与湍流雷诺数成正比。湍流雷诺数定义为 $Re_t = k^2/(\varepsilon v)$。在高雷诺数边界层，剪切层和充分发展的管流中湍流黏性比比较大，大约在 100 ~ 1 000 的量级。但在大多数外流的自由来流边界层中，湍流黏性比相当小。通常湍流黏性比可设定为 $1 < \mu_t/\mu < 10$。

为了从前面讲到的湍流强度 I、水力直径 D_H、湍流长度尺度 l 和湍流黏性比 μ_t/μ 中求出其他湍流变量，可采用如下一些经验关系式。

（1）由湍流强度和长度尺度求出修正的湍流黏性

在使用 Spalart - Allmaras 湍流模型时，可以用湍流强度和长度尺度求出修正项的湍流运动黏性 $\tilde{v}$，具体公式可表示为

$$\tilde{v} = \sqrt{\frac{3}{2}}\bar{u}Il \tag{2.2.54}$$

（2）由湍流强度求出湍动能

湍动能与湍流强度之间的关系可表示为

$$k = \frac{3}{2}(\bar{u}I)^2 \tag{2.2.55}$$

（3）用湍流长度尺度求出湍动能耗散率

湍流长度尺度 l 和湍动能耗散率 ε 之间的关系可表示为

$$\varepsilon = C_{\mu}^{3/4} \frac{k^{3/2}}{l} \tag{2.2.56}$$

式中，C_{μ} 为湍流模型中的一个经验常数，其取值为 0.09。

（4）由湍流黏性比求出湍动能耗散率

湍动能耗散率 ε 和湍流黏性比 μ_t/μ 以及湍动能 k 的关系可表示为

$$\varepsilon = \rho C_{\mu} \frac{k^2}{\mu}\left(\frac{\mu_t}{\mu}\right)^{-1} \tag{2.2.57}$$

（5）用长度尺度计算比耗散率

比耗散率 ω 可以通过下式确定

$$\omega = \frac{k^{0.5}}{C_{\mu}^{0.25} l} \tag{2.2.58}$$

（6）用湍流黏性比估算比耗散率

比耗散率 ω 还可表示为

$$\omega = \rho \frac{k}{\mu}\left(\frac{\mu_t}{\mu}\right)^{-1} \tag{2.2.59}$$

（四）收敛条件与 Courant 数设置

前文在论述离散格式时，从离散基本法则的角度讨论了稳定性的条件，本节将从一般角度出发，对影响计算收敛的因素进行介绍。

（1）相容性、稳定性与收敛性

在微分方程的数值求解过程中，涉及三个基本的概念，即相容性、稳定性与收敛性。简单来讲，相容性问题是指某个差分方程是否能真正代表对应的微分方程；稳定性问题是指迭代计算中的初始误差在传播时是否逐渐减小或控制在一个有限范围内；收敛性问题指差分方程的解是否趋于微分方程的解。要通过数值方法获得微分方程的合理解，需要保证差分格式的收敛性。在很多情况下，直接证明差分格式的收敛性存在困难，但利用 Lax 等价性定理，可通过比较容易的稳定性证明来证明解的收敛性。

Lax 定义可描述为：对于一个适定的线性初值问题及一个与它相容的差分格式，其收敛性充分必要条件是此差分格式的稳定性。差分方程的稳定性分析包含了完整而系统的数学理论，这里不详细阐述，只从实际应用角度出发，对影响流动与传热计算稳定性（即收敛性）的内容进行介绍。

（2）CFL 条件与 Courant 数

一般来讲，流动与传热的控制方程在某些方向上具有双曲型方程的性质，为判断其差分方法的收敛性，经常会用到 CFL 条件。

考虑上文提到的一维线性对流模型方程

$$\frac{\partial u}{\partial t} + a \frac{\partial u}{\partial x} = 0 \tag{2.2.60}$$

可采用如下显示格式来进行离散

$$u_i^{n+1} = u_i^n - \frac{a\Delta t}{\Delta x}(u_i^n - u_{i-1}^n) = (1 - v)u_i^n + v u_{i-1}^n \tag{2.2.61}$$

式中，$v = a\Delta t/\Delta x$。

在迭代计算过程中，该离散差分格式的依赖区如图 2.2.3 所示。

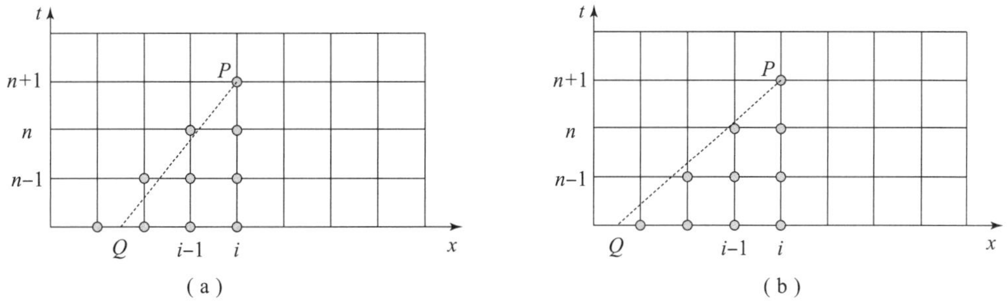

图 2.2.3　差分格式与微分方程依赖区

(a) 差分方程依赖区包含微分方程依赖区；(b) 差分方程依赖区不包含微分方程依赖区

CFL 条件指出，为保证离散的差分方程格式收敛，差分方程的依赖区必须包含微分方程的依赖区。针对上述离散方程，为使微分方程的特征线落在差分格式的依赖区内，需要满足 $v \leqslant 1$。需要注意的是，CFL 条件是离散差分格式稳定性的一个必要条件，而非充分条件。

针对一般的对流方程，CFL 条件为

$$|a|\Delta t \leqslant \Delta x \tag{2.2.62}$$

常称 $v = |a|\Delta t/\Delta x$ 为 CFL 数，也就是数值计算软件中用到的 Courant 数。因此，Courant 数是决定离散方程收敛性的一个重要参数。在很多软件应用中，当网格决定的空间步长确定的情况下，可通过调整 Courant 数来改变时间步长。

从前面的介绍可以看出，在显式格式和隐式格式中，Courant 数的取值范围差别很大，在显式格式中，Courant 数的取值范围很小，隐式格式则宽松很多。此外，由于控制方程是非线性的，所以 Courant 数的取值一般达不到线性稳定性分析得到的极限值，而应将其设定到适当范围。在实际应用中，可先从较小的 Courant 数开始计算，在经过一些迭代后，可以将 Courant 数适当调高。

(3) 计算残差与收敛

在基于有限体积法的数值计算方法中，常将计算过程中各个控制体界面通量之和定义为残差。从理论上讲，当计算收敛后，当控制体内没有源相时，各个面流入的通量之和应该为零。一般来讲，残差反映了当前流场与所要模拟流场的差距（这里的模拟流场指收敛后得到的流场，而非真实流场），因此残差越小越好；但在实际应用过程中，由于存在数值精度问题，不可能得到零残差。因此，一般将残差值小于一定范围的迭代结果作为收敛流场，判断流场计算是否收敛，即判断残差是否达到足够小的数值。依据离散模型精度和描述问题的复杂程度，这个数值没有明确的范围，一般应低于初始残差的 1×10^{-3} 以下。

2.2.4　流动分析常用软件与应用流程

随着计算机技术和数值计算方法的发展，用于流动分析的计算流体力学软件也得到了长足的发展，并形成了多种成熟的商用软件或专用软件。这些软件往往具有较好的人机交互接口和较全面的算法模型，在工程应用领域和科学研究领域均得到了较广泛的应用。

（一）流动分析常用软件

用于流动分析的计算流体力学软件一般起源于大学或研究院所，待发展到一定程度后，由开发公司发展为商业软件。目前在国内应用的流动分析软件种类繁多，对于一般的流动和传热问题，这些软件都具有较好的求解计算能力，但操作性能、计算效率以及特殊问题的处理上，这些软件各有特色，下面对常见的几种进行简要介绍。

（1）FLUENT

FLUENT 是通用的 CFD 软件包，用来模拟从不可压缩到高度可压缩范围内的复杂流动。由于采用了多种求解方法和多重网格加速收敛技术，因而 FLUENT 能达到较好的收敛速度和求解精度。灵活的非结构化网格、基于解的自适应网格技术及范围广泛的物理模型，使 FLUENT 在转捩与湍流、传热与相变、化学反应与燃烧、多相流、旋转机械、动/变形网格、噪声、材料加工、燃料电池等方面有广泛应用。

（2）CFD ++

CFD ++ 属于高速流体动力学分析软件，主要应用于航空和航天领域。它可以有效地解决流体力学问题中的可压流（理论上可处理任何马赫数）和不可压流，包括单组分和多组分流动、化学反应流动、多相流、稳流和非稳流、旋转机械、热传导、多孔介质等。软件提供一阶、二阶和三阶的湍流方程，结合经典的壁面方程，可以精确地捕捉壁面附近的流体压缩参数、压力梯度、热传导等各种湍流特性。CFD ++ 软件在超声速高速流方面有高声誉和很多的应用。

（3）CFD – FASTRAN

CFD – FASTRAN 是空气动力学和气体热力学领域的先进商业 CFD 软件。可模拟复杂的航空、航天工业问题，包括导弹发射、机动和级间分离，飞行器飞行动力学和外挂物投放。这些复杂应用通过耦合基于密度的可压缩 Euler 方程、Navier – Stokes 方程和多体动力学模块，通过有限速率化学反应模块和热非平衡模块实现。

（4）CFX

CFX 是在复杂几何、网格、求解这三个 CFD 传统问题上均获得过重大突破的商业 CFD 软件。和大多数 CFD 软件不同的是，CFX 采用了基于有限元的有限体积法，在保证了有限体积法的守恒特性的基础上，吸收了有限元法的数值精确性。CFX 拥有包括流体流动、传热、辐射、多相流、化学反应、燃烧等问题丰富的通用物理模型，还拥有诸如气蚀、凝固、沸腾、多孔介质、相间传质、非牛顿流、喷雾干燥、动静干涉、真实气体等大批复杂现象的实用模型。

（5）STAR – CD

STAR – CD 采用基于完全非结构化网格和有限体积方法的核心解算器，具有丰富的物理模型，较少的内存占用，良好的稳定性、易用性、收敛性和众多的二次开发接口。目前，先进的燃烧模型、湍流模型和气动声学、自适应运动网格、流体/固体相互作用模型已经出现 STAR – CD 的版本中。

（二）流动分析一般流程

为解决工程设计和科学研究中的流动问题，数值模拟大致需要进行下列若干步骤的操作：

- 建立基本守恒方程组；
- 建立或选择模型及封闭方法；
- 确定定解条件（初始条件与边界条件）；

➢ 划分计算网格；
➢ 建立离散化方程；
➢ 制订求解方法；
➢ 研究计算技巧；
➢ 编写或调试计算程序，并进行求解计算；
➢ 结果查看与分析。

在流动问题的 CAE 分析中，为使操作人员将精力集中于所分析的问题，将上述过程的大部分步骤集成到软件内部，由用户通过简单的选择和直观的操作就能够实施数值模拟和分析。对大多数流动分析软件，可将其结构按功能分为前处理模块、求解器和后处理模块。使用者对应的操作为前处理、求解计算和后处理。

（1）前处理

前处理由一个友好的界面构成，这个界面用于给计算程序输入与流动问题有关的参数，接下来将这些参数转化成求解所需要的合适形式。前处理阶段的功能包括以下几项：

➢ 求解区域的几何定义：设定计算区域。

➢ 网格生成：将计算区域划分成大量更小的相互无重叠的子区域，生成计算所需要的控制容积和节点。

➢ 模型选择：选择分析问题的物理模型或基本方程（如控制方程、封闭方法等）。

➢ 定义流动特性：设置流体介质特性。

➢ 设定定解条件：设置初始条件和边界条件。

为了最大限度地发挥软件使用者的工作效率，所有 CFD 软件现在都具有良好的图形界面功能，并提供良好的外部接口，以便于和专用网格生成软件相连接。一般情况下，CFD 软件在给出主要流动方程的同时，前处理也给使用者提供了常见流体的物性参数库、特殊的物理和化学过程模型，如湍流模型、热辐射模型、燃烧模型等。

（2）求解计算

CFD 商业软件通常都集成了多种离散和求解方法，并提供改善收敛性和计算精度的常用计算技巧。在完成前处理设置的基础上，求解过程一般由软件自动完成，包括如下几步：

➢ 依据前处理设置选择合适的数学模型和控制方程。

➢ 在计算网格基础上对控制方程进行离散并进行数学处理。

➢ 求解代数方程。

目前大多数软件采用有限体积法来进行控制方程的离散和处理。

（3）后处理

从一般意义上讲，后处理是对数值计算结果进行查看、分析和评价的完整过程。但计算结果是否反映流动与传热的真实情况，是否能够用于工程实践，属于经验性的内容，需要使用者对流体动与传热过程以及数值计算方法有较多的了解，才能有助于判断解是收敛或是正确的，才有助于对所获得结果的分析和正确理解。有些时候还需要通过实验对比来进行验证。在这种情况下，CFD 软件后处理模块提供的主要是计算结果的一个显示和查看功能，主要包括：

➢ 几何区域和网格的显示。

➢ 计算结果的等值线图、矢量图显示。

➢ 计算结果的曲线图和阴影图绘制。
➢ 视图处理。
➢ 数据输出接口。

思 考 题

1. 气体流动基本变量和广延变量有哪些？这些变量间的关系是什么？

2. 理想流动与黏性流动、可压缩流动与不可压缩流动、定常流动与非定常流动、层流流动和湍流流动的区别在哪里？如何区分这些流动类型？

3. 三维可压缩 Navier – Stokes 方程、三维可压缩欧拉方程、二维不可压缩定常流动方程有何区别？如何从通用型方程出发构造定常状态的对流扩散方程？

4. 雷诺平均方法在流动方程中增加的非封闭项是什么，采用涡黏性假定的方程封闭模型是什么含义？常用的湍流模型有哪些？各自适用于哪些流动状态？

5. 有限体积法进行流动模型离散的基本思路是什么？流动单元边界上的常用离散格式有哪些？

6. 结构化网格和非结构化网格有何差异？如何进行网格无关性分析？

7. 常用流动边界类型有哪些？边界上的参数如何确定和设置？

第 3 章

发射系统设计与结构有限元基础

3.1 发射系统结构分析基础

3.1.1 结构分析基本变量及关联关系

发射系统结构分析的基本变量与其他领域的结构分析相同。当一个变形体结构受到外界作用（如外力或约束作用）时，物体在受力后产生了内部和外部位置的变化，因此，物体各点的位移是最直接的变量，它将受到物体的形状、组成物体的材质以及外力影响。为描述结构变形特性，应包括位移、变形程度、受力状态三个方面的变量，因此，在材料确定的情况下，物体内任意一点的基本力学变量应该有：

➢ 位移，描述物体变形后的位置，记为 u, v 和 w。

➢ 应变，描述物体的变形程度，记为 ε_x, ε_y, ε_z, γ_{xy}, γ_{yz}, γ_{zx}。

➢ 应力，描述物体的受力状态，记为 σ_x, σ_y, σ_z, τ_{xy}, τ_{yz}, τ_{zx}。

可见对于任意形状的变形体，其基本变量共有 15 个。为深入了解这些基本变量间的关联关系，本节主要对位移与应变关系、应力与应变关系以及弹性变形的能量表示方法等进行阐述。

（一）位移与应变关系

结构在外力作用下产生变形，一般来说，物体内各点的位置都会发生变化，即产生位移。需要注意的是，在点的位移中应区分两种情况：一是各点的位置虽有变化，但任意两点之间的距离却保持不变，即物体仅有整体位置的变动，而无形状和尺寸的变化，产生这种情形的位移称为刚性位移；另一种则是任意两点之间的相对距离发生了改变，从而使物体的形状和尺寸发生变化，产生这种情形的位移称为变形位移。

设一变形体微小体元的平面直角在变形前为 $ABCD$，而变形后为 $A'B'C'D'$，A 点变形到 A' 点的 x 方向位移为 u，y 方向位移为 v，如图 3.1.1 所示。

可以看出，平面物体在受力后，其几何形状的改变主要在两个方面：沿各个方向上的长度变化以及夹角的变化。

设线段 AB 原长为 Δx，变形后位移到 $A'B'$ 后长度为 $\Delta x+\Delta s$，当 Δx 趋近于零时，则其长度变化的比值可表示为

$$\varepsilon_{xx}=\lim_{AB\to 0}\frac{A'B'-AB}{AB}=\frac{\mathrm{d}s}{\mathrm{d}x}=\frac{\frac{\partial u}{\partial x}\mathrm{d}x}{\mathrm{d}x}=\frac{\partial u}{\partial x} \tag{3.1.1}$$

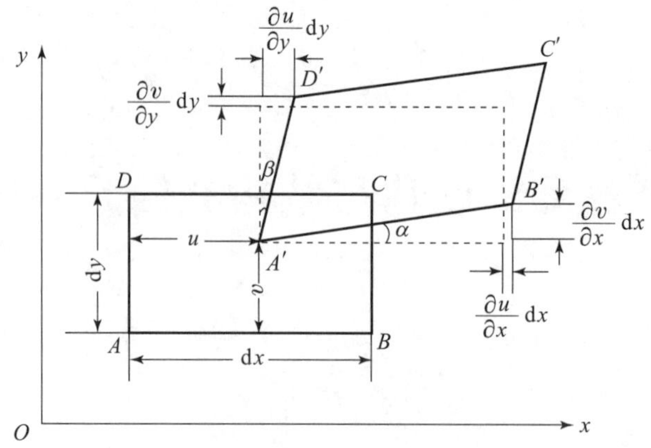

图 3.1.1　微元体变形

ε_{xx} 即为 A 点沿 x 方向的线应变，或简称为应变。同理，可获得 A 点沿 y 方向的线应变表达式为

$$\varepsilon_{yy} = \lim_{AD \to 0} \frac{A'D' - AD}{AD} = \frac{\frac{\partial v}{\partial y}\mathrm{d}y}{\mathrm{d}y} = \frac{\partial v}{\partial y} \tag{3.1.2}$$

固体的变形非但表现为线段长度的改变，而且正交线段的夹角也发生变化。变形前 AB 与 AD 正交，变形后 $A'B'$ 与 $A'D'$ 夹角变为 $\angle D'A'B'$。变形前后角度的变化可表示为

$$\gamma_{xy} = \alpha + \beta = \frac{\left(v + \frac{\partial v}{\partial x}\mathrm{d}x\right) - v}{\mathrm{d}x} + \frac{\left(u + \frac{\partial u}{\partial y}\mathrm{d}y\right) - u}{\mathrm{d}y} = \frac{\partial u}{\partial y} + \frac{\partial v}{\partial x} \tag{3.1.3}$$

γ_{xy} 称为 A 点在 xy 平面内的剪应变或角应变。同理，令 w 为微元节点沿 z 方向的位移，可得到其他应变分量的表达式为

$$\varepsilon_{zz} = \frac{\partial w}{\partial z} \tag{3.1.4}$$

$$\gamma_{xz} = \frac{\partial u}{\partial z} + \frac{\partial w}{\partial x} \tag{3.1.5}$$

$$\gamma_{yz} = \frac{\partial v}{\partial z} + \frac{\partial w}{\partial y} \tag{3.1.6}$$

（二）应力与应变关系

结构变形的应力与应变关系主要由胡克定律确定。胡克定律指出，单元体受力后，各方向的尺寸要发生变化，力和变形之间有一定的关系。对于单向应力状态，在线弹性范围内，正应力与线应变成线性关系，即

$$\sigma = E\varepsilon \tag{3.1.7}$$

这就是单向拉伸（或压缩）时的胡克定律。此外，在横向（垂直于作用力的方向）产生的线应变 $\varepsilon' = \nu\varepsilon$, ν 为泊松比。材料在弹性变形阶段，其应力和应变的比例系数 E 称为弹性模量。弹性模量可视为衡量材料产生弹性变形难易程度的指标，其值越大，使材料发生一定弹性变形的应力也越大，即材料刚度越大，也即在一定应力作用下，发生弹性变形越小。弹性模量是指材料在外力作用下产生单位弹性变形所需要的应力，它是反映材料抵抗弹性变

形能力的指标，相当于普通弹簧中的刚度。泊松比是指在材料的比例极限内，由均匀分布的纵向应力所引起的横向应变与相应的纵向应变之比的绝对值。

同单向拉伸时材料表现出来的应力/应变线性比例关系类似，人们认为对于各种复杂应力状态，也应有性质相同的关系，故可将胡克定律的比例关系推广到一般情况，即在弹性变形过程中，一点的应力状态可以用9个应变分量的函数来表示，反之亦然，即有

$$\sigma_{ij} = f(\varepsilon_{ij}) \text{ 或 } \varepsilon_{ij} = g(\sigma_{ij}) \tag{3.1.8}$$

事实上，由于应力张量和应变张量的对称性，其独立分量仅有6个。对于均匀的理想弹性体，应力与应变关系可表示为

$$\begin{cases} \sigma_x = c_{11}\varepsilon_x + c_{12}\varepsilon_y + c_{13}\varepsilon_z + c_{14}\gamma_{xy} + c_{15}\gamma_{yz} + c_{16}\gamma_{zx} \\ \sigma_y = c_{21}\varepsilon_x + c_{22}\varepsilon_y + c_{23}\varepsilon_z + c_{24}\gamma_{xy} + c_{25}\gamma_{yz} + c_{26}\gamma_{zx} \\ \sigma_z = c_{31}\varepsilon_x + c_{32}\varepsilon_y + c_{33}\varepsilon_z + c_{34}\gamma_{xy} + c_{35}\gamma_{yz} + c_{36}\gamma_{zx} \\ \tau_{xy} = c_{41}\varepsilon_x + c_{42}\varepsilon_y + c_{43}\varepsilon_z + c_{44}\gamma_{xy} + c_{45}\gamma_{yz} + c_{46}\gamma_{zx} \\ \tau_{yz} = c_{51}\varepsilon_x + c_{52}\varepsilon_y + c_{53}\varepsilon_z + c_{54}\gamma_{xy} + c_{55}\gamma_{yz} + c_{56}\gamma_{zx} \\ \tau_{zx} = c_{61}\varepsilon_x + c_{62}\varepsilon_y + c_{63}\varepsilon_z + c_{64}\gamma_{xy} + c_{65}\gamma_{yz} + c_{66}\gamma_{zx} \end{cases} \tag{3.1.9}$$

式中，$c_{mn}(m,n = 1,2,\cdots,6)$ 是材料弹性性质的表征。由均匀性假设可知，这种弹性性质与点的位置无关，于是 c_{mn} 是与位置无关的常数，称为弹性常数。如果采用张量记法，可记为

$$\sigma_{ij} = c_{ijkl}\varepsilon_{kl} \quad (i,j,k,l = x,y,z) \tag{3.1.10}$$

广义胡克定律中有36个弹性常数，依据材料性质，这些常数间存在着某些内在联系，使得独立弹性常数的数量大大减少。

对于极端各向异性体（其体内任一点沿任何两个不同方向上的弹性性质都互不相同，在实际工程材料中，这种情况很少见到），利用应变能的导数关系，可证明系数矩阵具有对称性，即 $c_{mn} = c_{nm}$，可知这36个弹性常数中，独立的只有21个。

对于正交各向异性体（其体内一点具有三个互相正交的弹性对称面，在每个对称面两侧的对称方向上，弹性性质相同，但在三个互相正交方向的弹性性质不同的弹性体，如木材的顺纹方向与横纹方向），可以证明其独立的弹性常数只有9个，相应的应力与应变关系可表示为

$$\begin{cases} \sigma_x = c_{11}\varepsilon_x + c_{12}\varepsilon_y + c_{13}\varepsilon_z, & \tau_{xy} = c_{44}\gamma_{xy} \\ \sigma_y = c_{21}\varepsilon_x + c_{22}\varepsilon_y + c_{23}\varepsilon_z, & \tau_{yz} = c_{55}\gamma_{yz} \\ \sigma_z = c_{31}\varepsilon_x + c_{32}\varepsilon_y + c_{33}\varepsilon_z, & \tau_{zx} = c_{66}\gamma_{zx} \end{cases} \tag{3.1.11}$$

对于各向同性体（其体内任一点沿任何方向上的物理性质都相同的物体），可以证明其独立的弹性常数只有2个，相应的应力与应变关系可表示为

$$\begin{cases} \sigma_x = 2c_3\varepsilon_x + c_2(\varepsilon_x + \varepsilon_y + \varepsilon_z), & \tau_{xy} = c_3\gamma_{xy} \\ \sigma_y = 2c_3\varepsilon_y + c_2(\varepsilon_x + \varepsilon_y + \varepsilon_z), & \tau_{yz} = c_3\gamma_{yz} \\ \sigma_z = 2c_3\varepsilon_z + c_2(\varepsilon_x + \varepsilon_y + \varepsilon_z), & \tau_{zx} = c_3\gamma_{zx} \end{cases} \tag{3.1.12}$$

式中，$c_2 = c_{12} = c_{13} = c_{14}$；$c_3 = c_{44} = c_{55} = c_{66}$。令 $\lambda = c_2$，$\mu = c_3$，$e = \varepsilon_x + \varepsilon_y + \varepsilon_z$，则有

$$\begin{cases} \sigma_x = \lambda e + 2\mu\varepsilon_x, & \tau_{xy} = \mu\gamma_{xy} \\ \sigma_y = \lambda e + 2\mu\varepsilon_y, & \tau_{yz} = \mu\gamma_{yz} \\ \sigma_z = \lambda e + 2\mu\varepsilon_z, & \tau_{zx} = \mu\gamma_{zx} \end{cases} \tag{3.1.13}$$

式中，λ 和 μ 称为拉梅常数；$e = \varepsilon_x + \varepsilon_y + \varepsilon_z$ 称为体积应变。

在实际应用中，多数时候可知道材料的弹性模量 E 和泊松比 ν，在这种情况下，通过简单推导，可获得拉梅常数的计算式

$$\begin{cases} \lambda = \dfrac{E\nu}{(1+\nu)(1-2\nu)} \\ \mu = \dfrac{E}{2(1+\nu)} \end{cases} \tag{3.1.14}$$

应用拉梅常数与弹性模量和泊松比之间的关系，可获得以应力分量表示应变分量的广义胡克定律

$$\begin{cases} \varepsilon_x = \dfrac{1}{E}[\sigma_x - v(\sigma_y + \sigma_z)], \quad \gamma_{xy} = \dfrac{1}{G}\tau_{xy} \\ \varepsilon_y = \dfrac{1}{E}[\sigma_y - v(\sigma_z + \sigma_x)], \quad \gamma_{yz} = \dfrac{1}{G}\tau_{yz} \\ \varepsilon_z = \dfrac{1}{E}[\sigma_z - v(\sigma_x + \sigma_y)], \quad \gamma_{zx} = \dfrac{1}{G}\tau_{zx} \end{cases} \tag{3.1.15}$$

式中，$G = \mu = \dfrac{E}{2(1+\nu)}$ 称为剪切弹性模量。

（三）弹性变形的能量表示

物体在外力作用下处于平衡状态，在物体产生变形的过程中，外力沿其作用线方向的位移做功。若对于静载作用下的物体，产生弹性变形过程中可以不计能量的耗散，此时产生此变形的外力在加载过程中所做的功将以一种能量的形式被积累在物体内，此能量称为弹性应变能。

外力功也叫可能功，即所施加外力在可能位移上所做的功，外力包括作用在物体上的面力和体力，这些力被假设为与变形无关的不变力系，即保守力系，则外力功可表示为

$$W = \int_\Omega (\bar{b}_x u + \bar{b}_y v + \bar{b}_z w)\,\mathrm{d}\Omega + \int_{S_p} (\bar{p}_x u + \bar{p}_y v + \bar{p}_z w)\,\mathrm{d}A \tag{3.1.16}$$

式中，$\bar{b}_x$、$\bar{b}_y$、$\bar{b}_z$ 为作用在物体上的体力；$\bar{p}_x$、$\bar{p}_y$、$\bar{p}_z$ 为作用在力边界 S_p 上的面力。

以位移（或应变）为基本变量所表述的变形能称为应变能。对应于正应变和剪应变，应变能由两部分组成，如图 3.1.2 所示，在 xy 平面内考察由于主应力产生的正应变和由剪应力产生的剪应变（微元体厚度为 $\mathrm{d}z$）。由于微元体平衡状态下的变形可假设由内力作用下逐渐累积产生，其能量可表示为 $\Delta U = \dfrac{1}{2}F \cdot \Delta u$，因此，微元体上的应变能可表示为

$$\Delta U = \frac{1}{2}(\sigma_x\varepsilon_x + \sigma_y\varepsilon_y + \sigma_z\varepsilon_z + \tau_{xy}\gamma_{xy} + \tau_{yz}\gamma_{yz} + \tau_{xz}\gamma_{xz})\,\mathrm{d}x\mathrm{d}y\mathrm{d}z \tag{3.1.17}$$

整个物体的应变能可表示为

$$U = \frac{1}{2}\int_\Omega (\sigma_x\varepsilon_x + \sigma_y\varepsilon_y + \sigma_z\varepsilon_z + \tau_{xy}\gamma_{xy} + \tau_{yz}\gamma_{yz} + \tau_{xz}\gamma_{xz})\,\mathrm{d}\Omega \tag{3.1.18}$$

对于受外力作用的变形体，基于其外力功和应变能的表达，定义弹性势能为

$$\begin{aligned} \Pi &= U - W \\ &= \frac{1}{2}\int_\Omega (\sigma_x\varepsilon_x + \sigma_y\varepsilon_y + \sigma_z\varepsilon_z + \tau_{xy}\gamma_{xy} + \tau_{yz}\gamma_{yz} + \tau_{xz}\gamma_{xz})\,\mathrm{d}\Omega - \\ &\quad \left[\int_\Omega (\bar{b}_x u + \bar{b}_y v + \bar{b}_z w)\,\mathrm{d}\Omega + \int_{S_p} (\bar{p}_x u + \bar{p}_y v + \bar{p}_z w)\,\mathrm{d}A\right] \end{aligned} \tag{3.1.19}$$

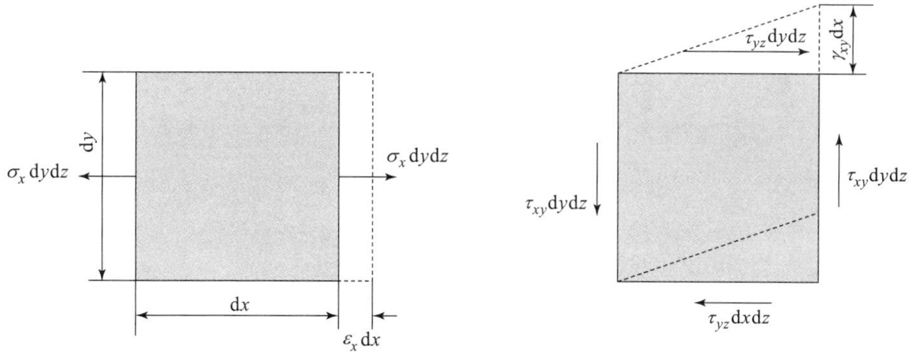

图 3.1.2　应变与变形关系

3.1.2　结构力学基本方程与边界条件

为突出所处理问题的实质，并使问题得以简单化和抽象化，这里先考虑静力条件下的基本模型，并考虑如下基本假定：

➢ 物体内的物质连续性假定，即认为物质中无空隙，因此可采用连续函数来描述对象。

➢ 物体内的物质均匀性假定，即认为物体内各个位置的物质具有相同特性，因此，各个位置材料的描述是相同的。

基于上述假定，结构力学基本方程主要由力的平衡方程、变形几何方程、材料本构方程以及边界条件构成，下面分别对其进行介绍。

（一）力的平衡方程

设在变形体的任意一点取一个微小体元 $dxdydz$，如图 3.1.3 所示。考察微小体元各个侧面上所受的作用力以及采用 $\bar{b}_x$、$\bar{b}_y$ 和 $\bar{b}_z$ 表示的作用在物体上沿坐标方向的体积力。

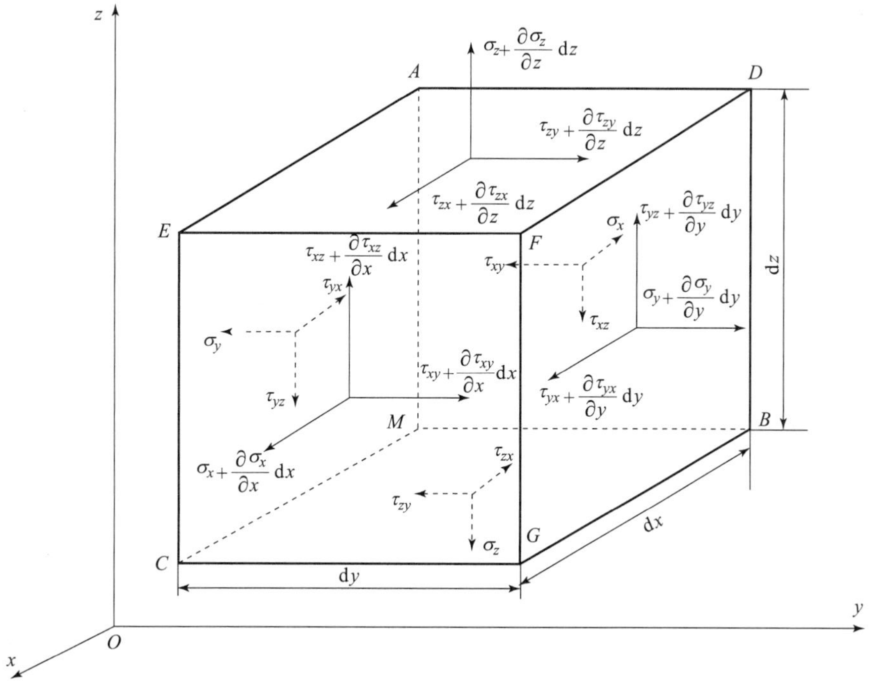

图 3.1.3　微元体受力

在推导平衡方程中，需要计算不同位置截面上的应力，不同截面的几何位置将有一个 dx、dy 或 dz 的差别，以 σ_x 为例，由 Taylor 级数展开，有

$$\sigma_x(x+\mathrm{d}x,y)=\sigma_x(x,y)+\frac{\partial\sigma_x(x,y)}{\partial x}\mathrm{d}x+\frac{\partial^2\sigma_x(x,y)}{2\partial x^2}(\mathrm{d}x)^2+\cdots \tag{3.1.20}$$

略去二阶以上微量，有

$$\sigma_x(x+\mathrm{d}x,y)=\sigma_x(x,y)+\frac{\partial\sigma_x(x,y)}{\partial x}\mathrm{d}x \tag{3.1.21}$$

考虑各个方向上合力的平衡，应具有以下平衡关系：①沿 x 方向所有合力的平衡；②沿 y 方向所有合力的平衡；③沿 z 方向所有合力的平衡；④沿 x 轴的力矩平衡；⑤沿 y 轴的力矩平衡；⑥沿 z 轴的力矩平衡。

就平衡关系①，并利用略去高阶小量后的增量表达式可得到

$$\frac{\partial\sigma_x}{\partial x}+\frac{\partial\tau_{xy}}{\partial y}+\frac{\partial\tau_{xz}}{\partial z}+\bar{b}_x=0 \tag{3.1.22}$$

同理，就平衡关系②和③，有

$$\frac{\partial\sigma_y}{\partial y}+\frac{\partial\tau_{yx}}{\partial x}+\frac{\partial\tau_{yz}}{\partial z}+\bar{b}_y=0 \tag{3.1.23}$$

$$\frac{\partial\sigma_z}{\partial z}+\frac{\partial\tau_{zx}}{\partial x}+\frac{\partial\tau_{zy}}{\partial y}+\bar{b}_z=0 \tag{3.1.24}$$

就平衡关系④、⑤和⑥，对微元体中心点求力矩，并略去高次项，有

$$\tau_{xy}=\tau_{yx},\ \tau_{xz}=\tau_{zx},\ \tau_{yz}=\tau_{zy}$$

这也称为剪应力互等定理。

（二）变形的几何方程

前面在介绍应变和变形关系时，已经给出了变形的几何方程形式，即

$$\varepsilon_x=\frac{\partial u}{\partial x},\ \varepsilon_y=\frac{\partial v}{\partial y},\ \varepsilon_z=\frac{\partial w}{\partial z} \tag{3.1.25}$$

$$\gamma_{xy}=\frac{\partial u}{\partial y}+\frac{\partial v}{\partial x},\ \gamma_{xz}=\frac{\partial u}{\partial z}+\frac{\partial w}{\partial x},\ \gamma_{yz}=\frac{\partial v}{\partial z}+\frac{\partial w}{\partial y} \tag{3.1.26}$$

在分析过程中，如果已知 3 个位移分量 u、v 和 w，可以通过上述表达式求出 6 个应变分量 ε_x、ε_y、ε_z、γ_{xy}、γ_{xz} 和 γ_{yz}。但如果是一个反问题，即已知 6 个应变分量，就不一定能够求出 3 个位移分量，除非这 6 个应变分量满足一定的关系，这个关系就是变形协调条件。其物理意义是，材料在变形过程中应是整体连续的，不应出现“撕裂”“重叠”现象。基于几何方程，可以推导出变形协调条件为

$$\frac{\partial^2\varepsilon_x}{\partial y^2}+\frac{\partial^2\varepsilon_y}{\partial x^2}=\frac{\partial^2\gamma_{xy}}{\partial x\partial y} \tag{3.1.27}$$

$$\frac{\partial^2\varepsilon_x}{\partial z^2}+\frac{\partial^2\varepsilon_z}{\partial x^2}=\frac{\partial^2\gamma_{xz}}{\partial x\partial z} \tag{3.1.28}$$

$$\frac{\partial^2\varepsilon_y}{\partial z^2}+\frac{\partial^2\varepsilon_z}{\partial y^2}=\frac{\partial^2\gamma_{yz}}{\partial y\partial z} \tag{3.1.29}$$

只有满足了变形协调条件的应变分量，才能唯一确定变形体的连续位移场。

（三）材料的本构方程

材料的本构方程主要由广义胡克定律确定，表示应力和应变之间的关联关系。对于满足各向同性假设的材料，其本构方程可表示为

$$\begin{aligned} \varepsilon_x &= \frac{1}{E}[\sigma_x - \nu(\sigma_y + \sigma_z)], \quad \gamma_{xy} = \frac{1}{G}\tau_{xy} \\ \varepsilon_y &= \frac{1}{E}[\sigma_y - \nu(\sigma_z + \sigma_x)], \quad \gamma_{xz} = \frac{1}{G}\tau_{xz} \\ \varepsilon_z &= \frac{1}{E}[\sigma_z - \nu(\sigma_x + \sigma_y)], \quad \gamma_{yz} = \frac{1}{G}\tau_{yz} \end{aligned} \tag{3.1.30}$$

式中，E 为弹性模量或杨氏模量；G 为剪切模量；ν 为泊松比。

（四）边界条件

边界条件一般包括位移方面和力平衡方面的边界条件，对于变形体几何空间 Ω，其外表面将被位移边界条件和力边界条件完全地、不重叠地包围，即有关系 $\partial\Omega = S_u + S_p$，其中，$S_u$ 为给定的位移边界，S_p 为给定的力边界。

对于位移边界条件，可表示为

$$u = \bar{u}, v = \bar{v}, w = \bar{w} \tag{3.1.31}$$

对于如图 3. 1. 4 所示的力边界条件，$\bar{p}_x$、$\bar{p}_y$ 和 $\bar{p}_z$ 分别为作用的沿 dx、dy 和 dz 方向的面力，在力的边界上取微小体元 dxdydz 构成的四面体，并考察它的平衡问题。

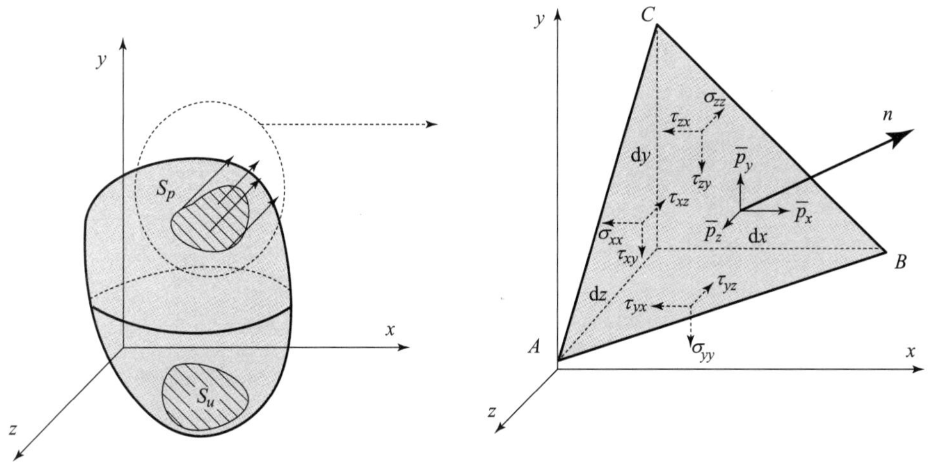

图 3. 1. 4　力边界与位移边界

利用任一斜截面上的应力计算方法，当这一斜截面为物体边界上的面时，有

$$\sigma_x \cdot l_x + \tau_{yx} \cdot l_y + \tau_{zx} \cdot l_z = \bar{p}_x \tag{3.1.32}$$

$$\sigma_y \cdot l_y + \tau_{xy} \cdot l_x + \tau_{zy} \cdot l_z = \bar{p}_y \tag{3.1.33}$$

$$\sigma_z \cdot l_z + \tau_{xz} \cdot l_x + \tau_{yz} \cdot l_y = \bar{p}_z \tag{3.1.34}$$

式中，l_x、l_y 和 l_z 为边界面法线 n 的方向余弦。

在很多情况下，可将正应力和线应变表示为如下形式

$$\begin{aligned} \sigma_x = \sigma_{xx}, \sigma_y = \sigma_{yy}, \sigma_z = \sigma_{zz} \\ \varepsilon_x = \varepsilon_{xx}, \varepsilon_y = \varepsilon_{yy}, \varepsilon_z = \varepsilon_{zz} \end{aligned} \tag{3.1.35}$$

（五）基本方程的其他表达形式

对于上述基本方程，也可采用其他形式进行表示。比如采用指标形式，可将基本方程表示为（式中的 $i, j = x, y, z$）：

①平衡方程：

$$\sigma_{ij,j} + \bar{b}_i = 0$$

②几何方程：

$$\varepsilon_{ij} = \frac{1}{2}(u_{i,j} + u_{j,i})$$

式中，$\varepsilon_{ij} = \frac{1}{2}\gamma_{ij}(i \neq j)$。

③物理方程：

$$\varepsilon_{ij} = D_{ijkl}^{-1}\sigma_{kl} \text{ 或 } \sigma_{ij} = D_{ijkl}\varepsilon_{kl}$$

④边界条件：

$$u_i = \bar{u}_i, \text{在 } S_u \text{ 上}$$

$$\sigma_{ij}n_j = \bar{p}_i, \text{在 } S_p \text{ 上}$$

若采用向量和矩阵形式，定义物体内任一点的位移为 $\boldsymbol{f} = [u \quad v \quad w]^{\mathrm{T}}$，该点的应变为 $\boldsymbol{\varepsilon} = [\varepsilon_x \quad \varepsilon_y \quad \varepsilon_z \quad \gamma_{xy} \quad \gamma_{yz} \quad \gamma_{zx}]^{\mathrm{T}}$，该点的应力为 $\boldsymbol{\sigma} = [\sigma_x \quad \sigma_y \quad \sigma_z \quad \sigma_{xy} \quad \sigma_{yz} \quad \sigma_{zx}]^{\mathrm{T}}$，作用在变形体上的体力为 $\boldsymbol{B} = [\bar{b}_x \quad \bar{b}_y \quad \bar{b}_z]^{\mathrm{T}}$，则可得到基本方程的向量形式为：

①平衡方程：

$$\boldsymbol{L}^{\mathrm{T}}\boldsymbol{\sigma} + \boldsymbol{B} = 0$$

②几何方程：

$$\boldsymbol{\varepsilon} = \boldsymbol{L}\boldsymbol{f}$$

③物理方程：

$$\boldsymbol{\sigma} = \boldsymbol{D}\boldsymbol{\varepsilon}$$

式中，$\boldsymbol{L}$ 是微分算子，表示为

$$\boldsymbol{L} = \begin{bmatrix} \frac{\partial}{\partial x} & 0 & 0 & \frac{\partial}{\partial y} & 0 & \frac{\partial}{\partial z} \\ 0 & \frac{\partial}{\partial y} & 0 & \frac{\partial}{\partial x} & \frac{\partial}{\partial z} & 0 \\ 0 & 0 & \frac{\partial}{\partial z} & 0 & \frac{\partial}{\partial y} & \frac{\partial}{\partial x} \end{bmatrix}^{\mathrm{T}}$$

基本方程中弹性矩阵 $\boldsymbol{D}$ 表示为

$$\boldsymbol{D} = \begin{bmatrix} \lambda + 2\mu & \lambda & \lambda & 0 & 0 & 0 \\ \lambda & \lambda + 2\mu & \lambda & 0 & 0 & 0 \\ \lambda & \lambda & \lambda + 2\mu & 0 & 0 & 0 \\ 0 & 0 & 0 & \mu & 0 & 0 \\ 0 & 0 & 0 & 0 & \mu & 0 \\ 0 & 0 & 0 & 0 & 0 & \mu \end{bmatrix}$$

对于三维问题，基本方程的独立变量包括 3 个位移分量、6 个应力分量和 6 个应变分量，共 15 个变量。而其独立方程包括 3 个平衡方程（剪应力互等方程直接简化了应力的表

达，不再列为基本方程）、6个几何方程、6个物理方程，共15个方程，外加两类边界条件。以上变量和方程是针对从任意变形体中所取出来的 dxdydz 微小体元来建立的，因此，无论所研究变形体的几何形状和边界条件有何差异，但基本变量和基本方程是完全相同的，不同之处在于变形体的几何形状 Ω 和边界条件，所以，针对一个给定对象进行问题求解的关键是如何处理变形体的几何形状和边界条件。

（六）简化模型与方程

从最一般的情况出发，任何一个物体均为三维空间物体，它所承受的力系都是空间力系，所有力学参量都是坐标 x、y 和 z 的函数。这一类问题通常称为空间问题。但是，在工程实践中，当物体具有某种特殊的几何形状并受到特殊的载荷作用时，就可使空间问题得以简化。

（1）杆、梁、壳结构

杆、梁和壳结构是结构分析中最常见的简化模型。由于其结构形式简单，其简化模型在某些情况下能够获得解析解，因此，在材料力学、结构力学以及弹性力学中均对这类结构有详细的介绍，在很多工程手册上也给出了其简化模型的解析解形式，这里不再详细介绍。

（2）平面问题

平面问题是另一类常见的简化模型，一般来讲，平面问题具有如下特点：①几何参数（物体形状尺寸）和载荷只是 x、y 的函数，与 z 无关；②力学参量的15个未知函数只存在有 Oxy 平面内的分量，并且只是 x、y 的函数，其余分量不存在或可以用 Oxy 平面内的分量表示；③基本方程是二维的。平面问题分为两大类，一类是平面应力问题，另一类是平面应变问题。

➢ 平面应力问题

在平面应力问题中，所考虑的物体在一个方向上的几何尺寸远小于其他两个方向的几何尺寸，如薄平板。载荷只作用在板侧边界面上，且平行于板面，沿厚度均匀分布，即当板平面位于 Oxy 平面时，z 方向的体力和面力均为零。在板厚度 t 很小且不发生屈曲时，位移分量 w 很小，u、v 沿板厚的变化也很小。如果忽略位移和应变分量沿厚度的变化，则可近似认为板内各点均有

$$\sigma_x = \sigma_x(x,y),\ \sigma_y = \sigma_y(x,y),\ \tau_{xy} = \tau_{xy}(x,y),\ \sigma_z = \tau_{yz} = \tau_{yz} = 0$$

需要注意的是，由于薄平板不承载的自由面不受约束，因此其 $\varepsilon_z \neq 0$，且它不是独立的，完全取决于 σ_x 和 σ_y。

➢ 平面应变问题

平面应变指这样一类问题：当物体沿一个方向（通常取为 z 轴方向）很长，垂直于 z 轴的横截面相同，即为等直柱体；位移约束条件或支承条件沿 z 轴方向相同；此外，柱体侧表面承受的面力或体力均垂直于 z 轴且分布规律不随 z 变化。对这类问题，可认为 z 轴方向位移 $w = 0$，且位移 u、v 均与坐标 z 无关。即

$$u = u(x,y),\ v = v(x,y),\ w = 0$$

此时有

$$\varepsilon_x = \varepsilon_x(x,y),\ \varepsilon_y = \varepsilon_y(x,y),\ \gamma_{xy} = \gamma_{xy}(x,y),\varepsilon_z = \gamma_{yz} = \gamma_{zx} = 0$$

平面应变问题一般 $\sigma_z \neq 0$ 且不独立。

无论是平面应力还是平面应变问题，它们的未知独立函数共有8个，即位移分量 u、v，应变分量 ε_x、ε_y 和 γ_{xy}，应力分量 σ_x、σ_y 和 τ_{xy}。其模型方程可采用前面给定的指标形式，只

是这里的 $i, j = x, y$。

这里给出了平面问题的直角坐标形式。对于工程中经常存在的圆域或环域问题，如圆盘、圆环、扇形面等物体，可在极坐标下转换为平面问题进行处理，这里不再详述。

(3) 空间轴对称问题

在工程中有不少问题的几何形状是回转体，物体的几何约束和所受的载荷也是对称于回转轴 z 的。此时模型可用柱坐标表示，且所有各个力学参量分量都是 r 和 z 的函数而与 θ 无关。这类问题称为空间轴对称问题，其基本模型可表示为

➢ 平衡方程

$$\frac{\partial \sigma_r}{\partial r} + \frac{\partial \tau_{zr}}{\partial z} + \frac{\sigma_r - \sigma_\theta}{r} + \bar{b}_r = 0$$

$$\frac{\partial \sigma_z}{\partial z} + \frac{\partial \tau_{rz}}{\partial r} + \frac{\tau_{rz}}{r} + \bar{b}_z = 0$$

➢ 几何方程

$$\varepsilon_r = \frac{\partial u}{\partial r},\ \varepsilon_\theta = \frac{u}{r},\ \varepsilon_z = \frac{\partial w}{\partial z},\ \gamma_{rz} = \frac{\partial u}{\partial z} + \frac{\partial w}{\partial r},\ \gamma_{r\theta} = \lambda_{\theta r} = 0$$

➢ 物理方程

$$\varepsilon_r = \frac{1}{E}[\sigma_r - v(\sigma_\theta + \sigma_z)],\ \varepsilon_\theta = \frac{1}{E}[\sigma_\theta - v(\sigma_r + \sigma_z)]$$

$$\varepsilon_z = \frac{1}{E}[\sigma_z - v(\sigma_\theta + \sigma_r)],\ \gamma_{rz} = \frac{1}{G}\tau_{rz}$$

空间轴对称模型边界包括轴对称边界以及前述力、位移边界等，通常依据实际情况指定。

3.1.3 结构分析基本原理与求解方法

针对任意形状的变形体，基于物体内的微小体元 dxdydz 定义了描述变形体信息的基本力学变量、基本方程和边界条件。接下来的任务就是对这些方程在具体的条件下进行求解，也就是在已知的边界条件下，由基本方程求出相应的位移场、应力场和应变场。本节将针对这些计算涉及的基本原理和求解方法进行简要介绍，以奠定有限元分析的数学基础。

(一) 结构分析基本原理

实际结构往往涉及复杂的结构形式和载荷状态，为简化模型和计算，通常引入一些基本原理对模型进行简化或等效，这里分别对其进行介绍。

(1) 解的唯一性定理

对弹性力学问题，当载荷及表面上某些点的位移已给定，弹性体只存在唯一的应力状态，即解的唯一性定理。需要注意的是，这里只涉及微小变形的弹性力学问题。如果应变和位移不是微小量，则基本方程的解可能不再具有单值性，这种情况在稳定性分析中就可以看到。

(2) 圣维南原理

解的唯一性定理指出，两组静力等效载荷分别作用于同一物体同一边界区域时，因各自构成的边界条件不同，所以两种情况下物体中的内力是不同的。但实践表明：两组有相等合力和合力矩的力系分布在相同的边界面上所求得的应力场，只在面力作用点附近才有显著不

同，而离受力点较远的地方的应力分布则基本相同。这一事实被总结为圣维南原理。

圣维南原理指出，如作用在弹性体表面某一局部面积上的力系，为作用在同一局部面积上的另一静力等效力系所替代，则载荷的这种重新分布，只在离载荷作用处附近的地方，才使应力的分布发生显著变化，而在离载荷较远处则只产生极小的影响。在许多工程实际问题中，关于边界力的真实分布情况是极为复杂并难以确定的，一般只能计算某一段边界上的合力和合力矩。因而圣维南原理简化了边界条件，这对解决实际问题是非常必要的，实验证明也是符合实际的。

一般来讲，作用力在物体内部的影响区域的大小与外力作用区的大小相当。另外，圣维南原理中所指出的局部面积二维尺寸中，应至少有一个不大于物体的最小特征尺寸，即只有当力作用区域的尺寸比物体最小尺寸小的条件下才能应用。

（3）叠加原理

所谓叠加原理，是指弹性体由多种载荷作用时所引起的力学参量（内力、应力或位移）等于各个载荷单独作用时所引起的该参量值的代数和。叠加原理在物理现象上说明多力作用相互不影响的独立作用，在数学理论上说明参量函数为线性方程。

叠加原理适用于线性弹性范围，对于大变形或大位移情况，物体的变形将影响内力的作用，此时，叠加原理不适用。

（二）求解模型方程的直接法

对于一些特殊的对象或简单对象，可以利用对象的一些特性进行简化，并在此基础上求解基本方程的解析解，因此有时这种方法也称为解析法，常用的直接求解方法包括位移法、应力法和混合法三类。

用位移作为基本未知量来求解边值问题的方法，称为位移法。通常，给定位移边界条件时，可采用这种方法。当采用应力作为基本未知量来求解边界问题时，叫应力法。显然，当给定应力边界条件时，宜用应力法。当采用一部分位移分量和一部分应变力分量作为基本未知量混合求解时，称为混合法，适用于物体表面一部分给定面力，其余部分给定位移的边值问题。

以平面梁的弯曲问题为例，设有一个受分布载荷作用的简支梁，如图 3.1.5 所示。

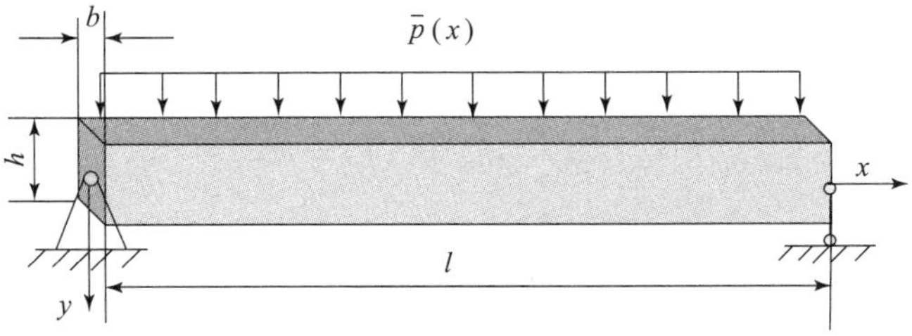

图 3.1.5　简支梁示意

由于简支梁的厚度较小，外载沿厚度方向无变化，该问题可以认为是一个 Oxy 平面内的问题。由于梁为细长梁，因此可只用 x 坐标来描述；主要变形为垂直于 x 的挠度，可只用挠度 v 来描述位移场。描述平面梁弯曲问题的基本方程为

$$-EI\frac{\mathrm{d}^4 v}{\mathrm{d}x^4}+\bar{p}(x)=0\ (y\text{ 方向的平衡}) \tag{3.1.36}$$

$$M(x) = -EI\frac{\mathrm{d}^2 v}{\mathrm{d}x^2}\text{（}x\text{ 方向的平衡）} \tag{3.1.37}$$

$$\sigma_x(x) = -Ey\frac{\mathrm{d}^2 v}{\mathrm{d}x^2}\text{（物理方程）} \tag{3.1.38}$$

$$\varepsilon_x(x) = -y\frac{\mathrm{d}^2 v}{\mathrm{d}x^2}\text{（几何方程）} \tag{3.1.39}$$

方程中 $I = \int_A \hat{y}^2 \mathrm{d}A$ 称为梁截面的惯性矩。可以看出，将原始基本变量定义为中性层的挠度 $v(x, y = 0)$，而其他力学参量都可以基于它来表达。相应的边界条件可表示为

$BC(u)$：

$$v\big|_{x=0} = 0, v\big|_{x=l} = 0$$

$BC(p)$：

$$v''\big|_{x=0} = 0, v''\big|_{x=l} = 0$$

上述 y 方向的平衡方程是一个常微分方程，结合边界条件，其解的形式为

$$v(x) = \frac{\bar{p}}{24EI}(x^4 - 2lx^3 + l^3 x) \tag{3.1.40}$$

$$v\left(x = \frac{1}{2}l\right) = 0.013\ 020\ 833\frac{\bar{p}l^4}{EI} \tag{3.1.41}$$

结合基本方程，其他基本变量也可由此求出。

（三）求解模型方程的试函数法

尽管直接法在理论上具有重大的意义，但由于其数学上的困难和复杂性，在实际分析中应用较少。因此，人们又研究了各种分析方法，试函数法就是其中较为典型的方法。试函数法的基本原理是：先假定满足一定边界条件的试函数，然后将其代入需要求解的控制方程中，通过使与原方程的误差残值最小来确定试函数中的待定系数。为提高求解精度，可以采用多项式的试函数进行计算，这种方法也称为加权残值法。由于权函数的选择和残差取值的方式不同，加权残值法又分为 Galerkin 法、残值最小二乘法等。

这里以平面梁弯曲的 Galerkin 法为例来对试函数法进行说明。设问题的提法为：求解 $v(x)$，使其满足以下方程和边界条件

$$\begin{cases} L(v(x)) + \bar{b} = 0 \\ BC(u): g_u(v(x)) = 0 \\ BC(p): g_p(v(x)) = 0 \end{cases} \tag{3.1.42}$$

式中，$L(\ )$ 为微分算子，对于上述平面梁的弯曲问题，$L(\ ) = -EI\frac{\mathrm{d}^4}{\mathrm{d}x^4}$；$\bar{b} = \bar{p}(x)$；$BC(u)$ 为位移边界条件；$BC(p)$ 为力的边界条件。

假设能够找到事先满足边界条件 $BC(u)$ 和 $BC(p)$ 的一个试函数 $\hat{v}(x)$，将其代入式中的微分方程，则一定存在残差，记为

$$\mathfrak{R} = L(\hat{v}(x)) + \bar{b} \neq 0 \tag{3.1.43}$$

对于更一般的情形，设有一组满足所有边界条件的试函数 $\phi_i(x)$，将其线性组合为新的试函数

$$\hat{v}(x) = c_1\phi_1(x) + c_2\phi_2(x) + \cdots + c_n\phi_n(x) \tag{3.1.44}$$

式中，c_1，c_2，…，c_n 为待定系数。若将 $\hat{v}(x)$ 代入原始方程，则必有残差值 $\Re$，真实的 c_1，c_2，…，c_n 使得加权残差值的积分为零，即

$$\begin{cases} \int_\Omega w_{t1} \cdot \Re(c_1, c_2, \cdots, c_n, \varphi_1, \varphi_2, \cdots, \varphi_n)\mathrm{d}\Omega = 0 \\ \int_\Omega w_{t2} \cdot \Re(c_1, c_2, \cdots, c_n, \varphi_1, \varphi_2, \cdots, \varphi_n)\mathrm{d}\Omega = 0 \\ \vdots \\ \int_\Omega w_{tn} \cdot \Re(c_1, c_2, \cdots, c_n, \varphi_1, \varphi_2, \cdots, \varphi_n)\mathrm{d}\Omega = 0 \end{cases} \tag{3.1.45}$$

式中，w_{t1}，w_{t2}，…，w_{tn} 为权函数。以上为关于 c_1，c_2，…，c_n 的方程组，由上式可求出它们，最后可得到 $\hat{v}(x)$ 的具体表达。

如果将权函数 w_{t1}，w_{t2}，…，w_{tn} 取为 ϕ_{t1}，ϕ_{t2}，…，ϕ_{tn}，则该方法叫作 Galerkin 加权残值方法，所得到的方程组为线性方程组。

对于前述简支梁，将试函数取为

$$\hat{v}(x) = c_1\phi_1(x) + c_2\phi_2(x) = c_1 \cdot \sin\frac{\pi x}{l} + c_2 \cdot \sin\frac{3\pi x}{l} \tag{3.1.46}$$

可以验证，它满足所有边界条件 $BC(u)$ 和 $BC(p)$，代入基本方程，则残差为

$$\Re(x) = EI\frac{\mathrm{d}^4\hat{v}}{\mathrm{d}x^4} - \bar{p} \tag{3.1.47}$$

由 Gelerkin 加权残值方程，有

$$\left.\begin{aligned} EIc_1\left(\frac{\pi}{l}\right)^4 \cdot \frac{l}{2} - \bar{p} \cdot \frac{2l}{\pi} = 0 \\ EIc_2\left(\frac{3\pi}{l}\right)^4 \cdot \frac{l}{2} - \bar{p} \cdot \frac{2l}{3\pi} = 0 \end{aligned}\right\} \tag{3.1.48}$$

可以求得

$$c_1 = \frac{4l^4\bar{p}}{\pi^5 EI},\ c_2 = \frac{4l^4\bar{p}}{243\pi^5 EI} \tag{3.1.49}$$

将以上结果与直接法获得的精确解析解比较，由 Galerkin 加权残值法得到的简支梁在 $x = \dfrac{l}{2}$ 处的挠度为

$$\hat{v}\left(x = \frac{l}{2}\right) = 0.013\ 017\ 364\frac{l^4\bar{p}}{EI} \tag{3.1.50}$$

与精确解的相对误差为 0.027%。

可以看出，基于试函数的加权残值法有以下特点：①试函数满足所有边界条件，包括位移边界条件和力边界条件；②积分中试函数的最高阶导数较高，因此对试函数连续性要求很高；③整个方法需要计算一个全场（几何域）的积分；④由求取积分问题的最小值，将原方程的求解化为线性方程组的求解；⑤整个方法的处理流程比较规范。

（四）虚功原理与最小势能原理

试函数方法需要在全场范围内寻求同时满足所有边界条件，同时选择具有较高连续性的试函数往往比较困难，限制了这种方法的直接应用。而采用基于虚功原理、最小势能原理的

方法，则可放松对试函数的要求，使其只满足位移边界条件 $BC(u)$，并降低对函数的连续性要求。

（1）虚功原理

在结构上，凡是作用力不是在自身原因，而是由其他原因引起的位移上做的功，就叫作虚功。考虑如图 3.1.6 所示模型，当系统处于平衡状态时，有 $P_A/P_B = l_B/l_A$。

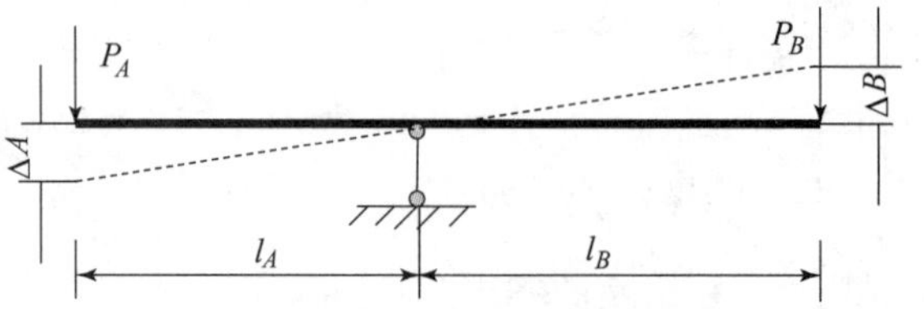

图 3.1.6　虚位移示意

假设在该平衡条件下作用有不影响平衡条件的微小扰动，外力所作用的位置产生了微小的位移变化 ΔA 和 ΔB。该假设的位移不影响原平衡条件，应满足 $\Delta A/\Delta B = l_B/l_A$。这种任意扰动位移应满足的条件，称为许可位移条件。满足许可位移条件的、任意微小的位移称为虚位移。此时 P_A、P_B 产生的虚功为

$$\delta W = P_A \Delta A + P_B \Delta B \tag{3.1.51}$$

虚功分为外力虚功和内力虚功（虚应变能）。对于一个处于平衡状态的系统，当作用有满足许可位移的虚位移时，系统上的所有的虚功总和恒为零。因此，弹性力学中的虚功原理表述为：在外力作用下处于平衡状态的变形体，当给物体以微小虚位移时，外力所做的总虚功等于内力所做的总虚应变能，即

$$\delta W = \delta U \tag{3.1.52}$$

同样，对于前述简支梁示例，假设一个只满足位移边界条件 $BC(u)$ 的位移场 $\hat{v}(x) = c_1 \cdot \sin\frac{\pi x}{l}$，这种满足位移边界条件的试函数叫作许可位移。该简支梁的虚应变能为

$$\delta U = \int_{\Omega} \sigma_x \delta\varepsilon_x \mathrm{d}\Omega = \int_0^l \int_A E \cdot \varepsilon_x \delta\varepsilon_x \mathrm{d}A \cdot \mathrm{d}x \tag{3.1.53}$$

代入梁弯曲的几何方程，有

$$\delta U = \int_0^l E\left(\int_A y^2 \mathrm{d}A\right) \cdot \left(\frac{\mathrm{d}^2 \hat{v}}{\mathrm{d}x^2}\right) \cdot \left(\frac{\mathrm{d}^2 \delta\hat{v}}{\mathrm{d}x^2}\right) \cdot \mathrm{d}x = \frac{EIl}{2}\left(\frac{\pi}{l}\right)^4 \cdot c_1 \cdot \delta c_1 \tag{3.1.54}$$

该简支梁的外力虚功为

$$\delta W = \int_0^l \bar{p}\, \delta\hat{v} \mathrm{d}x = \frac{2l\bar{p}}{\pi} \cdot \delta c_1 \tag{3.1.55}$$

由虚功原理，可得

$$c_1 = \frac{4l^4}{EI\pi^5}\bar{p} \tag{3.1.56}$$

因此，可得到位移场为

$$\hat{v}(x) = \frac{4l^4}{EI\pi^5}\bar{p}\sin\frac{\pi x}{l} \tag{3.1.57}$$

（2）最小势能原理

设有满足位移边界条件 $BC(u)$ 的许可位移场，其中真实的位移场 $\hat{u}_i$ 使物体的总势能取值最小，即

$$\min_{\hat{u}_i \in BC(u)} \{\Pi(\hat{u}_i) = U - W\} \tag{3.1.58}$$

式中，Π 为总势能；U 为应变能；W 为外力功。以上就是最小势能原理。利用弹性问题的能量表示，最小势能原理可表示为

$$\min_{\hat{u}_i \in BC(u)} \left\{ \Pi(\hat{u}_i) = \frac{1}{2}\int_{\Omega} \sigma_{ij}\varepsilon_{ij}\mathrm{d}\Omega - \left(\int_{\Omega} \bar{b}_i u_i \mathrm{d}\Omega + \int_{S_p} \bar{p}_i u_i \mathrm{d}A \right) \right\} \tag{3.1.59}$$

利用最小势能原理也可看作弹性问题求解的变分提法，即设有许可位移场 $\hat{u}_i$，事先满足位移边界条件 $BC(u)$，真实的一组 $\hat{u}_i$ 使得泛函（即复杂函数）取极小值。

对上述简支梁问题，可取满足位移边界条件的许可位移场 $\hat{v}(x) = c_1 \cdot \sin\dfrac{\pi x}{l}$，系统势能可表示为

$$\begin{aligned}
\Pi &= U - W = \frac{1}{2}\int_{\Omega} \sigma_x \varepsilon_x \mathrm{d}\Omega - \int_0^l \bar{p}\,\hat{v}\mathrm{d}x \\
&= \frac{1}{2}\int_0^l E\left(\int_A y^2 \mathrm{d}A\right)\cdot\left(\frac{\mathrm{d}^2\hat{v}}{\mathrm{d}x^2}\right)\cdot\left(\frac{\mathrm{d}^2\hat{v}}{\mathrm{d}x^2}\right)\cdot \mathrm{d}x - \int_0^l \bar{p}\,\hat{v}\mathrm{d}x \\
&= \frac{EIl}{4}\left(\frac{\pi}{l}\right)^4 \cdot c_1^2 - \frac{2l\bar{p}}{\pi}\cdot c_1
\end{aligned} \tag{3.1.60}$$

为使势能取极小值，则有

$$\frac{\partial \Pi}{\partial c_1} = \frac{EIlc_1}{2}\left(\frac{\pi}{l}\right)^4 - \frac{2l\bar{p}}{\pi} = 0 \tag{3.1.61}$$

由此同样可以求出 c_1 和 $\hat{v}(x)$ 的具体表达式。

3.2 结构有限元分析基础

3.2.1 结构有限元分析方法

对于弹性变形体的三大类变量和三大类方程，采用前面介绍的基于试函数的加权残值法和最小势能原理，可以大大降低求解难度，并且具有很好的规范性和可操作性。但寻找定义在整个对象几何域中的试函数往往很困难，使这些原理和方法只能局限于比较简单的问题的应用，不能处理复杂的实际问题。

有限元分析的基本原理实际上也是最小势能原理，不同之处就是有限元法采用分段离散的方式来组合出全场几何域上的试函数，而不是直接寻找全场上的试函数，往往这种分段表达的试函数很简单，但数值计算量较大，随着计算机技术的发展，这已不是什么困难。为便于有限元分析思路的介绍，先来看一个简单示例。

（一）二杆结构计算示例

考虑一个阶梯状的二杆结构受力平衡，如图 3.2.1 所示，这是一个一维问题，材料的弹性模量和结构尺寸分别为 $E^{(1)}$、$A^{(1)}$、$E^{(2)}$、$A^{(2)}$。

为分析该结构的所有力学信息，可采用如下方式进行处理。

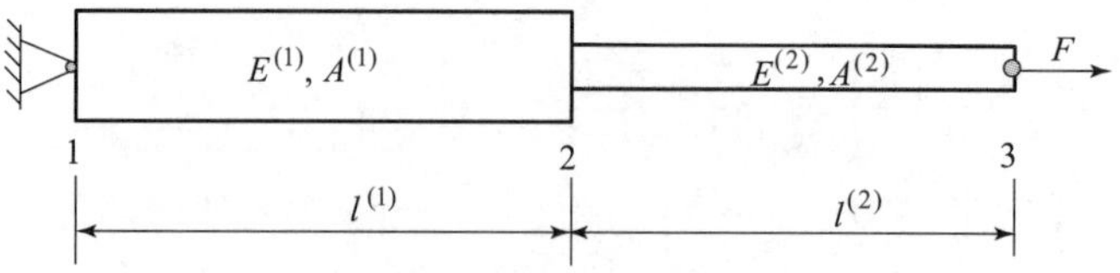

图 3.2.1　二杆结构受力示意

（1）离散化

结合杆件结构的自然形态，将结构离散为两个杆单元，如图 3.2.2 所示。其中，R_1 为节点 1 的支反力，F_3 为节点 3 的外作用力，节点 2 的外力为零。

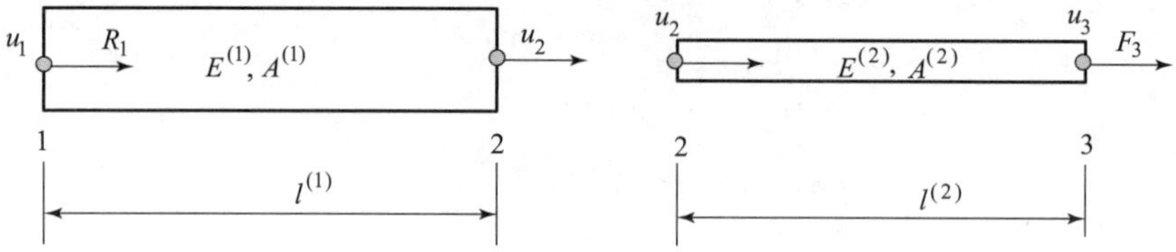

图 3.2.2　杆的离散

（2）单元特征处理

上述杆件单元具有相同的特征，都可以抽象为图 3.2.3 所示的杆单元，其长度为 L，横截面为 A，弹性模量为 E，左、右两个节点分别为 i 和 j，在左端定义 $x=0$。

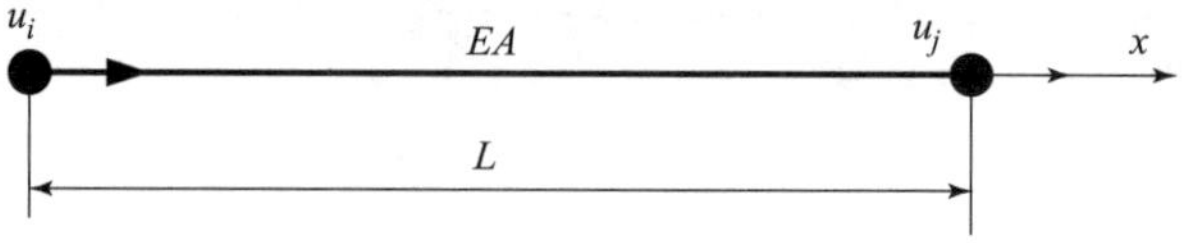

图 3.2.3　杆单元示意

若只考虑轴向的一维变形，设单元任一点位移为

$$u(x) = a_1 + a_2 x \tag{3.2.1}$$

式中，a_1 和 a_2 为待定系数。当 $x=0$ 和 $x=L$ 时，u 分别等于节点位移 u_i 和 u_j，代入上式得

$$\begin{Bmatrix} u_i \\ u_j \end{Bmatrix} = \begin{bmatrix} 1 & 0 \\ 1 & L \end{bmatrix} \begin{Bmatrix} a_1 \\ a_2 \end{Bmatrix} \tag{3.2.2}$$

从上式解得

$$\begin{Bmatrix} a_1 \\ a_2 \end{Bmatrix} = \frac{1}{L} \begin{bmatrix} L & 0 \\ -1 & 1 \end{bmatrix} \begin{Bmatrix} u_i \\ u_j \end{Bmatrix} \tag{3.2.3}$$

因此，有

$$u(x) = \begin{bmatrix} 1 - \frac{x}{L} & \frac{x}{L} \end{bmatrix} \begin{Bmatrix} u_i \\ u_j \end{Bmatrix} = \boldsymbol{N}\boldsymbol{q}^e \tag{3.2.4}$$

式中，$\boldsymbol{q}^e = [u_i \quad u_j]^{\mathrm{T}}$ 称为节点位移矩阵；$\boldsymbol{N}$ 为单元的形函数矩阵，表示为

$$\boldsymbol{N} = [N_i \quad N_j] = \begin{bmatrix} 1 - \frac{x}{L} & \frac{x}{L} \end{bmatrix} \tag{3.2.5}$$

对一维问题，引入微分算子 $\boldsymbol{L}=\frac{\mathrm{d}}{\mathrm{d}x}$ 表示几何方程，可得到应变和应力的表达式为

$$\varepsilon(x)=\frac{\mathrm{d}\boldsymbol{u}(x)}{\mathrm{d}x}=\boldsymbol{L}\boldsymbol{u}(x)=\boldsymbol{L}\boldsymbol{N}\boldsymbol{q}^{e}=\boldsymbol{B}\boldsymbol{q}^{e}=\left[-\frac{1}{L}\quad\frac{1}{L}\right]\begin{Bmatrix}u_i\\u_j\end{Bmatrix}\tag{3.2.6}$$

$$\boldsymbol{\sigma}(x)=E\boldsymbol{B}\boldsymbol{q}^{e}=\boldsymbol{S}\boldsymbol{q}^{e}=\left[-\frac{E}{L}\quad\frac{E}{L}\right]\begin{Bmatrix}u_i\\u_j\end{Bmatrix}\tag{3.2.7}$$

式中，$\boldsymbol{B}=L\boldsymbol{N}=\left[-\frac{1}{L}\quad\frac{1}{L}\right]$ 为几何函数矩阵；$\boldsymbol{S}=E\boldsymbol{B}=\left[-\frac{E}{L}\quad\frac{E}{L}\right]$ 为应力矩阵。利用应力、应变表达形式，可将单元的势能写为

$$\Pi^{e}=\frac{1}{2}\int_0^L\varepsilon(x)\cdot\sigma(x)\cdot A\cdot\mathrm{d}x-[p_i\quad p_j]\begin{Bmatrix}u_i\\u_j\end{Bmatrix}=\frac{1}{2}\boldsymbol{q}^{e\mathrm{T}}\boldsymbol{K}^{e}\boldsymbol{q}^{e}-\boldsymbol{P}^{e\mathrm{T}}\boldsymbol{q}^{e}\tag{3.2.8}$$

其中，$\boldsymbol{K}^{e}=\frac{EA}{L}\begin{bmatrix}1&-1\\-1&1\end{bmatrix}$ 为单元刚度矩阵；$\boldsymbol{P}^{e}=[p_i\quad p_j]^{\mathrm{T}}$ 为节点力列阵。

（3）离散单元装配

在得到各个单元的势能表达式后，需要进行离散单元的装配，以获得整体结构的总势能，就该问题而言，总势能由两个单元的势能相加而成，即

$$\begin{aligned}\Pi&=\Pi^{(1)}+\Pi^{(2)}\\&=\left[\frac{1}{2}\boldsymbol{q}^{(1)\mathrm{T}}\boldsymbol{K}^{(1)}\boldsymbol{q}^{(1)}-\boldsymbol{P}^{(1)\mathrm{T}}\boldsymbol{q}^{(1)}\right]+\left[\frac{1}{2}\boldsymbol{q}^{(2)\mathrm{T}}\boldsymbol{K}^{(2)}\boldsymbol{q}^{(2)}-\boldsymbol{P}^{(2)\mathrm{T}}\boldsymbol{q}^{(2)}\right]\end{aligned}\tag{3.2.9}$$

代入各向量和矩阵表达式后，有

$$\begin{aligned}\Pi&=\frac{1}{2}[u_1\quad u_2\quad u_3]\begin{bmatrix}\frac{E^{(1)}A^{(1)}}{l^{(1)}}&-\frac{E^{(1)}A^{(1)}}{l^{(1)}}&0\\-\frac{E^{(1)}A^{(1)}}{l^{(1)}}&\frac{E^{(1)}A^{(1)}}{l^{(1)}}+\frac{E^{(2)}A^{(2)}}{l^{(2)}}&-\frac{E^{(2)}A^{(2)}}{l^{(2)}}\\0&-\frac{E^{(2)}A^{(2)}}{l^{(2)}}&\frac{E^{(2)}A^{(2)}}{l^{(2)}}\end{bmatrix}\begin{bmatrix}u_1\\u_2\\u_3\end{bmatrix}-[R_1\quad 0\quad F_3]\begin{bmatrix}u_1\\u_2\\u_3\end{bmatrix}\\&=\frac{1}{2}\boldsymbol{q}^{\mathrm{T}}\boldsymbol{K}\boldsymbol{q}-\boldsymbol{P}^{\mathrm{T}}\boldsymbol{q}\end{aligned}\tag{3.2.10}$$

这里 $\boldsymbol{q}=[u_1\quad u_2\quad u_3]^{\mathrm{T}}$ 表示总节点位移；$\boldsymbol{K}$ 为系统的整体刚度矩阵；$\boldsymbol{P}$ 为载荷向量。

（4）最小势能原理与刚度方程

由最小势能原理，为使总势能取极小值，应有

$$\frac{\partial\Pi}{\partial u_1}=0,\ \frac{\partial\Pi}{\partial u_2}=0,\ \frac{\partial\Pi}{\partial u_3}=0\tag{3.2.11}$$

因此有

$$\begin{bmatrix}\frac{E^{(1)}A^{(1)}}{l^{(1)}}&-\frac{E^{(1)}A^{(1)}}{l^{(1)}}&0\\-\frac{E^{(1)}A^{(1)}}{l^{(1)}}&\frac{E^{(1)}A^{(1)}}{l^{(1)}}+\frac{E^{(2)}A^{(2)}}{l^{(2)}}&-\frac{E^{(2)}A^{(2)}}{l^{(2)}}\\0&-\frac{E^{(2)}A^{(2)}}{l^{(2)}}&\frac{E^{(2)}A^{(2)}}{l^{(2)}}\end{bmatrix}\begin{bmatrix}u_1\\u_2\\u_3\end{bmatrix}=[R_1\quad 0\quad F_3]\tag{3.2.12}$$

即 $\boldsymbol{Kq}=\boldsymbol{P}$，这也称为刚度方程。

(5) 边界处理

考察边界条件，可知要满足许可位移场，应满足 $u_1=0$，将其代入整体刚度矩阵，为

$$\begin{bmatrix} \frac{E^{(1)}A^{(1)}}{l^{(1)}} & -\frac{E^{(1)}A^{(1)}}{l^{(1)}} & 0 \\ -\frac{E^{(1)}A^{(1)}}{l^{(1)}} & \frac{E^{(1)}A^{(1)}}{l^{(1)}}+\frac{E^{(2)}A^{(2)}}{l^{(2)}} & -\frac{E^{(2)}A^{(2)}}{l^{(2)}} \\ 0 & -\frac{E^{(2)}A^{(2)}}{l^{(2)}} & \frac{E^{(2)}A^{(2)}}{l^{(2)}} \end{bmatrix}\begin{bmatrix} 0 \\ u_1 \\ u_2 \end{bmatrix}=\begin{bmatrix} R \\ 0 \\ F_3 \end{bmatrix} \tag{3.2.13}$$

化简后，有

$$\begin{bmatrix} -\frac{E^{(1)}A^{(1)}}{l^{(1)}} & \frac{E^{(1)}A^{(1)}}{l^{(1)}}+\frac{E^{(2)}A^{(2)}}{l^{(2)}} \\ 0 & -\frac{E^{(2)}A^{(2)}}{l^{(2)}} \end{bmatrix}\begin{bmatrix} u_2 \\ u_3 \end{bmatrix}=\begin{bmatrix} 0 \\ F_3 \end{bmatrix} \tag{3.2.14}$$

(6) 求解计算

针对上述方程，代入具体的数值，可获得节点位移 u_2 和 u_3，代入 $\varepsilon(x)=\boldsymbol{Bq}^e$ 和 $\sigma(x)=\boldsymbol{Sq}^e$，可获得各单元的应变和应力。

为求支反力 R_1，可在单元上应用最小势能原理，对单元势能 Π^e 取极值，有 $\frac{\partial\Pi^e}{\partial q^e}=0$，即

$$\boldsymbol{K}^e\boldsymbol{q}^e=\boldsymbol{P}^e \tag{3.2.15}$$

由于单元节点位移为已知量，可很方便地求得单元上的支反力和内力。

以上是一个简单结构有限元方法求解的完整过程，对于复杂结构，其求解过程完全相同。从前面的步骤可以看出，可以直接将各个单元的刚度矩阵按节点编号的对应位置进行装配，获得整体刚度方程 $\boldsymbol{Kq}=\boldsymbol{P}$ 并结合边界条件进行求解，其中的装配关系为

$$\boldsymbol{K}=\sum\boldsymbol{K}^e,\ \boldsymbol{q}=\sum\boldsymbol{q}^e,\ \boldsymbol{P}=\sum\boldsymbol{P}^e \tag{3.2.16}$$

（二）有限元分析基本思路

结合上节的二杆结构计算示例，可以总结出有限元分析的基本思路。利用前面给出的向量形式的基本变量、微分算子 $\boldsymbol{L}$ 和弹性系数矩阵 $\boldsymbol{D}$，可以将弹性问题的有限元分析基本步骤表述为如下内容。

(1) 变形体的离散

变形体的离散化是有限元分析的第一步，它是有限元法的基础。所谓离散化的过程，就是将分析的变形体划分成有限个单元体，并在单元的指定点设置节点，所相邻的单元体在节点处连接起来组成单元的组合体，以代替原来的变形体，这也叫划分网格。离散化过程可表示为

$$\Omega=\sum\Omega^e \tag{3.2.17}$$

如果分析的对象是桁架或刚架结构，这种划分是十分明显的，可以取每根杆作为一个单元。因为桁架和刚架本来就是由杆件相互连接组成的，所以这种单元称为自然单元。但是如果分析的对象是连续体，为了有效地逼近实际的连续体，就有选择单元的形状和确定单元的数目与划分方案等问题要研究，具体的单元划分可参见下文内容。

（2）单元特征

在原变形体的离散化完成之后，就可以对典型单元类型进行特征分析。为了能用节点位移表示单元体内任意一点的位移、应变和应力，从而将无限自由度问题化为有限自由度问题，在分析连续体问题时，必须对单元中的位移分布做出一定的假定，也就是假定单元位移是坐标的某种简单函数，这种函数称为位移模式或位移函数。有限元分析中最常用的单元是以单元内位移可以用简单的多项式来描述这一假设为基础的，因此普遍采用多项式作为位移模式。若单元有 n 个节点，其位移模式用多项式表示为

$$u(\xi) = a_1 + a_2\xi + \cdots + a_n\xi^{n-1} \tag{3.2.18}$$

式中，ξ 为位置坐标。根据所选定的位移模式，可以利用节点位移求出用节点位移表示的待定系数（$a_1, a_2, \cdots, a_n$），并获得单元内任一点位移的关系式，其矩阵形式可以表示为

$$\boldsymbol{u} = \boldsymbol{N}\boldsymbol{q}^e \tag{3.2.19}$$

式中，$\boldsymbol{N}$ 称为单元形函数矩阵，是位置坐标的函数；$\boldsymbol{q}^e$ 为节点位移列阵，表示单元的节点位移。利用选定的位移模式，单元应变可表示为

$$\boldsymbol{\varepsilon} = \boldsymbol{L}\boldsymbol{u} = \boldsymbol{L}\boldsymbol{N}\boldsymbol{q}^e = \boldsymbol{B}\boldsymbol{q}^e \tag{3.2.20}$$

式中，$\boldsymbol{B} = \boldsymbol{L}\boldsymbol{N}$ 称为单元几何矩阵，表示应变与节点位移的关系。考虑物理方程表示的应力与应变关系，可获得应力与节点位移的关系为

$$\boldsymbol{\sigma} = \boldsymbol{D}\boldsymbol{\varepsilon} = \boldsymbol{D}\boldsymbol{B}\boldsymbol{q}^e = \boldsymbol{S}\boldsymbol{q}^e \tag{3.2.21}$$

式中，$\boldsymbol{S} = \boldsymbol{D}\boldsymbol{B}$ 称为应力矩阵。将单元位移 $\boldsymbol{u}$、应变 $\boldsymbol{\varepsilon}$ 代入单元势能表达式，并利用矩阵形式表示为

$$\begin{aligned}\Pi^e &= \frac{1}{2}\int_{\Omega^e}\boldsymbol{\varepsilon}^{\mathrm{T}}\sigma\mathrm{d}\Omega - \int_{\Omega^e}\boldsymbol{b}^{\mathrm{T}}\boldsymbol{u}\mathrm{d}\Omega - \int_{S_p}\boldsymbol{p}^{\mathrm{T}}\boldsymbol{u}\mathrm{d}A \\ &= \frac{1}{2}\int_{\Omega^e}\boldsymbol{q}^{eT}\boldsymbol{B}^{\mathrm{T}}\boldsymbol{S}\boldsymbol{q}^e\mathrm{d}\Omega - \int_{\Omega^e}\boldsymbol{b}^{\mathrm{T}}\boldsymbol{N}\boldsymbol{q}^e\mathrm{d}\Omega - \int_{S_p}\boldsymbol{p}^{\mathrm{T}}\boldsymbol{N}\boldsymbol{q}^e\mathrm{d}A \\ &= \frac{1}{2}\boldsymbol{q}^{e\mathrm{T}}\boldsymbol{K}^e\boldsymbol{q}^e - \boldsymbol{P}^{e\mathrm{T}}\boldsymbol{q}^e\end{aligned} \tag{3.2.22}$$

其中

$$\boldsymbol{K}^e = \int_{\Omega^e}\boldsymbol{B}^{\mathrm{T}}\boldsymbol{D}\boldsymbol{B}\mathrm{d}\Omega;\ \boldsymbol{P}^e = \int_{\Omega^e}\boldsymbol{b}^{\mathrm{T}}\boldsymbol{N}\mathrm{d}\Omega + \int_{S_p}\boldsymbol{p}^{\mathrm{T}}\boldsymbol{N}\mathrm{d}A$$

需要注意的是，这里的 $\boldsymbol{P}^e$ 指单元节点载荷，对于不直接作用在节点上的其他载荷，需要按照静力等效的原则向节点移置，化为等效节点载荷。

（3）离散单元装配

在得到各个单元的势能表达式后，需要进行离散单元的装配，以求出整体结构的总势能。在一般情况下，总势能表示为各离散单元的势能总和

$$\Pi = \sum_{e=1}^{N}\Pi^e = \frac{1}{2}\sum\boldsymbol{q}^{e\mathrm{T}}\cdot\sum\boldsymbol{K}^e\cdot\sum\boldsymbol{q}^e - \sum\boldsymbol{P}^{e\mathrm{T}}\cdot\sum\boldsymbol{q}^e = \frac{1}{2}\boldsymbol{q}^{\mathrm{T}}\boldsymbol{K}\boldsymbol{q} - \boldsymbol{P}\boldsymbol{q} \tag{3.2.23}$$

式中，$\boldsymbol{q} = \sum\boldsymbol{q}^e, \boldsymbol{K} = \sum\boldsymbol{K}^e, \boldsymbol{P} = \sum\boldsymbol{P}^e$；$N$ 为单元总数；$\sum_{e=1}^{N}\Pi^e$ 表示各单元势能直接求和；$\boldsymbol{q} = \sum\boldsymbol{q}^e$ 表示将所有节点位移排列在一个列向量中；$\boldsymbol{P} = \sum\boldsymbol{P}^e$ 表示将所有节点外载荷排列在一个列向量中；$\boldsymbol{K} = \sum\boldsymbol{K}^e$ 表示将所有刚度矩阵依据节点编号进行装配。

（4）刚度方程推导

利用最小势能原理，真实的节点位移使 Π 取极小值，有

$$\min_{q}\Pi \rightarrow \frac{\partial \Pi}{\partial \boldsymbol{q}} = 0 \tag{3.2.24}$$

$$\boldsymbol{Kq} = \boldsymbol{P} \tag{3.2.25}$$

该方程即为整体刚度方程。在实际应用中，整体刚度方程也可从单元刚度方程进行装配获得，即先针对单元的势能取极值，获得单元刚度方程如下

$$\min_{q^e}\Pi^e \rightarrow \frac{\partial \Pi^e}{\partial \boldsymbol{q}^e} = 0 \tag{3.2.26}$$

$$\boldsymbol{K}^e\boldsymbol{q}^e = \boldsymbol{P}^e \tag{3.2.27}$$

在单元刚度方程基础上，直接将各个单元的刚度矩阵按节点编号的对应位置进行装配，将所有节点位移和节点外载荷按列向量排列，同样可形成整体刚度方程。

（5）边界处理与计算求解

离散后变形体的节点位移除满足整体刚度方程外，还应满足位移边界条件，以获得待求的许可位移场。一般变形体被位移边界条件 $BC(u)$ 和力边界条件 $BC(p)$ 完全不重叠地包围，对于由装配所得到的整体刚度方程 $\boldsymbol{Kq} = \boldsymbol{P}$，就整体节点位移 $\boldsymbol{q}$ 而言，可以分解成对应于力边界条件 $BC(p)$ 的节点位移 $\boldsymbol{q}_u$（未知）和对应于位移边界条件 $BC(u)$ 的节点位移 $\bar{\boldsymbol{q}}_k$（已知），就整体节点力 $\boldsymbol{P}$ 而言，可以分解成对应于力边界条件 $BC(p)$ 的节点力 $\bar{\boldsymbol{F}}_k$（已知）和对应于位移边界条件 $BC(u)$ 的节点力 $\boldsymbol{R}_u$（支反力），即

$$\boldsymbol{q} = [\boldsymbol{q}_u \quad \bar{\boldsymbol{q}}_k]^{\mathrm{T}}, \boldsymbol{P} = [\bar{\boldsymbol{F}}_k \quad \boldsymbol{R}_u] \tag{3.2.28}$$

将整体刚度方程写为分块矩阵形式，有

$$\begin{bmatrix} \boldsymbol{K}_1 & \boldsymbol{K}_2 \\ \boldsymbol{K}_3 & \boldsymbol{K}_4 \end{bmatrix}\begin{bmatrix} \boldsymbol{q}_u \\ \bar{\boldsymbol{q}}_k \end{bmatrix} = \begin{bmatrix} \bar{\boldsymbol{F}}_k \\ \boldsymbol{R}_u \end{bmatrix} \tag{3.2.29}$$

由于物体的边界为 $\partial\Omega = S_u + S_p$，对应于位移边界 S_u 的节点物理量为 $\bar{\boldsymbol{q}}_k$、$\boldsymbol{R}_u$，对应于边界 S_p 的节点物理量为 $\boldsymbol{q}_u$、$\bar{\boldsymbol{F}}_k$。可以看出，就分块矩阵的节点位移与节点力而言，其已知节点位移与未知节点力相对应，而未知节点位移与已知节点力相对应，成为一种互补的关系，因此有

$$\begin{aligned} \boldsymbol{K}_1\boldsymbol{q}_u + \boldsymbol{K}_2\bar{\boldsymbol{q}}_k &= \bar{\boldsymbol{F}}_k \\ \boldsymbol{K}_3\boldsymbol{q}_u + \boldsymbol{K}_4\bar{\boldsymbol{q}}_k &= \boldsymbol{R}_u \end{aligned} \tag{3.2.30}$$

由此可直接求出未知节点位移

$$\boldsymbol{q}_u = \boldsymbol{K}_1^{-1}(\bar{\boldsymbol{F}}_k - \boldsymbol{K}_2\bar{\boldsymbol{q}}_k) \tag{3.2.31}$$

在求出未知节点位移 $\boldsymbol{q}_u$ 后，可利用下式求出支反力

$$\boldsymbol{R}_u = \boldsymbol{K}_3\boldsymbol{q}_u + \boldsymbol{K}_4\bar{\boldsymbol{q}}_k = \boldsymbol{K}_3\boldsymbol{K}_1^{-1}(\bar{\boldsymbol{F}}_k - \boldsymbol{K}_2\bar{\boldsymbol{q}}_k) + \boldsymbol{K}_4\bar{\boldsymbol{q}}_k \tag{3.2.32}$$

最后，可利用公式 $\boldsymbol{\varepsilon} = Bq^e$ 和 $\boldsymbol{\sigma} = \boldsymbol{DB}\boldsymbol{q}^e$ 求得计算单元的应变和应力。

可以看出，有限元方程是一个联立的线性代数方程组，一般有两大类解法，一是直接解法，二是迭代法。直接解法有高斯消元法和三角分解法，如果方程规模比较大，可用分块解法或波前解法；迭代法有雅可比迭代法、高斯－赛德尔迭代法和超松弛迭代法等，本书对此不做详细介绍，感兴趣的读者可查阅数值计算的相关文献。

3.2.2　有限元单元性质与边界处理

从有限元分析的基本过程可以看出，离散单元是有限元分析处理的基础，单元特性决定了刚度矩阵的具体形式。针对不同的结构形式，可以采用不同的单元类型对结构进行离散处理。依据单元的几何形状，结构计算中常用的离散单元类型包括杆状单元、平面单元、壳单元、多面体单元、等参单元等；依据单元所选用形函数的阶次，可将单元分为线性单元、二次单元和高次单元。本节针对单元的特性进行简要介绍。

（一）单元类型与几何特性

依据结构的具体形式，可采用一维单元、二维单元或三维单元对分析的结构进行离散处理。依据单元几何特征，常用单元包括如下一些类型：

（1）梁、杆单元

平面桁架、空间网架是工程中的常见结构，这种结构主要受力构件是杆件，其截面尺寸远小于轴向尺寸。对于这类结构，可将其离散为一维的梁、杆单元，如图 3.2.4 所示。

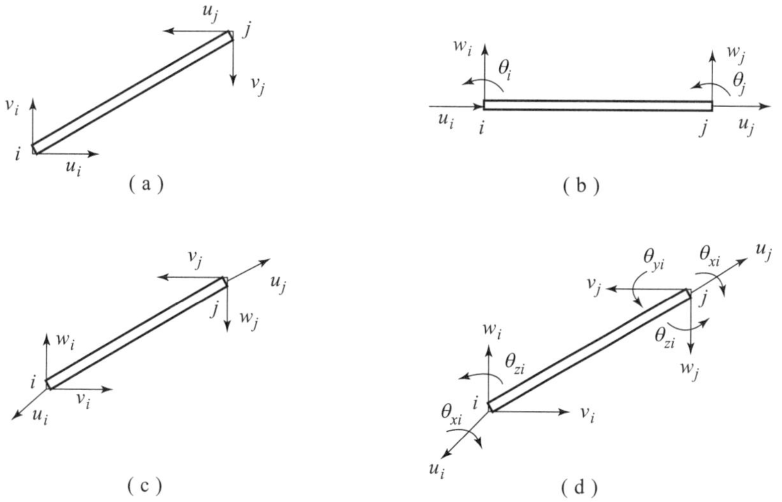

图 3.2.4　一维单元示意

（a）平面杆单元；（b）空间杆单元；（c）平面梁单元；（d）空间梁单元

杆单元通常具有两个节点，只能承受轴向的拉压载荷，平面杆单元每个节点有两个自由度，空间杆单元每个节点有三个自由度。

一般情况下梁单元同样具有两个节点，平面梁单元每个节点有三个自由度、两个线位移和一个角位移，可承受平面内的体力、集中力、分布力和垂直于平面的弯矩作用，只考虑单元的拉压和一个方向的弯曲变形。空间梁单元每个节点有六个自由度、三个线位移和三个角位移，一般可承受各个方向的集中力、分布力和弯矩，能够用于考察单元的弯曲、拉压、扭转等变形。

（2）平面单元

平面单元属于二维单元，只能承受单元平面内的分布力和集中力，不能承受面外载荷，常用来模拟平面应力、平面应变等问题。常见的平面单元有三角形单元和四边形单元，矩形单元是经常采用的特殊的四边形单元，如图 3.2.5 所示。

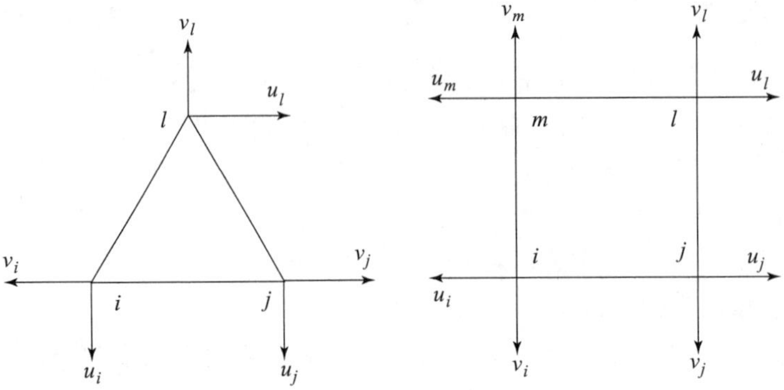

(a) (b)

图 3.2.5　平面单元示意

(a) 三角形单元；(b) 四边形单元

三角形单元通常有三个节点，每个节点有两个自由度。线性三角形单元的插值模式导致应变值为一常量，因此也称为常应变单元或常应力单元。三角形单元计算精度较差，但可适用于复杂不规则形状的结构。四边形单元有四个节点，每个节点也有两个自由度，采用双线性位移模式，计算精度较高。

(3) 板壳单元

板壳结构是工程上经常采用的一类结构形式，其特点是在一个方向上的尺度远小于另外两个方向的尺度，如图 3.2.6 所示，因此可简化为特殊的二维结构。板壳单元通常也有三角形单元和四边形单元两种，矩形单元为后者的特殊形式。线性三角形单元有三个节点，四边形单元有四个节点。

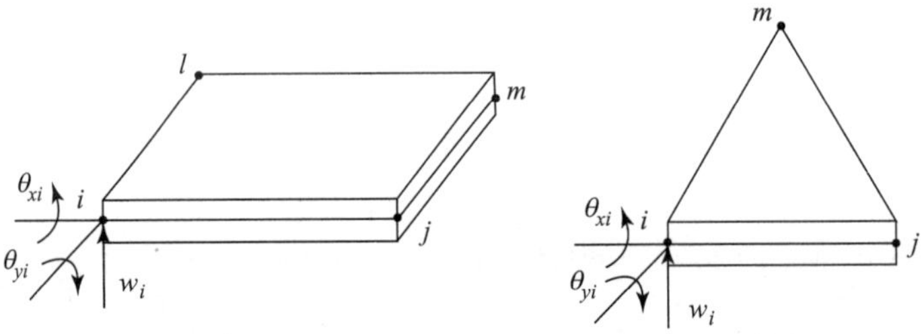

(a) (b)

图 3.2.6　板壳单元示意

(a) 三角形单元；(b) 四边形单元

(4) 线性多面体单元

对于实体结构，需要用三维多面体单元进行分析。常用的三维多面体单元有四节点四面体单元和八节点六面体单元，如图 3.2.7 所示。除规则六面体单元外，在有些情况下还会用到不规则的六面体单元。

(5) 等参单元

一般而言，如果采用后文所述的高阶单元，需要采用更多的单元节点，计算精度会得到提高，同时计算规模相应增大，计算时间增加。在求解实际问题时，人们总希望用最少的单

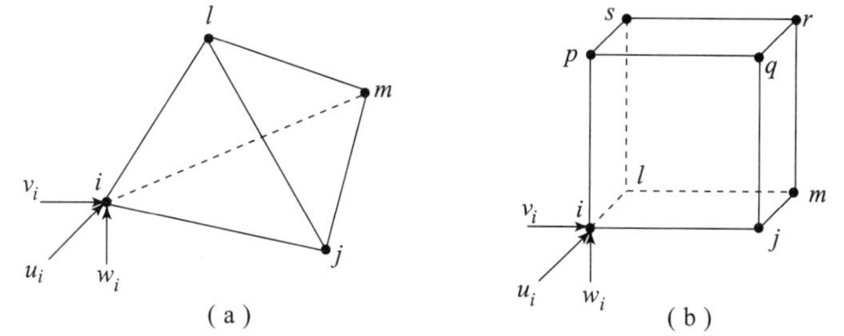

图 3.2.7　体单元示意

(a) 四面体单元；(b) 六面体单元

元实现比较高的计算精度，而且所选用的单元对复杂结构也有比较好的适应性，因此将形状规则的单元变换为边界是曲线或曲面的单元是比较好的选择。如果把单元形状的变化和单元内位移函数的变化用相同数目的节点参数和相同的插值函数进行变换，即所谓等参变换，所获得单元称为等参单元。

以一个以 $O\xi\eta$ 为局部坐标的四节点矩形单元为例，单元边界上的 ξ、η 值为 ±1，通过坐标变换可使其与整体坐标系中的一个单元建立映射关系，即矩形单元的节点和内部任意一点都与总体坐标系中单元的节点和内部点形成一一对应的关系。用数学表达式可写为

$$\begin{cases} x = \sum_{i=1}^{4} N_i(\xi,\eta)x_i \\ y = \sum_{i=1}^{4} N_i(\xi,\eta)y_i \end{cases} \tag{3.2.33}$$

式中，$N_i(\xi,\eta)$ 为映射函数，在实际使用中也被作为形函数。在这种情况下，任意四边形单元可表示为对应的矩形单元，如图 3.2.8 所示。

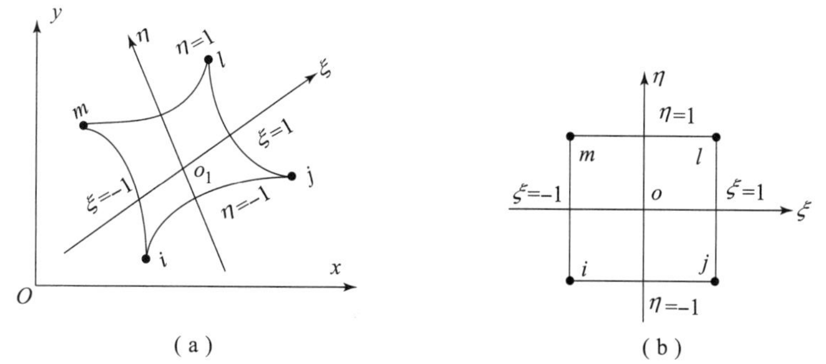

图 3.2.8　等参单元示意

(a) 任意四边形单元；(b) 对应矩形单元

(二) 单元插值函数的阶次

前面所描述的单元均采用单元角节点作为单元节点，并采用多项式函数对单元进行插值，这种单元的计算精度一般较低。比较好的一种方法是在单元中再引入内部节点，采用较高阶的多项式进行插值，以获得更好的精度。这种引入内部节点并采用高阶多项式进行插值的单元称为高阶单元。此外，随着数值技术的发展，一些新型函数或解析函数被用来进行单

元的描述，构造了一些复杂的单元形式，也取得了较好的效果。

下面以杆单元为例对其进行介绍，如图 3.2.9 所示。

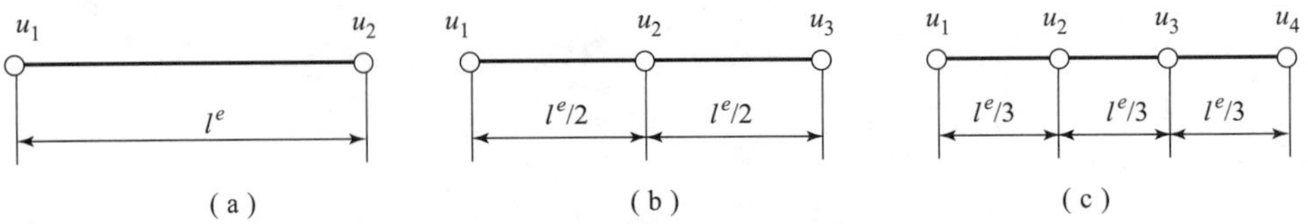

图 3.2.9　不同阶次的杆单元示意

（a）一阶杆单元；（b）二阶杆单元；（c）三阶杆单元

（1）一阶杆单元（线性杆单元）

如图 3.2.9（a）所示，一阶杆单元的节点位移列阵可表示为 $\boldsymbol{q}^e=[u_1\quad u_2]^{\mathrm{T}}$，单元的位移函数可表示为

$$\begin{aligned} u(x) &= a_0+a_1x=\boldsymbol{N}(x)\cdot\boldsymbol{q}^e \\ \boldsymbol{N}(x) &= \left[\left(1-\frac{x}{l^e}\right)\quad \frac{x}{l^e}\right] \end{aligned} \tag{3.2.34}$$

（2）二阶杆单元

在具有两个端节点的单元中增加一个内部节点，则得到二次函数的杆单元，如图 3.2.9（b）所示。二阶杆单元的节点位移共有 3 个自由度，其节点位移列阵为 $\boldsymbol{q}^e=[u_1\quad u_2\quad u_3]^{\mathrm{T}}$，对应的单元位移函数可利用节点位移表示为

$$\begin{aligned} u(x) &= a_0+a_1x+a_2x^2=\boldsymbol{N}(x)\cdot\boldsymbol{q}^e \\ \boldsymbol{N}(x) &= \left[\left(1-2\frac{x}{l^e}\right)\left(1-\frac{x}{l^e}\right)\quad 4\frac{x}{l^e}\left(1-\frac{x}{l^e}\right)\quad -\frac{x}{l^e}\left(1-2\frac{x}{l^e}\right)\right] \end{aligned} \tag{3.2.35}$$

（3）三阶杆单元

在具有两个端节点的单元中增加两个内部节点，则单元中共有 4 个节点，可以得到三次函数杆单元，如图 3.2.9（c）所示。三阶杆单元的节点位移具有 4 个自由度，其节点位移列阵可写为 $\boldsymbol{q}^e=[u_1\quad u_2\quad u_3\quad u_4]^{\mathrm{T}}$，对应的单元位移函数可利用节点位移表示为

$$\begin{aligned} u(x) &= a_0+a_1x+a_2x^2=\boldsymbol{N}(x)\cdot\boldsymbol{q}^e \\ \boldsymbol{N}(x) &= [N_1\quad N_2\quad N_3\quad N_4] \\ N_1 &= \left(1-\frac{3x}{l^e}\right)\left(1-\frac{3x}{2l^e}\right)\left(1-\frac{x}{l^e}\right) \\ N_2 &= 9\frac{x}{l^e}\left(1-\frac{3x}{2l^e}\right)\left(1-\frac{x}{l^e}\right) \\ N_3 &= -\frac{9}{2}\frac{x}{l^e}\left(1-\frac{3x}{l^e}\right)\left(1-\frac{x}{l^e}\right) \\ N_4 &= \frac{x}{l^e}\left(1-\frac{3x}{l^e}\right)\left(1-\frac{3x}{2l^e}\right) \end{aligned} \tag{3.2.36}$$

更一般地，对于具有 n 个节点的杆单元，其位移场可表示为 $u(x)=\sum_{i=1}^{n}N_iu_i$，其中，$u_i$ 为

第 i 节点位移，N_i 为对应的形状函数。

当获得单元的形状函数矩阵 $\boldsymbol{N}$ 后，就可按照有限元方法中通常的推导过程来获得单元的刚度矩阵和刚度方程，并进行求解计算。

对于二维或三维单元，如果在其内部增加若干个节点，就可以采用高次多项式进行位移函数的插值，也可得到高阶单元，这里不再详述。常见的二维高阶单元有 6 节点三角形单元、10 节点三角形单元、9 节点四边形单元、12 节点四边形单元等。常见的三维高阶单元为 10 节点四面体单元和 20 节点六面体单元。

（三）单元的坐标转换

在有限元建模过程中，大多数情况下需要用到几个不同的参考系。一般来讲，当构造几何关系或计算单元特征的积分时，可以采用局部坐标系和自然坐标系；当考虑单元方向并进行装配和边界处理时，需要采用整体坐标系。

在实际应用中，多数情况下单元局部坐标系（前面介绍中使用的构造单元特征的坐标系）与整体坐标系并不重合，这就需要将原来的局部坐标系中所得到的单元表达等价地变换到整体坐标系中，这样，不同位置的单元才有公共的坐标基准，以便于对各个单元进行集成和装配。

以空间一阶杆单元为例，该杆单元在局部坐标系下的节点位移列阵为 $\boldsymbol{q}^e = [u_1 \quad u_2]^{\mathrm{T}}$，而整体坐标系 $\bar{O}\bar{x}\bar{y}\bar{z}$ 的节点位移列阵为

$$\bar{\boldsymbol{q}}^e = [\bar{u}_1 \quad \bar{v}_1 \quad \bar{w}_1 \quad \bar{u}_2 \quad \bar{v}_2 \quad \bar{w}_2]^{\mathrm{T}} \tag{3.2.37}$$

定义杆单元轴线 Ox 在整体坐标系中的方向余弦为

$$l_x = \cos(x,\bar{x}) = \frac{\bar{x}_2 - \bar{x}_1}{l^e},\ l_y = \cos(y,\bar{y}) = \frac{\bar{y}_2 - \bar{y}_1}{l^e},\ l_z = \cos(z,\bar{z}) = \frac{\bar{z}_2 - \bar{z}_1}{l^e} \tag{3.2.38}$$

式中，$(\bar{x}_1,\bar{y}_1,\bar{z}_1)$、$(\bar{x}_2,\bar{y}_2,\bar{z}_2)$ 分别为节点 1 和节点 2 在整体坐标系中的位置；l^e 为单元长度。此时 $\boldsymbol{q}^e$ 和 $\bar{\boldsymbol{q}}^e$ 间有如下关系

$$\begin{gathered}\boldsymbol{q}^e = [u_1 \quad u_2]^{\mathrm{T}} = \boldsymbol{T}^e \cdot \bar{\boldsymbol{q}}^e \\ \boldsymbol{T}^e = \begin{bmatrix} l_x & l_y & l_z & 0 & 0 & 0 \\ 0 & 0 & 0 & l_x & l_y & l_z \end{bmatrix}\end{gathered} \tag{3.2.39}$$

式中，$\boldsymbol{T}^e$ 称为坐标转换矩阵。由于单元的势能是一个标量，不随坐标系的不同而改变，因此，可将节点位移的坐标变换关系代入原来基于局部坐标系的势能表达式中，并推导出整体坐标系下的刚度方程

$$\begin{gathered}\bar{\boldsymbol{K}}^e \bar{\boldsymbol{q}}^e = \bar{\boldsymbol{P}}^e \\ \bar{\boldsymbol{K}}^e = \boldsymbol{T}^{e\mathrm{T}} \boldsymbol{K}^e \boldsymbol{T}^e \\ \bar{\boldsymbol{P}}^e = \boldsymbol{T}^{e\mathrm{T}} \boldsymbol{P}^e\end{gathered} \tag{3.2.40}$$

（四）单元刚度矩阵的数值积分

在计算单元刚度矩阵时，往往要计算复杂函数的定积分。这里对其相关的概念进行简单介绍。

（1）自然坐标系

为便于积分处理，通常采用自然坐标来表示单元特征。自然坐标是局部坐标的量纲为 1

的形式，容易在上限 1 和下限 -1 之间积分。对于前面介绍的杆单元，令 $\xi=\frac{2x}{l^e}-1$，然后指定节点 i 的坐标为 -1，节点 j 的坐标为 1，如图 3.2.10 所示。

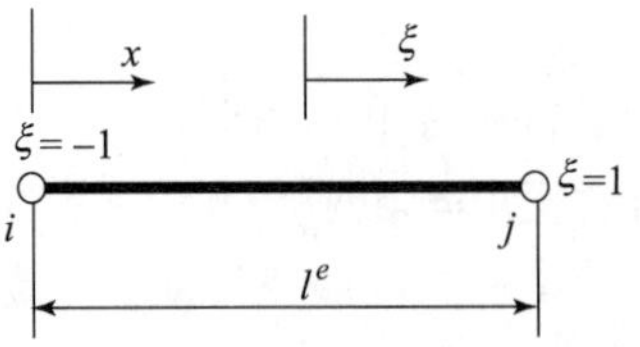

图 3.2.10　杆单元的自然坐标系

在自然坐标系下，可获得自然坐标表示的自然线性形函数为

$$N=[N_i\quad N_j]$$

$$N_i=\frac{1}{2}(1-\xi) \tag{3.2.41}$$

$$N_j=\frac{1}{2}(1+\xi)$$

在获得自然线性形函数后，同样可以按照有限元方法的一般推导过程来获得相应的刚度矩阵。此时需要积分的单元刚度矩阵往往具有如下形式

$$\boldsymbol{K}^e=\int_{-1}^{1}f(\xi)\,\mathrm{d}\xi \tag{3.2.42}$$

对于二维和三维单元，引入自然坐标 ξ、η 和 ζ，同样可以将单元刚度矩阵转换为在 -1 ~ 1 之间的积分问题，即

二维单元：$\boldsymbol{K}^e=\int_{-1}^{1}\int_{-1}^{1}f(\xi,\eta)\,\mathrm{d}\xi\mathrm{d}\eta$

三维单元：$\boldsymbol{K}^e=\int_{-1}^{1}\int_{-1}^{1}\int_{-1}^{1}f(\xi,\eta,\zeta)\,\mathrm{d}\xi\mathrm{d}\eta\mathrm{d}\zeta$

（2）高斯积分

对于一个函数在 -1 ~ 1 之间的定积分，可以通过 n 个点的函数值以及它们的加权组合来计算，即

$$\int_{-1}^{1}f(\xi)\,\mathrm{d}\xi\approx\sum_{k=1}^{n}A_kf(\xi_k) \tag{3.2.43}$$

$$\int_{-1}^{1}\int_{-1}^{1}f(\xi,\eta)\,\mathrm{d}\xi\mathrm{d}\eta\approx\sum_{i,j=1}^{n}A_{ij}f(\xi_i,\eta_j) \tag{3.2.44}$$

$$\int_{-1}^{1}\int_{-1}^{1}\int_{-1}^{1}f(\xi,\eta,\zeta)\,\mathrm{d}\xi\mathrm{d}\eta\mathrm{d}\zeta\approx\sum_{i,j,k=1}^{n}A_{ijk}f(\xi_i,\eta_j,\zeta_k) \tag{3.2.45}$$

式中，$A_{ij}=A_iA_j$；$A_{ijk}=A_iA_jA_k$；A_i、A_j、A_k 为积分权系数；ξ_i、ξ_j、ξ_k 为积分点位置。一般来讲，当 n 确定时，积分权系数和积分点位置也为对应的确定值。

在实际应用中，通常采用高斯积分方法来确定积分点和权系数。

当 $n=1$ 时，$A_1=2$，$\xi_1=0$，即一般的梯形积分公式

$$\int_{-1}^{1}f(\xi)\,\mathrm{d}\xi\approx 2f(0) \tag{3.2.46}$$

当 $n=2$ 时，$A_1=A_2=1$，$\xi_1=-\frac{1}{\sqrt{3}}$，$\xi_2=\frac{1}{\sqrt{3}}$，此时有 2 点高斯积分公式

$$\int_{-1}^{1}f(\xi)\,\mathrm{d}\xi\approx f\left(-\frac{1}{\sqrt{3}}\right)+f\left(\frac{1}{\sqrt{3}}\right) \tag{3.2.47}$$

对于更高次的多点高斯积分，可参见相关资料，这里不再详述。

当在计算中进行数值积分时，如果选择数值积分的阶次（积分点数），将直接影响计算精度和计算工作量。如果选择不当，甚至会导致计算的失败。

（3）完全积分与缩减积分

针对具体的有限元单元类型，一般有完全积分和缩减积分两种不同的积分方案。如果插值函数中的非完全高次多项式的所有项次在常数条件下被精确积分，计算出的积分阶次（积分点数）称为完全积分或精确积分；插值函数只有完全多项式的项次在同样条件下被精确积分计算出的积分阶次称为缩减积分。不论对于完全积分还是缩减积分，积分阶次 n 都可按下式进行选择

$$n = p - m + 1 \tag{3.2.48}$$

式中，p 对于完全积分，是指插值函数非完全高次多项式的阶数，对于缩减积分，指插值函数完全高次多项式的阶数；m 为微分算子 L 中导数的阶次。

以二维四节点四边形单元为例，单元节点具有 8 个自由度，可以选择如下多项式作为插值函数为

$$\begin{aligned} u(x,y) &= a_0 + a_1x + a_2y + a_3xy \\ v(x,y) &= b_0 + b_1x + b_2y + b_3xy \end{aligned} \tag{3.2.49}$$

该插值函数的非完全高次阶次为 2，而对于线弹性问题，微分算子 L 的导数阶次为 1，因此其完全积分的阶次应为 2×2。该插值函数的完全高次阶次为 1，因此其缩减积分的阶次应为 1×1。

尽管缩减积分的积分阶次较完全积分的低，但实际计算表明，采用缩减积分往往可以取得较完全积分更好的精度。这是由于决定有限元精度的是完全多项式的方次，一些非完全的最高方次项往往不能提高精度，反而可能带来不好的影响，选择缩减积分方案相当于用一种新的插值函数替代了原来的插值函数，从一定程度上改善了单元的精度。此外，基于有限元的计算模型具有较实际结构偏大的整体刚度，缩减积分方案使有限元计算模型的刚度有所降低，从而可能有助于提高计算精度。因此，计算量小、精度较高的缩减积分方案得到了广泛的应用。

需要注意的是，采用缩减积分时，系统的应变能并未被精确计算，对于某些除刚体运动外的位移模式，在缩减积分点的应变可能正好等于零，即所谓的零能模式，引起刚度矩阵 $\boldsymbol{K}$ 的奇异，从而导致求解失败。而完全积分情况下能够保证刚度矩阵的非奇异特性，从而避免零能模式的出现。在这种情况下，完全积分方案可用来替换缩减积分方案。

（五）载荷的等效处理

根据有限元分析的原理，所有作用在结构上的载荷必须等效地移置到节点上。因此，需将结构上的载荷按照静力等效的原则向节点移置，化为等效节点载荷。

以图 3.2.11 所示平面问题四节点单元为例，假设作用在矩形单元上的体力为 $\boldsymbol{F}_V = [X \quad Y]^{\mathrm{T}}$，分布面力是 $\boldsymbol{F}_A = [\bar{X} \quad \bar{Y}]^{\mathrm{T}}$，集中力为 $\boldsymbol{Q} = [Q_x \quad Q_y]^{\mathrm{T}}$，各载荷进行等效处理后，有：

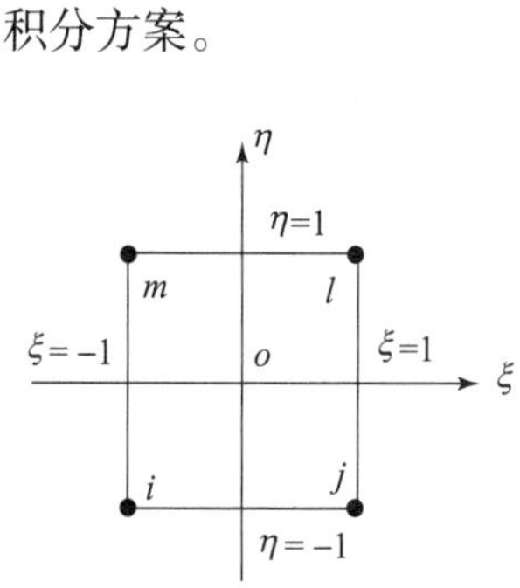

图 3.2.11　四节点平面单元

（1）集中力等效载荷

集中力等效载荷可表示为

$$\boldsymbol{F}_{\boldsymbol{Q}}^{e} = [X_{i}^{e} \quad Y_{i}^{e} \quad X_{j}^{e} \quad Y_{j}^{e} \quad X_{l}^{e} \quad Y_{l}^{e} \quad X_{m}^{e} \quad Y_{m}^{e}]^{\mathrm{T}} \tag{3.2.50}$$

由虚功原理，等效载荷应满足

$$\boldsymbol{F}_{\boldsymbol{Q}}^{e} = \boldsymbol{N}^{\mathrm{T}}\boldsymbol{Q} \text{ 或} \begin{cases} X_{k}^{e} = N_{k}Q_{x} \\ Y_{k}^{e} = N_{k}Q_{y} \end{cases} (k = i,j,k,l) \tag{3.2.51}$$

式中，$\boldsymbol{N}$ 为形状函数矩阵，下同。

（2）体力等效载荷

体力等效载荷同样可写为

$$\boldsymbol{F}_{V}^{e} = [X_{i}^{e} \quad Y_{i}^{e} \quad X_{j}^{e} \quad Y_{j}^{e} \quad X_{l}^{e} \quad Y_{l}^{e} \quad X_{m}^{e} \quad Y_{m}^{e}]^{\mathrm{T}} \tag{3.2.52}$$

由虚功原理，有

$$\boldsymbol{F}_{V}^{e} = \iint_{A}\boldsymbol{N}^{\mathrm{T}}\boldsymbol{F}_{V}t\mathrm{d}\xi\mathrm{d}\eta \text{ 或} \begin{cases} X_{k}^{e} = \iint_{A}N_{i}Xt\mathrm{d}\xi\mathrm{d}\eta \\ Y_{k}^{e} = \iint_{A}N_{i}Yt\mathrm{d}\xi\mathrm{d}\eta \end{cases} (k = i,j,k,l) \tag{3.2.53}$$

（3）分布面力等效载荷

分布面力等效载荷表示为

$$\boldsymbol{F}_{A}^{e} = [X_{i}^{e} \quad Y_{i}^{e} \quad X_{j}^{e} \quad Y_{j}^{e} \quad X_{l}^{e} \quad Y_{l}^{e} \quad X_{m}^{e} \quad Y_{m}^{e}]^{\mathrm{T}} \tag{3.2.54}$$

由虚功原理，有

$$\boldsymbol{F}_{A}^{e} = \int_{S}\boldsymbol{N}^{\mathrm{T}}\boldsymbol{F}_{A}t\mathrm{d}S \text{ 或} \begin{cases} X_{k}^{e} = \int_{S}N_{i}\bar{X}t\mathrm{d}S \\ Y_{k}^{e} = \int_{S}N_{i}\bar{Y}t\mathrm{d}S \end{cases} (k = i,j,k,l) \tag{3.2.55}$$

式中，t 为单元厚度；S 为单元上作用有外载荷的边。

（六）位移边界条件处理

通常的位移边界条件有两种，一种是位移为零，另一种是指定位移。常用下列方法处理位移边界条件：

（1）划行划列法

当某一位移为零时，如 $u_r = 0$（r 为整体编号），可将整体刚度矩阵中的第 r 行和第 r 列划去，同时划掉第 r 行载荷列阵和位移列阵元素，对多个零位移条件依次进行处理。

（2）对角线元素置 1 法

当给定位移为零时，如 $u_r = 0$（r 为整体编号），在整体刚度矩阵中，除了让主对角元素为 1 外，整体刚度矩阵中的第 r 行和第 r 列元素均改为零，同时，在整体载荷列阵中让 $F_r = 0$。这样修正以后，解方程时，$u_r = 0$。对多个零位移边界条件依次进行处理，全部修正完毕后再进行求解。这种方法不改变原来方程的阶数和节点未知量的顺序，便于计算机编程实现。

（3）对角线元素乘大数法

当节点位移为定值时，如 $u_r = u_C$，类似于对角线元素置 1 法，不同之处在于对角元素 K_{rr} 乘以大数 a（a 可取 1 010 左右数量级），并将 F_r 用 $aK_{rr}u_C$ 代替即可。解方程可得 $u_r = u_C$，对于多个位移，依次做上述修正。

对角线元素乘大数法对于零位移同样适用，因此该方法可适用于上面提到的两种边界条件，而且使用简单，编程方便，在有限元边界条件处理中被广泛使用。

3.2.3　结构动力学有限元分析模型

在前面所考察的分析中，均假定作用在物体上的载荷是与时间无关的，与此相应位移、应变及应力等也是和时间无关的，称之为静力分析。但是在工程实际中，许多问题都会涉及动载荷作用下的物体的位移、应变和应力。这些都是和时间有关的，必须考虑惯性力和加速度等因素，这类分析称为结构动力学分析。

（一）结构动力学模型

考虑微小体元 dxdydz 在动力学状态下的平衡关系，如图 3.2.12 所示。

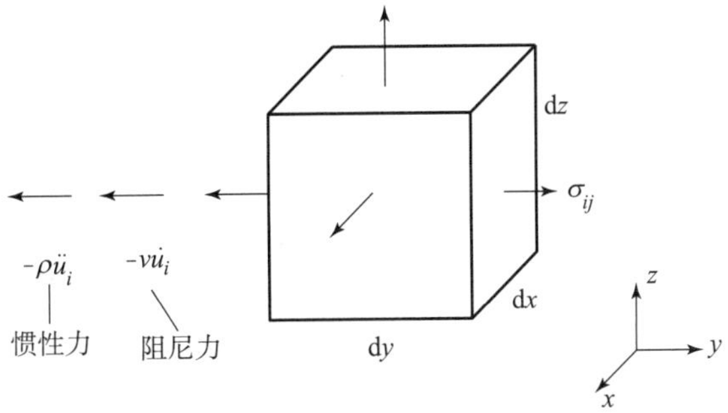

图 3.2.12　运动微元体受力

在这种情况下，结构基本方程可用指标形式表示为

①平衡方程：

$$\sigma_{ij,j}(t)+\bar{b}_i(t)-\rho\ddot{u}_i(t)-\mu\dot{u}_i(t)=0$$

②几何方程：

$$\varepsilon_{ij}=\frac{1}{2}(u_{i,j}+u_{j,i})$$

③物理方程：

$$\sigma_{ij}(t)=D_{ijkl}\varepsilon_{kl}(t)$$

④边界条件：

$$BC(u):u_i(t)=\bar{u}_i(t),\text{在 } S_u \text{ 上}$$
$$BC(p):\sigma_{ij}(t)n_j=\bar{p}_i(t),\text{在 } S_p \text{ 上}$$

⑤初始条件：

$$u_i(x,y,z,t=0)=\bar{u}_i^0(x,y,z)$$
$$\dot{u}_i(x,y,z,t=0)=\bar{\dot{u}}_i^0(x,y,z)$$

式中，ρ 为密度；μ 为阻尼系数；$\ddot{u}_i$ 和 $\dot{u}_i$ 分别表示位移 u_i 对时间的二阶导数和一阶导数，即表示 i 方向的加速度和速度。

（二）结构动力学有限元模型

动力学问题的有限元处理方式和静力分析相同。单元的节点位移列阵表示为

$$\boldsymbol{q}_t^e(t)=[u_1(t)\quad v_1(t)\quad w_1(t)\quad\cdots\quad u_n(t)\quad v_n(t)\quad w_n(t)] \tag{3.2.56}$$

单元内的位形函数表示为

$$\boldsymbol{u}(x,y,z,t)=\boldsymbol{N}(x,y,z)\boldsymbol{q}_t^e(t)=\boldsymbol{N}\boldsymbol{q}_t^e \tag{3.2.57}$$

式中，$N = N(x,y,z)$ 为单元的形状函数矩阵，与相对应的静力问题单元形状矩阵完全相同。基于上面的基本方程和单元位形函数，将相关的物理量表达成节点位移的关系，有

$$\boldsymbol{\varepsilon}(x,y,z,t) = \boldsymbol{LNq}_t^e = \boldsymbol{Bq}_t^e \tag{3.2.58}$$

$$\boldsymbol{\sigma}(x,y,z,t) = \boldsymbol{LNq}_t^e = \boldsymbol{Bq}_t^e \tag{3.2.59}$$

$$\dot{\boldsymbol{u}}(x,y,z,t) = \boldsymbol{N}\dot{\boldsymbol{q}}_t^e \tag{3.2.60}$$

$$\ddot{\boldsymbol{u}}(x,y,z,t) = \boldsymbol{N}\ddot{\boldsymbol{q}}_t^e \tag{3.2.61}$$

针对单元最小势能原理，可获得单元控制方程

$$\boldsymbol{M}^e\ddot{\boldsymbol{q}}_t^e + \boldsymbol{C}^e\dot{\boldsymbol{q}}_t^e + \boldsymbol{K}^e\boldsymbol{q}_t^e = \boldsymbol{P}_t^e \tag{3.2.62}$$

式中

$$\boldsymbol{M}^e = \int_{\Omega^e}\rho\boldsymbol{N}^{\mathrm{T}}\boldsymbol{N}\mathrm{d}\Omega$$

$$\boldsymbol{C}^e = \int_{\Omega^e}\mu\boldsymbol{N}^{\mathrm{T}}\boldsymbol{N}\mathrm{d}\Omega$$

$$\boldsymbol{K}^e = \int_{\Omega^e}\boldsymbol{B}^{\mathrm{T}}\boldsymbol{DB}\mathrm{d}\Omega$$

$$\boldsymbol{P}_t^e = \int_{\Omega^e}\boldsymbol{b}^{\mathrm{T}}\boldsymbol{N}\mathrm{d}\Omega + \int_{S_p}P^{\mathrm{T}}\boldsymbol{N}\mathrm{d}A$$

其中，$\boldsymbol{M}^e$ 为单元的质量矩阵；$\boldsymbol{C}^e$ 为单元的阻尼矩阵。同样，将单元的各个矩阵进行装配，可形成系统的整体有限元方程，即

$$\boldsymbol{M}\ddot{\boldsymbol{q}}_t + \boldsymbol{C}\dot{\boldsymbol{q}}_t + \boldsymbol{K}\boldsymbol{q}_t = \boldsymbol{P}_t \tag{3.2.63}$$

式中

$$\boldsymbol{q}_t = \sum\boldsymbol{q}_t^e,\ \boldsymbol{P}_t = \sum\boldsymbol{P}_t^e,\ \boldsymbol{M} = \sum\boldsymbol{M}^e,\ \boldsymbol{C} = \sum\boldsymbol{C}^e,\ \boldsymbol{K} = \sum\boldsymbol{K}^e \tag{3.2.64}$$

可以发现，弹性动力学有限元分析推导出来的刚度矩阵的形式与静力学问题的相同，新增加的主要是质量矩阵和阻尼矩阵。

（三）质量矩阵与阻尼矩阵

单元质量矩阵 $\boldsymbol{M}^e$ 的导出过程与刚度矩阵导出所依据的原理及所采用的位移插值函数是一致的，因此也称为一致质量矩阵。在有限元分析中，为使问题简化，还经常用到集中质量矩阵，它假定单元的质量集中在节点上，这样所获得的质量矩阵是对角阵。

在实际分析中，一致质量矩阵和集中质量矩阵都有应用。一般来讲，一致质量矩阵适合所有的场合。而集中质量矩阵的优点是使计算简化，如求解时采用显式积分方案，在阻尼矩阵也采用对角矩阵的情况下，可以省去等效刚度矩阵的求逆分解过程，这在动力非线性分析中对于提高算法的计算效率具有明显的意义。对于梁、板、壳一类单元，集中质量有时会忽略与转动项目相关的部分，由于质量为零的惯性项不存在，这种情况下可以降低动力方程的自由度数。采用集中质量矩阵的困难是，对于高阶单元，如何将质量分配到单元的各个节点上，有时会有多种选择，不易把握。

阻尼的存在是动力学问题的固有特性，考虑动力学分析的阻尼问题对结构分析结果的准确性至关重要。另外，工程上利用阻尼效应减轻结构的动力响应，这对在共振频率附近工作的结构非常重要。此外，在结构动力学分析中，有时需要引入阻尼来保证数值算法的稳定性。

产生阻尼的原因很多，机理也很复杂。从宏观上看，一般可分为三种形态，第一是由结

构周围的黏性介质产生的黏性阻尼；第二是由结构本身内摩擦产生的结构阻尼；第三是由结构之间由于接触摩擦产生的摩擦阻尼。由于摩擦阻尼与结构间的接触关系相关，一般在接触分析中考虑，这里考察的阻尼矩阵只包含黏性阻尼和结构阻尼。

完全考虑一种原因的阻尼是很难的，因此，通常近似地认为所有阻尼可归结为与速度成正比的等效黏性阻尼，但依据阻尼产生的不同形态，又可分为：

（1）阻尼力与位移速度成正比

假设阻尼力与位移速度成正比，令 $\boldsymbol{b}_r$ 表示单位体积上的阻尼力，则

$$\boldsymbol{b}_r = -\mu\dot{\boldsymbol{u}} \tag{3.2.65}$$

式中，μ 是阻尼系数。采用选定的位移模式 $\boldsymbol{u} = \boldsymbol{N}\boldsymbol{q}^e$，于是等效节点阻尼载荷为

$$\boldsymbol{F}_r = \boldsymbol{C}_\alpha^e\dot{\boldsymbol{q}}^e = \int_{\Omega^e}\mu\boldsymbol{N}^{\mathrm{T}}\boldsymbol{N}\dot{\boldsymbol{q}}^e\mathrm{d}\Omega \tag{3.2.66}$$

其中，$\boldsymbol{C}_\alpha^e = \int_{\Omega^e}\mu\boldsymbol{N}^{\mathrm{T}}\boldsymbol{N}\mathrm{d}\Omega$。

（2）阻尼应力与应变速度成正比

假定阻尼应力正比于应变速度，即有

$$\boldsymbol{\sigma}_r = -\beta\boldsymbol{D}\frac{\mathrm{d}\boldsymbol{\varepsilon}}{\mathrm{d}t} \tag{3.2.67}$$

式中，β 是应变阻尼系数；$\boldsymbol{D}$ 是弹性矩阵。对于协调模型，可用节点位移表示应变 $\boldsymbol{\varepsilon} = \boldsymbol{B}\dot{\boldsymbol{q}}^e$，与虚位移 $\delta\boldsymbol{q}^e$ 对应的虚应变是 $\delta\boldsymbol{\varepsilon} = \boldsymbol{B}\delta\boldsymbol{q}^e$，则由虚功原理，有

$$\delta\boldsymbol{q}^{e\mathrm{T}}\boldsymbol{F}_r = \int_{\Omega^e}\delta\boldsymbol{\varepsilon}^{\mathrm{T}}\boldsymbol{\sigma}_r\mathrm{d}\Omega = -\delta\boldsymbol{q}^{e\mathrm{T}}\beta\int_{\Omega^e}\boldsymbol{B}^{\mathrm{T}}\boldsymbol{D}\boldsymbol{B}\dot{\boldsymbol{q}}^e\mathrm{d}\Omega \tag{3.2.68}$$

令 $\boldsymbol{C}_\beta^e = \beta\int_{\Omega^e}\boldsymbol{B}^{\mathrm{T}}\boldsymbol{D}\boldsymbol{B}\mathrm{d}\Omega$，由 $\delta\boldsymbol{q}^e$ 的任意性，可得

$$\boldsymbol{F}_r = -\boldsymbol{C}_\beta^e\dot{\boldsymbol{q}}^e \tag{3.2.69}$$

式中，$\boldsymbol{F}_r$ 表示与阻尼应力等效的阻尼力；$\boldsymbol{C}_\beta^e$ 表示单元的阻尼矩阵，显然它与单元的刚度矩阵仅差一个常数 β。

在实际分析中，精确地决定阻尼矩阵是相对困难的，通常将实际结构的阻尼矩阵简化为上述两种形式的线性组合，即复杂阻尼

$$\boldsymbol{C}^e = \alpha\boldsymbol{M}_e + \beta\boldsymbol{K}_e \tag{3.2.70}$$

由此得到的阻尼矩阵称为比例阻尼或瑞利阻尼。上式中所表达的单元阻尼矩阵 $\boldsymbol{C}^e$ 和一致质量矩阵有同样的处理方式，因此又称为一致阻尼矩阵，它是假定阻尼力正比于质点运动速度的结果。

3.2.4 结构分析中的非线性模型

在结构静力学分析和动力学分析中，经常会碰到各种形式的非线性模型，这里分别从材料非线性、几何非线性和接触非线性出发，对相应的模型及求解方法进行介绍。

（一）材料非线性问题

材料非线性是由材料物理属性（本构关系）非线性引起的，当这样的材料在载荷作用下引起的变形很小时，也可采用小变形假设。

对于小变形的材料非线性模型，其平衡方程和几何方程与前面线性弹性模型相同，而在

物理方程上与线弹性模型存在区别。下面针对材料非线性的主要类别和有限元处理方式进行介绍。

（1）非线性弹性

非线性弹性材料的应力和应变之间存在非线性关系

$$\boldsymbol{\sigma} = \boldsymbol{D}_s(\boldsymbol{\varepsilon})\boldsymbol{\varepsilon} \tag{3.2.71}$$

这里的 $\boldsymbol{D}_s$ 称为割线弹性矩阵，其中的元素是 $\boldsymbol{\varepsilon}$ 或 $\boldsymbol{\sigma}$ 的函数。对于各向同性的非线性弹性体，$\boldsymbol{D}_s$ 与弹性系数矩阵 $\boldsymbol{D}$ 具有相同形式。利用弹塑性力学形变理论（推导参见相关资料），可将 $\boldsymbol{D}_s$ 表示为

$$\boldsymbol{D}_s = \boldsymbol{D} - \boldsymbol{D}_p \tag{3.2.72}$$

$$\boldsymbol{D}_p = \left[\frac{E}{3(1+v)} - \frac{2\Phi(\bar{\varepsilon})}{9\bar{\varepsilon}}\right]\begin{bmatrix} 2 & -1 & -1 & 0 & 0 & 0 \\ -1 & 2 & -1 & 0 & 0 & 0 \\ -1 & -1 & 2 & 0 & 0 & 0 \\ 0 & 0 & 0 & \frac{3}{2} & 0 & 0 \\ 0 & 0 & 0 & 0 & \frac{3}{2} & 0 \\ 0 & 0 & 0 & 0 & 0 & \frac{3}{2} \end{bmatrix} \tag{3.2.73}$$

式中，$\bar{\varepsilon}$ 为等效应变；$\Phi(\bar{\varepsilon}) = \bar{\sigma}$ 为 $\bar{\varepsilon}$ 的单值函数，对不同材料，$\Phi(\bar{\varepsilon})$ 的具体形式不同，可由试验确定。

（2）弹塑性本构关系

为表示材料弹塑性本构关系，需要考虑屈服条件、强化规律、流动准则、加卸载准则等因素，这里分别进行介绍。

➢ 屈服条件与强化规律

材料由初始弹性状态进入塑性状态的条件称为屈服条件，又称为屈服准则。对于复杂受力状态，若以 f 表示屈服函数，屈服条件可表示为

$$f = f(\boldsymbol{\sigma}) = 0 \tag{3.2.74}$$

在应力空间内，这是一个超曲面，称为屈服面。在三维空间上，屈服面为一圆柱面；在二维空间上，屈服准则图示为一椭圆，如图 3.2.13 所示。

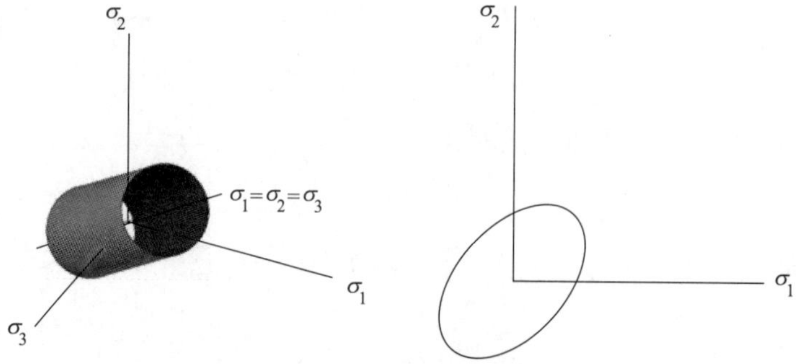

图 3.2.13 屈服面示意

屈服面是可以变化的。屈服面的大小、形状和位置的变化规律称为材料的强化规律。对于理想塑性材料，屈服面的大小、形状和位置都不变。对于强化材料，在加载过程中，屈服面将随以前发生过的塑性变形而改变。改变后的屈服函数和屈服面分别称为加载函数和加载面。在不考虑时间效应及接近常温的情况下，加载函数 f 与应力状态 $\boldsymbol{\sigma}$、塑性应力 $\boldsymbol{\sigma}^p$ 和反映加载历史的参数 κ 有关：

$$f(\boldsymbol{\sigma},\boldsymbol{\sigma}^p,\kappa)=0 \tag{3.2.75}$$

由于强化规律比较复杂，一般采用简化模型来近似。常用的简化模型有等向强化和随动强化。等向强化模型假定在塑性变形过程中，加载面均匀扩大，此时后继屈服面 f 只与应力状态 $\boldsymbol{\sigma}$ 和强化参数 κ 有关。该模型便于数学处理，应用比较广泛，特别是当材料在加载过程中，如果应力空间中各应力分量的比值变化不大，则等向强化模型与实际情况比较符合。随动强化模型假定塑性变形过程中，加载面的大小和形状不变，只在应力空间中平动。这种模型数学处理比较困难。

➢ 流动法则

所谓流动法，则是指塑性应变增量 $\mathrm{d}\boldsymbol{\varepsilon}^p$ 随应力增量变化的规律。对于弹塑性材料，Mises 采用类比的方法，提出塑性势理论

$$\mathrm{d}\boldsymbol{\varepsilon}^p=\mathrm{d}\lambda\frac{\partial g}{\partial\boldsymbol{\sigma}} \tag{3.2.76}$$

式中，$g=g(\boldsymbol{\sigma})$ 是塑性势函数，如取 $g=f$，则有

$$\mathrm{d}\boldsymbol{\varepsilon}^p=\mathrm{d}\lambda\frac{\partial f}{\partial\boldsymbol{\sigma}} \tag{3.2.77}$$

这是与屈服或加载条件相关联的流动法则，简称关联的流动法则。

➢ 加卸载准则

处于不同状态的材料具有不同形式的本构方程，加卸载准则就是用来判断材料状态的一种准则。

对于理想塑性材料，要用屈服条件来判断材料的状态。当材料从弹性状态变化到塑性状态，且塑性变形可任意增长时，这一过程称为加载。如果材料从塑性状态变化到某一弹性状态的过程中不产生新的塑性变形，这一过程称为卸载。利用数学式表示为

$$f(\boldsymbol{\sigma})<0\quad\text{弹性状态}$$

$$f(\boldsymbol{\sigma})=0,l=\left(\frac{\partial f}{\partial\boldsymbol{\sigma}}\right)\mathrm{d}\boldsymbol{\sigma}<0\quad\text{卸载}$$

$$f(\boldsymbol{\sigma})=0,l=\left(\frac{\partial f}{\partial\boldsymbol{\sigma}}\right)\mathrm{d}\boldsymbol{\sigma}=0\quad\text{加载}$$

对于强化材料，要用加载条件或后继屈服面来判断材料的状态。当材料从一个塑性状态变到另一个塑性状态时有新的塑性变形产生，这一过程称为加载。如果塑性状态改变，但应力增量没有使塑性应变发生变化，则此过程为中性变载。如果材料从塑性状态变化至某一弹性状态的过程中不产生新的塑性变形，该过程叫作卸载。利用数学式表示为

$$f(\boldsymbol{\sigma},\boldsymbol{\sigma}^p,\kappa)<0\quad\text{弹性状态}$$

$$f=0,l=\left(\frac{\partial f}{\partial\boldsymbol{\sigma}}\right)^{\mathrm{T}}\mathrm{d}\boldsymbol{\sigma}>0\quad\text{加载}$$

$$f=0,l=\left(\frac{\partial f}{\partial\boldsymbol{\sigma}}\right)^{\mathrm{T}}\mathrm{d}\boldsymbol{\sigma}=0\quad\text{中性变载}$$

$$f = 0, l = \left(\frac{\partial f}{\partial \boldsymbol{\sigma}}\right)^{\mathrm{T}} \mathrm{d}\boldsymbol{\sigma} < 0 \quad \text{卸载}$$

➢ 本构关系

由应力增量 $\mathrm{d}\boldsymbol{\sigma}$ 引起的应变增量可分为弹性应变增量 $\mathrm{d}\boldsymbol{\varepsilon}^e$ 和塑性应变增量 $\mathrm{d}\boldsymbol{\varepsilon}^p$，则有

$$\mathrm{d}\boldsymbol{\varepsilon} = \mathrm{d}\boldsymbol{\varepsilon}^e + \mathrm{d}\boldsymbol{\varepsilon}^p = \boldsymbol{D}^{-1}\mathrm{d}\boldsymbol{\sigma} + \frac{\partial f}{\partial \boldsymbol{\sigma}}\mathrm{d}\lambda \tag{3.2.78}$$

对于卸载和中性变载情况，由于无新的塑性应变产生，有 $\mathrm{d}\lambda = 0$；加载时，$\mathrm{d}\lambda > 0$，可依据一致性条件求出。

（3）黏性介质的本构关系

前面所涉及的弹性变形和塑性变形都与时间无关，认为是瞬时发生的。但实际上变形的发生与时间有关。只是在一般情况下，时间的影响可忽略不计，然而对某些情况，变形可以随时间累积至比较大的量值，因而对它们进行变形和应力分析，需要考虑时间因素。介质这种变形和应力随时间变化的特性称为黏性。常见的模型有黏弹性模型、黏塑性模型、弹黏塑性模型等，这里不再详细介绍，感兴趣的读者可查阅相关文献。

（二）材料非线性问题有限元法

对于材料非线性问题，除表示物理方程的本构关系外，其他方程与边界条件与线弹性问题相同，而且线弹性有限元的单元和整体平衡方程完全适用于非线性弹性和弹塑性问题。对于这类问题，可采用增量方法进行求解计算。常用的增量方法包括：

（1）增量切线刚度法

该方法首先将载荷分成若干增量段 $\boldsymbol{P}_0$、$\boldsymbol{P}_1 = \boldsymbol{P}_0 + \Delta\boldsymbol{P}_1$、$\boldsymbol{P}_2 = \boldsymbol{P}_1 + \Delta\boldsymbol{P}_2$、…，并依据各段载荷计算相应的刚度矩阵（非线性弹性情况下，针对已获得的应变状态计算新的割线刚度矩阵，弹塑性问题依据应力水平求解弹塑性刚度矩阵），进而求解当前载荷情况下的节点位移、单元应变和应力，直至全部载荷加完为止。最后得到的位移、应力和应变就是所要求的分析结果。

对迭代步 i，可利用初始变量或已求出的变量 $\boldsymbol{u}_i$、$\boldsymbol{\varepsilon}_i$、$\boldsymbol{\sigma}_i$ 求出当前状态下的刚度矩阵 $\boldsymbol{K}_i$，并求解平衡方程

$$\boldsymbol{K}_i\Delta\boldsymbol{u}_i = \Delta\boldsymbol{P}_i \tag{3.2.79}$$

求得 $\Delta\boldsymbol{u}_i$、$\Delta\boldsymbol{\varepsilon}_i$、$\Delta\boldsymbol{\sigma}_i$，由此得到增加一次载荷增量后的节点位移、单元应变和单元应力，即

$$\boldsymbol{u}_{i+1} = \boldsymbol{u}_i + \Delta\boldsymbol{u}_i,\ \boldsymbol{\varepsilon}_{i+1} = \boldsymbol{\varepsilon}_i + \Delta\boldsymbol{\varepsilon}_i,\ \boldsymbol{\sigma}_{i+1} = \boldsymbol{\sigma}_i + \Delta\boldsymbol{\sigma}_i \tag{3.2.80}$$

（2）初应力法与增量初应力法

对于非线性弹性问题，可将材料的应力与应变关系表示为

$$\boldsymbol{\sigma} = \boldsymbol{D}\boldsymbol{\varepsilon} + \boldsymbol{\sigma}_0 \tag{3.2.81}$$

式中，$\boldsymbol{\sigma}_0$ 既可表示真实的初应力，也可表示由非线性引起的虚拟初应力。

初应力法就是将初应力 $\boldsymbol{\sigma}_0$ 看作变化的，以此反映应力和应变之间的非线性关系，通过不断调整初应力，使线弹性解逼近非线性解。在初应力法的迭代过程中，保持刚度矩阵不变，将初应力表示为等效节点载荷，即

$$\boldsymbol{K}\Delta\boldsymbol{u}_i = \Delta\boldsymbol{P}_i + \boldsymbol{P}(\sigma_{0i}) \tag{3.2.82}$$

$$\boldsymbol{P}(\boldsymbol{\sigma}_{0i}) = \int_V \boldsymbol{B}^{\mathrm{T}}\boldsymbol{\sigma}_{0i}\mathrm{d}V \tag{3.2.83}$$

$$\boldsymbol{\sigma}_{0i} = \boldsymbol{\sigma}_i - \boldsymbol{\sigma}_{mi} \tag{3.2.84}$$

式中，$\boldsymbol{\sigma}_{mi} = \boldsymbol{DBu}_i$ 表示当前状态下的弹性应力。

当迭代过程满足在容许精度范围内达到 $\boldsymbol{\sigma}_{i+1} = \boldsymbol{\sigma}_i$ 时，即认为获得的结果为所要求的分析结果。

对于弹塑性问题，可采用增量形式的初应力方法，即有

$$\Delta\boldsymbol{\sigma} = \boldsymbol{D}\Delta\boldsymbol{\varepsilon} + \Delta\boldsymbol{\sigma}_0 \tag{3.2.85}$$

$$\Delta\boldsymbol{\sigma}_0 = -\boldsymbol{D}_p\Delta\boldsymbol{\varepsilon} \tag{3.2.86}$$

式中，$\boldsymbol{D}_p$ 为材料强化模型给出的矩阵形式。

在具体应用中，增量切线刚度法是在每次加载时调整刚度的办法来求得近似解。因此对于每次加载，刚度矩阵必须重新生成，其计算工作量比初应力法大，但它是本构方程级和平衡方程级的迭代，精度比较高。需要注意的是，增量切线刚度法不能应用于软化材料的塑性问题和理想塑性问题，它会使方程产生奇异而造成不收敛或计算失败。

初应力法（增量初应力法）每步加载对应的刚度矩阵都是相同的，即采用线性刚度矩阵。这表明它们忽略本构关系的迭代，只是改变方程右端项。其计算工作量会大大减少，但每加载一次，都必须进行初应力迭代计算，存在迭代是否收敛的问题。

（三）几何非线性问题

几何非线性是由结构变形的大位移或大应变引起的。前面在讨论线性弹性问题和材料非线性问题时，假设结构在外载荷作用下产生的位移及应变都是很小的，在建立结构或微元体的平衡条件时，可以不考虑物体位置和形态的变化，也就是用变形前的状态建立平衡条件。这种近似包含了两个方面：一是应变与位移之间做了线性化处理，而忽略高阶应变的小量，即 $\boldsymbol{\varepsilon} = \boldsymbol{Lf}$，其中，$\boldsymbol{L}$ 为线性应变矩阵；二是把平衡方程的坐标系建立在平衡前初始坐标系上，即将结构变形后平衡状态用变形前初始结构平衡状态不做任何修改地加以描述。

几何非线性关注的问题就是将上述两个近似处理恢复其本来面目，对上述第一个近似线性化处理撤销，利用包含高阶微量的非线性矩阵 $\bar{\boldsymbol{L}}$ 替换线性矩阵 $\boldsymbol{L}$，即所谓的几何小变形非线性问题；另一类几何非线性问题可能产生很大的变形和位移，它们的变形过程已经不可能直接用初始状态（未受力的状态）加以描述，并且平衡状态的几何位置是未知的，因此需要利用新的方式来描述结构状态。几何非线性问题至今尚未完全成熟，仍然是一门正在迅速发展与完善的课题，因此这里仅对其基本概念进行介绍，更多的内容读者可参考相关文献。

（1）小变形几何非线性

考察如图 3.2.14 所示的杆件 $\overline{ij}$，其在载荷作用下的变形为 $\overline{i'j'}$，当考虑杆件的弯曲变形（变形高阶项）对应变的影响时，其工程应变表示为

$$\varepsilon = \frac{l - l_0}{l_0} = \frac{\partial u}{\partial x} + \frac{1}{2}\left(\frac{\partial u}{\partial x}\right)^2 + \frac{1}{2}\left(\frac{\partial v}{\partial x}\right)^2 + \cdots \tag{3.2.87}$$

在三维问题上，忽略三阶以上的高阶小量，正应变 ε_x 和剪应变 γ_{xy} 可表示为

$$\varepsilon_x = \frac{\partial u}{\partial x} + \frac{1}{2}\left(\frac{\partial u}{\partial x}\right)^2 + \frac{1}{2}\left(\frac{\partial v}{\partial x}\right)^2 + \frac{1}{2}\left(\frac{\partial w}{\partial x}\right)^2 \tag{3.2.88}$$

$$\gamma_{xy} = \frac{\partial v}{\partial x} + \frac{\partial u}{\partial y} + \frac{\partial u}{\partial x}\frac{\partial u}{\partial y} + \frac{\partial v}{\partial x}\frac{\partial v}{\partial y} + \frac{\partial w}{\partial x}\frac{\partial w}{\partial y} \tag{3.2.89}$$

其他应变项可采用类似方法写出。如果应力和应变之间的关系也是非线性的，就变成了更复杂的双重非线性问题，不过，在小变形几何非线性问题中一般都认为应力在弹性范围

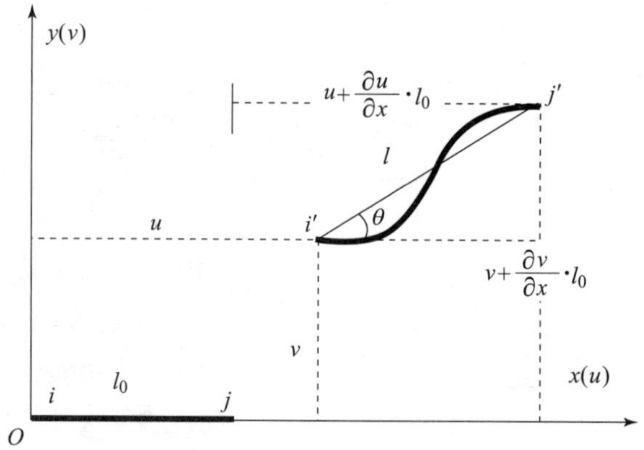

图 3.2.14 杆件的非线性变形

内，应力和应变之间呈线性关系。在这种情况下，小变形几何非线性问题的平衡方程和物理方程与基本方程具有同样的形式，只是几何方程需要采用如前所述的方式进行表示。

（2）小变形几何非线性有限元方程

对于线性有限元问题，其有限元计算方程可写为

$$\boldsymbol{\Psi}(\boldsymbol{q}) = \int_{V^e} \boldsymbol{B}^{\mathrm{T}}\boldsymbol{D}\boldsymbol{B}\mathrm{d}V\boldsymbol{q} = \boldsymbol{P} \tag{3.2.90}$$

现考察小变形几何非线性问题，应变和位移的关系是非线性的，因此新的几何矩阵 $\bar{\boldsymbol{B}}$ 是节点位移 $\boldsymbol{q}$ 的函数，可写为

$$\boldsymbol{\Psi}(\boldsymbol{q}) = \int_{V^e} \bar{\boldsymbol{B}}^{\mathrm{T}}\boldsymbol{D}\bar{\boldsymbol{B}}\mathrm{d}V\boldsymbol{q} = \int_{V^e} \bar{\boldsymbol{B}}^{\mathrm{T}}\boldsymbol{\sigma}\mathrm{d}V = \boldsymbol{P} \tag{3.2.91}$$

$$\bar{\boldsymbol{B}} = \boldsymbol{B}_0 + \boldsymbol{B}_L(\boldsymbol{q})$$

式中，$\boldsymbol{B}_0$ 为线性应变分析的几何矩阵项；$\boldsymbol{B}_L$ 是大位移应变几何矩阵项，并取决于 $\boldsymbol{q}$。对 $\boldsymbol{\Psi}(\boldsymbol{q})$ 取微分，有

$$\mathrm{d}\boldsymbol{\Psi}(\boldsymbol{q}) = \int \mathrm{d}\bar{\boldsymbol{B}}^{\mathrm{T}}\boldsymbol{\sigma}\mathrm{d}V + \int \bar{\boldsymbol{B}}^{\mathrm{T}}\mathrm{d}\boldsymbol{\sigma}\mathrm{d}V \tag{3.2.92}$$

而由前面关系式，有

$$\mathrm{d}\boldsymbol{\sigma} = \boldsymbol{D}\mathrm{d}\varepsilon = \boldsymbol{D}\bar{\boldsymbol{B}}\mathrm{d}\boldsymbol{q},\ \mathrm{d}\bar{\boldsymbol{B}} = \mathrm{d}\boldsymbol{B}_L \tag{3.2.93}$$

因此，有

$$\mathrm{d}\boldsymbol{\Psi} = \int \mathrm{d}\boldsymbol{B}_L^{\mathrm{T}}\boldsymbol{\sigma}\mathrm{d}V + \bar{\boldsymbol{K}}\mathrm{d}\boldsymbol{q} = (\boldsymbol{K}_\sigma + \bar{\boldsymbol{K}})\mathrm{d}\boldsymbol{q} = \boldsymbol{K}_T\mathrm{d}\boldsymbol{q} \tag{3.2.94}$$

式中，$\bar{\boldsymbol{K}} = \int \bar{\boldsymbol{B}}^{\mathrm{T}}\boldsymbol{D}\bar{\boldsymbol{B}}\mathrm{d}V = \boldsymbol{K}_0 + \boldsymbol{K}_L$，其中 $\boldsymbol{K}_0$ 表示通常的小位移线性刚度矩阵，即 $\boldsymbol{K}_0 = \int \boldsymbol{B}_0^{\mathrm{T}}\boldsymbol{D}\boldsymbol{B}_0\mathrm{d}V$，$\boldsymbol{K}_L = \int (\boldsymbol{B}_0^{\mathrm{T}}\boldsymbol{D}\boldsymbol{B}_L + \boldsymbol{B}_L^{\mathrm{T}}\boldsymbol{D}\boldsymbol{B}_L + \boldsymbol{B}_L^{\mathrm{T}}\boldsymbol{D}\boldsymbol{B}_0)\mathrm{d}V$，表示大位移所引起的影响矩阵，一般称为大位移矩阵或初位移矩阵。而 $\boldsymbol{K}_\sigma\mathrm{d}\boldsymbol{q} = \int \mathrm{d}\boldsymbol{B}_L^{\mathrm{T}}\boldsymbol{\sigma}\mathrm{d}V$ 为当前应力水平的刚度矩阵，称为初应力造成矩阵或几何刚度矩阵。$\boldsymbol{K}_T = \bar{\boldsymbol{K}} + \boldsymbol{K}_\sigma$ 称为切线刚度矩阵。

可以看出，小应变几何非线性问题也可采用增量迭代的方式进行求解处理。

（四）有限变形（大变形）几何非线性

涉及大变形几何非线性问题中，结构的位移随加载过程不断变化，因此需要建立参考位

形，以参考位形表征其变化过程。目前对此基本上采用两种不同的表达格式，第一种格式中所有静力学和运动学变量总是参考于初始位形，即在整个分析过程中参考位形保持初始位形不变，这种格式称为完全的拉格朗日格式；另一种格式中所有静力学和运动学的变量参考于每一载荷或时间步长开始时的位形，即在分析过程中参考位形是不断地被更新的，这种格式称为修正的或更新的拉格朗日格式。对于详细的大变形几何非线性问题的有限元方法，可参考相关文献，这里不再详述。

（五）接触非线性问题

在工程结构中，经常会遇到大量的接触问题。对于具有接触面的结构，在承受载荷的过程中，接触面的状态通常是变化的，这将影响接触体的应力场。而应力场的改变反过来又影响接触状态，这是一个非线性的过程。前面介绍的材料非线性和几何非线性问题，分别由物理方程和几何方程的非线性性质引起，这里的接触非线性问题，它是由边界条件的非线性性质引起的。边界条件的非线性主要表面为两个方面，一是接触面的改变，即自由边界的一部分转变为接触面边界，或者反之；二是接触面的变形、摩擦和滑移，可能表现出强烈的非线性性质。

对于接触问题，除了其场变量需要满足前述基本方程、给定的边界条件外，还要满足接触面上的接触条件，主要为不可侵彻条件和摩擦条件。对于接触或将要接触的两个物体，其界面接触状态可分为分离、连续接触和滑动接触三种。在这三种情况下，接触界面的位移和力的条件各不相同，导致接触问题的高度非线性特点。

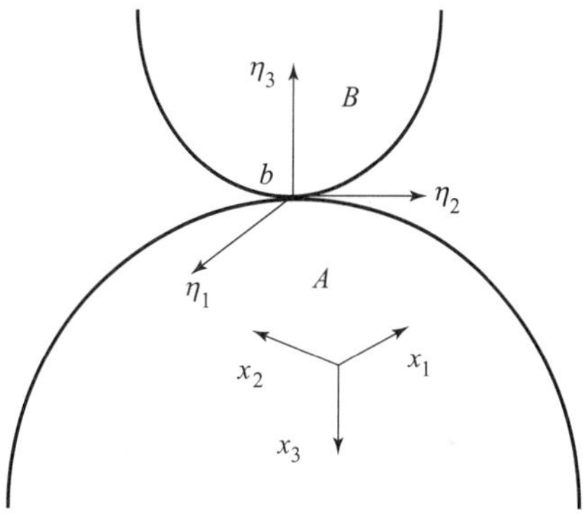

图 3.2.15　接触示意

为了更方便地表示接触条件，在接触面上建立局部坐标系 $\eta_1\eta_2\eta_3$，如图 3.2.15 所示，其单位基矢量分别为 $\boldsymbol{e}_1$、$\boldsymbol{e}_2$ 和 $\boldsymbol{e}_3=\boldsymbol{n}$，其中 $\boldsymbol{n}$ 为物体 A 在接触点处的表面单元外法线矢量。用 $\boldsymbol{u}$ 表示位移矢量，$\boldsymbol{p}_k$ 和 g_k 分别为三个局部坐标方向的接触面力和间隙量，上标 A、B 分别表示物体 A 和 B，d_3^0 为接触点对的初始间距，μ 为摩擦系数，接触状态（也称接触条件）可表示为

（1）分离状态

位移条件：$g_3=\boldsymbol{n}\cdot(\boldsymbol{u}^A-\boldsymbol{u}^B)+d_3^0>0$

面力条件：$\begin{cases}\boldsymbol{p}=\boldsymbol{p}^A=\boldsymbol{n}\cdot\boldsymbol{\sigma}^A=0\\ \boldsymbol{p}^B=-\boldsymbol{n}\cdot\boldsymbol{\sigma}^B=0\end{cases}$

（2）连续接触条件

位移条件：$g_3=\boldsymbol{n}\cdot(\boldsymbol{u}^A-\boldsymbol{u}^B)+d_3^0=0$

面力条件：$\begin{cases}\boldsymbol{p}^A+\boldsymbol{p}^B=0\\ \boldsymbol{p}=\boldsymbol{p}_3^A=-\boldsymbol{p}_3^B<0\\ \sqrt{\boldsymbol{p}_1^2+\boldsymbol{p}_2^2}<-\mu\boldsymbol{p}_3\end{cases}$

（3）滑移接触状态

位移条件：$g_3=\boldsymbol{n}\cdot(\boldsymbol{u}^A-\boldsymbol{u}^B)+d_3^0=0$

$$\text{面力条件：}\begin{cases} \boldsymbol{p}^A + \boldsymbol{p}^B = 0 \\ \boldsymbol{p} = \boldsymbol{p}_3^A = -\boldsymbol{p}_3^B < 0 \\ \sqrt{\boldsymbol{p}_1^2 + \boldsymbol{p}_2^2} = -\mu \boldsymbol{p}_3 \end{cases}$$

（六）弹性接触问题的有限元方法

假设 A、B 是相互接触的两个物体，为了研究方便，将它们分开，代之以接触力 $\boldsymbol{p}^A$ 和 $\boldsymbol{p}^B$，并建立各自的有限元支配方程：

$$\begin{aligned} \boldsymbol{K}_A \boldsymbol{q}^A &= \boldsymbol{R}^A + \boldsymbol{p}^A \\ \boldsymbol{K}_B \boldsymbol{q}^B &= \boldsymbol{R}^B + \boldsymbol{p}^B \end{aligned} \tag{3.2.95}$$

式中，$\boldsymbol{K}$、$\boldsymbol{q}$、$\boldsymbol{R}$ 分别表示整体刚度矩阵、节点位移列阵和外载荷。

式中接触力 $\boldsymbol{p}^A$ 和 $\boldsymbol{p}^B$ 为未知量，需要依据接触面上的相容条件确定。相容条件的具体表达形式可参考相关文献。

3.3　结构分析 CAE 软件应用

3.3.1　分析模型及离散方式

在进行结构分析之前，对需要考察的问题和分析的模型要具有透彻的认识，理解问题的力学本质，明确结构几何特征、所受载荷性质、结构材料特性，而且要初步估计响应情况，才能够建立有效的模型并开展分析。本节结合结构分析的 CAE 软件应用，对结构分析的模型和单元进行介绍。

（一）分析模型类别

结构分析首先应根据力学概念，分析判断研究对象属于哪一类性质的问题，是线性问题还是非线性问题，是静力问题还是动力问题，是小变形问题还是大变形、大应变问题。

在平衡方程、应力关系、应变位移关系、边界条件和连接条件中，只要其中任意一个关系式中变量之间出现非线性关系，则整个问题就属于非线性问题。当物体变形的大小与物体某个几何尺寸可以相比拟时，应按大变形来处理；当应变量大于 0.3 时，应按大应变问题处理。大变形、大应变问题都属于几何非线性。当材料的应力与应变关系不再是线性关系，比如材料进入屈服以后，应按材料非线性问题处理。

只有当所有变量和关系式都与时间无关时，才能算作静力问题，否则，应按动力问题处理。作为动力问题，如果要了解的是结构的固有特性属于模态分析；要计算的是结构在随时间变化载荷作用下，各节点随时间变化的位移、速度、加速度，则属于动力响应分析。

（二）几何模型简化

尽管计算机技术的发展，已使采用大量单元的结构数值计算成为可能，但对于复杂结构，如果考虑所有的结构细节，依然存在很大的困难。因此，对于一个复杂的工程结构，可根据其在几何上、力学上的特点，进行适当的简化，以减少离散单元数量或计算维数。常见的模型简化过程包含如下内容。

（1）降维处理与几何简化

按照几何形状，结构可分为杆件结构、板壳结构和块体结构，降维处理就是依据结构几何特性，选择相应的杆、梁、壳或者平面模型。在多数情况下，结构的降维处理方式并不是唯一的，可以依据某一特定分析目的得到相应的 1D、2D 或 3D 模型，如图 3. 3. 1 所示。

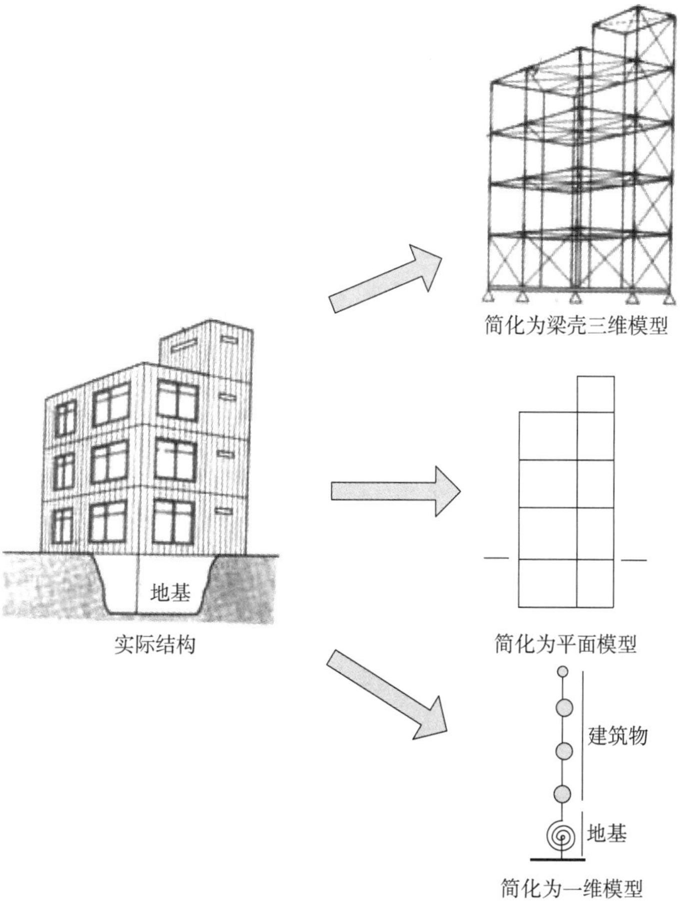

图 3. 3. 1　模型的简化

对于三维块体结构，如果可以忽略某些几何上的细节或次要因素，也能按照二维问题来处理。例如，螺纹连接结构中，由于螺纹升角很小，也可认为螺纹牙的受力在周向是相同的，从而近似看成轴对称结构。一个二维问题，若能近似地看成一维问题，就尽量当一维问题计算。维数降低，则计算量大大降低。在复杂的结构计算中，应尽量减少按三维问题处理的部分。

此外，许多结构上会有小圆孔、小圆角、小凸台、浅沟槽等几何细节，细节的存在将影响网格单元的大小、数量及分布。在有些情况下可依据圣维南原理，忽略模型中的这些几何细节，从而使模型得到简化。细节的取舍要遵循两条原则：一是细节处应力的大小，只有这些不是位于应力峰值区域、分析的要害部位，根据圣维南原理才可以将其忽略；二是与分析的内容也有关系，一般情况下，由于细节会影响应力的大小及分布，静应力、动应力计算中要注意细节的影响，而结构的固有频率和模态振型主要取决于质量分布和刚度，因此计算固有特性时，就可以少考虑细节。

（2）结构对称性的利用

当计算对象的结构具有对称性时，可利用这个特点减少参加计算的节点数。所谓结构的对称性，是指结构的几何形状和支撑条件对某轴（面）对称，同时截面和材料性质也对称于此轴（面）。也就是说，结构绕对称轴对折后，左右两部分完全重合。

对称结构如果作用有对称载荷，则变形和应力也是对称的。只需取一半的结构建模即可，对称轴上的节点给出对称边界条件，算完后还可以根据对称性扩展出另一半结果。这样解题规模可减小一半。如图 3.3.2 所示的一个矩形板，两边受均布拉力作用，显然这个问题属于结构对称、载荷也对称情况，而且有两个对称轴，取 1/4 来建模即可，计算工作量可节省约 3/4。

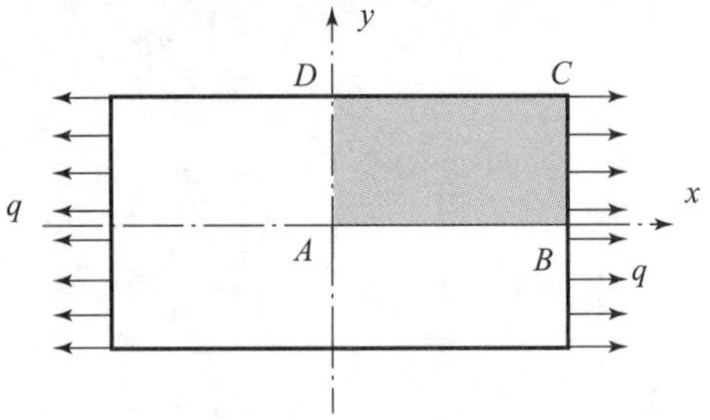

图 3.3.2　对称模型

如果对称结构上作用的载荷是反对称的，即将结构绕对称轴对折后，两载荷的作用点重合，载荷大小相同，但载荷方向相反。根据结构力学可知，在反对称载荷作用下，结构的位移及应力都将反对称于对称轴。

（3）周期性条件的利用

有些结构可以划分为若干形状完全相同的子结构，当任意一子结构绕对称轴旋转一定角度时，该子结构的形状将与其他子结构完全重合，这种结构称为循环对称结构或直接称为周期对称结构。如果结构所受载荷和位移的约束也是周期对称的，且各子结构材料和物理特性也完全相同，则应力和变形关于同一轴周期对称。若所受载荷不是周期对称的，则不属于周期对称问题。对于周期对称问题，计算时可以只取一个子结构进行分析，如图 3.3.3 所示。

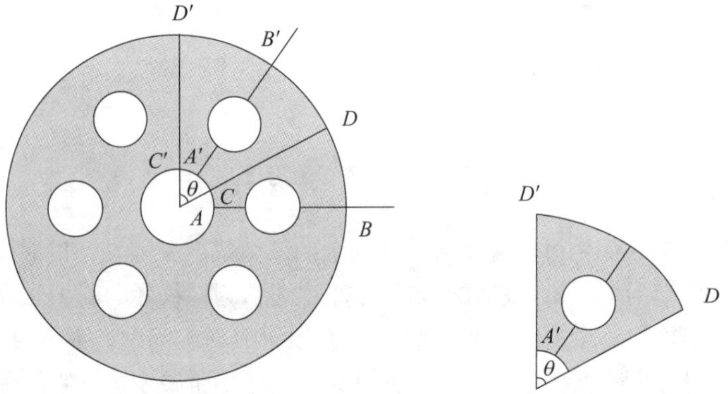

（a）　　（b）

图 3.3.3　周期对称模型

（a）完整模型；（b）简化模型

注意，在取一个子结构时，使应力集中区域在子结构内部而不在边界，如图 3.3.3 所示，取 CD、$C'D'$，不取 AB、$A'B'$。另外，两条边线上划分的节点数量要相同，位置也要对应相同，以便于在边线上给出周期性边界条件。

此外，还有一种周期对称结构，可以看作由一个子结构沿某一方向多次重复得到，称为重复对称结构。如果结构所受载荷和约束同样满足重复对称条件，与循环对称类似，只需要模拟和分析一个子结构。

（4）子结构技术

另外一类特殊的简化技术称为子结构技术。当计算的结构比较复杂，整体刚度矩阵的阶数往往会很大而超出计算机容量时，可以考虑一小块一小块地计算，最后再将各子块边界节点归结在一起，这就是子结构分析法。子结构方法还可以用在需要局部精确分析的场合，如应力集中处、局部发生塑性变形需要进行非线性分析处、设计可能改变的局部等，可以只重复计算部分结构，节约计算时间和计算成本。

子结构分析法的基本思路：①几何分割；②子结构离散；③定义边界自由度；④凝聚内部自由度；⑤子结构集成；⑥求解整体模型；⑦回代。

现有大型有限元程序一般包括有子结构法的内容，使用者根据需要调用即可。这里不再详细介绍。

（三）结构离散单元

在确定好计算模型并完成几何模型建立后，需要依据模型性质、结构几何特征和分析任务目标来确定单元类型及相关性质。如针对 1 维模型，可依据模型性质确定单元的平面或空间特性，可依据结构承载情况选择杆单元或梁单元，可依据分析精度要求选择单元形函数的插值阶次等；同样，针对 2 维模型，可依据模型性质确定单元的平面或空间特性，可依据模型承载情况确定单元特性及节点自由度，可依据几何模型的特点选择三角形或四边形单元几何外形，可依据分析精度要求选择单元形函数的插值阶次。一般情况下，需要确定的单元类型与性质包括：

（1）单元的几何维度

单元的几何维度指 1 维单元、2 维单元或 3 维单元形式，也指平面单元和空间单元类型。经过前文所述的计算模型分析和简化，分析模型的性质已能确定，单元维度也相应地确定，这里不再详述。

需要注意的是，在很多模型中，会同时出现不同几何维度的单元类型。多数情况下，当不同形式单元共节点时，可通过节点传递对应节点自由度上的位移，实现不同单元类型之间的协调。但在有些情况下，共节点的单元会存在不协调的问题，如节点具有六个自由度的梁单元和节点具有三个自由度的体单元，节点上的位移不会完全传递。对于这样的问题，需要进行一些特殊的处理。

（2）单元的几何外形

在 2 维情况下，单元外形可以是三角形也可以是四边形；在 3 维情况下，单元外形可以是四面体也可以是六面体。单元的几何外形可依据结构的几何形状进行选择。

对于几何外形比较规则，结构较为简单的模型，通常可选用四边形或六面体单元进行离散。由四边形单元或六边形单元离散模型生成的网格被称为结构化网格；相应地，三角形单元或四面体单元离散模型生成的网格被称为非结构化网格。在通常情况下，结构化网格的分析结果比非结构化网格的好，在实体情况下，结构化网格数量远小于非结构化网格数。但对于复杂结构，划分结构化网格难度较大，而且可能产生过度扭曲并在曲率过大处处理为过渡网格，导致分析精度下降。在这种情况下，宜采用非结构化网格。

（3）单元插值阶次

当模型被离散为确定的网格时，网格单元中的节点数量决定了单元插值阶次。一般情况下，对于同样的网格模型，单元插值阶次越高，计算结果精度越高。但单元中节点数量的增加会引起计算量的增加。因此，为提高计算精度，既可增加网格密度，也可提高单元的插值阶次。

（4）单元积分方法

对于静力分析模型，为减化计算，多数情况下采用缩减积分方法计算单元刚度矩阵。但对于容易出现零能模式的大变形或瞬态问题，可以采用完全积分方法来避免这一问题的出现。

（5）材料特性与几何体素

在计算单元刚度矩阵时，除需要确定单元的具体形式和插值形函数外，还需要给定材料特性和其他几何体素。这里的材料特性指单元模拟的结构物理属性，如弹性模量、泊松比等。对于3维类型的单元，包含了完整的结构几何特性，不需要补充其他几何体素。但对于1维单元和2维单元，降维处理后的模型未能描述实际结构的截面特性（1维模型）或截面厚度（2维模型），这时需要依据实际结构尺寸补充单元的几何体素，如截面外形、截面厚度等。

（四）结构离散处理

结构离散处理也被称为有限元网格划分。通过有限元网格划分，结构被离散为有限数量的单元和节点。在有限元计算分析中，节点位置和单元密度是影响分析精度和计算规模的一个重要因素。在确定节点位置和单元密度时，做到先简单后复杂，先粗后精的原则。为确定合适的网格密度，也可采用流动分析中提到的网格无关性分析方法。

单元的质量和数量对求解结果和求解过程影响较大，如果结构单元全部由等边三角形、正方形、正四面体、立方六面体等单元构成，则求解精度可接近实际值，但由于这种理想情况在实际工程结构中很难做到。因此，根据模型的不同特征，设计不同形状种类的网格，有助于改善网格的质量和求解精度。网格单元质量评价一般可采用以下几个指标：

（1）单元的边长比、面积比或体积比

以正三角形、正四面体、正六面体为参考基准，理想单元的边长比为1，可接受单元的边长比的范围线性单元长宽比小于3，二次单元小于10。对于同形态的单元，线性单元对边长比的敏感性较高阶单元的高，非线性比线性分析更敏感。

（2）扭曲度

扭曲度是指单元面内的扭转和面外的翘曲程度。

（3）疏密过渡

网格的疏密主要表现为应力梯度方向和横向过渡情况，应力集中的情况应妥善处理，而对于分析影响较小的局部特征，应分析其情况，如外圆角的影响比内圆角的影响小得多。

（4）节点编号排布

节点编号对于求解过程中的总体刚度矩阵的元素分布、分析耗时、内存及空间有一定的影响。合理的节点、单元编号有助于利用刚度矩阵对称、带状分布、稀疏矩阵等方法提高求解效率，同时要注意消除重复的节点和单元。

3.3.2 载荷形式与连接条件

结构有限元分析中，实际结构的载荷和位移约束条件对计算结果能否反映实际受力和变形情况有重要影响。这里针对这一问题，对实际分析中经常碰到的载荷、约束以及结构连接的处理方式进行介绍。

（一）常见载荷形式与处理方法

在进行结构有限元分析时，经简化的计算模型与实际结构往往存在差异，此时需要结合实际结构，对载荷进行重新分配和处理。在工程应用中经常涉及的载荷形式包括：

（1）等效合力或合力矩

等效合力或合力矩是最常用的一类载荷形式，如直接作用在结构表面的推力、扭矩等。前面已经介绍，利用圣维南原理，可将作用在面上的复杂作用力简化为简单的等效合力，并在单元载荷处理时将等效到单元节点位置。

需要注意的是，对于实体单元模型，直接将等效合力或合力矩施加在局部的节点上容易引起局部的应力集中。为避免这类问题的出现，等效合力或合力矩应进行等效分布后施加在多个节点或以分布力的形式施加到作用面上。

（2）流体作用载荷

流体作用载荷是一种常见的载荷类型，如结构在水下时承受的静压力、大气流动作用在结构表面上的风载荷、燃气射流在发射装置表面的冲击等都属于流体作用载荷。当需要考虑结构承受的流体作用时，可依据流体在结构表面的静压分布在作用面上直接施加压强载荷。

（3）惯性载荷

为简化分析，在考虑结构振动、冲击等条件下的结构强度时，常利用静力分析模型进行计算。在这种情况下，结构所承受的主要载荷来自结构自身加速度引起的惯性载荷，惯性载荷大小由设置的加速度大小和结构质量决定。重力和结构旋转引起的离心力也可用类似的方法进行处理。

（4）连接部件载荷

在很多计算模型中，往往只对关注的结构部件建立有限元模型。在这种情况下，需要考虑与之相连接部件作用在模型上的载荷。

以包含发射架、发射箱和弹体的结构模型为例，在发射装置的结构分析中，经常会将发射架或发射箱单独进行计算分析。在进行发射架的过载冲击分析时，由于计算模型中未包含弹箱结构，因此由过载引起的弹箱惯性力应以等效外力的形式施加到发射架模型中。常用的等效外力处理方式包括外力均分、多刚体模型等效计算和等效结构模型等。外力均分方式是将连接部件产生的载荷均匀分布在发射架的对应连接位置，其处理方式较为简便，但与实际受力情况差别较大；多刚体模型等效计算是建立具有柔性连接的多刚体模型，通过多体动力学计算获得各个连接位置的作用力大小，该方法受力情况比均匀分布模型更接近实际情况，但模型中未考虑结构变形对受力的影响，因此也只是一种近似的处理方式；等效结构模型是建立连接部件与实际结构具有相同物理属性（质量、质心、惯量等）的近似模型，并通过模型间的连接获得连接部件（发射箱和弹体）对关注部件（发射架）的作用，这种模型考虑结构变形对结构部件间作用力的影响，比较接近真实状态，但计算模型中需要引入近似的连接部件模型，处理起来较为复杂。

（5）局部载荷分布

在关注外力直接作用区域的结构受力和变形情况时，往往不能采用圣维南原理对外力载荷进行等效处理，此时需要结合局部外力的具体作用形式进行分析和处理。

以轴承为例，在关注轴承结构受力情况时，应注意轴承上载荷的分布规律。轴承载荷在轴向可采用均匀分布，也可采用二次曲线分布；在圆周方向，可按余弦规律分布，一般情况下，圆周角度为 $\beta=120°$，如图 3.3.4 所示。

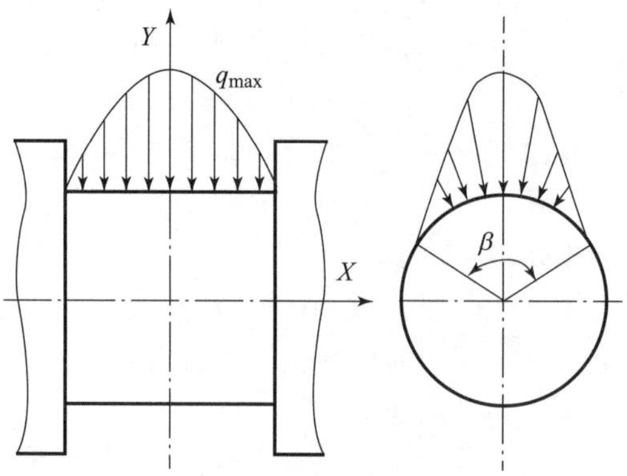

图 3.3.4　轴承载荷示意

沿轴线方向，常假设作用力分布曲线的方程为

$$Y = q_{\max}\left(1 - \frac{1}{L^2}x^2\right) \tag{3.3.1}$$

沿圆周方向，载荷分布常表示为

$$q_{x\theta} = \frac{9}{16LR}Q_c\left(1 - \frac{x^2}{L^2}\right)\cos\left(\frac{3}{2}\theta\right) \tag{3.3.2}$$

此外，在关注结构的局部受力时，还经常会碰到齿轮、螺栓、过盈配合等不同形式的连接与受力，需要结合具体情况进行分析处理，这里不再详述。

（二）位移约束条件

对于基于位移模式的有限元法，在结构的边界上必须严格满足已知的位移约束条件。例如，结构某位置处有固定支撑，这些边界上的位移、转角等于零，如图 3.3.5（a）所示，$u_A = v_A = \theta_A = 0$，图 3.3.5（b）中，$u_A = v_A = v_B = 0$；如果结构某位置处位移、转角有已知值，如图 3.3.5（c）所示，$v_C = -\Delta$，计算模型必须让它能实现这一点。有时边界支撑不是沿坐标方向，称为斜支撑，如图 3.3.5（d）所示，可以借助一些特殊单元模拟实现。还有的约束是单向的，比如绳索只能承受拉力，光滑支撑面只提供压力，这就需要按非线性对待。

当边界与另一弹性体相连，构成弹性边界时，可分两种情况处理。当弹性体对边界点的支撑刚度已知时，则可将它的作用简化成弹簧，在此节点上加一弹簧单元，如图 3.3.5（e）所示。当弹性体对边界点的支撑刚度不清楚时，则可将此弹性体的一部分划出来和结构连在一起进行分析，所划区域的大小视其有影响的区域大小而定，如图 3.3.5（f）所示。

当整个结构存在刚体位移时，就无法进行静力分析、动力分析。为此，必须根据实际结构的边界位移约束情况对模型的某些节点施加约束，消除结构的刚体位移影响。对于平面问题，应消去两个平移自由度、一个转动自由度；在三维问题中，需消去三个平移自由度、三个转动自由度。而且要保证这些消除模型刚体位移的约束施加得当，如果不恰当，就会产生不真实的支反力，改变了原结构的受力状态和边界条件，从而得到错误的结果。例如，在图 3.3.5（g）中，根据对称性，C 点两方向位移均为零，因此对 C 点施加约束是适当的。若把 A、B、D 点两方向位移指定为零，就与实际情况不符。

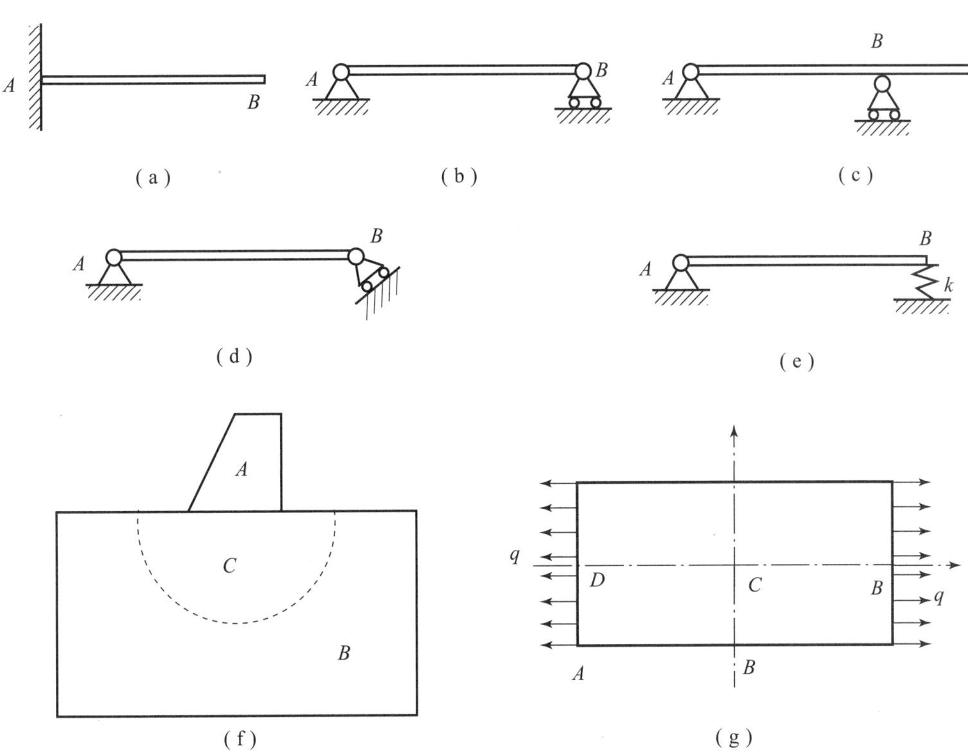

图 3.3.5　位移约束条件

（三）单元连接条件

一个复杂结构常常是由杆、梁、板、壳及二维体、三维体等多种形式的构件组成的。由于杆、梁、板、壳及二维体、三维体之间的自由度个数不匹配，因此，在梁和二维体、板壳和三维体的连接处必须妥善加以处理，否则模型会失真，得不到正确的计算结果。

例如，平面梁每个节点有三个自由度，而平面应力单元每个节点有两个自由度，当这两种构件连接在一起时，交点处的自由度不协调，如果只约束两个平移自由度，不限制转动，则相当于铰接，与原结构不符。为此，可以采取两种解决办法，一是人为地将杆件向平面内延伸一段，如图 3.3.6（a）所示，使 i、m 两点处梁和平面位移相一致，即，$u_{i1} = u_{i2}$，$v_{i1} = v_{i2}$，$u_{m1} = u_{m2}$，$v_{m1} = v_{m2}$，其中 u_{i1}、v_{i1}、u_{m1}、v_{m1} 为梁上 i、m 两点的位移分量；u_{i2}、v_{i2}、u_{m2}、v_{m2} 为平面上 i、m 两点的位移分量，从而满足两构件连接条件。另一种是在连接处，梁和平面的变形之间，采用如下约束关系

$$u_{i1} = u_{i2}, v_{i1} = v_{i2}, \theta_{i1} = \frac{u_{j2} - u_{k2}}{l_1 + l_2}$$

式中，u_{i1}、v_{i1}、θ_{i1} 为梁上 i 点的位移及转角；u_{i2}、v_{i2}、u_{j2}、v_{k2} 为平面上 i、j、k 点的位移分量；l_1 为平面上 i、j 两点距离；l_2 为平面上 i、k 两点距离。

又如，两根梁在 A 点用铰链连接在一起形成交叉梁，这时在 A 点梁 1 和梁 2 的位移应分别相等，但转角可以不同，构成铰接关系，如图 3.3.6（b）所示。此时应有 $u_{A1} = u_{A2}$，$v_{A1} = v_{A2}$，其中，u_{A1}、v_{A1} 为梁 1 上 A 点的位移分量；u_{A2}、v_{A2}为梁 2 上 A 点的位移分量。

梁和板紧贴在一起，而梁的节点和板的节点之间有一段距离 l，如图 3.3.6（c）所示，

可以把节点之间看成刚性连接关系，即

$$u_i = u_j + \theta_{jy} l, \theta_{ix} = \theta_{jx}$$

$$v_i = v_j - \theta_{ix} l, \theta_{iy} = \theta_{jy}$$

$$w_i = w_j, \theta_{iz} = \theta_{jz}$$

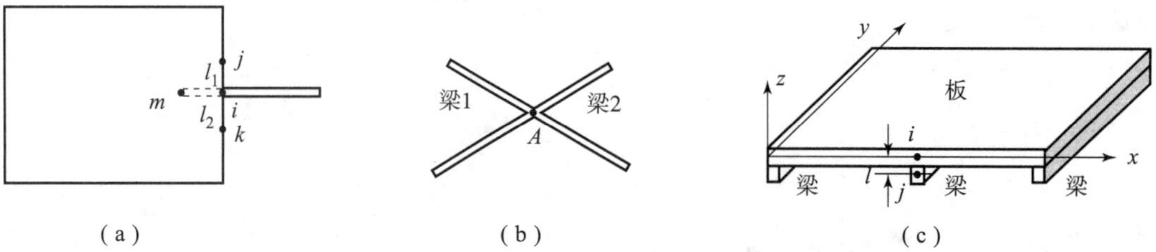

图 3.3.6　单元连接条件

在复杂结构中，还能遇到各种各样其他的连接关系，只要将这些连接关系彻底弄清，就能写出相应的位移约束关系式，这些关系式称为构件间复杂的连接条件，在计算中应使程序严格满足这些条件。

3.3.3　计算精度及收敛性

结构有限元分析时，解的收敛性是获得有效结果的基础。而对于收敛的数据结果，受计算方法、单元阶次以及网格尺寸等因素影响，结果精度也存在较大差异。认识和理解有限元计算的收敛性及误差，对实践应用具有重要帮助。

（一）有限元计算的收敛性

在有限元分析中，当节点数目或单元插值位移的项数趋于无穷大时，即单元尺寸趋近于零时，最后的结果如果能够无限地逼近准确解，那么这样的位移函数是逼近于真解的，即收敛。为使有限元分析的结果收敛，位移函数必须满足一些收敛准则。

就势能函数而言，它取决于弹性体的位移和应变，而应变是位移的某种导数。因此，收敛性要求研究位移函数及其对应于应变的导数能够“无限地接近”真实的位移及其导数。一般来讲，对位移函数的基本要求应当是：函数本身应在单元上连续，还要包括使得位移函数及其对应于应变的导数都为常数的项，即常位移项和常应变项。这一要求被归结为位移函数的完备性要求，即如果势能（泛函）中位移函数的最高阶导数是 m 阶，则有限元结果收敛的条件之一是选取单元内位移函数至少是 m 阶完全多项式。

要保证单元的收敛性，还要考虑单元之间的位移协调。不仅节点处的位移应协调，沿整个单元边界上的位移都应当是协调或相容的。这一要求被归结为位移函数的协调性要求，即如果势能（泛函）中位移函数出现的最高阶导数是 m 阶，则位移函数在单元交界面上必须具有直至（$m-1$）阶的连续导数，即 C_{m-1} 连续性。

当单元的位移函数满足完备性要求时，称单元是完备的；当单元的位移函数满足协调性要求时，称单元是协调的；当单元函数既完备又协调时，则有限元分析的结果是收敛的，这样的单元称为协调单元。

一般情况下，当势能函数中出现的导数高于一阶时，则要求位移函数在单元交界面上具有 C_1 或更高的连续性，这时寻找单元的插值函数往往比较困难。如果在单元之间交界面上位移或导数不连续，将在交界面上引起无限大的应变，基于最小势能原理的有限元解就不能收敛于正确解。在某些情况下，可以放松对协调性的要求，通过单元拼片试验来获得收敛于正确解的结果，这种单元称为非协调元。这里不再详述，感兴趣的读者可以参阅相关文献。

（二）求解精度的估计

下面以平面问题为例，考察单元的精度。单元的位列场 u 可以展开为如下级数：

$$u = u_i + \left(\frac{\partial u}{\partial x}\right)_i \Delta x + \left(\frac{\partial u}{\partial y}\right)_i \Delta y + \cdots \tag{3.3.3}$$

如果单元的尺寸为 h，则上式中 Δx、Δy 是 h 量级，若单元的位移函数采用 p 阶完全多项式，即它能逼近泰勒级数的前 p 阶多项式，那么位移解 u 的误差将是 $O(h^{p+1})$ 量级。具体就平面三节点三角形单元而言，由于采用线性插值函数，即 $p = 1$，所以位移的误差是 $O(h^2)$ 量级。因此，如果在第一次有限元分析的基础上，将有限单元的网格进一步细分，使得所有单元尺寸减半，则位移的误差是前一次有限元误差的 $(1/2)^2 = 1/4$。

同样的推论可以用于应变、应力以及应变能的误差估计。例如应变由位移的 m 阶导数给出，其误差是 $O(h^{p-m+1})$ 量级，当采用平面三节点三角形单元时，有 $p = m = 1$，则应变的误差为 $O(h)$ 量级。至于应变能，因为它是用应变的平方项来表示的，所以误差为 $O(h^{2(p-m+1)})$ 量级。

（三）有限元分析结果的下限性质

由前面的推导可知，分析对象的总势能可表示为

$$\Pi = U - W = \frac{1}{2}\boldsymbol{q}^{\mathrm{T}}\boldsymbol{K}\boldsymbol{q} - \boldsymbol{P}^{\mathrm{T}}\boldsymbol{q} \tag{3.3.4}$$

代入有限元分析求解的刚度方程 $\boldsymbol{K}\boldsymbol{q} = \boldsymbol{P}$，有

$$\Pi = \frac{1}{2}\boldsymbol{q}^{\mathrm{T}}\boldsymbol{K}\boldsymbol{q} - \boldsymbol{P}^{\mathrm{T}}\boldsymbol{q} = -\frac{1}{2}\boldsymbol{q}^{\mathrm{T}}\boldsymbol{K}\boldsymbol{q} = -U = -\frac{W}{2} \tag{3.3.5}$$

即在平衡情况下，系统总势能等于负的应变能。

对于一个平衡系统，只有真正的精确解才能得到真正的最小总热能 Π_{exact}，而采用离散方法得到的总势能 $\Pi_{\text{appr}} \geqslant \Pi_{\text{exact}}$，因此有

$$U_{\text{appr}} \leqslant U_{\text{exact}} \tag{3.3.6}$$

进而可推出

$$\boldsymbol{q}_{\text{appr}}^{\mathrm{T}}\boldsymbol{P} \leqslant \boldsymbol{q}_{\text{exact}}^{\mathrm{T}}\boldsymbol{P} \tag{3.3.7}$$

由此可以看出，基于近似解的应变能比精确解的应变能要小，即近似解的位移总体上比精确解的位移要小，也就是说，近似解具有下限性质。

位移解的下限性质源于如下问题：原连续体从理论上说具有无穷多个自由度，而采用有限单元的方法对原连续体进行离散，即使用了有限自由度来近似描述原具有无穷多个自由度的系统，那么必然使得原系统的刚度增加，即刚度矩阵的总体数值变大。由刚度方程可知，在外力相同的情况下，所求得的位移值在总体上将变小。

（四）控制误差和提高精度的方法

为提高计算精度，在有限元分析时，可采用如下一些方法：

(1) h 方法

这种方法不改变各单元插值函数的配置情况，只通过逐步加密有限元网格来使结果向正确解逼近。该方法在有限元分析的应用中最为常见，并且可以采用较为简单的单元构造形

式。h 方法可以达到一般工程的精度，即要求以能量范数度量的误差控制在 5% ~10% 以内。这种方法的收敛性比后面介绍的 p 方法差，但由于不用高阶多项式作基底函数，因而数值稳定性和可靠性都较好。

(2) p 方法

该方法保持有限元网格剖分固定不变，增加各单元上插值函数的阶次，从而改善计算精度。实践表明，p 方法收敛性远远优于 h 方法。但由于 p 方法采用高阶多项式作为插值函数，会出现数值稳定性问题，另外，由于计算机容量和速度的限制，多项式的阶次不能太高（一般情况下，多项式函数的最高阶次 $p < 9$）。

(3) r 方法

不改变单元类型和单元数目，通过移动节点来减小离散误差，因此单元的总自由度保持不变。

(4) 自适应方法

该方法利用反馈原理，利用上一步计算结果来修改有限元模型，其计算量较小，计算精度却得到显著提高。自适应方法是一种需要多次计算的方法，可以分别和 h 方法、p 方法等结合使用。

3.3.4 结构分析常用软件及应用流程

随着有限元方法的发展和成熟，以有限元为基础的结构分析软件在国内外均得到了长足的发展和广泛的应用。

（一）结构分析常用软件

目前国内外常用的结构分析软件有 ANSYS、ABAQUS、NASTRAN、ADINA、MARC、LS－DYNA 等。这里分别对其进行简要介绍。

(1) ANSYS

20 世纪 60 年代末期，John Swanson 为了核能应用，在 Westinghouse 发展了一个大型线性和非线性有限元程序，后命名为 ANSYS。目前 ANSYS 集成了结构、流动、电磁、多场耦合等一大批功能模块，在求解复杂、规模巨大的工程问题中得到广泛应用。

ANSYS 主要包括前处理模块、分析计算模块和后处理模块。前处理模块提供了一个强大的实体建模和网格划分工具，用户可方便地构造有限元模型；分析计算模块包括结构分析（可进行线性分析、非线性分析和高度非线性分析）、流体动力学分析、电磁场分析、声场分析、压电场分析以及多物理场耦合分析，可模拟多种物理介质的相互作用，具有灵敏度分析及优化分析能力。后处理模块可将计算结果以直观的形式显示，也可将结果以图表、曲线形式输出。

(2) ABAQUS

ABAQUS 是一套功能强大的工程模拟的有限元软件，其解决问题的范围从相对简单的线性分析到许多复杂的非线性问题。ABAQUS 包括一个丰富的、可模拟任意几何形状的单元库，并拥有各种类型的材料库，可以模拟典型工程材料的性能。作为通用的模拟工具，它除了能解决大量结构问题外，还可以模拟其他工程领域的许多问题。

ABAQUS 有两个主求解器模块：ABAQUS/Standard 和 ABAQUS/Explicit。ABAQUS/Standard 使各种线性和非线性工程模拟能够有效、精确、可靠地实现。ABAQUS/Explicit

（显示积分）为模拟广泛的动力学问题和准静态问题提供精确、强大和高效的有限元求解技术。此外，人机交互前后处理模块 ABAQUS/CAE 能够快速、有效地创建、编辑、监控、诊断和后处理先进的 ABAQUS 分析，将建模、分析、工作管理以及结果显示于一个一致的、使用方便的环境中。

（3）NASTRAN

NASTRAN 是在 1966 年美国国家航空航天局（NASA）为了满足当时航空航天工业对结构分析的迫切需求而主持开发的大型应用有限元程序。经过 50 多年发展和完善，其解算结果和数据格式得到了广泛的认可。

NASTRAN 主要分析功能包括静力分析、模态与特征值分析、动态响应分析、屈曲分析、转子动力学分析、高级非线性分析、气动弹性及颤振分析、设计灵敏度和优化分析、复合材料分析、内部噪声分析和多级超单元分析等。

（4）ADINA

ADINA 是基于有限元技术的大型通用分析仿真平台，可进行固体、结构、流体与结构相互作用的复杂有限元分析。针对结构非线性、流/固耦合等复杂问题，ADINA 的求解具有强大优势，因此它被广泛应用于各个工业领域、研究机构和教育机构。

（5）MARC

MSC. MARC 是一种高级非线性有限元软件，可以处理各种线性和非线性结构分析。其功能包括线性/非线性静力分析、模态分析、谐响应分析、谱分析、随机振动分析、动力响应分析、自动的静/动力接触、屈曲/失稳、失效和破坏分析等。

（6）LS－DYNA

LS－DYNA 是一种通用显式动力分析程序，能够模拟真实世界的各种复杂问题，特别适合求解各种二维、三维非线性结构的高速碰撞、爆炸和金属成型等非线性动力冲击问题，同时，可以求解传热、流体及流固耦合问题。LS－DYNA 是能够处理几何非线性（大位移、大转动和大应变）、材料非线性（140 多种材料动态模型）和接触非线性（50 多种）的各类问题。它以拉格朗日算法为主，兼有 ALE 和欧拉算法；以显式求解为主，兼有隐式求解功能；以结构分析为主，兼有热分析、流体－结构耦合功能；以非线性动力分析为主，兼有静力分析功能。

（二）结构分析一般流程

针对不同类型的结构分析，在软件操作模块上都可划分为前处理、求解计算和后处理三个主要流程，多数软件也以此为基础进行相应的模块划分。

（1）前处理

以有限元方法为基础的结构分析前处理就是建立分析对象的有限元模型，用数据文件加以表示，供求解模块调用和处理。前处理的基本内容包括：

➢ 构造计算对象的几何模型；

➢ 划分有限元网格；

➢ 定义有限元属性数据，包括材料数据、单元属性等内容；

➢ 依据需要定义载荷与约束条件。

在有些情况下，为实现有限元分析与 CAD 系统的一体化，将有限元模型同产品造型联系起来，对前处理模块的几何模型提取和转换提出了很高要求，在多数情况下需要进行二次开发或选用专门的前处理软件。

（2）求解计算

针对结构分析的不同类型，商业软件通常都集成了不同的分析功能模块，并提供了多种求解方法。在完成前处理设置的基础上，需要指定对应的分析类型，并结合分析目标和计算稳定性条件进行求解器设置。

为实现多种载荷或约束情况下的结构分析，多数商业软件都提供了批量求解计算功能，用户可依据已设置的载荷步或载荷集进行批量处理。

（3）后处理

结构分析数据的后处理，主要包括对计算结果的加工处理、编辑组织和图形表示三个方面。它可以把有限元分析得到的特征数据，进一步转换为设计人员所直接需要的信息，如应力分布状况、应力峰值及所在区域、结构变形状态等，并且绘成直观的图形，从而帮助设计人员迅速地评价和校核设计方案。

思 考 题

1. 结构分析有哪些基本变量和基本方程？变形和应变的关系是什么？应力和应变的关系采用什么方式表示？

2. 圣维南原理是什么？在进行结构分析时，如何应用圣维南原理？

3. 结构有限元分析的基本思路是什么？单元维度、单元阶次、单元积分方法分别指向什么内容？

4. 结构动力学模型与静力学模型有何差异？

5. 结构分析时的非线性包含哪些类型？分别由什么因素引起？可举例说明。

6. 结构分析的载荷类型有哪些？位移约束和单元连接主要用于哪些状态？

第 4 章
发射系统动力学与计算多体动力学基础

4.1 发射系统动力学基础

4.1.1 动力学问题的分类和概念

发射系统是由多个部件相互连接构成的典型多体系统，其研究方法和基本原理遵循动力学的方法和原理。在进行多体系统介绍之前，首先对动力学的基本概念和原理进行简要介绍。

（一）动力学问题的分类

为描述系统中多个构件在约束情况下的受力和运动情况，经常用到静平衡分析、运动学分析和动力学分析这些概念。事实上，静平衡分析和运动学分析都是动力学分析的组成部分，但在很多应用中，还是会根据此动力学问题进行分类。

（1）静平衡

静平衡通常指在与时间无关的力作用下系统的平衡。静平衡分析是一种特殊的动力学分析，其确定系统的静平衡位置。在发射动力学分析中，静平衡是一个非常重要的状态。由于发射系统通常由多个部件相互连接构成，相互间载荷传递和位移关联非常复杂，在建模时难以考察重力作用下部件所处的平衡位置和受力状态，因此往往需要通过静平衡分析确定系统的初始状态，进而考察其他载荷或激励作用下的系统响应。

（2）运动学

运动学一般研究组成机构的相互连接的构件系统的位置、速度和加速度，其与产生运动的力无关。

（3）动力学

动力学主要研究外力（偶）作用下多体系统的动力学响应，包括构件系统的加速度、速度和位置，以及运动过程中的约束反力。若已知系统构型、外力和初始条件求运动，则称为动力学正问题；若将运动学分析与动力学分析相互结合，以寻求运动学上确定系统的反力问题，即已知系统构型和运动求反力，与动力学正问题相对应，称为动力学逆问题。

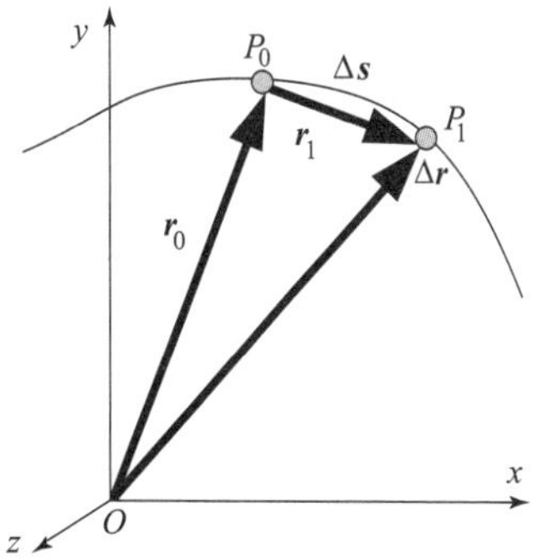

图 4.1.1　物体的位置矢量与位移表示

（二）物体运动的描述

为描述物体的位置，经常采用位置矢量（也称位矢或矢径）来确定某时刻质点位置的矢量，如图 4.1.1 所示。

图中 $\boldsymbol{r}_0$ 和 $\boldsymbol{r}_1$ 表示质点 P 在不同时刻的位置 $P_0(x,y,z)$ 和 $P_1(x,y,z)$ 的位置矢量。

在质点位置矢量基础上，引入质点位移、速度和加速度的概念来描述物体的运动。位移指质点在一段时间 Δt 内位置矢量的改变 $\Delta\boldsymbol{r}$。速度指位矢对时间的变化率。在一段时间内的速度采用平均速度来表示，其定义式为 $\boldsymbol{u} = \dfrac{\Delta\boldsymbol{r}}{\Delta t}$；质点在某一时刻速度用瞬时速度表示，其定义为 $\boldsymbol{u} = \lim\limits_{\Delta t\to 0}\dfrac{\Delta\boldsymbol{r}}{\Delta t}$。加速度是速度对时间的变化率，表示为 $\boldsymbol{a} = \lim\limits_{\Delta t\to 0}\dfrac{\Delta\boldsymbol{u}}{\Delta t}$。位移、速度和加速度均为矢量。速度的大小又常被称为速率，表示为 $u = |\boldsymbol{u}|$。

在实际应用中，需要分析的物体往往不能简单地视为质点，而需要考虑为质点系或刚体。因此，为描述物体的运动，还常用到物体姿态、角速度和角加速度的概念。物体的姿态往往用固结在物体上的随体坐标系进行描述，并用随体坐标系相对于固定坐标系（或惯性坐标系）的姿态角变化情况来描述物体姿态的变化。若将物体在时间 t 到 $t+\Delta t$ 间绕某轴的姿态角 ϕ 的改变定义为 $\Delta\phi$，则物体绕该轴转动的角速率定义为 $\omega = \lim\limits_{\Delta t\to 0}\dfrac{\Delta\phi}{\Delta t}$。角速度同样是一个矢量，其方向定义为右手螺旋法则确定的转轴方向，经常采用符号 $\boldsymbol{\omega}$ 表示。角加速度定义为角速度对时间的导数，记为 $\boldsymbol{\varepsilon} = \lim\limits_{\Delta t\to 0}\dfrac{\Delta\boldsymbol{\omega}}{\Delta t}$。

（三）运动约束与自由度

在动力学分析中，常将组成系统的物体称为构件。对系统中某构件的运动或构件之间的相对运动所施加的限制称为约束。对系统中某构件的运动或构件之间的相对运动所施加的约束用代数方程表示，称为约束方程。约束方程是约束的代数等价形式，是约束的数学模型。依据约束的不同性质，通常可分为不同的类型，主要包括如下一些分类方式。

（1）非完整约束与完整约束

如果在约束方程中含有坐标对时间的导数，而且方程中的这些导数不能经积分运算消除，即约束方程中含有的坐标导数项不是某一函数的全微分，从而不能将约束方程积分为有限形式，这类约束称为非完整约束。如果约束方程中不含有坐标对时间的导数，或者约束方程中虽有坐标对时间的导数，但这些导数可以经过积分运算化为有限形式，则这类约束称为完整约束。

（2）定常约束与非定常约束

当约束条件与时间有关并随时间变化时，称为非定常约束；约束条件不随时间改变的约束称为定常约束。

（3）单约束与双面约束

在两个相对的方向上同时对质点或质点系进行限制的约束称为双面约束；只限制质点或质点系单一方向运动的约束称为单面约束（如绳子只在受拉方向对物体有约束，而在受压方向没有约束）。在数学表达式上，双面约束以等式表达，单面约束以不等式表达。

（4）运动约束与驱动约束

运动学约束一般是系统中运动副约束的代数形式，而驱动约束则是施加于构件上或构件之间的附加驱动运动条件。

（5）理想约束与非理想约束

理想约束是指约束反力对质点系的任意虚位移所做的虚功之和为零的约束；否则，称为非理想约束。

为描述系统在约束条件下的运动自由度，引入广义坐标的概念。广义坐标是用于描述完整系统位形的独立变量，是不特定的坐标。对于运动系统来说，广义坐标是时变量。确定一个物体或系统的位置所需要的最少的广义坐标数，称为该物体或系统的自由度。

设系统由 n 个构件组成，并包含 s 个完整约束。在空间中，每个构件状态需要 6 个坐标（3 个位移坐标，3 个姿态坐标）确定，可用 $6n$ 个广义坐标来描述这 n 个构件的位形。由于受到 s 个约束，这些坐标不完全独立，质点系的独立坐标数目只有 $k = 6n - s$ 个。因此，也可选择满足约束条件并且能完全描述系统运动的 k 个独立变化参数 $q_1, q_2, \cdots, q_k$ 来唯一地确定系统所有构件位置和姿态。

4.1.2 运动定律和动力学定理

动力学研究的基础是牛顿运动定律，包括牛顿第一运动定律、第二运动定律和第三运动定律。牛顿第一运动定律指出一切物体在任何情况下（事实上，只是在惯性参照系下），在不受外力的作用时，总保持相对静止或匀速直线运动状态。牛顿第二运动定律指出物体的加速度跟物体所受的合外力成正比，跟物体的质量成反比，加速度的方向跟合外力的方向相同，即普遍应用的公式 $\boldsymbol{F} = m\boldsymbol{a}$。牛顿第三运动定律表明两个物体之间的作用力和反作用力在同一直线上，大小相等，方向相反。

对于简单的质点或质点系的动力学问题，一般可利用牛顿定律建立质点运动微分方程来进行求解。而在解决质点系或刚体的复杂动力学问题时，往往采用动力学定理进行处理。动力学普遍定理包括动量定理、动量矩定理、动能定理以及由此推导出来的其他一些定理，它建立了描述质点或质点系的运动特征量（如动量、动量矩和动能等）与表示力的作用量（如冲量、力矩和功等）之间的关系。

（一）动量定理

动量定理描述了质点或质点系的动量与冲量间的关系。质点的动量定义为质点的质量与速度的乘积，表示为 $\boldsymbol{K} = m\boldsymbol{u}$。可以看出，动量是矢量，其方向与速度方向相同。作用在质点上的力与其作用时间的乘积称为力的冲量，表示为 $\boldsymbol{S} = \int_t^{t+\Delta t} \boldsymbol{F} \mathrm{d}t$。

对质点来讲，动量定理是指在某一时间间隔内，质点动量的改变量等于作用在质点上的力在同一时间间隔内的冲量，即

$$\Delta \boldsymbol{K} = \boldsymbol{S} \text{ 或 } \mathrm{d}\boldsymbol{K} = \mathrm{d}(m\boldsymbol{u}) = \boldsymbol{F}\mathrm{d}t = \mathrm{d}\boldsymbol{S} \tag{4.1.1}$$

动量定理同样适用于多个质点构成的质点系，即在某一时间间隔内，质点系动量的改变量等于作用在质点系上的所有外力在同一时间间隔内的冲量的矢量和。在给定直角坐标系 $Oxyz$ 的坐标方向上，质点系动量定理可表示为

$$\sum \mathrm{d}(m\boldsymbol{u})_x = \sum \boldsymbol{F}_x \mathrm{d}t,\ \sum \mathrm{d}(m\boldsymbol{u})_y = \sum \boldsymbol{F}_y \mathrm{d}t,\ \sum \mathrm{d}(m\boldsymbol{u})_z = \sum \boldsymbol{F}_z \mathrm{d}t \tag{4.1.2}$$

利用质点系动量定理，可以很方便地得到质点系或刚体的质心运动定理，即质点系（或刚体）的质量与质心加速度的乘积，等于作用在质点系上的所有外力的矢量和。在上述直角坐标系中，可表示为

$$m\boldsymbol{a}_{Cx} = m\ddot{x}_C = \sum \boldsymbol{F}_x,\ m\boldsymbol{a}_{Cy} = m\ddot{y}_C = \sum \boldsymbol{F}_y,\ m\boldsymbol{a}_{Cz} = m\ddot{z}_C = \sum \boldsymbol{F}_z \tag{4.1.3}$$

（二）动量矩定理

动量矩定理建立了质点和质点系相对于某固定点的动量矩的改变与外力对同一点（或轴）之矩两者之间的关系，适用于研究质点或质点系转动的动力学问题。在介绍动量矩之间，需要先明确力对点之矩、力对轴之矩、动量对点之矩、动量对轴之矩、刚体对轴的转动惯量等概念，这里一一进行介绍。

（1）力对点之矩和力对轴之矩

力对点之矩等于矩心 O 到该力作用点的矢径 $\boldsymbol{r}$ 与该力的矢量积，表示为

$$m_O(\boldsymbol{F}) = \boldsymbol{r} \times \boldsymbol{F} \tag{4.1.4}$$

力对轴之矩是力使刚体绕此轴转动效应的度量，它等于垂直于轴的任一平面上的投影对轴与平面交点之矩，如图 4.1.2 所示。可表示为

$$m_z(\boldsymbol{F}) = m_O(\boldsymbol{F}_{xy}) = \pm \boldsymbol{F}_{xy} h \tag{4.1.5}$$

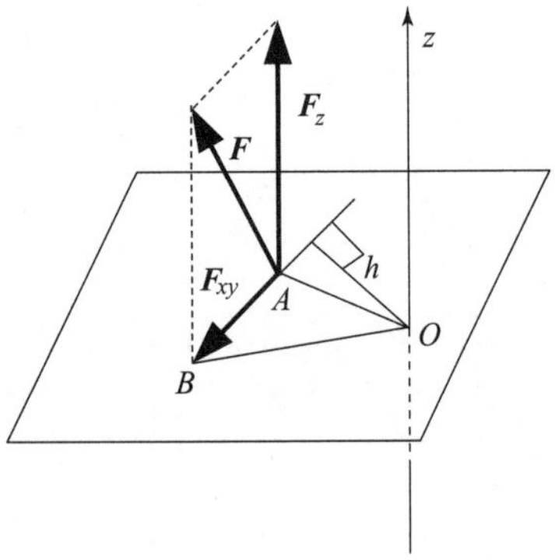

图 4.1.2　力对点之矩和力对轴之矩

力对点之矩在通过该点的某轴上的投影等于力对该轴的矩，可表示为

$$[m_O(\boldsymbol{F})]_x = m_x(\boldsymbol{F}), [m_O(\boldsymbol{F})]_y = m_y(\boldsymbol{F}), [m_O(\boldsymbol{F})]_z = m_z(\boldsymbol{F}) \tag{4.1.6}$$

（2）动量对点之矩和动量对轴之矩

质点在某瞬时对点 O 的动量矩表示为该瞬时质点动量对点 O 之矩，可表示为

$$m_O(m\boldsymbol{u}) = \boldsymbol{r} \times m\boldsymbol{u} \tag{4.1.7}$$

质点的动量 $m\boldsymbol{u}$ 在 Oxy 平面上投影 $(m\boldsymbol{u})_{xy}$ 对点 O 之矩称为质点对轴 z 的动量矩，记为 $m_z(m\boldsymbol{u})$。动量对点之矩在通过该点的某轴上的投影等于动量对该轴的矩，可表示为

$$[m_O(m\boldsymbol{u})]_x = m_x(m\boldsymbol{u}), [m_O(m\boldsymbol{u})]_y = m_y(m\boldsymbol{u}), [m_O(m\boldsymbol{u})]_z = m_z(m\boldsymbol{u}) \tag{4.1.8}$$

对于质点系，质点系中所有质点对点 O 的动量矩的矢量和称为质点系对该点的矩，表示为

$$L_O = \sum m_O(m_i\boldsymbol{u}_i) = \sum \boldsymbol{r}_i \times m\boldsymbol{u}_i \tag{4.1.9}$$

将 L_O 向通过固定点 O 的三个直角坐标轴上投影，则质点系中所有质点对任一轴的动量矩的代数和称为质点对该轴的动量矩。表示为

$$L_x = [L_O]_x = \sum m_x(m_i\boldsymbol{u}_i), L_y = [L_O]_y = \sum m_y(m_i\boldsymbol{u}_i), L_z = [L_O]_z = \sum m_z(m_i\boldsymbol{u}_i) \tag{4.1.10}$$

（3）刚体对轴的转动惯量

设刚体上任一质点质量为 m_i，到某一转轴 z 的距离为 r_i，则刚体对轴 z 的转动惯量定义为刚体内各质点的 m_i 与 r_i^2 的乘积的总和，表示为

$$I_z = \int_m r^2 \mathrm{d}m \tag{4.1.11}$$

刚体的转动惯量是刚体对某轴的转动惯性大小的度量，它的大小表现了刚体转动状态改变的难易程度。

一般来讲，同一刚体对不同轴的转动惯量是不相同的。刚体对某轴 z_1 的转动惯量，等于刚体对通过其质心且与该轴相平行的轴 z_C 的转动惯量，加上刚体的质量与两轴间距离 d 的平方的乘积，表示为

$$I_{z_1} = I_{z_C} + md^2 \tag{4.1.12}$$

这一定理称为转动惯量的平行移轴定理。

（4）动量矩定理

质点对任一固定点的动量矩对时间的导数，等于作用于质点上的力对同一点之矩，称为质点对固定点的动量矩定理，表示为

$$\frac{\mathrm{d}}{\mathrm{d}t}m_O(m\boldsymbol{u}) = m_O(\boldsymbol{F}) \text{ 或 } \frac{\mathrm{d}}{\mathrm{d}t}(\boldsymbol{r} \times m\boldsymbol{u}) = \boldsymbol{r} \times \boldsymbol{F} \tag{4.1.13}$$

质点对任一固定轴的动量矩对时间的导数，等于作用在质点上的力对同一轴之矩，称为质点对固定轴的动量矩定理，表示为

$$\frac{\mathrm{d}}{\mathrm{d}t}m_x(m\boldsymbol{u}) = m_x(\boldsymbol{F}),\ \frac{\mathrm{d}}{\mathrm{d}t}m_y(m\boldsymbol{u}) = m_y(\boldsymbol{F}),\ \frac{\mathrm{d}}{\mathrm{d}t}m_z(m\boldsymbol{u}) = m_z(\boldsymbol{F}) \tag{4.1.14}$$

质点系对任一固定点的动量矩对时间的导数，等于作用在质点系上的所有外力对同一点之矩的矢量和（外力系对同一点的矩），称为质点系对固定点的动量矩定理，表示为

$$\frac{\mathrm{d}L_O}{\mathrm{d}t} = \sum m_O(\boldsymbol{F}_i) \tag{4.1.15}$$

质点系对任一固定轴的动量矩对时间的导数，等于作用在质点系上的所有外力对同一轴之矩的代数和，称为质点系对固定轴的动量矩定理，表示为

$$\frac{\mathrm{d}L_x}{\mathrm{d}t} = \sum m_x(\boldsymbol{F}_i),\ \frac{\mathrm{d}L_y}{\mathrm{d}t} = \sum m_y(\boldsymbol{F}_i),\ \frac{\mathrm{d}L_z}{\mathrm{d}t} = \sum m_z(\boldsymbol{F}_i) \tag{4.1.16}$$

依据质点系的动量矩定理，可获得刚体定轴转动微分方程，即刚体对任一转轴的转动惯量与角加速度的乘积，等于作用在刚体上的所有外力对转轴之矩的代数和，表示为

$$I_z\varepsilon = I_z\ddot{\phi} = \sum m_z(\boldsymbol{F}_i) \tag{4.1.17}$$

（三）动能定理

动能定理从能量的角度来揭示质点系运动特征量与力系作用量之间的关系，引入了力的功和动能的概念。

力的功是力在一段路程内对物体作用的累积效应的度量，表示为

$$W = \int \delta W = \int_S \boldsymbol{F} \cdot \mathrm{d}r \tag{4.1.18}$$

物体的动能是由于物体运动而具有的能量，是机械运动强弱的又一种度量。质点的动能表示为 $T = \frac{1}{2}mu^2$。质点系的动能为各质点动能的总和，表示为 $T = \sum \frac{1}{2}m_i u_i^2$。

对于刚体运动，其动能等于质心平动的动能和绕质心转动的动能之和，表示为

$$T = \frac{1}{2}Mu_C^2 + \frac{1}{2}I_C\omega^2 \tag{4.1.19}$$

对质点来讲，动能定理就是指在任一段路程中，质点动能的变化等于作用于质点上的力在该路程上所做的功。相应地，质点系某一段路程中的始末位置动能的改变量等于作用于质点系上所有的力在相应路程中所做功的总和，表示为

$$\mathrm{d}T = \sum \delta W \tag{4.1.20}$$

将上式两边同除以 $\mathrm{d}t$，得

$$\frac{\mathrm{d}T}{\mathrm{d}t}=\sum\frac{\delta W}{\mathrm{d}t}=\sum N \tag{4.1.21}$$

式中，$N=\frac{\delta W}{\mathrm{d}t}$，称为功率。该式称为功率方程，表示质点系的动能对时间的一阶导数，等于作用于质点系所有力的功率的代数和。

如果质点在某空间内的任何位置都受到一个大小和方向完全由所在位置确定的力的作用，则此空间称为力场。质点在力场中运动时，如果作用于质点的场力做功只取决于质点始末位置，与运动路径无关，这种力场称为势力场（或保守力场）。在势力场中，质点从位置 P 运动到任选位置 P_0，有势力所做的功称为质点在位置 P 相对于位置 P_0 的势能。

系统的动能和势能的代数和称为系统的机械能。如果质点系在运动过程中只有势力做功，则机械能保持不变，这一规律称为机械能守恒定律。

（四）达朗贝尔原理

在牛顿定律基础上，引入惯性力的概念，可以导出研究非自由质点系的动静法，即以静力学方法研究非自由质点系的动力学问题，使动力学问题求解更易于操作。

运动质点的惯性力等于质点的质量与其运动加速度的乘积，其方向与加速度的方向相反，即

$$\boldsymbol{Q}=m\boldsymbol{a} \tag{4.1.22}$$

对于刚体运动，其惯性力一般可简化为一个力和一个力偶。这个力的大小等于刚体的质量与质心加速度的乘积，方向与质心加速度相反；这个力偶的矩矢在三个坐标轴上的投影分别等于惯性力系对三个坐标轴之矩。即

$$\boldsymbol{Q}=-m\boldsymbol{a}_C,\ \boldsymbol{M}_Q=\sqrt{\boldsymbol{M}_{Q_x}^2+\boldsymbol{M}_{Q_y}^2+\boldsymbol{M}_{Q_z}^2} \tag{4.1.23}$$

式中，$\boldsymbol{M}_{Q_x}=I_{xz}\boldsymbol{\varepsilon}-I_{yz}\boldsymbol{\omega}^2$；$\boldsymbol{M}_{Q_y}=I_{yz}\boldsymbol{\varepsilon}+I_{xz}\boldsymbol{\omega}^2$；$\boldsymbol{M}_{Q_z}=-I_z\boldsymbol{\varepsilon}$。

质点的达朗贝尔原理指作用在质点上的外力与假想地虚加在质点上的惯性力组成形式上的平衡力系后，可应用静力学平衡方法处理质点的动力学问题，即

$$\boldsymbol{F}+\boldsymbol{Q}=0 \tag{4.1.24}$$

相应地，质点系的达朗贝尔原理指在质点系的每个质点上都假想地虚加惯性力后，则作用于质点系的外力与惯性力系在形式上组成平衡力系，可用静力学平衡方法求解质点系的动力学问题。

（五）虚位移原理与静力学普遍方程

与结构力学中描述结构变形的虚位移类似，这里的虚位移定义为在质点系运动过程的某瞬时，质点系中的质点发生的约束允许的，可能的任意无限小位移。虚位移可以是线位移，也可以是角位移。力 $\boldsymbol{F}$ 在虚位移 $\delta\boldsymbol{r}$ 上所做的功称为虚功，定义为

$$\delta W=\boldsymbol{F}\cdot\delta\boldsymbol{r} \tag{4.1.25}$$

虚位移原理表达为具有定常、理想约束的质点系，其平衡的充分必要条件是：作用于质点系的所有主动力在任何虚位移上所做的虚功之和等于零，即

$$\sum\boldsymbol{F}_i\cdot\delta\boldsymbol{r}_i=0 \tag{4.1.26}$$

此式也称为虚功方程，虚位移原理也称为虚功原理。

在虚功原理中引入了理想约束的概念，如果在质点系的任何虚位移上，质点系的所有约束反力的虚功之和等于零，则称这种约束为理想约束。应当指出，虽然虚功原理要求质点系

具有理想约束，但对于非理想约束系统，只要将约束反力作为主动力处理，同样可以应用虚功方程进行处理。

如果用独立的广义坐标表示虚位移原理，可得到一组广义虚位移表示的形式统一的独立方程。对于质点系中的任一坐标 x_i，利用广义坐标 $q_1, q_2, \cdots, q_k$ 表示为 $x_i = x_i(q_1, q_2, \cdots, q_k)$，相应的虚位移可表示为

$$\delta x_i = \sum_{j=1}^{k} \frac{\partial x_i}{\partial q_j} \cdot \delta q_j \tag{4.1.27}$$

将上式代入虚位移原理方程，有

$$\sum_{i=1}^{3n} \boldsymbol{F}_{xi} \cdot \delta x_i = \sum_{i=1}^{3n} \boldsymbol{F}_{xi} \sum_{j=1}^{k} \frac{\partial x_i}{\partial q_j} \cdot \delta q_j = \sum_{j=1}^{k} \left(\sum_{x=1}^{3n} \boldsymbol{F}_{xi} \frac{\partial x_i}{\partial q_j} \right) \delta q_j = \sum_{j=1}^{k} \boldsymbol{Q}_j^e \cdot \delta q_j = 0 \tag{4.1.28}$$

式中，n 为质点系中质点的个数；$\boldsymbol{Q}_j^e = \sum_{x=1}^{3n} \boldsymbol{F}_{xi} \frac{\partial x_i}{\partial q_j}$ 称为对应于广义坐标 q_j 的广义力。由于广义坐标 $q_1, q_2, \cdots, q_k$ 相互独立，广义虚位移 $\delta q_1, \delta q_2, \cdots, \delta q_k$ 是任意的，因此，质点系平衡的条件为所有广义力都等于零，即

$$\boldsymbol{Q}_1^e = \boldsymbol{Q}_2^e = \cdots = \boldsymbol{Q}_k^e = 0 \tag{4.1.29}$$

虚位移原理是解决静力学问题的普遍原理，因此虚位移原理的方程也称为静力学普遍方程。

4.1.3　动力学普遍方程

工程实践中，对于复杂构件系统，往往对主动力之间的关系更感兴趣，至于约束反力，一般情况下并不需要求出。有时虽然要求约束反力，但在求出主动力后，也可将约束反力转化为主动力来求解。因此，在实际应用中，经常将虚位移原理和达朗贝尔原理相结合，以获得动力学普遍方程和拉格朗日方程，为解决复杂系统的动力学问题提供简捷、规范的研究方法。

（一）动力学普遍方程

在达朗贝尔原理和虚位移原理基础上，可得到动力学普遍方程。即在理想约束条件下，质点系的各质点在任一瞬时受到的主动力与惯性力在任意虚位移上所做的虚功之和为零，表示为

$$\sum_{i=1}^{n} (\boldsymbol{F}_i + \boldsymbol{Q}_i) \cdot \delta \boldsymbol{r}_i = 0 \tag{4.1.30}$$

式中，$\boldsymbol{F}_i$ 为主动力；$\boldsymbol{Q}_i$ 为惯性力。在很多场合下，惯性力和广义力都会采用符号 $\boldsymbol{Q}$ 表示，在应用时要注意区分。

（二）拉格朗日方程

拉格朗日方程是解决具有完整、理想约束质点系的动力学问题的普遍方程，它给出了这类系统在广义坐标下的动力学方程的统一形式。由于其在数学形式上的统一性，在处理非自由质点系动力学问题时的步骤相当规范，因此，给求解复杂系统动力学问题带来极大的方便。拉格朗日方程可分为第一类方程和第二类方程，这里分别对其进行介绍。

（1）拉格朗日第一类方程

在虚位移原理中，可采用一组独立的广义虚位移来表示形式统一的独立方程。相应地，

可以利用独立的广义坐标表示动力学普遍方程。取 q_1, q_2, …, q_k 为系统的独立广义坐标，则动力学普遍方程可表示为

$$\begin{aligned}\sum_{i=1}^{n}(\boldsymbol{F}_i+\boldsymbol{Q}_i)\cdot\delta\boldsymbol{r}_i &= \sum_{j=q}^{k}\boldsymbol{Q}_j^e\delta q_j-\sum_{i=1}^{n}m_i\boldsymbol{a}_i\cdot\left(\sum_{j=1}^{k}\frac{\partial\boldsymbol{r}_i}{\partial q_j}\delta q_j\right)\\ &= \sum_{j=q}^{k}\left(\boldsymbol{Q}_j^e-\sum_{i=1}^{n}m_i\frac{\mathrm{d}\boldsymbol{u}_i}{\mathrm{d}t}\cdot\frac{\partial\boldsymbol{r}_i}{\partial q_j}\right)\delta q_j=0\end{aligned} \tag{4.1.31}$$

由于 δq_j 具有任意性，因此有

$$\boldsymbol{Q}_j^e-\sum_{i=1}^{n}m_i\frac{\mathrm{d}\boldsymbol{u}_i}{\mathrm{d}t}\cdot\frac{\partial\boldsymbol{r}_i}{\partial\boldsymbol{q}_j}=0 \tag{4.1.32}$$

式中，第二项与加速度及质量有关，并且与广义力 $\boldsymbol{Q}_j^e$ 相对应，称为广义惯性力，表示为

$$\boldsymbol{Q}_j^I=\sum_{i=1}^{n}m_i\frac{\mathrm{d}\boldsymbol{u}_i}{\mathrm{d}t}\cdot\frac{\partial\boldsymbol{r}_i}{\partial q_j} \tag{4.1.33}$$

对于具有 n 个非独立广义坐标 $\boldsymbol{q}=[q_1\quad q_2\quad\cdots\quad q_n]^{\mathrm{T}}$ 的系统，如果受到 s 个独立约束作用

$$C^i(\boldsymbol{q},t)=0,\qquad i=1,2,\cdots,s \tag{4.1.34}$$

则系统的自由度数为 $\delta=n-s$。其广义坐标形式的动力学普遍方程为

$$\sum_{j=1}^{n}(\boldsymbol{Q}_j^e-\boldsymbol{Q}_j^I)\delta q_j=0 \tag{4.1.35}$$

式中，$\boldsymbol{Q}_j^e$ 为广义力；$\boldsymbol{Q}_j^I$ 为广义惯性力。

由于系统的 n 个坐标中有 s 个不是相互独立的，必须满足上述约束方程。为此，利用拉格朗日乘子法，引入 s 个待定乘子 λ_i，分别与约束方程相乘再相加，然后与动力学普遍方程相减，得

$$\sum_{j=1}^{n}\left(\boldsymbol{Q}_j^e-\boldsymbol{Q}_j^I-\sum_{i=1}^{s}\lambda_i\frac{\partial C^i}{\partial q_j}\right)\delta q_j=0 \tag{4.1.36}$$

取合适的 s 个乘子可使得方程中 s 个不独立的坐标变化前的系数为零，而剩下的 $\delta=n-s$ 个坐标变分是独立的，它们前面的系数为零，因此得到 n 个方程

$$\boldsymbol{Q}_j^e-\boldsymbol{Q}_j^I-\sum_{i=1}^{s}\lambda_i\frac{\partial C^i}{\partial q_j}=0,\ j=1,2,\cdots,n \tag{4.1.37}$$

上式称为第一类拉格朗日方程，它包含有 s 个待定乘子，共有 $n+s$ 个未知量，因此需要与约束方程联立求解。

(2) 拉格朗日第二类方程

广义惯性力的计算相当烦琐，可以对其进行一系列的变换，并采用能量 T 将其表示为

$$\sum_{i=1}^{n}m_i\frac{\mathrm{d}\boldsymbol{u}_i}{\mathrm{d}t}\cdot\frac{\partial\boldsymbol{r}_i}{\partial q_j}=\frac{\mathrm{d}}{\mathrm{d}t}\left[\frac{\partial}{\partial\dot{q}_j}\left(\sum_{i=1}^{n}\frac{1}{2}m_iu_i^2\right)\right]-\frac{\partial}{\partial q_i}\left(\sum_{i=1}^{n}\frac{1}{2}m_iu_i^2\right)=\frac{\mathrm{d}}{\mathrm{d}t}\left(\frac{\partial T}{\partial\dot{q}_j}\right)-\frac{\partial T}{\partial q_j} \tag{4.1.38}$$

由此可得质点系的拉格朗日第二类动力学方程（简称拉格朗日方程），即

$$\frac{\mathrm{d}}{\mathrm{d}t}\left(\frac{\partial T}{\partial\dot{q}_j}\right)-\frac{\partial T}{\partial q_j}=\boldsymbol{Q}_j^e \tag{4.1.39}$$

4.1.4 多体系统动力学基础

多体系统是指由多个物体通过铰链连接而成的系统。根据是否考虑物体的弹性变形，多

体系统可以分为多刚体系统、柔性多体系统以及刚柔耦合系统等类型。对于低速运动的物体，如果各构件的弹性变形很小，且并不影响其大范围的运动形态，可以将各部件看成是刚体，这样的多体系统称为多刚体系统。如果部件具有较大的柔性，此时大范围刚体运动和部件弹性变形相互耦合，使得系统动力学形态很复杂。在分析这类系统的动力学时，必须把部件当作柔性体来分析。这类多体系统称为柔性多体系统或多柔体系统。如果上述系统中部分物体仍然可以看作刚体，则称为刚柔耦合多体系统。

（一）多体系统基本元素

在对复杂系统进行动力学分析前，需建立它的多体系统力学模型。一般情况下，将多体系统动力学模型抽象为如下 4 个基本元素。

（1）物体

多体系统中的构件定义为物体。在多体系统动力学中，物体区分为刚性体（刚体）和柔性体（柔体）。刚体和柔体是对机构零件的模型化，刚体定义为质点间距离保持不变的质点系，柔体定义为考虑质点间距离变化的质点系。

（2）铰

铰也称为运动副，在多体系统中，将物体间的运动学约束定义为铰。铰约束是运动学约束的一种物理形式。

（3）力元

在多体系统中，物体间的相互作用定义为力元，也称为内力。力元是对系统中弹簧、阻尼器、制动器的抽象。

（4）外力（偶）

多体系统外的物体对系统中物体的作用定义为外力（偶）。

（二）多体系统拓扑结构

多体系统各物体的联系方式称为系统的拓扑结构，简称为拓扑。任意一个多体系统的拓扑构型可用图 4.1.3 所示的方式表达。

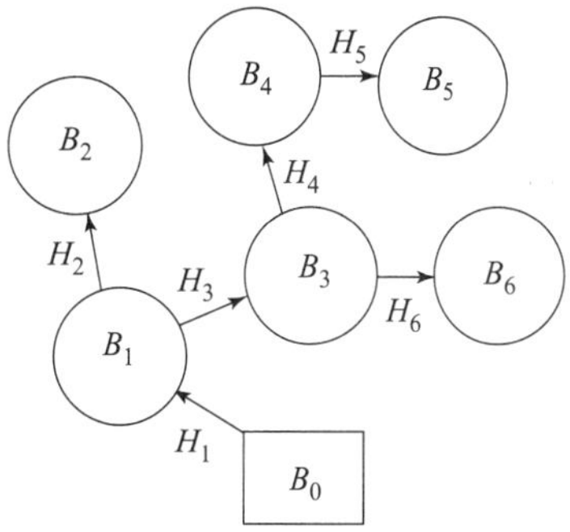

图 4.1.3　多体系统拓扑示意

每个物体记作 B_i（$i=1, \cdots, N$），N 为系统中物体的个数。铰用一条连接邻接物体的有向线段表示，记作 H_j（$j=1, 2, \cdots$）。下标 i 和 j 分别表示物体与铰的序号。B_0 通常为地面或选定的参考系，其运动和状态已知。将铰定义为有向的目的有两个，一是在两个邻接物体中定义其中一个为参考物，以描述另一个物体的相对运动，二是定义邻接物体间作用与反作用力的正方向。

铰与邻接物体的关系称为关联。如图 4.1.3 中铰 H_4 与物体 B_3 和 B_4 相关联。如果由物体 B_i 沿一系列物体和铰到达物体 B_j，其中没有一个铰被重复通过，则这组铰（或物体）构成物体 $B_i \sim B_j$ 的路。

工程中大多数对象的多体系统动力学模型与系统外运动规律为已知的物体有铰联系，称该系统为有根系统。与系统外运动规律为已知的物体无任何铰联系的系统称为无根系统。例如各种航天器等。如果将描述无根系统运动的参考系通过一个虚铰与无根系统中某物体相关联，则无根系统与有根系统在拓扑结构上取得一致。

任意两个物体之间路为唯一的多体系统，则称为树系统；反之，称为带回路系统或者非树系统。非树系统可以人为地切断回路中某些约束，使原系统变为一个树系统，称此树系统为原非树系统的派生树系统。

对于树系统，若 B_j 在 B_i 至 B_0 的路上，称 B_j 为 B_i 的内侧物体，或者称 B_i 为 B_j 的外侧物体。在物体 B_i 的内（外）侧，又与 B_i 邻接的物体称为 B_i 的内（外）接物体。对于树系统，任意物体 B_i 至 B_0 的路有特殊的意义。与物体 B_i 相关联，又在 B_i 至 B_0 路上的铰称为 B_i 的内接铰。显然，树系统的每一个物体只有一个内接铰。通常，系统中每个物体除了内接铰外，还存在其他铰，这些铰称为该物体的外接铰。

（三）多体系统动力学计算方法分类

对于多刚体系统，从 20 世纪 60 年代到 80 年代，在航天和机械两个领域形成了两类不同的数学建模方法，分别称为拉格朗日方法和笛卡尔方法；20 世纪 90 年代，在笛卡尔方法的基础上又形成了完全笛卡尔方法。这几种建模方法的主要区别在于对刚体位形的描述不同。

（1）拉格朗日方法

航天领域形成的拉格朗日方法，是一种相对坐标方法，以 Roberson – Wittenburg 方法为代表，是以系统每个铰的一对邻接刚体为单元，以一个刚体为参考物，另一个刚体相对该刚体的位置由铰的广义坐标（又称拉格朗日坐标）来描述，广义坐标通常为邻接刚体之间的相对转角或位移。这样开环系统的位置完全可由所有铰的拉格朗日坐标阵 $\boldsymbol{q}$ 所确定。其动力学方程的形式为拉格朗日坐标阵的二阶微分方程组，即

$$\boldsymbol{A}(\boldsymbol{q},t)\ddot{\boldsymbol{q}} = \boldsymbol{B}(\boldsymbol{q},\dot{\boldsymbol{q}},t) \tag{4.1.40}$$

这种形式首先在解决拓扑为树的航天器问题时推出。其优点是方程个数最少，树系统的坐标数等于系统自由度，而且动力学方程易转化为常微分方程组（ODEs）。但方程呈严重非线性，为使方程具有程式化与通用性，在矩阵 $\boldsymbol{A}$ 与 $\boldsymbol{B}$ 中常常包含描述系统拓扑的信息，其形式相当复杂，而且在选择广义坐标时需人为干预，不利于计算机自动建模。不过目前对于多体系统动力学的研究比较深入，现在有几种应用软件采用拉格朗日的方法也取得了较好的效果。

对于非树系统，拉格朗日方法要采用切割铰的方法以消除闭环，这引入了额外的约束，使得产生的动力学方程为微分代数方程，不能直接采用常微分方程算法去求解，需要专门的求解技术。

（2）笛卡尔方法

机械领域形成的笛卡尔方法是一种绝对坐标方法，即 Chace 和 Haug 提出的方法，以系统中每一个物体为单元，建立固结在刚体上的坐标系，刚体的位置相对于一个公共参考基进行定义，其位置坐标（也可称为广义坐标）统一为刚体坐标系基点的笛卡尔坐标与坐标系的方位坐标，方位坐标可以选用欧拉角或欧拉参数。单个物体位置坐标在二维系统中为 3 个，三维系统中为 6 个（如果采用欧拉参数为 7 个）。对于由 N 个刚体组成的系统，位置坐标阵 $\boldsymbol{q}$ 中的坐标个数为 $3N$（二维）或 $6N$（或 $7N$）（三维），由于铰约束的存在，这些位置坐标不独立。系统动力学模型的一般形式可表示为

$$\begin{cases}\boldsymbol{A}\ddot{\boldsymbol{q}} + \boldsymbol{C}_q^{\mathrm{T}}\boldsymbol{\lambda} = \boldsymbol{B} \\ \boldsymbol{C}(\boldsymbol{q},t) = 0\end{cases} \tag{4.1.41}$$

式中，$\boldsymbol{C}$ 为位置坐标阵 $\boldsymbol{q}$ 的约束方程；$\boldsymbol{C}_q$ 为约束方程的雅可比矩阵；$\boldsymbol{\lambda}$ 为拉格朗日乘子列阵。这类数学模型是微分－代数方程组（DAEs），也称为欧拉－拉格朗日方程组，其方程个数较多，但系数矩阵呈稀疏状，适宜于计算机自动建立统一的模型进行处理。笛卡尔方法对于多刚体系统的处理不区分开环与闭环（即树系统与非树系统），统一处理。目前国际上最著名的两个动力学分析商业软件 ADAMS 和 DADS 都是采用这种建模方法。

（3）完全笛卡尔方法

完全笛卡尔坐标方法，由 Garcia 和 Bayo 于 1994 年提出，是另一种形式的绝对坐标方法。这种方法的特点是避免使用一般笛卡尔方法中的欧拉角或欧拉参数，而是利用与刚体固结的若干参考点和参考矢量的笛卡尔坐标描述刚体的空间位置与姿态。参考点选择在铰的中心，参考矢量沿铰的转轴或滑移轴，通常可由多个刚体共享而使未知变量减少。完全笛卡尔坐标所形成的动力学方程与一般笛卡尔方法本质相同，只是其雅可比矩阵为坐标线性函数，便于计算。

为介绍多体系统动力学求解计算的基本思路，后文主要对应用较多的笛卡尔方法进行介绍，对其他方法感兴趣的读者可查阅相关专著。

4.2　多刚体系统动力学

4.2.1　刚体的运动描述

大多数低速运动并且柔性较小的物体可以视为刚体。刚体上任一点的运动性态可以通过质点在刚体上的相对位置（常量）和刚体相对惯性空间的位置与姿态（变量）来描述。因此，可以在刚体上定义一个随体坐标系，以随体坐标系相对全局坐标系（惯性空间）的运动来描述刚体的运动。

（一）刚体的位置描述

如图 4.2.1 所示，定义全局坐标系 $Oxyz$，过刚体上任一点 O'（称为基点）建立一个与该刚体相固结的随体坐标系 $O'x'y'z'$。刚体的运动可以完全由随体坐标系来描述。描述随体坐标系的运动需要有六个坐标，其中基点 O' 在坐标系 $Oxyz$ 中的位置描述了坐标系的平动（刚体的位置），坐标系的三个方位坐标描述了坐标系相对于基点平动坐标系的转动（刚体的姿态）。

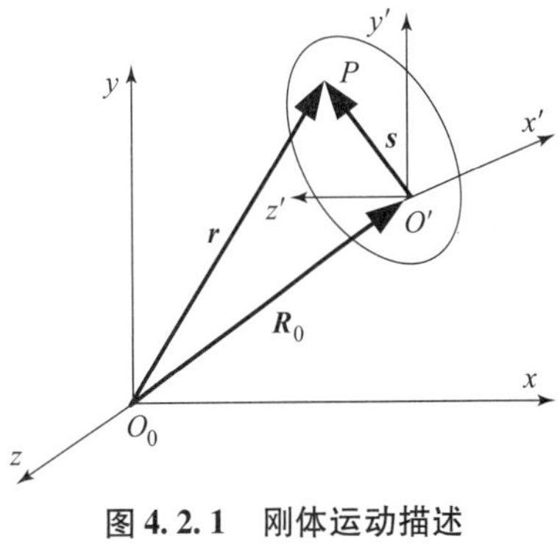

图 4.2.1　刚体运动描述

刚体上任意一点 P 相对于全局坐标系 $Oxyz$ 的矢径为

$$\boldsymbol{r} = \boldsymbol{R}_0 + \boldsymbol{s} \tag{4.2.1}$$

式中，$\boldsymbol{R}_0$ 为随体坐标系原点 O' 相对于全局坐标系原点 O 的矢径；$\boldsymbol{s}$ 为点 P 相对于随体坐标系原点 O 的矢径。

利用坐标列阵 $\boldsymbol{r} = [x \quad y \quad z]^{\mathrm{T}}$、$\boldsymbol{R}_0 = [x_0 \quad y_0 \quad z_0]^{\mathrm{T}}$ 和 $\boldsymbol{s}' = [x' \quad y' \quad z']$ 可将上式写为

$$\boldsymbol{r} = \boldsymbol{R}_0 + \boldsymbol{A}\boldsymbol{s}' \tag{4.2.2}$$

式中，x、y、z 表示点 P 在全局坐标系中的坐标；x_0、y_0、z_0 表示随体坐标原点 O' 在全局坐标系中的坐标；x'、y'、z' 表示点 P 在随动坐标系中的坐标，它在刚体运动过程中保持不变；$\boldsymbol{A}$ 为从随体坐标系到全局坐标系的坐标变化矩阵，它描述了刚体在全局坐标系中的方位。

定义 $\boldsymbol{i}_0$、$\boldsymbol{j}_0$ 和 $\boldsymbol{k}_0$ 为全局坐标系的基矢量，$\boldsymbol{i}_1$、$\boldsymbol{j}_1$ 和 $\boldsymbol{k}_1$ 为随体坐标系的基矢量，并设

$$\boldsymbol{e}_0 = [\boldsymbol{i}_0 \quad \boldsymbol{j}_0 \quad \boldsymbol{k}_0]^{\mathrm{T}},\ \boldsymbol{e}_1 = [\boldsymbol{i}_1 \quad \boldsymbol{j}_1 \quad \boldsymbol{k}_1]^{\mathrm{T}} \tag{4.2.3}$$

则坐标变换矩阵可以表示为

$$\boldsymbol{A} = \boldsymbol{e}_0\boldsymbol{e}_1^{\mathrm{T}} = \begin{bmatrix} \boldsymbol{i}_0\cdot\boldsymbol{i}_1 & \boldsymbol{i}_0\cdot\boldsymbol{j}_1 & \boldsymbol{i}_0\cdot\boldsymbol{k}_1 \\ \boldsymbol{j}_0\cdot\boldsymbol{i}_1 & \boldsymbol{j}_0\cdot\boldsymbol{j}_1 & \boldsymbol{j}_0\cdot\boldsymbol{k}_1 \\ \boldsymbol{k}_0\cdot\boldsymbol{i}_1 & \boldsymbol{k}_0\cdot\boldsymbol{j}_1 & \boldsymbol{k}_0\cdot\boldsymbol{k}_1 \end{bmatrix} = \begin{bmatrix} A_{11} & A_{12} & A_{13} \\ A_{21} & A_{22} & A_{23} \\ A_{31} & A_{32} & A_{33} \end{bmatrix} \tag{4.2.4}$$

矩阵 $\boldsymbol{A}$ 又称为刚体转动的方向余弦阵。在实际应用中，为方便表示，经常用上标和下标来表示一个坐标系向另一个坐标系的转换，如用 $\boldsymbol{A}_j^i$ 表示 i 坐标系向 j 坐标系转换的方向余弦阵。当多个坐标系原点重合时，多次坐标转换可表示为

$$\boldsymbol{A}_0^n = \boldsymbol{A}_0^1\boldsymbol{A}_1^2\cdots\boldsymbol{A}_{n-1}^n \tag{4.2.5}$$

通过矩阵运算可知，坐标变换矩阵为正交阵，即

$$\boldsymbol{A}\boldsymbol{A}^{\mathrm{T}} = \boldsymbol{I} \tag{4.2.6}$$

（二）刚体的姿态坐标

描述刚体姿态的变量称为刚体的姿态坐标。刚体相对于全局坐标系的姿态坐标由随体坐标系关于全局坐标系的方向余弦矩阵 $\boldsymbol{A}$ 完全确定，因此，$\boldsymbol{A}$ 的 9 个元素可以作为刚体的姿态坐标。这 9 个坐标不独立，需要满足矩阵 $\boldsymbol{A}$ 的正交条件，即

$$A_{ki}A_{li} = \delta_{kl} \qquad (k,l,i = 1,2,3) \tag{4.2.7}$$

因此方向余弦矩阵中的独立参数只有 3 个。用方向余弦阵描述刚体运动，由于 9 个变量不独立，要处理其约束方程，使用起来并不方便，因此一般采用其他姿态坐标来描述刚体的运动，如欧拉角坐标、欧拉四元素坐标等。这里仅对常用的欧拉角坐标进行介绍。

利用欧拉角坐标，随体坐标系 $Ox'y'z'$ 相对于全局坐标系 $Oxyz$ 的姿态可以用 3 个角度 ϕ、θ 和 φ 来确定，如图 4.2.2 所示。其中，ON 表示坐标平面 Oxy 与 $Ox'y'$ 的交线，称为节线，φ 为 Ox 轴与节线的夹角，称为进动角；θ 为 Oz 轴与 Oz' 之间的夹角，称为章动角；ϕ 为节线与 Oy' 轴的夹角，称为自转角，这三个角统称为欧拉角。

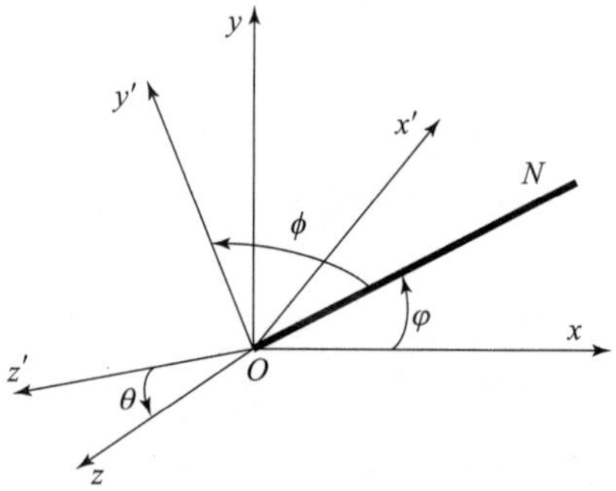

图 4.2.2　欧拉角

事实上，刚体从 $Oxyz$ 到 $Ox'y'z'$ 的运动可以通过三次有限转动来实现，先绕 Oz 转 φ 角，再绕 ON 转 θ 角，最后绕 Oz' 转 ϕ。三次转动的坐标变换矩阵分别为

$$\boldsymbol{A}_1 = \begin{bmatrix} C_\phi & -S_\phi & 0 \\ S_\phi & C_\phi & 0 \\ 0 & 0 & 1 \end{bmatrix},\ \boldsymbol{A}_2 = \begin{bmatrix} 1 & 0 & 0 \\ 0 & C_\theta & -S_\theta \\ 0 & S_\theta & C_\theta \end{bmatrix},\ \boldsymbol{A}_3 = \begin{bmatrix} C_\varphi & -S_\varphi & 0 \\ S_\varphi & C_\varphi & 0 \\ 0 & 0 & 1 \end{bmatrix} \tag{4.2.8}$$

式中，$C_\varphi = \cos\varphi$，$S_\varphi = \sin\varphi$，其他类推。因此，从 $Ox'y'z'$ 到 $Oxyz$ 的变换矩阵可写为

$$A = A_1A_2A_3 = \begin{bmatrix} C_\phi C_\varphi - S_\phi C_\theta S_\varphi & -C_\phi S_\varphi - S_\phi C_\theta C_\varphi & S_\phi S_\theta \\ S_\phi C_\varphi - C_\phi C_\theta S_\varphi & -S_\phi S_\varphi + C_\phi C_\theta C_\varphi & -S_\phi S_\theta \\ S_\theta S_\varphi & S_\theta C_\varphi & C_\theta \end{bmatrix} \tag{4.2.9}$$

矩阵的乘法不具有可交换性，以不同的顺序转动同样的三个欧拉角得到的变换结果一般是不同的。根据绕轴次序的不同，可得到不同的欧拉角，称为广义欧拉角。常用的转变方式有 3 种，分别为欧拉角（绕体轴以 $z'-x'-z'$ 次序转动）、卡尔丹角（绕体轴以 $x'-y'-z'$ 次序转动）、姿态角（绕体轴以 $z'-x'-y'$ 次序转动）。它们所对应的坐标变换矩阵可类似写出。

对于自由刚体，欧拉坐标相互独立，为了使欧拉角唯一确定刚体的方位，通常假设 $0 \leqslant \theta \leqslant \pi, 0 \leqslant \varphi \leqslant 2\pi, 0 \leqslant \phi \leqslant 2\pi$。

（三）刚体上点的速度与刚体转动的角速度

参考图 4.2.3 所示坐标，刚体上任意点 P 的速度等于其矢径 $\boldsymbol{r}$ 对时间的导数，即

$$\dot{\boldsymbol{r}} = \dot{\boldsymbol{R}}_0 + \dot{\boldsymbol{A}}\boldsymbol{s}' = \dot{\boldsymbol{R}}_0 + \dot{\boldsymbol{A}}\boldsymbol{A}^{\mathrm{T}}\boldsymbol{A}\boldsymbol{s}' = \dot{\boldsymbol{R}}_{O_1} + \dot{\boldsymbol{A}}\boldsymbol{A}^{\mathrm{T}}\boldsymbol{s} \tag{4.2.10}$$

式中，$\boldsymbol{s} = \boldsymbol{A}\boldsymbol{s}'$，为刚体上任意点 P 的矢径 $\boldsymbol{s}$ 在全局坐标系 $Oxyz$ 中的列阵形式。

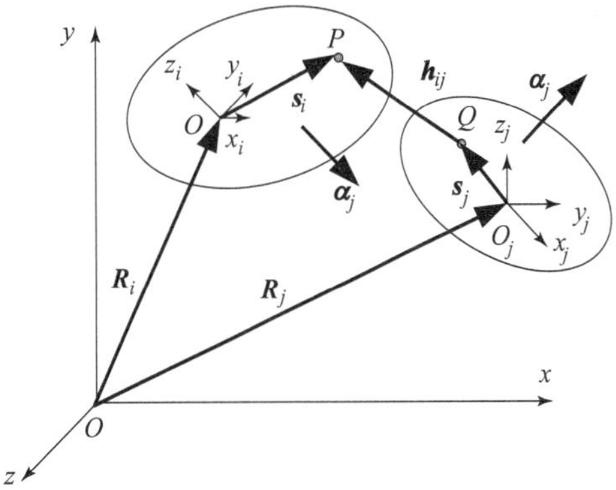

图 4.2.3　刚体间的约束

利用坐标变换矩阵的正交性，有 $\dot{\boldsymbol{A}}\boldsymbol{A}^{\mathrm{T}} = -(\dot{\boldsymbol{A}}\boldsymbol{A}^{\mathrm{T}})^{\mathrm{T}}$，即 $\dot{\boldsymbol{A}}\boldsymbol{A}^{\mathrm{T}}$ 为一个反对称矩阵，可以表示为

$$\dot{\boldsymbol{A}}\boldsymbol{A}^{\mathrm{T}} = \tilde{\boldsymbol{\omega}} = \begin{bmatrix} 0 & -\omega_3 & \omega_2 \\ \omega_3 & 0 & -\omega_1 \\ -\omega_2 & \omega_1 & 0 \end{bmatrix} \tag{4.2.11}$$

定义 $\boldsymbol{\omega} = [\omega_1 \quad \omega_2 \quad \omega_3]^{\mathrm{T}}$，为刚体转动的角速度矢量的坐标列阵，则 $\tilde{\boldsymbol{\omega}}$ 为角速度 $\boldsymbol{\omega}$ 矢量在全局坐标中的坐标方阵（也称反对称矩阵）。此时 P 点速度可表示为

$$\dot{\boldsymbol{r}} = \dot{\boldsymbol{R}}_O + \boldsymbol{\omega} \times \boldsymbol{s} \tag{4.2.12}$$

利用坐标变换矩阵，可给出刚体的角速度矢量在随体坐标系中的坐标列阵和坐标方阵

$$\boldsymbol{\omega}' = \boldsymbol{A}^{\mathrm{T}}\boldsymbol{\omega},\ \tilde{\boldsymbol{\omega}}' = \boldsymbol{A}^{\mathrm{T}}\dot{\boldsymbol{A}} \tag{4.2.13}$$

如果利用欧拉角描述刚体姿态，通过角速度的叠加原理，可获得利用欧拉角描述的角速度坐标列阵为

$$\boldsymbol{\omega} = \boldsymbol{G} \times \dot{\boldsymbol{\Theta}} \tag{4.2.14}$$

式中

$$\dot{\boldsymbol{\Theta}} = [\dot{\phi} \quad \dot{\theta} \quad \dot{\varphi}] \tag{4.2.15}$$

$$\boldsymbol{G} = \begin{bmatrix} 0 & C_\phi & S_\phi S_\theta \\ 0 & S_\phi & -C_\phi S_\theta \\ 1 & 0 & C_\theta \end{bmatrix} \tag{4.2.16}$$

由上面的表达式很容易获得以 $\boldsymbol{\omega}$ 为参数表示的运动学方程

$$\dot{\boldsymbol{\Theta}} = \boldsymbol{G}^{-1}\boldsymbol{\omega} \tag{4.2.17}$$

需要注意的是，利用欧拉角表示的运动学方程是复杂的非线性方程，且在 $\theta = 0$ 和 $\theta = \pi$ 处运动学方程奇异，因此，以欧拉角为姿态坐标的运动学方程数值性态不佳。

同角速度的坐标方阵一样，引入全局坐标系下的矢量 $\boldsymbol{s} = [s_1 \quad s_2 \quad s_3]^{\mathrm{T}}$ 的反对称方阵 $\tilde{\boldsymbol{s}}$

$$\tilde{\boldsymbol{s}} = \begin{bmatrix} 0 & -s_3 & s_2 \\ s_3 & 0 & -s_1 \\ -s_2 & s_1 & 0 \end{bmatrix} \tag{4.2.18}$$

此时，刚体上任一点的速度可利用欧拉角表示为

$$\dot{\boldsymbol{r}}_0 = [\boldsymbol{I} \quad -\tilde{\boldsymbol{s}}] \begin{bmatrix} \dot{\boldsymbol{R}}_O \\ \boldsymbol{\omega} \end{bmatrix} = [\boldsymbol{I} \quad -\tilde{\boldsymbol{s}}\boldsymbol{G}] \begin{bmatrix} \dot{\boldsymbol{R}}_O \\ \dot{\boldsymbol{\Theta}} \end{bmatrix} = \boldsymbol{B}\dot{\boldsymbol{q}} \tag{4.2.19}$$

式中，$\boldsymbol{q} = [\boldsymbol{R}_O^{\mathrm{T}} \quad \boldsymbol{\Theta}^{\mathrm{T}}]^{\mathrm{T}}$，$\boldsymbol{B} = [\boldsymbol{I} \quad -\tilde{\boldsymbol{s}}\boldsymbol{G}]$。

（四）刚体上点的加速度与刚体转动的角加速度

参考图 4.2.3 所示坐标，刚体上任一点的加速度可表示为

$$\ddot{\boldsymbol{r}} = \ddot{\boldsymbol{R}}_O + \ddot{\boldsymbol{A}}\boldsymbol{s}' \tag{4.2.20}$$

对坐标变换矩阵进行求导运算，可得到

$$\ddot{\boldsymbol{A}} = \tilde{\boldsymbol{\varepsilon}}\boldsymbol{A} + \tilde{\boldsymbol{\omega}}\tilde{\boldsymbol{\omega}}\boldsymbol{A} \tag{4.2.21}$$

式中，$\tilde{\boldsymbol{\varepsilon}}$ 为刚体角加速度 $\boldsymbol{\varepsilon}$ 矢量的反对称矩阵，$\boldsymbol{\varepsilon}$ 定义为

$$\boldsymbol{\varepsilon} = \dot{\boldsymbol{\omega}} = [\dot{\omega}_1 \quad \dot{\omega}_2 \quad \dot{\omega}_3]^{\mathrm{T}} \tag{4.2.22}$$

此时刚体上任意一点的加速度可表示为

$$\ddot{\boldsymbol{r}}_0 = \ddot{\boldsymbol{R}}_O - \tilde{\boldsymbol{s}}\boldsymbol{\varepsilon} + \tilde{\boldsymbol{\omega}}\tilde{\boldsymbol{\omega}}\boldsymbol{s} = \ddot{\boldsymbol{R}}_O + \boldsymbol{\varepsilon} \times \boldsymbol{s} + \boldsymbol{\omega} \times (\boldsymbol{\omega} \times \boldsymbol{s}) \tag{4.2.23}$$

可以看出，上式中右端第一项为随体坐标系原点的加速度，第二项为转动加速度，第三项为刚体转动所引起的轴向加速度。

对于刚体的角加速度，利用欧拉角可表示为

$$\boldsymbol{\varepsilon} = \boldsymbol{G}\ddot{\boldsymbol{\Theta}} + \dot{\boldsymbol{G}}\dot{\boldsymbol{\Theta}} \tag{4.2.24}$$

刚体上任一点的加速度利用欧拉角可表示为

$$\ddot{\boldsymbol{r}}_0 = [\boldsymbol{I} \quad -\tilde{\boldsymbol{s}}\boldsymbol{G}] \begin{bmatrix} \ddot{\boldsymbol{R}}_O \\ \ddot{\boldsymbol{\Theta}} \end{bmatrix} - \tilde{\boldsymbol{s}}\dot{\boldsymbol{G}}\dot{\boldsymbol{\Theta}} + \tilde{\boldsymbol{\omega}}\tilde{\boldsymbol{\omega}}\boldsymbol{s} = \boldsymbol{B}\ddot{\boldsymbol{q}} + \boldsymbol{a}_v \tag{4.2.25}$$

式中，$\boldsymbol{a}_v = -\tilde{\boldsymbol{s}}\dot{\boldsymbol{G}}\dot{\boldsymbol{\Theta}} + \tilde{\boldsymbol{\omega}}\tilde{\boldsymbol{\omega}}\boldsymbol{s}$。

4.2.2 约束与约束方程

多刚体系统中的各个物体之间存在着各种类型的铰（运动副），因此它们之间的运动不是相互独立的，必须满足某种给定的限制条件，这种限制刚体间相对运动的条件称为运动学约束。运动学约束可分为铰约束和驱动约束。铰约束定义了系统中刚体间的连接情况，而驱动约束描述了给定的运动轨迹。

（一）邻接刚体约束方程的一般形式

设多刚体系统由 N 个刚体构成，描述第 i 个刚体位形的广义坐标列阵为 $\boldsymbol{q}_i$。如果多刚体系统中的体 i 和体 j 之间受到铰 k 的约束，相应的约束方程可表示为

$$C^k(\boldsymbol{q}_i,\boldsymbol{q}_j,t)=0 \tag{4.2.26}$$

将上式对时间求导，得速度约束方程为

$$\dot{\boldsymbol{C}}^k=\boldsymbol{C}^k_{\boldsymbol{q}_i}\dot{\boldsymbol{q}}_i+\boldsymbol{C}^k_{\boldsymbol{q}_j}\dot{\boldsymbol{q}}_j+\boldsymbol{C}^k_t=0 \tag{4.2.27}$$

式中，$\boldsymbol{C}^k_{\boldsymbol{q}_i}=\dfrac{\partial \boldsymbol{C}^k}{\partial \boldsymbol{q}_i}$ 称为雅可比矩阵；$\boldsymbol{C}^k_t=\dfrac{\partial \boldsymbol{C}^k}{\partial t}$。在下文中约定当以广义坐标列阵或时间作为下标时，表示对其求导。

再求导一次，得加速度约束方程为

$$\begin{aligned}\ddot{\boldsymbol{C}}^k&=\boldsymbol{C}^k_{\boldsymbol{q}_i}\ddot{\boldsymbol{q}}_i+\boldsymbol{C}^k_{\boldsymbol{q}_j}\ddot{\boldsymbol{q}}_j+\boldsymbol{\gamma}^k=0\\ \boldsymbol{\gamma}^k&=(\boldsymbol{C}^k_{\boldsymbol{q}_i}\dot{\boldsymbol{q}}_i)_{\boldsymbol{q}_i}\dot{\boldsymbol{q}}_i+(\boldsymbol{C}^k_{\boldsymbol{q}_j}\dot{\boldsymbol{q}}_j)_{\boldsymbol{q}_j}\dot{\boldsymbol{q}}_j+2(\boldsymbol{C}^k_{\boldsymbol{q}_i})_t\dot{\boldsymbol{q}}_i+2(\boldsymbol{C}^k_{\boldsymbol{q}_{ji}})_t\dot{\boldsymbol{q}}_j+\boldsymbol{C}^k_{tt}\end{aligned} \tag{4.2.28}$$

（二）基本约束方程

刚体的运动学约束可分为相对平动约束和相对转动约束。相对平动约束可以用两个刚体上点的相对距离来描述，而相对转动约束则可通过分别固接在两个刚体上矢量的相对关系来描述。描述这些矢量关系的数学表达式则称为基本约束方程。

如图 4.2.3 所示，设刚体 i 和刚体 j 通过铰连接，铰在两个刚体上的安装位置分别为点 P 和点 Q。定义全局坐标为 $Oxyz$，刚体 i 和刚体 j 的随体坐标为 $O_ix_iy_iz_i$ 和 $O_jx_jy_jz_j$，定义矢量 $\boldsymbol{\alpha}_i$ 和 $\boldsymbol{\alpha}_j$ 分别固连在两个刚体上，这两个矢量只用来定义刚体间的转动，因此它们可以定义在刚体的任意位置上，为处理方便，可将其取为单位矢量。

（1）相对平动约束

两刚体之间的相对平动约束可通过限制矢量 $\boldsymbol{h}_{ij}=\overrightarrow{QP}$ 的大小和方向来确定，用刚体的广义坐标可将 $\boldsymbol{h}_{ij}$ 描述为

$$\boldsymbol{h}_{ij}=\boldsymbol{R}_i+\boldsymbol{s}_i-\boldsymbol{R}_j-\boldsymbol{s}_j=\boldsymbol{R}_i+\boldsymbol{A}_i\boldsymbol{s}'_i-\boldsymbol{R}_j-\boldsymbol{A}_j\boldsymbol{s}'_j \tag{4.2.29}$$

将上式对时间求导，得

$$\dot{\boldsymbol{h}}_{ij}=\dot{\boldsymbol{R}}_i-\tilde{\boldsymbol{s}}_i\omega_i-\dot{\boldsymbol{R}}_j+\tilde{\boldsymbol{s}}_j\boldsymbol{\omega}_j=\boldsymbol{B}_i\dot{\boldsymbol{q}}_i-\boldsymbol{B}_j\dot{\boldsymbol{q}}_j \tag{4.2.30}$$

参考上一节中欧拉角描述的刚体姿态，有

$$\boldsymbol{B}_i=[\boldsymbol{I}\quad -\tilde{\boldsymbol{s}}_i\boldsymbol{G}_i],\ \dot{\boldsymbol{q}}_i=[\dot{\boldsymbol{R}}_i\quad \dot{\boldsymbol{\Theta}}_i]^{\mathrm{T}} \tag{4.2.31}$$

式（4.2.30）对时间求导，得矢量 $\boldsymbol{h}_{ij}$ 的加速度表达式

$$\ddot{\boldsymbol{h}}_{ij}=\boldsymbol{B}_i\ddot{\boldsymbol{q}}_i-\boldsymbol{B}_j\ddot{\boldsymbol{q}}_j+\boldsymbol{a}_{ui}-\boldsymbol{a}_{uj} \tag{4.2.32}$$

如果 P 点和 Q 点始终保持给定的距离，则约束可表示为

$$\boldsymbol{C}=\boldsymbol{h}_{ij}^{\mathrm{T}}\boldsymbol{h}_{ij}-\boldsymbol{c}(t)^2=0 \tag{4.2.33}$$

式中，$\boldsymbol{c}(t)$ 为给定距离。对应的速度约束方程和加速度约束方程可表示为

$$\dot{\boldsymbol{C}}=2\boldsymbol{h}_{ij}^{\mathrm{T}}\dot{\boldsymbol{h}}_{ij}=2\boldsymbol{h}_{ij}^{\mathrm{T}}\boldsymbol{B}_i\dot{\boldsymbol{q}}_i-2\boldsymbol{h}_{ij}^{\mathrm{T}}\boldsymbol{B}_j\dot{\boldsymbol{q}}_j=2c(t)\dot{c}(t) \tag{4.2.34}$$

$$\ddot{\boldsymbol{C}}=2\boldsymbol{h}_{ij}^{\mathrm{T}}\ddot{\boldsymbol{h}}_{ij}+2\dot{\boldsymbol{h}}_{ij}^{\mathrm{T}}\dot{\boldsymbol{h}}_{ij}=2c(t)\ddot{c}(t)+2\dot{c}(t)\dot{c}(t) \tag{4.2.35}$$

（2）相对转动约束

如果约束刚体之间的相对转角为 $\psi(t)$，则约束方程可利用矢量 $\boldsymbol{\alpha}_i$ 和 $\boldsymbol{\alpha}_j$ 写为

$$\boldsymbol{C}=\boldsymbol{\alpha}_i^{\mathrm{T}}\boldsymbol{\alpha}_j-\cos\psi=0 \tag{4.2.36}$$

对于多数铰来讲，需要保证矢量 $\boldsymbol{\alpha}_i$ 和 $\boldsymbol{\alpha}_j$ 垂直，此时有

$$\boldsymbol{C}=\boldsymbol{\alpha}_i^{\mathrm{T}}\boldsymbol{\alpha}_j=0 \tag{4.2.37}$$

固结在刚体 i 上的矢量 $\boldsymbol{\alpha}_i$ 对时间的一阶导数和二阶导数为

$$\dot{\boldsymbol{\alpha}}_i = \boldsymbol{\omega}_i \times \boldsymbol{\alpha}_i \tag{4.2.38}$$

$$\ddot{\boldsymbol{\alpha}}_i = \dot{\boldsymbol{\omega}}_i \times \boldsymbol{\alpha}_i + \boldsymbol{\omega}_i \times (\boldsymbol{\omega}_i \times \boldsymbol{\alpha}_i) \tag{4.2.39}$$

投影到全局坐标系下可写为

$$\begin{aligned} \dot{\boldsymbol{\alpha}}_i &= \boldsymbol{D}_i \dot{\boldsymbol{q}}_i \\ \dot{\boldsymbol{\alpha}}_i &= \boldsymbol{D}_i \ddot{\boldsymbol{q}}_i + \tilde{\omega}_i \tilde{\omega}_i \alpha_i \\ \boldsymbol{D}_i &= [0 \quad -\tilde{\boldsymbol{\alpha}}_i \boldsymbol{G}_i] \end{aligned} \tag{4.2.40}$$

此时速度约束方程和加速度约束方程可表示为

$$\dot{\boldsymbol{C}} = \boldsymbol{\alpha}_j^{\mathrm{T}} \boldsymbol{D}_i \dot{\boldsymbol{q}}_i + \boldsymbol{\alpha}_i^{\mathrm{T}} \boldsymbol{D}_j \dot{\boldsymbol{q}}_j = 0 \tag{4.2.41}$$

$$\ddot{\boldsymbol{C}} = \boldsymbol{\alpha}_j^{\mathrm{T}} \boldsymbol{D}_i \ddot{\boldsymbol{q}}_i + \boldsymbol{\alpha}_i^{\mathrm{T}} \boldsymbol{D}_j \ddot{\boldsymbol{q}}_j + \tilde{\boldsymbol{\omega}}_i \tilde{\boldsymbol{\omega}}_i \boldsymbol{\alpha}_i + \tilde{\boldsymbol{\omega}}_j \tilde{\boldsymbol{\omega}}_j \boldsymbol{\alpha}_j + 2\dot{\boldsymbol{\alpha}}_j^{\mathrm{T}} \dot{\boldsymbol{\alpha}}_i = 0 \tag{4.2.42}$$

（3）约束方程的组装

针对由多个约束方程构成的多体刚系统，通常需要对约束方程进行组装，以获得系统约束方程。设多刚体系统由 N 个刚体和 s 个铰构成，如果以随体坐标原点的位置和刚体转动的欧拉角定义广义坐标，则刚体 i 的广义坐标列阵 $\boldsymbol{q}_i$ 可写为

$$\boldsymbol{q}_i = [x_O \quad y_O \quad z_O \quad \phi \quad \theta \quad \varphi]^{\mathrm{T}} \tag{4.2.43}$$

定义整个多体系统的广义坐标为

$$\boldsymbol{q} = [\boldsymbol{q}_1 \quad \boldsymbol{q}_2 \quad \cdots \quad \boldsymbol{q}_N]^{\mathrm{T}} \tag{4.2.44}$$

则整个多刚体系统的约束方程可写为分块矩阵形式

$$\boldsymbol{C}(\boldsymbol{q},t) = \begin{bmatrix} \boldsymbol{C}^1(\boldsymbol{q},t) \\ \boldsymbol{C}^2(\boldsymbol{q},t) \\ \vdots \\ \boldsymbol{C}^S(\boldsymbol{q},t) \end{bmatrix} = 0 \tag{4.2.45}$$

将上式对时间求一阶导数，得速度约束方程

$$\boldsymbol{C}_q \dot{\boldsymbol{q}} + \boldsymbol{C}_t = 0 \tag{4.2.46}$$

式中

$$\boldsymbol{C}_q = \begin{bmatrix} \dfrac{\partial \boldsymbol{C}^1}{\partial \boldsymbol{q}_1} & \dfrac{\partial \boldsymbol{C}^1}{\partial \boldsymbol{q}_2} & \cdots & \dfrac{\partial \boldsymbol{C}^1}{\partial \boldsymbol{q}_N} \\ \dfrac{\partial \boldsymbol{C}^2}{\partial \boldsymbol{q}_1} & \dfrac{\partial \boldsymbol{C}^2}{\partial \boldsymbol{q}_2} & \cdots & \dfrac{\partial \boldsymbol{C}^2}{\partial \boldsymbol{q}_N} \\ \vdots & \vdots & & \vdots \\ \dfrac{\partial \boldsymbol{C}^S}{\partial \boldsymbol{q}_1} & \dfrac{\partial \boldsymbol{C}^S}{\partial \boldsymbol{q}_2} & \cdots & \dfrac{\partial \boldsymbol{C}^S}{\partial \boldsymbol{q}_N} \end{bmatrix}, \quad \boldsymbol{C}_t = \begin{bmatrix} \dfrac{\partial \boldsymbol{C}^1}{\partial t} \\ \dfrac{\partial \boldsymbol{C}^2}{\partial t} \\ \vdots \\ \dfrac{\partial \boldsymbol{C}^S}{\partial t} \end{bmatrix}$$

式中，$\boldsymbol{C}_{\boldsymbol{q}}$ 称为约束方程的雅可比矩阵。

再求导一次，得到加速度约束方程为

$$\begin{aligned} \boldsymbol{C}_{\boldsymbol{q}} \ddot{\boldsymbol{q}} - \gamma &= 0 \\ \gamma &= -(\boldsymbol{C}_{\boldsymbol{q}} \dot{\boldsymbol{q}})_{\boldsymbol{q}} \dot{\boldsymbol{q}} - 2\boldsymbol{C}_{\boldsymbol{q}t} \dot{\boldsymbol{q}} - \boldsymbol{C}_{tt} \end{aligned} \tag{4.2.47}$$

需要注意的是，上述各式均为一般性的推导，在具体的应用中，可直接利用各铰约束方程的雅可比矩阵和速度、加速度约束方程的右端项进行组装。

4.2.3　运动学与动力学模型

考察由 N 个刚体构成的多刚体系统，其受到 s 个独立铰约束，自由度为 δ。如果系统受到 δ 个独立的驱动约束，系统的运动将由铰约束和驱动约束唯一确定，这类系统称为运动驱动系统，相应的问题为运动学分析问题。如果在外力作用下，系统具有确定构型和特定初始条件，则其动力学响应是确定的，这种情况下求解系统运动过程中的位置、速度和加速度的分析，称为动力学分析。在这种情况下，如果外力与时间无关，可以求解系统的静平衡位置，即静平衡分析问题。

（一）运动学分析

对于具有 n 个坐标、s 个独立铰约束和 δ 个独立驱动约束的系统，其运动学问题相当于已知 δ 个坐标、速度和加速度情况下，求其余 $n-\delta$ 个坐标、速度和加速度的时间历程。系统的约束方程（包括铰约束和驱动约束）可以写为

$$\boldsymbol{C}(\boldsymbol{q},t)=\begin{bmatrix}\boldsymbol{C}^1(\boldsymbol{q},t)\\ \boldsymbol{C}^2(\boldsymbol{q},t)\\ \vdots\\ \boldsymbol{C}^n(\boldsymbol{q},t)\end{bmatrix}=0 \tag{4.2.48}$$

上式为关于坐标 $\boldsymbol{q}=[q_1\quad q_2\quad\cdots\quad q_n]^{\mathrm{T}}$ 的 n 个非线性方程，求解方法有两类。第一类是坐标分离法，即将坐标列阵 $\boldsymbol{q}$ 分为 δ 维独立坐标列阵 $\boldsymbol{q}_i$ 和 s 维非独立坐标列阵 $\boldsymbol{q}_d$，此时有

$$\boldsymbol{q}=[\boldsymbol{q}_d^{\mathrm{T}}\quad \boldsymbol{q}_i^{\mathrm{T}}]^{\mathrm{T}} \tag{4.2.49}$$

约束方程改为

$$\boldsymbol{C}(\boldsymbol{q}_d,\boldsymbol{q}_i,t)=0 \tag{4.2.50}$$

利用约束方程关于非独立坐标列阵和独立坐标列阵的偏导数，写为

$$\boldsymbol{C}_{\boldsymbol{q}}=[\boldsymbol{C}_{\boldsymbol{q}_d}\quad \boldsymbol{C}_{\boldsymbol{q}_i}] \tag{4.2.51}$$

将上式代入速度约束方程和加速度约束方程，有

$$\begin{aligned}\boldsymbol{C}_{\boldsymbol{q}_d}\dot{\boldsymbol{q}}_d&=-\boldsymbol{C}_{\boldsymbol{q}_i}\dot{\boldsymbol{q}}_i-\boldsymbol{C}_t\\ \boldsymbol{C}_{\boldsymbol{q}_d}\ddot{\boldsymbol{q}}_d&=-\boldsymbol{C}_{\boldsymbol{q}_i}\ddot{\boldsymbol{q}}_i+\boldsymbol{\gamma}\end{aligned} \tag{4.2.52}$$

当独立坐标列阵 $\boldsymbol{q}_i$ 已知时，式（4.2.52）为待求非独立坐标列阵 $\boldsymbol{q}_d$ 的非线性代数方程组，可以用 Newton－Raphson 法求解。得到 $\boldsymbol{q}_d$ 后，所有的 $\boldsymbol{q}$ 均为已知，可以求出约束方程的雅可比矩阵 $\boldsymbol{C}_{\boldsymbol{q}}$ 和 $\boldsymbol{C}_t$。由于独立速度 $\dot{\boldsymbol{q}}_i$ 和独立加速度 $\ddot{\boldsymbol{q}}_i$ 是已知的，因此可由上式得到非独立速度和非独立加速度的线性方程组，直接求解即可。

另一类方法是根据已知的 $\boldsymbol{q}(t_i)$，利用 Newton－Raphson 法直接求解约束方程，得到 t_{i+1} 时刻的位置坐标 $\boldsymbol{q}(t_{i+1})$，再利用 $\dot{\boldsymbol{q}}(t_i)$ 和 $\ddot{\boldsymbol{q}}(t_i)$ 求解 $\dot{\boldsymbol{q}}(t_{i+1})$ 和 $\ddot{\boldsymbol{q}}(t_{i+1})$。

一般来讲，第二类方法中方程的个数比第一类方法中方程的个数多，但它使程序更容易实现，计算效率更高。

（二）动力学分析

在多体动力学分析中，常用的方法就是在考虑约束方程情况下，利用带拉格朗日乘子的动力学普遍方程或拉格朗日方程构建系统的动力学模型。这里分别对这些内容进行介绍。

（1）基于第一类拉格朗日方程的动力学方程推导

对于具有 n 个广义坐标 $\boldsymbol{q} = [q_1 \quad q_2 \quad \cdots \quad q_n]^{\mathrm{T}}$ 的系统，如果受到 s 个独立约束作用

$$C^k(\boldsymbol{q},t) = 0, \qquad i = 1,2,\cdots,s \tag{4.2.53}$$

则系统的自由度数为 $\delta = n - s$。广义坐标形式的动力学普遍方程为

$$\sum_{j=1}^{n} (\boldsymbol{Q}_j^e - \boldsymbol{Q}_j^I)\delta q_j = 0 \tag{4.2.54}$$

式中，$\boldsymbol{Q}_j^e$ 为广义主动力；$\boldsymbol{Q}_j^I = -\int_V \rho\left(\frac{\partial \boldsymbol{r}}{\partial \boldsymbol{q}_j}\right)^{\mathrm{T}} \ddot{r}\mathrm{d}V$，为广义惯性力。

由于系统的 n 个坐标中有 s 个不是相互独立的，必须满足上述约束方程。为此，利用拉格朗日乘子法，引入 s 个待定乘子 λ_i，分别与约束方程相乘再相加，然后与动力学普遍方程相减，得

$$\sum_{j=1}^{n} \left(\boldsymbol{Q}_j^e - \boldsymbol{Q}_j^I - \sum_{i=1}^{s} \lambda_i \frac{\partial \boldsymbol{C}^i}{\partial q_j}\right)\delta q_j = 0 \tag{4.2.55}$$

选取合适的 s 个乘子，可使得方程中 s 个不独立的坐标变化前的系数为零，而剩下的 $\delta = n - s$ 个坐标变分是独立的，它们前面的系数为零，因此得到 n 个方程

$$\boldsymbol{Q}_j^e - \boldsymbol{Q}_j^I - \sum_{i=1}^{s} \lambda_i \frac{\partial \boldsymbol{C}^i}{\partial q_j} = 0, j = 1,2,\cdots,n \tag{4.2.56}$$

上式即第一类拉格朗日方程，它包含有 s 个待定乘子，共有 $n + s$ 个未知量，因此需要与约束方程联立求解。即完整的动力学方程为

$$\begin{gathered}\boldsymbol{Q}_j^e - \boldsymbol{Q}_j^I - \sum_{i=1}^{s} \lambda_i \frac{\partial \boldsymbol{C}^i}{\partial q_j} = 0, j = 1,2,\cdots,n \\ \boldsymbol{C}^i(\boldsymbol{q},t) = 0, i = 1,2,\cdots,s\end{gathered} \tag{4.2.57}$$

引入拉格朗日乘子列阵 $\boldsymbol{\lambda} = [\lambda_1 \quad \lambda_2 \quad \cdots \quad \lambda_s]^{\mathrm{T}}$ 和雅可比矩阵 $\boldsymbol{C}_q$，可将上式写成矩阵形式

$$\begin{gathered}\boldsymbol{Q}^e + \boldsymbol{Q}^I - \boldsymbol{C}_q^{\mathrm{T}}\boldsymbol{\lambda} = 0 \\ \boldsymbol{C}(\boldsymbol{q},t) = 0\end{gathered} \tag{4.2.58}$$

（2）一般形式的多刚体动力学方程

设描述刚体的广义坐标为 $\boldsymbol{q}$，由刚体上任意一点的速度和加速度表达式，有

$$\frac{\partial \boldsymbol{r}}{\partial \boldsymbol{q}} = \frac{\partial \dot{\boldsymbol{r}}}{\partial \dot{\boldsymbol{q}}} = \boldsymbol{B} \tag{4.2.59}$$

代入广义惯性力的表达式，有

$$\boldsymbol{Q}^I = -\int_V \rho\left(\frac{\partial \boldsymbol{r}}{\partial \boldsymbol{q}}\right)^{\mathrm{T}} \ddot{\boldsymbol{r}}\mathrm{d}V = -\int_V \rho \boldsymbol{B}^{\mathrm{T}}\boldsymbol{B}\mathrm{d}V\ddot{\boldsymbol{q}} - \int_V \rho \boldsymbol{B}^{\mathrm{T}}\boldsymbol{a}_v \mathrm{d}V = -\boldsymbol{M}\ddot{\boldsymbol{q}} + \boldsymbol{Q}^v \tag{4.2.60}$$

式中，$\boldsymbol{M} = \int_V \rho \boldsymbol{B}^{\mathrm{T}}\boldsymbol{B}\mathrm{d}V$ 为刚体的质量矩阵；$\boldsymbol{Q}^v = -\int_V \rho \boldsymbol{B}^{\mathrm{T}}\boldsymbol{a}_v \mathrm{d}V$ 为耦合惯性力项。

令 $\boldsymbol{Q} = \boldsymbol{Q}^e + \boldsymbol{Q}^v$，可得到一般形式的多刚体系统动力学方程形式为

$$\begin{gathered}\boldsymbol{M}\ddot{\boldsymbol{q}} + \boldsymbol{C}_q^{\mathrm{T}}\boldsymbol{\lambda} = \boldsymbol{Q} \\ \boldsymbol{C}(\boldsymbol{q},t) = 0\end{gathered} \tag{4.2.61}$$

（3）基于能量形式的动力学方程推导

在实际应用中，还经常从基于能量形式的第二类拉格朗日方程出发，获得多体动力学模型方程。

考虑约束方程，利用带拉格朗日乘子的拉格朗日第二类方程可得到如下方程

$$\frac{\mathrm{d}}{\mathrm{d}t}\left(\frac{\partial T}{\partial \dot{q}_j}\right)-\frac{\partial T}{\partial q_j}=\boldsymbol{Q}_j+\sum_{i=1}^{n}\lambda_i\frac{\partial \boldsymbol{C}^i}{\partial q_j} \tag{4.2.62}$$

式中，T 为系统广义坐标 q_j 表达的动能；$\boldsymbol{Q}_j$ 为在广义坐标下的广义力，最后一项同前文一样，为利用约束方程和拉格朗日乘子表示的广义约束反力。

对刚体 j，其动能 T_j 可利用广义速度矢量 $\dot{\boldsymbol{R}}_{oj}$ 和 $\dot{\boldsymbol{\Theta}}_j$ 表示为

$$\begin{aligned} T_j &= \frac{1}{2}\dot{\boldsymbol{R}}_{oj}^{\mathrm{T}}\boldsymbol{M}_j\dot{\boldsymbol{R}}_{oj}+\frac{1}{2}\dot{\boldsymbol{\Theta}}_j^{\mathrm{T}}\boldsymbol{B}_j^{\mathrm{T}}J_j\boldsymbol{B}_j\dot{\boldsymbol{\Theta}}_{oj} \\ &= \frac{1}{2}\begin{bmatrix}\dot{\boldsymbol{R}}_{oj}^{\mathrm{T}} & \dot{\boldsymbol{\Theta}}_j^{\mathrm{T}}\end{bmatrix}\begin{bmatrix}\boldsymbol{M}_j & 0 \\ 0 & \boldsymbol{B}_j^{\mathrm{T}}J_j\boldsymbol{B}_j\end{bmatrix}\begin{bmatrix}\dot{\boldsymbol{R}}_{oj} \\ \dot{\boldsymbol{\Theta}}_j\end{bmatrix} \\ &= \frac{1}{2}\dot{\boldsymbol{q}}_j^{\mathrm{T}}\begin{bmatrix}\boldsymbol{M}_j & 0 \\ 0 & \boldsymbol{B}_j^{\mathrm{T}}J_j\boldsymbol{B}_j\end{bmatrix}\dot{\boldsymbol{q}}_j \end{aligned} \tag{4.2.63}$$

系统总动能 $T=\sum T_j$，代入方程中化简后可获得如式（4.2.64）所示的动力学方程。

$$\begin{aligned} \boldsymbol{M}\ddot{\boldsymbol{q}}+\boldsymbol{C}_q^{\mathrm{T}}\boldsymbol{\lambda} &= \boldsymbol{Q} \\ \boldsymbol{C}(\boldsymbol{q},t) &= 0 \end{aligned} \tag{4.2.64}$$

该式与式（4.2.61）相同，即可以看出，从不同形式出发获得的动力学方程具有统一的形式，即描述的是相同的动力学问题。但在实际应用中，可以选用动力学方程推导过程中的一些中间量作为待求量建立计算模型，以适应数值计算方法和求解稳定性的需要，如在 ADAMS 软件中，在式（4.2.62）基础上，引入广义动量 $P_j=\frac{\partial T}{\partial \dot{q}_j}$ 作为待求变量，构建动力学方程为

$$\dot{P}_j+\frac{\partial T}{\partial q_j}=\boldsymbol{Q}_j+\sum_{i=1}^{n}\lambda_i\frac{\partial \boldsymbol{C}^i}{\partial q_j} \tag{4.2.65}$$

此外，在考虑柔性体变形的多体动力学模型中，利用基于能量形式的拉格朗日方程，能够更容易地获得完整的柔性多体动力学模型，在下一章中会做详细介绍。

（三）多体动力学分析中的几个问题

在建立多体系统的运动学分析模型或动力学分析模型时，需要指定模型的初始条件，并结合具体分析模型特点进行一些特殊的处理，包括平衡分析、逆动力学分析以及约束反力的计算等，下面分别对这些内容进行简要介绍。

（1）初始条件分析

不论是运动学分析还是动力学分析，在进行模型计算时，需要给定初始条件，包括位置初始条件 $\boldsymbol{q}(t_0)$ 和速度初始条件 $\dot{\boldsymbol{q}}(t_0)$。

在实际应用中，对一些复杂系统指定全部的初始条件较为困难或难以保证初始系统中各物体的坐标与各运动学约束之间的协调。因此，经常在部分确定初始条件基础上，利用专门的方法进行初始条件分析，以确定所有的初始条件。

对于位置初始条件和速度初始条件，通常采用基于拉格朗日乘子法的约束最小化问题进行处理，而对初始加速度、初始拉格朗日乘子，可直接由系统动力学方程和系统约束方程的求解过程确定，在后文的数值方法中可看到这点。

对初始位置，引入权系数 W，其约束最小化问题可表示为

$$\frac{\partial \boldsymbol{L}}{\partial \boldsymbol{q}}=0,\frac{\partial \boldsymbol{L}}{\partial \boldsymbol{\lambda}}=0$$
$$\boldsymbol{L}=\frac{1}{2}(\boldsymbol{q}-\boldsymbol{q}_0)^{\mathrm{T}}W(\boldsymbol{q}-\boldsymbol{q}_0)+\boldsymbol{C}_q^{\mathrm{T}}\boldsymbol{\lambda} \tag{4.2.66}$$

也就是

$$\begin{cases}W(\boldsymbol{q}-\boldsymbol{q}_0)+\boldsymbol{C}_q^{\mathrm{T}}\boldsymbol{\lambda}=0\\ \boldsymbol{C}(\boldsymbol{q})=0\end{cases} \tag{4.2.67}$$

同样地，对初始速度，其约束最小化问题表示为

$$\frac{\partial \boldsymbol{L}}{\partial \dot{\boldsymbol{q}}}=0,\frac{\partial \boldsymbol{L}}{\partial \boldsymbol{\lambda}}=0$$
$$\boldsymbol{L}=\frac{1}{2}(\dot{\boldsymbol{q}}-\dot{\boldsymbol{q}}_0)^{\mathrm{T}}W(\dot{\boldsymbol{q}}-\dot{\boldsymbol{q}}_0)+(\boldsymbol{C}_q\dot{\boldsymbol{q}}+\boldsymbol{C}_t)^{\mathrm{T}}\boldsymbol{\lambda} \tag{4.2.68}$$

也就是

$$\begin{cases}W(\dot{\boldsymbol{q}}-\dot{\boldsymbol{q}}_0)+\boldsymbol{C}_q^{\mathrm{T}}\boldsymbol{\lambda}=0\\ \boldsymbol{C}_q\dot{\boldsymbol{q}}+\boldsymbol{C}_t=0\end{cases} \tag{4.2.69}$$

对于这类约束最小化问题构建的非线性方程，可采用 Newton－Raphson 法进行求解，获得与给定约束相容的初始条件。

（2）约束反力分析

在多刚体动力学方程的解中，不仅包括了位移响应，还包含了拉格朗日乘子 λ，而 $-\boldsymbol{C}_q^{\mathrm{T}}\lambda$ 就是系统中各约束的广义约束力。

由广义约束力求解约束反力的基本思路是利用拉格朗日乘子 λ 写出广义约束力的虚功率，它应等于约束反力的虚功率，两者相比较即可导出约束反力或驱动力，这里不做详述。

（3）静平衡分析

对于静力学问题，或是从静平衡构型开始的瞬态动力学分析，都需要进行静平衡分析。当系统处于静平衡时，速度和加速度为零，系统的动力学方程变为

$$\begin{cases}\boldsymbol{C}_q^{T}\boldsymbol{\lambda}=\boldsymbol{Q}\\ \boldsymbol{C}(\boldsymbol{q},t)=0\end{cases} \tag{4.2.70}$$

由上式所组成的非线性方程组封闭，可利用 Newton－Raphson 迭代法求解。但由于拉格朗日乘子 $\boldsymbol{\lambda}$ 的初始值难以估计，经常采用后文介绍的缩并法进行求解处理。

（4）逆向动力学分析

在动力学问题中，已知外力求系统运动的问题为动力学正问题；反之，已知运动求产生该运动所需施加的驱动力称为动力学逆问题或逆动力学问题。

逆动力学分析是运动驱动问题，即驱动约束方程的个数与系统的自由度相等，可运用运动学分析确定系统的位置、速度和加速度。将这些运动学量代入系统动力学方程中，得

$$\boldsymbol{C}_q^{\mathrm{T}}\boldsymbol{\lambda}=-\boldsymbol{M}\ddot{\boldsymbol{q}}+\boldsymbol{Q} \tag{4.2.71}$$

在应用上式求得拉格朗日乘子 $\boldsymbol{\lambda}$ 后，可计算铰的约束反力和驱动控制力。

4.2.4 动力学方程的数值方法

当采用笛卡尔方法建立多体动力学模型时，获得的方程为微分－代数混合方程组

(DAEs)。求解这类方程组的数值方法有两大类：增广法和缩并法。增广法将广义坐标 $\boldsymbol{q}$ 和拉格朗日乘子 $\boldsymbol{\lambda}$ 均看作未知量，联立求解 $n+s$ 个方程。缩并法则将坐标分为独立坐标和非独立坐标，然后将动力学方程表示为独立广义坐标的纯微分方程进行数值积分。

（一）增广法

传统的增广法把广义坐标加速度 $\ddot{\boldsymbol{q}}$ 和拉格朗日乘子 $\boldsymbol{\lambda}$ 作为未知量同时求解，再对加速度 $\ddot{\boldsymbol{q}}$ 进行积分，求出广义坐标速度 $\dot{\boldsymbol{q}}$ 和广义坐标位置 $\boldsymbol{q}$，包括直接积分法和约束稳定法。近年来，在传统增广法的基础上又发展形成了超定微分－代数方程组（ODAEs）方法等新一类算法。

（1）直接积分法

将系统的加速度约束方程 $\ddot{\boldsymbol{C}}=\boldsymbol{C}_q\ddot{\boldsymbol{q}}-\boldsymbol{\gamma}=0$ 和一般形式的动力学方程联立，可得到关于位置变量 $\ddot{\boldsymbol{q}}$ 和拉格朗日乘子 $\boldsymbol{\lambda}$ 的线性代数方程组，表示为

$$\begin{bmatrix}\boldsymbol{M} & \boldsymbol{C}_q^{\mathrm{T}}\\ \boldsymbol{C}_q & 0\end{bmatrix}\begin{bmatrix}\ddot{\boldsymbol{q}}\\ \boldsymbol{\lambda}\end{bmatrix}=\begin{bmatrix}\boldsymbol{Q}\\ \boldsymbol{\gamma}\end{bmatrix} \tag{4.2.72}$$

该方程组的系数矩阵是非奇异的，可以唯一求得 $\ddot{\boldsymbol{q}}=\boldsymbol{f}(\boldsymbol{q},\dot{\boldsymbol{q}},t)$ 和 $\boldsymbol{\lambda}=\boldsymbol{g}(\boldsymbol{q},\dot{\boldsymbol{q}},t)$，然后利用数值积分求得响应 $\boldsymbol{q}$ 和 $\dot{\boldsymbol{q}}$。

（2）约束稳定法

上述直接积分法的求解过程是在求解加速度关系上进行的，在数值积分求解 $\boldsymbol{q}$ 和 $\dot{\boldsymbol{q}}$ 过程中，由于舍入误差等因素，可能会破坏系统的位置约束和速度约束，导致数值计算发散。经常利用约束稳定法来有效抑制误差的增长，保持解的稳定性。

对于一个二阶微分方程

$$\ddot{s}=0 \tag{4.2.73}$$

所描述的开环系统是不稳定的，而对于一个闭环系统

$$\ddot{s}+2\alpha\dot{s}+\beta^2 s=0 \tag{4.2.74}$$

只要 α 和 β 取正数，系统就是稳定的。基于这种反馈控制原理，可将加速度约束方程改为

$$\ddot{\boldsymbol{C}}+2\alpha\dot{\boldsymbol{C}}+\boldsymbol{\beta}^2\boldsymbol{C}=0 \tag{4.2.75}$$

即

$$\boldsymbol{C}_q\ddot{\boldsymbol{q}}=\boldsymbol{\gamma}-2\alpha\dot{\boldsymbol{C}}-\beta^2\boldsymbol{C} \tag{4.2.76}$$

则系统动力学方程变为

$$\begin{bmatrix}\boldsymbol{M} & \boldsymbol{C}_q^{\mathrm{T}}\\ \boldsymbol{C}_q & 0\end{bmatrix}\begin{bmatrix}\ddot{\boldsymbol{q}}\\ \boldsymbol{\lambda}\end{bmatrix}=\begin{bmatrix}\boldsymbol{Q}\\ \boldsymbol{\gamma}-2\alpha\dot{\boldsymbol{C}}-\beta^2\boldsymbol{C}\end{bmatrix} \tag{4.2.77}$$

在不存在违约时，上式与原动力学方程完全相同，当 α 和 β 不为零时，数值解在精确解附近震荡，震荡频率和幅值取决于 α 和 β 的大小。目前没有选择 α 和 β 的可靠方法，一般可选 $1\leqslant\alpha=\beta\leqslant 50$。

（3）超定微分－代数方程组（ODAEs）法

ODAEs 法将系统速度作为变量引入微分－代数方程组，从而将原来的二阶 DAE 化为超定的一阶 DAE，再为所得方程组引入未知参数，根据模型相容性消除系统的超定性，以使数值计算的稳定性明显改变。

在 ODAEs 方法的基础上，发展形成了一类解耦思想，即在 ODAEs 基础上，对常用的隐

式 ODE 方法（常微分方程求解方法）采用预估式，再按加速度、速度和位置的顺序进行求解。后来进一步发展形成了无须对隐式 ODE 方法利用预估式的解耦思想，更进一步提高了求解效率。关于 ODAE 类方法的详细内容，可参考相关文献。

（二）缩并法

与增广法将微分代数方程直接转化为代数方程组求解，并进行数值积分的处理方式不同，缩并法一般是在处理过程中将微分代数方程转化为二阶常微分方程再进行积分求解。

为将微分代数方程转换为关于独立坐标的微分方程，将广义坐标分离为 δ 维（δ 为系统自由度）独立坐标列阵 $\boldsymbol{q}_i$ 和 $n-\delta$ 维非独立坐标列阵 $\boldsymbol{q}_d$。即

$$\boldsymbol{q}=[\boldsymbol{q}_d^{\mathrm{T}}\quad \boldsymbol{q}_i^{\mathrm{T}}]^{\mathrm{T}} \tag{4.2.78}$$

约束方程改为

$$\boldsymbol{C}(\boldsymbol{q}_d,\boldsymbol{q}_i,t)=0 \tag{4.2.79}$$

利用约束方程关于非独立坐标列阵和独立坐标列阵的偏导数，写为

$$\boldsymbol{C}_q=[\boldsymbol{C}_{q_d}\quad \boldsymbol{C}_{q_i}] \tag{4.2.80}$$

与前文所述的运动学方程的处理方式相同，当选取的非独立坐标列阵 $\boldsymbol{q}_d$，使得矩阵 $\boldsymbol{C}_{q_d}$ 非奇异时，有

$$\begin{aligned}\dot{\boldsymbol{q}}_d&=-\boldsymbol{C}_{q_d}^{-1}\boldsymbol{C}_{q_i}\dot{\boldsymbol{q}}_i-\boldsymbol{C}_{q_d}^{-1}\boldsymbol{C}_t=\boldsymbol{B}_i\dot{\boldsymbol{q}}_i+\boldsymbol{g}\\ \ddot{\boldsymbol{q}}_d&=-\boldsymbol{C}_{q_d}^{-1}\boldsymbol{C}_{q_i}\ddot{\boldsymbol{q}}_i+\boldsymbol{C}_{q_d}^{-1}\boldsymbol{\gamma}=\boldsymbol{B}_i\ddot{\boldsymbol{q}}_i+\boldsymbol{h}\end{aligned} \tag{4.2.81}$$

式中

$$\boldsymbol{B}_i=\begin{bmatrix}-\boldsymbol{C}_{q_d}^{-1}\boldsymbol{C}_{q_i}\\ \boldsymbol{I}\end{bmatrix},\ \boldsymbol{g}=\begin{bmatrix}-\boldsymbol{C}_{q_d}^{-1}\boldsymbol{C}_t\\ \boldsymbol{0}\end{bmatrix},\ \boldsymbol{h}=\begin{bmatrix}-\boldsymbol{C}_{q_d}^{-1}\boldsymbol{\gamma}\\ \boldsymbol{0}\end{bmatrix}$$

将加速度约束方程代入动力学方程，有

$$\boldsymbol{M}(\boldsymbol{B}_i\ddot{\boldsymbol{q}}_i+\boldsymbol{h})+\boldsymbol{C}_q^{\mathrm{T}}\boldsymbol{\lambda}=\boldsymbol{Q} \tag{4.2.82}$$

在上式两边同时左乘 $\boldsymbol{B}_i^{\mathrm{T}}$，并利用 $\boldsymbol{B}_i$ 表达式消去拉格朗日乘子项后，有

$$\bar{\boldsymbol{M}}_i\ddot{\boldsymbol{q}}_i=\bar{\boldsymbol{Q}}_i \tag{4.2.83}$$

式中，$\bar{\boldsymbol{M}}_i=\boldsymbol{B}_i^{\mathrm{T}}\boldsymbol{M}\boldsymbol{B}_i$；$\bar{\boldsymbol{Q}}_i=\boldsymbol{B}_i^{\mathrm{T}}\boldsymbol{Q}-\boldsymbol{B}_i^{\mathrm{T}}\boldsymbol{M}\boldsymbol{h}$。

给定系统外力即可解出独立的加速度 $\ddot{\boldsymbol{q}}_i=\bar{\boldsymbol{M}}_1^{-1}\bar{\boldsymbol{Q}}_i$，在此基础上进行积分，可得到独立的速度和坐标，然后可求出不独立的广义加速度 $\ddot{\boldsymbol{q}}_d$、广义速度 $\dot{\boldsymbol{q}}_d$ 和广义坐标 $\boldsymbol{q}_d$。

一般来讲，缩并法中的方程数小于增广法中的方程数且为纯微分方程组，但其系数矩阵均为满秩，需要采用专门的方法分离并消去不独立的广义坐标，计算量大。常用的分离独立坐标的方法包括 LU 分解法、QR 分解法和奇异值分解法（SVD）等，这里不再详细介绍。此外，缩并法由于消去了广义约束反力项，对于需要求约束反力的系统而言，这种形式反而不便。

（三）多体系统中的刚性（stiff）问题

刚性问题存在于多刚体系统动力学的某些情形中，更普遍地存在于多柔体系统动力学中，是多体系统动力学的一个重要问题。

刚性问题首先是在常微分方程求解理论中提出，并形成了完整的定义和求解理论。对于如下线性系统

$$\frac{dy}{dt} = \boldsymbol{A}y(t) + \varphi(t), \quad t \in [a,b] \tag{4.2.84}$$

$\boldsymbol{A}$ 的特征值 λ_i 满足：① $\mathrm{Re}(\lambda_i < 0)$；② $s = \max|\mathrm{Re}(\lambda_i)|/\min|\mathrm{Re}(\lambda_i)| >> 1$。则称上述方程为刚性方程，比值 s 为刚性比。通常刚性比达到 $O(10^p)(p \geqslant 1)$ 就认为方程是刚性的。在刚性方程中，矩阵 $\boldsymbol{A}$ 存在病态，因此刚性方程也称为病态方程或坏条件方程。刚性方程数值积分过程中存在快变分量 $\max|\mathrm{Re}(\lambda_i)|$ 和慢变分量 $\min|\mathrm{Re}(\lambda_i)|$ 的差别，快变分量要求积分步长很小，而慢变分量则使得在该步长条件下计算步数很多，舍入误差较大，这也是刚性方程数值解的困难所在。

对于多体系统动力学的微分－代数方程，无论是采用缩并法还是采用增广法，问题都归结为常微分方程初值问题的数值求解。为求解微分－代数方程在常微分数值求解时的刚性问题，一般采用求解刚性微分方程的方法，如 BDF 方法、隐式 RK 方法等。这些数值方法的详细内容可参考相关文献，这里不再详述。

4.3　发射动力学分析 CAE 软件应用

4.3.1　多体动力学工具及应用流程

相对于结构有限元分析来讲，多体系统动力学的计算机建模与求解发展相对较晚。针对多体系统动力学建模与求解问题的系统研究始于 20 世纪 60 年代。从 60 年代到 80 年代，侧重于多刚体系统的研究，主要是研究多刚体系统的自动建模和数值求解；到了 80 年代中期，多刚体动力学研究取得了一系列成果，但更稳定、更有效的数值求解方法仍然是研究的热点；80 年代后，多体系统动力学的研究更偏重于多柔体系统动力学，这个领域也正式被称为计算多体系统动力学。它至今仍然是力学研究中最有活力的分支之一。

计算多体系统动力学商业软件产生于 20 世纪 80 年代，它提供的丰富的建模功能和强大的计算功能使工程师从传统的手工计算中解放出来，并对原来不可能求解或求解困难的大型复杂问题提供了强大的计算处理功能。本节结合常用商业软件，向读者进行简单介绍。

（一）多体动力学常用软件工具

目前国内常用的多体动力学商业软件包括 ADAMS、DADS、Virtural. lab motion、SIMPACK 和 RecurDyn 等。这里分别对其进行介绍。

（1）ADAMS

ADAMS 是美国 MDI 公司开发的虚拟样机分析软件。该软件使用交互式图形环境和零件库、约束库、力库，创建完全参数化的机械系统几何模型，其求解器采用多刚体系统动力学理论中的笛卡尔方法，建立系统动力学方程，对虚拟机械系统进行静力学、运动学和动力学分析，输出位移、速度、加速度和反作用力曲线。该软件的仿真可用于预测机械系统的性能、运动范围、碰撞检测、峰值载荷以及计算有限元的输入载荷等。

ADAMS 软件由基本模块、扩展模块、接口模块、专业领域模块及工具箱等 5 类模块组成。用户不仅可以采用通用模块对一般的机械系统进行仿真，而且可以采用专用模块针对特定工业应用领域的问题进行快速有效的建模与仿真分析。

（2）DADS 与 Virtual. lab motion

DADS 是多体动力学领域最早的软件，由美国 Iowa 大学在 E. J. Huang 教授引导下开发，该软件能够解决多个领域的运动学和动力学问题，并具有强大的求解计算功能。

DADS 软件于 1999 年被 LMS 公司收购，在此基础上形成了目前应用较广的 Virtual. lab motion 软件。该软件可利用其前后处理模块建立完整多体模型并描述结构的真实动力学物理行为；能够提供多种结果处理方式，为设计分析提供支持。该软件的求解器是基于 DADS 高效、稳定的求解器发展起来的，并与基于相对坐标的递归算法相结合，具有较好的求解计算功能，适用于多个领域和行业的应用。

（3） SIMPACK

SIMPACK 软件是德国 INTEC Gmbh 公司开发的针对机械/机电系统运动学/动力学仿真分析的多体系统动力学分析软件包。它以多体系统计算动力学为基础，包含多个专业模块和专业领域的虚拟样机开发系统。该软件具有适用于大多数复杂机械系统的建模能力，能够适应多个领域和行业的分析需求。

SIMPACK 软件运动学/动力学模块是该软件的核心模块，同时具有可视化建模、时域/频域解算器、模态分析、准静态分析、动画与后处理、扩展元素库、积分设置管理等特征。

（4） RecurDyn

RecurDyn（Recursive Dynamic） 是由韩国 FunctionBay 公司开发出的多体系统动力学仿真软件。它采用相对坐标系运动方程理论和完全递归算法，适用于求解大规模的多体系统动力学问题。该软件充分利用最新的多体动力学理论，基于相对坐标系建模和递归求解，具有较好的求解速度和稳定性。尤其对接触碰撞问题，具有较好的处理能力。

RecurDyn 主要包括线性特征分析、控制模块、有限元柔体、控制与液压、系统优化、履带、媒介传输、齿轮、链条、轮胎工具包、弹簧工具包、皮带滑轮以及发动机设计等一系列模块，适用于多个领域和行业的应用。

（二） 软件组成

目前的多体系统动力学商业软件大都由基本模块和扩展模块组成，有些软件还提供了接口模块、专业领域模块和工具箱供用户扩展不同领域的应用或与其他软件联合仿真。

基本模块一般提供了可视化用户界面，供用户通过物体、铰、力元、外力（偶）等元素建立仿真分析的计算模型。基本模块能够让可视化的计算模型转换为相应的运动学或动力学模型方程，并实现模型方程的自动组装。在基本模块中，一般都包含了线性方程组、非线性方程组以及含刚性微分方程求解的多种求解算法，能够实现大多数运动学和动力学模型的求解计算。为便于对结果进行分析处理，基本模块还提供了可视化的后处理工具，用户可方便地查看物体的位移、速度和加速度计算结果，查看约束反力等。有些软件还提供了计算结果的分析处理功能，可对计算结果进行统计或运算处理。

扩展模块或其他模块（如接口模块、专业领域模块等）用于扩展动力学分析的功能，以实现完整的虚拟样机分析，如有些软件提供了液压系统模块，可以进行液压系统的仿真分析，振动分析模块可实现时域和频域下的振动响应分析。对于一些专用部件，如轮胎、履带、齿轮等专业领域常用的模型，这些模块往往还提供了专用建模工具，用户可方便地依据专业领域要求建立相应的计算分析模型。

（三） 应用流程

同前面介绍的计算流体力学软件、结构有限元分析软件一样，多体系统动力学软件的操作也可分为前处理、求解计算和后处理三个步骤。下面依据这一过程，简要介绍软件的基本操作。

（1）前处理

前处理过程有时也称为建模过程。在前处理中，一般包含如下一些操作：

➢ 建立物体（构件）

建立描述物体的几何元素，并指定其物理属性，如质量、质心、转动惯量等。在大多数分析中，往往将几何元素的初始位置作为位形初始条件，因此，在建立几何元素时，应结合分析模型的初始构形，确定各物体的空间位置。尽管多数软件在构建几何元素时提供了多个随体坐标系，如质心坐标系、关键点坐标系等，但为准确描述构件质心参数和物体间的约束关系，经常需要对这些随体坐标系进行平移或旋转处理，或是指定新的随体坐标系。

目前的商业软件都提供了独立的几何建模功能，但为实现与其他 CAD 模型的共用与集成，这些软件都提供了多种 CAD 接口，用户可以方便地通过这些接口将设计过程中建立的 CAD 模型输入动力学分析软件中生成新的构件模型。

对于考虑其变形的柔性体构件，往往需要通过专用的有限元软件建立其模型，并求出模态特征，再通过相应接口输入多体系统动力学软件中。由于软件在进行多体系统动力学数学模型自动生成时，已考虑了柔性体部件的刚体位移，因此，在采用模态叠加法进行柔性体模拟分析时，不应包含柔性体的刚体位移模态。

当建模过程中需要用到一些特殊的构件，如轮胎、履带等时，可调用相应的扩展模块或专业模块建立其模型。

➢ 施加约束或驱动

目前的商业软件都提供了常用的约束类型，如移动副、转动副、万向节、平面约束、垂直约束等。在构件模型基础上，可依据实际约束形式施加相应的约束类型。在大多数软件中，都通过铰点坐标位置和矢量描述约束方程，因此，在建立约束后，会在相应构件的铰点位置生成随体坐标系，可为后续的驱动施加或结果查看提供便利。

在运动学分析或逆动力学分析中，需要在模型的自由度方向施加驱动约束，可以指定沿着自由度方向的位移、速度或加速度随时间的变化关系。需要注意的是，驱动约束指定的位移、速度或加速度方向往往以铰点坐标方向进行描述，并且应当满足初始约束条件。

➢ 创建力元与激励

力元是多体系统中物体间的相互作用，在这些软件中，以弹簧、阻尼器或接触对的方式供用户调用。当两个物体间具有某个方向的相对运动时，如果未通过驱动约束定义相对运动关系，就需要通过力元来描述这两个物体间的相互作用。力元是多体动力学模型中最常用也是最重要的元素之一，对系统的整体刚度、阻尼特性有着重要影响。对于一些简单模型，可通过理论计算获得力元的刚度或阻尼系数，而对于复杂的结构系统，往往需要通过试验测量来确定这些参数。

激励是指随时间变化的外力或外力矩。激励施加的位置和方向对模型的动力学响应有重要影响，在应用过程中，应针对实际系统进行深入分析，以确定激励的具体形式和施加方式。

➢ 模型检查

模型检查通常可采用两种方式进行：一种是通过软件提供的系统拓扑查看功能进行模型

拓扑结构的检查，以确定建立模型与分析模型一致；另一种方法是自动检查，多数商业软件都提供了这一功能。一般情况下，自动检查功能可获得模型的整体自由度、冗余约束等相关信息，用户可通过这一功能对模型是否准确进行初步的判定和检查。

（2）求解计算

一般来讲，求解计算是软件产品的核心功能模块。这一模块能够自动形成多体系统模型的动力学方程，提供静力学、运动学和动力学的解算结果。大多数软件都集成了包括线性方程组、非线性方程组、刚性微分方程组求解的数值方法，用户可依据模型特征选择使用。

尽管求解计算主要由软件自动完成，但大多数软件都提供了模型选择功能和算法选择功能，可依据求解问题的类型进行选择。有些软件还提供了求解过程控制接口，即可通过自定义接口定义仿真计算脚本，对仿真过程的求解步骤进行控制。

（3）后处理

后处理是指仿真结果数据的处理、仿真动画显示等操作。在后处理过程中，可对结果数据进行数学运算、对输出进行统计分析。有些软件还提供了数据比较功能，用户可对不同工况的仿真数据和试验数据进行对比，以验证模型或获得合理的设计方案。

4.3.2 多体系统分析常见问题

由于多体系统动力学求解计算的复杂性，设计人员或分析工程师习惯于利用软件解决各种复杂的工程问题。本节针对软件应用中经常涉及的一些问题进行简要介绍。

（一）冗余约束

在机构中，有些运动副在计算模型中会产生冗余约束的问题。如图 4.3.1 所示，当构件 1 和构件 2 被两个转动副同时约束时，构件 1 沿 x、y、z 方向的平动和绕 x 轴、y 轴的转动均被两个转动副同时约束，这种在同一自由度上具有的多个约束一般就被认为是冗余约束。

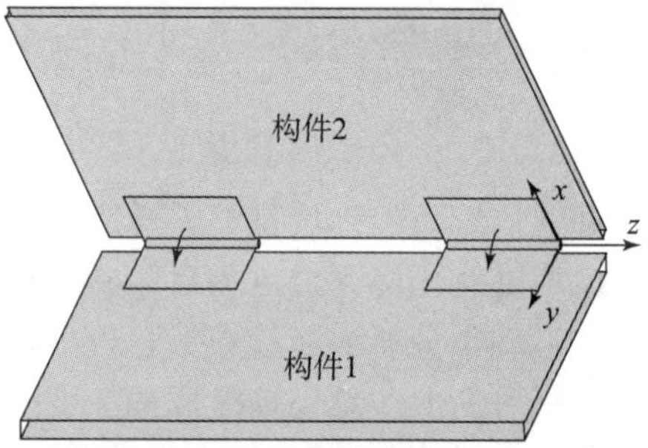

图 4.3.1　冗余约束示意

当两个运动副在某些方向上约束了相同的自由度时，经常认为只有一个约束起作用，而将不起约束作用的约束称为虚约束。在一些软件中，能够自动判断冗余约束，并将多余的约束处理为虚约束，从而使其在计算中不发生作用。在运动学分析中，冗余约束被当作虚约束解除，不会对结果产生影响。但在动力学分析中，被解决的虚约束不会计算构件间的作用力，从而对相应的约束反力产生影响，在有些情况下甚至不能得到正确的结果。

在实际应用中，通常可采用如下两种方式解决此类问题：

（1）虚体连接

当模型中存在冗余约束时，最简单、直接的方式就是引入质量和惯量非常小的虚体（当虚体与实际构件连接时，其质量和惯量可忽略），然后通过附加力元使虚体与其中一个构件连接，如图 4.3.2 所示。力元通常以刚度很大的六自由度弹簧模拟，使得虚体与连接构件之间几乎不存在相对线位移或角位移。当虚体与另外一个构件通过原有构件间的运动副连接时，由于虚体不受约束影响，而只受力元产生的构件间作用力影响，使得原有系统中的冗余约束得到消除。

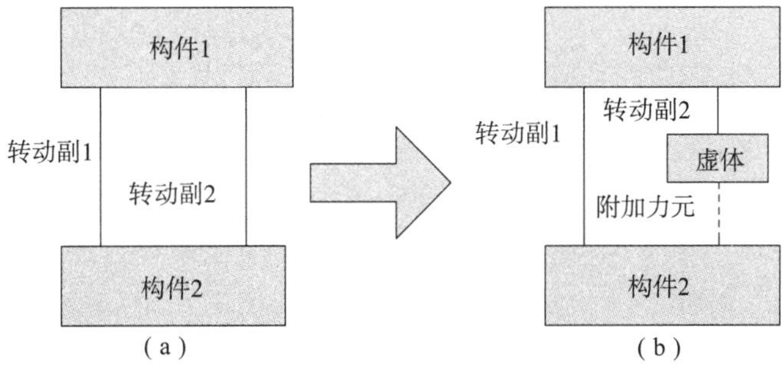

图 4.3.2　冗余约束处理示意

(a) 冗余约束模型；(b) 引入虚体模型

需要注意的是，虚体和附加力元的引入，使得系统中存在刚度极大而质量极小的元件，系统的刚性比大大增加，给求解计算带来困难，在有些情况下甚至会产生不合理的内力结果。因此，当采用这种方式处理冗余约束时，应选择合适的计算方法和求解步长，以获得正确的分析结果。

(2) 基本副代替低副

前面所介绍的转动副属于低副，即两构件通过面接触而构成的运动副。而基本副指元素以点线接触的运动副，有时也称高副。当用基本副代替低副时，替代的方式不是唯一的，但必须首先保证分析系统构件之间的运动关系及基本副约束的自由度。

对图 4.3.2 所示的模型，可采用一个球铰代替其中一个转动副，另一个转动副则用平行副替代。需要注意的是，在采用基本副或基本副与低副的组合代替原有约束方式时，一方面，应该消除冗余约束，另一方面，应该保证原有系统的动力学特性不发生改变。

当采用多个约束副连接的构件中包含柔性体时，由于柔性体理论上具有无穷多个自由度（在计算模型中只包含有限个自由度），不会产生冗余约束的问题。对于上述模型，如果构件 1 和构件 2 中任意一个为柔性体，则都不会产生冗余约束的问题。

（二）非理想约束

在软件应用中，一般用到的移动副、转动副或是球铰等约束均表示的是理想约束。而在实际工程结构中，不论哪类约束，均可能存在间隙或摩擦，运动副间隙或摩擦往往诱发构件的内碰撞，使约束力大大增加，加快约束副的损伤，并激起系统的振动，对结构动力学响应产生影响。因此，在进行动力学分析中，往往需要考虑间隙和摩擦对系统响应的影响。

(1) 摩擦问题

在软件应用中，大多数约束副都提供了摩擦力的处理功能。如果不考虑约束副的间隙，可在施加约束副的基础上，指定约束副的摩擦参数。

在不考虑摩擦情况下，理想约束副都是基于铰点坐标的一种数学描述。在考虑约束副的摩擦时，除需要指定常见的静摩擦系数、动摩擦系数，以及静动摩擦转换条件外，还需要结合约束副的具体类型指定约束副的几何参数及其他相关参数。

静摩擦系数是指构件不发生相对运动情况下的摩擦系数；动摩擦系数指构件间存在相对运动时的摩擦系数。在实际应用中，经常利用相对运动速度条件来表示从静摩擦到动摩擦的转换。当设置静动摩擦转换速度为 v 时，设置从 v 到 kv（$k>1$，在一些软件中设置 $k=1.5$）为静动摩擦转换区间。即当相对运动速度小于 v 时，采用静摩擦系数 μ_s；当相对运动速度在 v 到 kv 之间时，利用静摩擦系数到动摩擦系数的阶跃函数获得摩擦系数；当相对运动速度大于 kv 时，采用动摩擦系数 μ_m，如图 4.3.3 所示。

在考虑约束副的摩擦时，还需要指定摩擦相关的各种几何参数或其他参数。下面以常见的转动副为例来简要介绍这些参数的相关内容，其他类型约束副的相关参数可参考所采用的软件使用手册。

转动副结构一般由能够相对转动的轴颈和轴承构成。当轴颈在轴承中回转时，摩擦力阻止其回转，如图 4.3.4 所示。

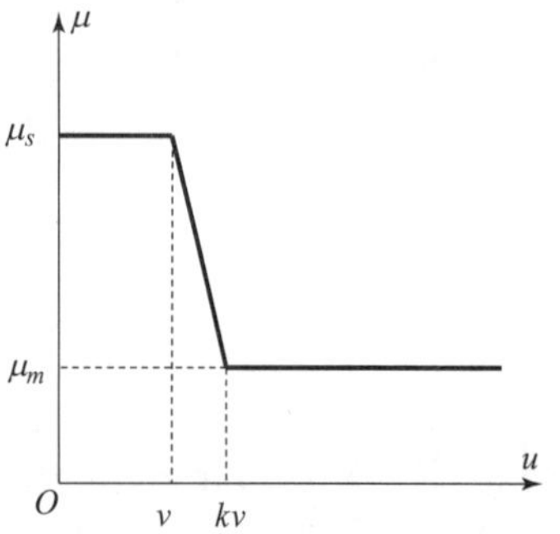

图 4.3.3　摩擦系数的取值

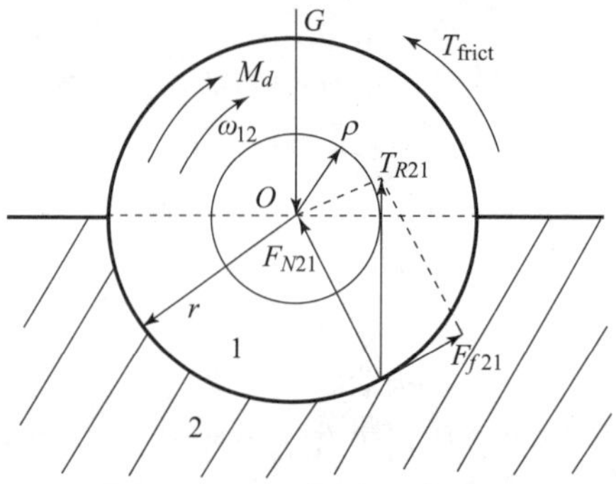

图 4.3.4　轴颈摩擦力的确定

图中 G 为轴颈上的作用力，M_d 为驱动力矩，ω_{12} 为转动速度，T_{frict} 为摩擦力矩。为描述摩擦作用，通常引入摩擦圆的概念。在图中，以轴颈中心 O 为圆心，以 ρ 为半径的圆即为摩擦圆。当轴颈相对于轴承滑动时，轴承对轴颈的总反力 F_{R21} 将始终与摩擦圆相切。

因此，在考虑转动副的摩擦时，需要给定的几何参数包括转动副半径 r，摩擦圆半径 ρ，弯矩作用长度 L（即轴颈与轴承沿轴向的接触长度）。此外，在考虑摩擦作用时，还可设置预加摩擦力矩、最大静摩擦力变形量等参数，以描述不同条件下的摩擦作用。

（2）间隙问题

在工程结构或机构运行期间，间隙不可避免地存在于各运动副的铰连接处。当运动副存在间隙时，活动铰关节元素会产生失去接触的现象，待再接触时，会产生碰撞，引起振动激励。在碰撞时，铰关节处的加速度、约束反力、平衡力矩的幅值可达到零间隙时的几倍甚至几十倍。此外，间隙也是引起系统非线性的主要原因，对系统响应产生重要影响。

在应用软件处理运动副的间隙问题时，通常采用基于接触变形的动力学模型。该模型将运动副间隙引起的冲击归结为“自由运动 - 接触变形”两种状态，通过建立描述碰撞过程中力和接触变形之间的本构关系，计入间隙运动副接触表面的弹性和阻尼。

同样，以转动副为例，当需要考虑轴颈与轴承间隙时，在软件使用中就应删除相应的转动副，建立轴颈和轴承的实体模型或表面模型，并在实体或表面之间施加接触模型，以描述轴颈与轴承的动力学关系，如图 4.3.5 所示。

需要注意的是，在采用轴颈和轴承的接触模型替代转动副时，还应施加轴向的相对运动约束，以保证其约束与转动副等价。

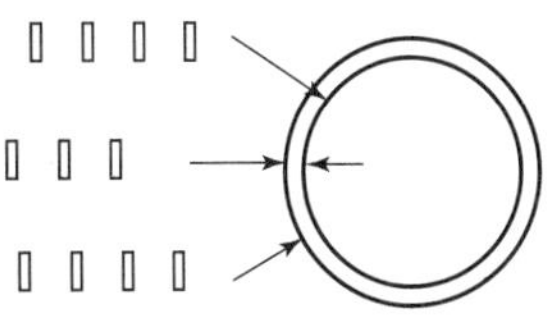

图 4.3.5　利用接触模型替代转动副示意

（三）接触与碰撞

接触与碰撞是工程中常见的构件间相互作用形式，目前大多数多体系统动力学软件均提供了相应的模型解决这类问题。但在实际使用中，如何确定接触与碰撞模型的相关参数，一直是困扰设计人员或分析人员的问题。

在软件应用中，通常采用两种方法计算接触力或碰撞力。一种是基于回归的接触算法，这种方法通过惩罚函数与回归系数计算接触力。惩罚参数施加了单面约束，回归系数决定了接触时的能量损失。另一种方法是基于碰撞函数的接触算法。由于基于回归的接触算法参数确定较为困难，多数情况下采用碰撞函数的方法进行处理。因此，这里只针对基于碰撞函数的方法进行介绍。

（1）碰撞函数表达式

在基于碰撞函数的接触算法中，碰撞力大小 F_n 主要由等效刚度 k、最大阻尼系数 $c_{\max}$ 和幂指数 q 确定。碰撞函数可表示为

$$F_n = \begin{cases} 0, & d > d_0 \\ k\delta^q - c_{\max}\dot{\delta}\,\mathrm{step}(\delta, 0, 0, \delta_{\max}, 1), & d \leqslant d_0 \end{cases} \tag{4.3.1}$$

式中，d_0 为两个碰撞物体接触时的距离；d 为两物体碰撞过程中的实际距离；$\delta = d_0 - d$；$\delta_{\max}$ 为最大切入深度。式中采用了 $\mathrm{step}(x, x_0, h_0, x_1, h_1)$ 函数，可表示为

$$\mathrm{step} = \begin{cases} h_0, & x \leqslant x_0 \\ h_0 + a \cdot \Delta^2(3 - 2\Delta), & x_0 < x < x_1 \\ h_1, & x \geqslant x_1 \end{cases} \tag{4.3.2}$$

式中，$a = h_1 - h_2$；$\Delta = (x - x_0)/(x_1 - x_0)$。

（2）等效刚度与幂指数

为了合理地确定等效刚度 k 以及幂指数 q，通常使用 Hertz 弹性碰撞模型来进行处理。Hertz 模型指出，F_n 与 δ 满足如下关系

$$\delta = \left(\frac{9F_n^2}{16ER^2}\right)^{\frac{1}{3}} \tag{4.3.3}$$

式中，$\dfrac{1}{R} = \dfrac{1}{R_1} + \dfrac{1}{R_2}$，$\dfrac{1}{E} = \dfrac{1 - \mu_1^2}{E_1} + \dfrac{1 - \mu_2^2}{E_2}$。这里 R_1、R_2 分别为碰撞点处两个物体的曲率半径，E_1、E_2 分别为两个物体的材料弹性模量，μ_1、μ_2 分别为两个物体的材料泊松比。

因此有

$$F_n = \delta^{1.5}\left(\frac{4R^{0.5}E}{3}\right) \tag{4.3.4}$$

故而可以确定 $k = \left(\dfrac{4R^{0.5}E}{3}\right)$，$q = 1.5$。

需要注意的是，上述等效刚度从 Hertz 模型得出，Hertz 接触模型以两个球体的接触进行推导，并假定接触区域与球体半径之比为一小量。在实际问题中，很多情况并不满足这一假

定，因此采用这种方法获得的等效刚度只是一种近似的方法，在应用时可结合分析问题的特性对这一参数进行适当调整。当等效刚度增大时，系统微分方程的刚性增加，积分求解会变得困难。

在软件应用中，幂指数 q 也可依据接触材料特性进行调整。对于金属材料，幂指数 q 可参考上述推导取 1.3 ~ 1.5；而对于橡胶类材料，可取 2 或者 3。

（3）阻尼参数 c_{max} 的确定

对于阻尼参数 c_{max}，曾有研究人员提出可利用滞后阻尼因子 μ 与接触深度来表示，即

$$c = \mu\delta_{max}^{q} \tag{4.3.5}$$

$$\mu = \frac{3k(1 - e^2)}{4\dot{\delta}^{(-)}}$$

式中，e 是表示碰撞前与碰撞后两个物体动能损失的恢复系数；$\dot{\delta}^{(-)}$ 表示两个物体接触前的相对速度。

利用上式确定阻尼系数时，需要了解碰撞接触的恢复系数 e（一般由实验测定）和接触物体的相对速度，在实际使用时并不方便。因此，在一些软件中建议碰撞阻尼系数 c_{max} 可取等效刚度值的 0.1% ~1% 。

（4）碰撞函数中 δ_{max} 的确定

在碰撞函数中，参数 δ_{max} 的作用在于两个物体接触后，当两个物体的穿刺深度 $\delta \geqslant \delta_{max}$ 时，令非线性阻尼系统中的阻尼大小的取值为 c_{max}，当 $0 < \delta < \delta_{max}$ 时，其非线性弹簧阻尼系统中的阻尼大小由 step 函数决定。

由碰撞动力学模型可知，两个物体一旦发生接触，就产生阻尼，并且阻尼系数的大小在一次完整的碰撞过程中是不变的，因此 δ_{max} 的取值应该越小越好。但考虑到求解计算时的数值收敛性要求，一些软件中推荐的取值为 $\delta_{max} = 0.01$ mm。

（5）碰撞函数中的摩擦系数

一般来讲，在接触碰撞过程中，摩擦力的大小取决于作用于物体之上的正压力大小与摩擦系数的乘积。正压力的大小用碰撞函数给出。

同运动副中的摩擦设置类似，接触中的摩擦同样需要设置动摩擦系数 μ_m、静摩擦系数 μ_s 和动静摩擦转换速度 v。一般而言，动摩擦系数和静摩擦系数与两个接触物体的材料属性及表面的粗糙程度等相关因素有关，需要通过试验获得数据。

（四）绳索类物体的模拟

绳索类物体（如钢丝绳、合成纤维绳等）是工程中常用的一类只承受拉力的特殊构件。目前常用的多体系统动力学软件对这类大变形物体尚缺少直接建模工具。因此，在多体动力学仿真分析中考虑绳索的作用时，需要使用者结合其具体的应用场景，建立近似模型。多数情况下，可采用如下两种方式建立柔性绳的动力学模型：

（1）分段刚体连接模型

假设将绳索细划成若干小段，每一个小段可视为一个刚体，每个刚体之间用某种形式的连接方式连接在一起，使各个刚体质心的运动学参数和物理参数、两个刚体间的连接参数同实际绳索类物体相应位置尽可能一致。当每小段的长度和绳索的总长相差很大时，就可以用这种组合模型替代绳索类物体模型。

在实际建模中，各小段刚体的质量、惯量参数可利用同样长度绳索的参数进行等效处

理。各小段之间的作用通常可通过定义力和力矩 6 个分量在两构件间施加一个柔性力。力和力矩可通过线弹簧刚度和角弹簧刚度的形式进行定义。当需要考虑绳索阻尼影响时，可方便地在力元定义中添加阻尼系数。连接力元的等效刚度和阻尼系数可参考实际绳索相应参数给出。

分段刚体连接模型既能够模拟绳索直线受拉的情况，也能够模拟改变方向的拉力情况（如滑轮组中的绳索作用），应用较为广泛。但这种方法建模较为复杂，动力学模型的自由度大大增加。此外，由于各小段刚体惯量参数往往很小，而连接力元的刚性系数很大，使得动力学微分方程的刚性大大增加，容易引起数值求解上的困难，或产生非真实的计算结果，因此，在求解时应选择合适的时间步长。

（2）非线性弹簧阻尼模型

当动力学模型中绳索只承受直线拉力时，可采用一种更为直接简便的方法模拟绳索的作用，即采用非线性弹簧阻尼等效绳索作用，对应力元的受力模型可表示为

$$F = \begin{cases} 0, & l < l_0 \\ k(l - l_0) + c\dot{x}, & l \geqslant l_0 \end{cases} \tag{4.3.6}$$

式中，l_0 为绳索自由张开时的长度；l 为绳索当前长度；k 为刚度系数，可以是常量，也可以是伸长量的函数；c 为阻尼系数。

这种方式直接建立了绳索受拉的力学模型，建模非常方便，不会对求解计算引入其他的影响，但不适用于模拟滑轮组中需要改变受力方向的绳索。

思　考　题

1. 静平衡分析、运动学分析、动力学分析分别指什么内容？

2. 动量定理、动量矩定理、动能定理、达郎贝尔原理、虚功原理分别是什么？什么是广义坐标系？

3. 多体动力学分析的基本元素有哪些？多体动力学模型的拓扑结构是什么？

4. 发射动力学分析的冗余约束指什么？如何消除冗余约束？

5. 多体动力学分析接触碰撞通常采用什么模型？模型参数如何确定？

算例模型与数据

应用篇

第 5 章

CAE 在发射气体动力学中的应用

5.1 超声速燃气射流冲击载荷分析

5.1.1 超声速燃气射流冲击特性

超声速燃气射流冲击广泛存在于火箭导弹发射过程及级间热分离过程中，由发动机喷出的高温高速燃气射流直接作用在发射装置、级间舱段以及相邻设备表面，产生显著的力、热冲击，对发射及分离安全产生重要影响。针对不同的发射分离阶段和类型，燃气射流冲击往往具有如下典型状态。

（一）平板近场冲击

平板冲击是研究射流冲击问题最常见的模型，该模型假设燃气射流以一定角度冲击到无限大平板，并沿平板流动。依据射流轴线与平板夹角，可分为垂直平板的正冲击和不垂直于平板的斜冲击。

（1）正冲击

燃气射流垂直冲击平板时，通常可产生如图 5.1.1 所示的冲击流场。其中上凸的激波横向跨过射流，在其下方亚声速区的流线不断沿径向向外偏转，流速增大，在接近射流边界下方的区域内形成声速线。射流边界流线通过激波受到中心膨胀之后，形成超声速贴壁射流的上边界。在实际射流中壁面前面区域的流线以不同曲率逐渐向径向折转，形成剪切层，可用它代替射流和贴壁射流的等压面。此外，沿平板还产生附面层。附面层和剪切层随径向距离发展，经过几个射流直径之后，它们融合成黏性贴壁射流。

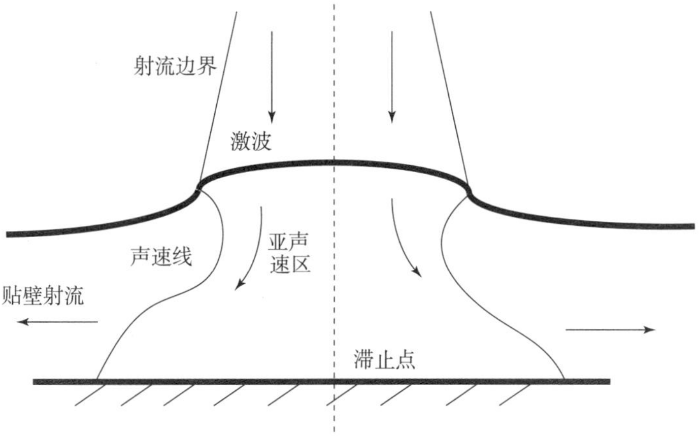

图 5.1.1　超声速射流正冲击流动结构示意

受喷管出口非计算度 n 影响和喷口对平板的间距影响，正冲击流动结构会相应变化。当 n 较大或喷口中对平板的距离很小时，会产生前述激波结构，且曲面激波具有近似不变的投射距离。当 n 较小或平板位于较远下游距离时，保持不变投射距离的曲面激波消失，出现性质与射流马赫盘一样的激波结构，n 变化时，激波位置相应变化。当 n 进一步减小或平板距离继续增加时，会出现交叉斜激波和平板附近的正激波。

（2）斜冲击

影响射流斜冲击流场结构的因素很多，包括射流轴线与壁面夹角 θ、喷口及其轴线与壁面交点的相对距离 x/d_e 以及射流的非计算度 n 等。对所有倾斜壁面流动，具有的共同特征是非平面的三波交点，可参考相关文献或书籍了解其结构。

（二）射流远场冲击

远场射流指已发展为自相似结构的射流区域，为研究它对固壁的正冲击（图 5.1.2），可利用纵向速度、沿壁面流动动压和静压的自模化关系进行分析。

$$\frac{u}{u_m} = f(\eta) = \mathrm{e}^{-0.6794\eta^2(1+0.0267\eta^4)} \tag{5.1.1}$$

$$\frac{q'_m}{q_m} = f_q(\eta) \tag{5.1.2}$$

$$\frac{\Delta p}{q_m} = f_p(\eta) \tag{5.1.3}$$

式中，$\eta = r/r_{0.5}$，r 为沿壁面冲击区中心区的径向距离，$r_{0.5}$ 为射流横截面内轴向速度为射流中心速度一半的径向坐标；$\Delta p = p - p_a$，p_a 为参考压力。

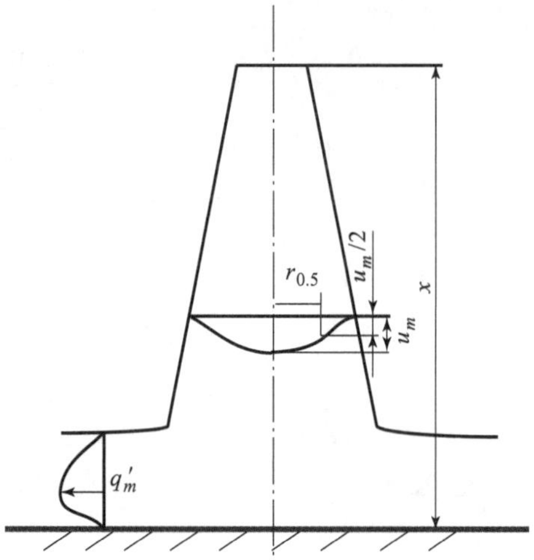

图 5.1.2　射流远场冲击示例

利用动量方程和小孔射流理论可得

$$\frac{r_{0.5}}{r_e} = 0.089\frac{x}{r_e} \tag{5.1.4}$$

式中，下标 e 表示喷管出口参数。

利用测试结果对比分析可知，贴壁射流中最大动压和压差之间存在如下关系：

$$\frac{q'_m}{q_e} = 1.12 - \frac{\Delta p}{q_e} \tag{5.1.5}$$

（三）发射管内流场

当采用箱（筒）发射时，如果发射箱（筒）两端开口，则构成典型的发射管内流动，如图 5.1.3 所示。在发动机喷口处，超声速射流向外折转，形成普朗特－麦耶尔流动；当膨胀后的超声速气流与壁面相遇时，产生激波。在轴对称情况下，该激波为曲线形，称为拦截激波。当一侧的拦截激波与另一侧的拦截激波在中心线相交后，形成互相跨越的反射激波。如果发射管很长，这个激波可与管壁相遇并反射。一般情况下，这样的相交和反射一直会延续到发射管出口。

一般来讲，箱（筒）内的燃气流动可分为三个区域。在发射管内燃气流动过程中，弹体底部的气体被燃气卷吸带走，弹箱间隙内的大气流向弹体底部，以补充被带走的气体，产生明显的引射效应，因此，这一区域被称为引射区。通常情况下，引射区会存在负压，负压

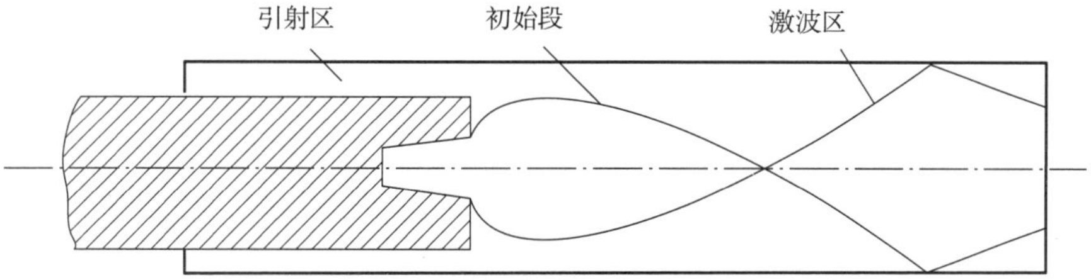

图 5.1.3　发射管内流场示意

程度与弹箱间隙大小、燃气黏性系数以及流动状态等因素有关。当喷管出口尺寸与发射箱截面尺寸差异较大时，从喷口向外折转的燃气不会直接作用到发射箱壁面，而是在喷管出口下游经过几倍喷口直径后才能作用在发射箱壁面，形成激波的相交与反射。在燃气未直接作用到发射箱壁面的区域时，可以称为初始段，其流动结构与自由射流燃气流动的结构类似；在形成激波相交与反射的区域，可以称为激波区。需要注意的是，在初始段同样由于引射作用，发射箱壁面可能出现负压区。而在激波区燃气流经多道斜激波，压力不断升高，需要依据实际流动状态确定其压力范围。

（四）发射装置迎气面冲击流场

当发动机喷口离开发射装置（发射箱、筒）的出口截面后，燃气流将对发射装置的迎气面产生冲击。在这种情况下，一般采用平板带孔模型或伸出多根管的平板模型进行分析。

同平板射流冲击类似，发射装置迎气面的冲击大体存在如下三个具有基本气动特性的区域。第一个区域是燃气射流本身，即感受到局部冲击的强干扰影响区的上游射流场。第二个区域为冲击区。在此区域中，气动参数主要由燃气射流和固体表面的直接干扰来决定。这里出现压力、密度和速度的很大梯度。一旦气流方向完全折转成与冲击表面平行且不再受冲击过程的局部影响时，就进入第三个区域，即贴壁燃气射流区，它主要为径向流动，可分为附面内层和自由剪切湍流混合的外层。

燃气对带孔迎气正面冲击的重要特征尺寸是燃气射流直径与发射管内径之比，这一比例与燃烧室压力和喷口到迎气正面的距离 x_N 有关，它决定了亚临界和超临界两种不同特性的冲击流场，如图 5.1.4 所示。

（1）亚临界的冲击流场

亚临界的冲击流场指发射箱（筒）出口截面全部吞入燃气射流的情况。通常，地面发射时，火箭发动机的燃烧室压力为 6 ~ 12 MPa。实验表明，此时若出现亚临

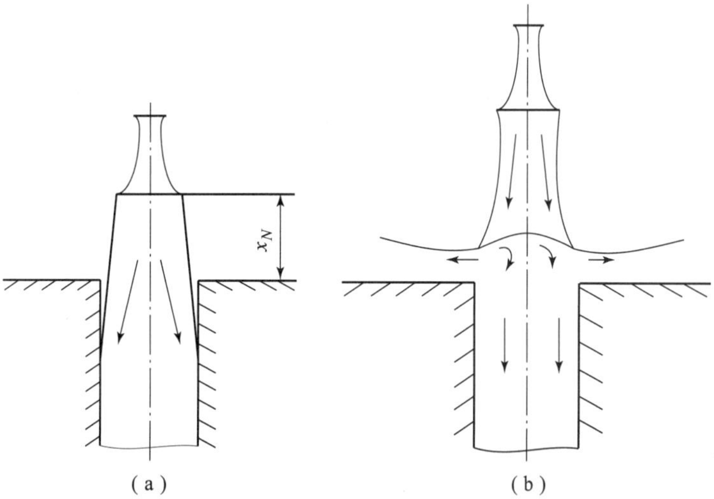

图 5.1.4　亚临界与超临界冲击流场

（a）亚临界的冲击流场；（b）超临界的冲击流场

界情况，喷口至发射装置迎气正面的距离 x_N 约小于 $2r_e$（其中 r_e 为喷口半径）。

（2）超临界的冲击流场

即燃气射流对发射管口的冲击形成强激波的情况。因跨过正激波的滞止压力大为减小，所以发射管现有面积的大小不能通过全部燃气流，发射管内的流动产生拥塞现象，致使大量溢流从径向流过发射装置迎气正面，只有部分燃气从发射管中流过。在一般地面发动机燃烧室压力情况下，出现超临界情况时，喷口至发射装置迎气正面的距离约在 $2r_e < x_N < 20r_e$ 范围内。发射箱、筒长度与其内径之比越大，则出现超临界流的可能性越大。

当冲击流场为亚临界时，发射管边缘附近只有很小面积受到射流的影响，基本只有管口承受与燃气自由射流动压相当的冲击射流压力。

当冲击流场为超临界时，发射装置迎气正面最大压力出现在孔口附近平面或孔口端面。此时横跨冲击射流的正激波控制了有黏与无黏激波干扰结构流场。因此，发射装置正面孔边附近平面或孔口端的压力等于激波下游压力，且有较高的值。当弹体继续飞离发射装置时，激波下游压力逐渐减小。

在多联装发射装置中，研究邻近已发射弹的空管对冲击流场的影响具有实际意义。实验表明，邻近管无弹时，发射装置正面上的压力分布与邻近管有弹时的相当，也就是各发射装置迎气正面上的压力分布与邻近近是否有弹基本无关。但在考虑发射过程中弹体姿态变化时，需要依据射流相对发射装置的角度变化进行具体分析。

（五）燃气流非定常冲击

值得关注的是，火箭导弹发射过程或级间分离过程均是动态过程，随着火箭导弹发射运动或级间段的相对运动，燃气流与迎气面间的作用距离、流动状态等均不断变化，属于典型的非定常流动。为获得完整的发射过程或级间分离过程燃气射流冲击效应，应采用考虑火箭导弹运动状态的非定常模型进行计算分析。

但为简化分析，工程应用中也会结合喷口与发射系统间的相对位置，采用定常模型分析射流冲击及其对周围环境的影响。在实际应用中，经常通过一系列定常分析来模拟发射过程不同状态和不同相对位置下的冲击效应，有时也称这种分析为射流冲击的准定常分析。需要注意的是，准定常分析实质上也是定常分析，未考虑冲击过程的瞬时效应。

5.1.2 燃气射流冲击模型与动网格技术

针对发射过程不同形式的燃气射流冲击状态，均可采用数值计算方法进行求解计算。燃气射流冲击特性计算模型往往具有复杂的结构外形和流动状态，并往往需要采用动网格技术处理发射过程弹体运动引起的计算域变化问题。这里分别这类模型状态和动网格技术进行简要介绍。

（一）基本模型设置

燃气射流属于高温高速流动，气体的可压缩性及黏性效应显著；而发射装置或级间舱段往往具有复杂的三维结构，因此燃气射流冲击通常采用三维、可压缩、有黏 N－S 方程作为控制方程，并采用完全气体状态方程封闭模型。由于燃气射流作用范围广、流动状态复杂，通常采用雷诺平均方法进行燃气射流冲击状态的数值模拟。实践表明，重整化群 $k-\varepsilon$ 模型、可实现 $k-\varepsilon$ 模型以及 $k-\omega$ 模型等对燃气射流冲击分析均有较好的适应性。

在数学模型基础上，燃气射流冲击状态计算模型还需要重点考察计算域、模型边界以及气体组分属性等内容。

（1）计算域与模型边界

流动问题数值计算模型的计算域是指计算考察的封闭的区域，计算域的边界也称为模型边界。计算域的边界可采用自然边界，如结构壁面，也可以人为指定边界，如喷管流动的入口或出口边界等。

燃气射流冲击模型的计算域通常包括发动机喷管流动、射流冲击需要考察的作用范围等，前者主要用于确定燃气射流的基本状态，后者用于考察射流冲击流动状态。在产生燃气流的喷管入口边界上，通常采用压力入口条件设定燃气来流条件；而在计算域外部边界上，通常采用与环境条件一致的出口条件或远场条件。

（2）气体组分属性

燃气射流冲击模型中，包含两类典型气体，一类是由发动机喷出包含多种组分的燃气；一类是主要成分为氧气和氮气的空气。在忽略燃气复燃效应对冲击载荷产生影响的情况下，通常不需要考虑气体中具体的组分含量，而将其当成两类理想气体建立模型。

在实际应用中，为简化分析，可采用如下三种方式设定计算模型中的气体组分属性：①将燃气和空气分别看作两种理想气体，给定热力学参数，并忽略两种组分之间由于组分质量扩散引起的热量变化及化学反应，有时也称为化学反应冻结流模型；②在整个计算域内采用单一燃气组分；③在整个计算域内采用单一空气组分。

大量研究分析表明，两组分模型反映了实际燃气和空气的相互作用，计算结果与实际结果一致性最好。但组分数量增加，需要引入组分守恒方程（在后文进行介绍），计算量较大。此外，两组分混合模型得出的结果与单一燃气组分结果比较接近，但与单一大气组分的射流有较大区别，尤其是马赫数、温度分布。因此，在工程应用中，当不考虑组分浓度及复燃效应时，通常采用单一燃气组分，以简化计算。

（二）非定常运动与动网格技术

火箭导弹发射或级间分离时，随着弹（箭）体运动，燃气射流流动区域、流动边界等均会发生显著变化，相应地，计算网格也应进行更新变化。在数值计算模型中，通常需要考察模型的非定常运动状态，并采用动网格技术处理结构运动引起的计算域变化问题。

（1）结构运动

发射或分离过程中，弹体、箭体或者舱段运动可由已知的内弹道数据直接给定，也可依据计算获得的流动状态和弹体表面压强分布，结合受力分析求解弹体动力学方程获得。在包含运动结构的计算模型中，可通过对其表面积分获得运动结构受到的压强作用力 F_p

$$F_p = \int_{\partial V} p\mathrm{d}A \tag{5.1.6}$$

对于具有喷口的结构，可通过喷口流量和速度乘积的积分获得推力 F_t

$$F_t = \int_A \dot{m}u\mathrm{d}A \tag{5.1.7}$$

通过求解如下动力学方程获得运动结构的加速度参数

$$a = (F_t - F_p)/M \tag{5.1.8}$$

式中，M 为弹体质量；a 为弹体瞬时加速度。实际应用中，可直接指定作为计算边界的弹体壁面运动，也可指定一个包含弹体的网格区域随弹体运动。

（2）网格更新方法

计算模型边界位置发生变化后，相应的计算网格也应进行更新和调整。对于采用嵌套网格的动网格模型，网格更新主要包括两步：一是嵌套网格的运动，二是嵌套网格在新位置上与背景网格的分割融合。由于嵌套网格的更新过程由专门的网格技术确定，用户只需要建立合适的背景网格和嵌套网格，这里不做详细介绍。对于分区动网格模型，网格更新方法主要有弹簧光顺法、局部网格重组法和动态分层法，以及通过对动态分层法改进得到的域动分层法。

弹性光顺法是将网格系统看作由节点之间用弹簧相互连接的网格系统，初始网格就是系统保持平衡的弹簧网格系统。任意一个网格节点的位移都会引起与之相互连接的弹簧中产生弹性力，进而导致临近网格节点上的力平衡被打破。由此波及出去，经过反复迭代，最终整个弹簧网络系统达到新的平衡时，就可以得到一个变形后的新的网格系统。弹性光顺法适用于结构化网格和非结构化网格。

局部网格重构法是对弹性光顺法的补充，一般用于非结构化网格。如果边界的移动或变形过大，可能导致局部网格发生严重的歧变，甚至出现网格体积为负的情况。在这种情况下，可采用局部网格重构法去掉原来经过弹性光顺后得到的网格，在被去掉的网格位置上重新自动划分新的网格。

动态分层法是根据边界的移动量动态增加或减少边界上网格层的技术，因此动态分层法适用于结构化网格。动态分层法在边界上假定一个优化的网格层高度，在边界发生移动或变形时，如果临近边界的一层网格的高度同优化高度相比大到一定程度时，就在边界与相邻网格之间增加一层网格。相反，如果边界向计算域内运动，临近边界的一层网格被压缩到一定程度时，临近边界一层的网格将被删除。

动态分层法的特点是网格更新速度快，生成的新网格通常能够保持原有网格在垂直方向上的拓扑结构，计算精度较高，但该方法要求与运动边界相邻的网格必须为菱形（六面体或楔形），难以应用于复杂形状的计算域变形，在一定程度上限制了其应用；在动态分层法基础上改进而来的域动分层法能够弥补这个问题，域动分层法将动网格的移动边界从形状复杂的运动边界转移到形状相对规整的中间层，该层与原运动边界之间的计算域整体一起运动，网格更新过程在运动域与静止域的边界处完成，提高了计算精度。

在棱形网格（六面体网格或楔形网格）区域，可以使用动态分层法在运动边界相邻处根据运动规律动态增加或减少网格层数，以此来更新计算域变形后的网格。增加网格层或减少网格层依据的标准是运动边界相邻网格的高度。如图 5.1.5 所示，根据与运动边界相邻的第 j 层网格的高度 h 可以决定是将该层网格分割还是将其与第 i 层合并。

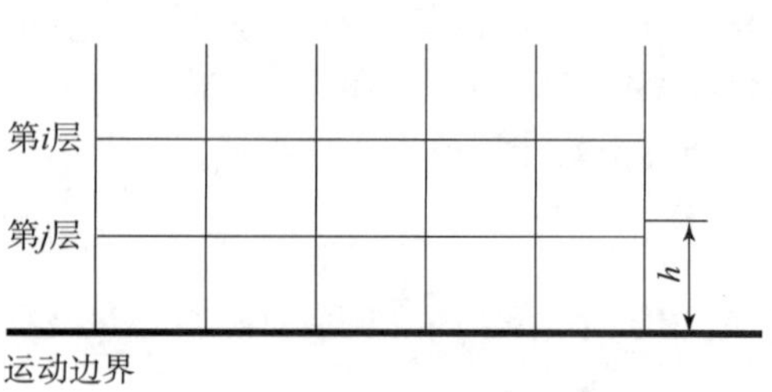

图 5.1.5　动态分层法原理示意图

为了给出是否更新网格的判定依据，首先需要为运动边界相邻的网格层（第 j 层）定义一个理想高度值 h_{ideal}，当第 j 层网格处于拉伸状态时，网格的高度可以允许增加，直到满足下式时

$$h_{\min} > (1 + a_s)h_{\text{ideal}} \tag{5.1.9}$$

式中，$h_{\min}$ 表示第 j 层网格的最小高度值；h_{ideal} 表示理想网格高度；α_s 表示网格切割因子。当

满足上式的条件时，第 j 层网格即会被分割，分割形式有两种：定常高度和定常比例。

在使用定常高度方法分割时，第 j 层网格会被分割成两部分，其中一部分网格高度为 h_{ideal}，另一部分网格高度为 $h - h_{ideal}$。在使用定常比例方法分割时，新生成的两层网格之间的高度比例始终保持为 α_s，当第 j 层网格处于压缩状态时，它的高度可以被压缩，直到

$$h_{min} < a_c h_{ideal} \tag{5.1.10}$$

式中，a_c 表示网格的消亡因子，当满足上式时，被压缩的网格层会与相邻的网格层合并。

（3）动网格控制方程及其离散

对于边界运动的动网格，任意控制体 V 上的物理量 φ 的积分形式守恒方程可写为

$$\frac{\mathrm{d}}{\mathrm{d}t}\int_V \rho\phi \mathrm{d}V + \int_{\partial V} \rho\phi(u - u_g)\mathrm{d}A = \int_{\partial V} \Gamma(\nabla\phi)\mathrm{d}A + \int_V S\mathrm{d}V \tag{5.1.11}$$

式中，ρ 为密度；u 为流动速度；u_g 为运动网格的网格速度；Γ 为扩散系数；S 为源项。

方程的时间导数项可利用一阶差分项写为

$$\frac{\mathrm{d}}{\mathrm{d}t}\int_V \rho\phi \mathrm{d}V = \frac{(\rho\phi V)^{n+1} - (\rho\phi V)^n}{\Delta t} \tag{5.1.12}$$

在第 $n+1$ 时间层上的体积 V^{n+1} 可通过下式计算

$$V^{n+1} = V^n + \frac{\mathrm{d}V}{\mathrm{d}t}\Delta t \tag{5.1.13}$$

式中，$\frac{\mathrm{d}V}{\mathrm{d}t}$ 为控制体的体积时间导数。为满足网格守恒律，控制体的体积时间导数可通过下式计算

$$\frac{\mathrm{d}V}{\mathrm{d}t} = \int_{\partial V} u_g \cdot \mathrm{d}A = \sum_j^{n_f} u_{g,j} \cdot A_j \tag{5.1.14}$$

式中，n_f 为控制体上的面数量。

5.1.3 燃气射流冲击状态分析实例

为明确应用数值方法进行燃气射流冲击载荷分析的具体思路，这里分别结合火箭弹发射燃气冲击过程及导弹级间分离过程的数值模拟进行实例分析。

（一）火箭弹发射燃气冲击状态数值模拟分析

火箭弹发射过程中，由发动机喷出的燃气射流对当前发射管、相邻发射管、发射装置结构以及周围环境等均会产生显著的力热冲击。实际发射系统往往包含大量的结构部件，并具有复杂的外形，其中，部分结构对燃气流动的影响很小，承受的力热载荷也相对较小，因此，在计算时，通常需要对结构进行适当简化，建立计算量适度的计算模型。这里从模型简化入手，对火箭弹发射过程燃气冲击状态模拟分析过程进行介绍。

（1）结构模型的简化

在进行发射过程燃气射流冲击状态的计算分析时，往往需要对复杂的发射装置结构进行适当简化。结构模型简化的基本原则通常为：保证燃气流场的结构一致性，保证重点考察对象的载荷特征。在本实例中，将发射管前后盖、发射车轮胎以及车头等作为重点考察对象；而发射系统回转台、油箱结构等对燃气冲击影响较小，不作为重点考察对象，因此，在简化模型中忽略这类结构。经简化后的发射车、运发箱以及发射管结构如图5.1.6所示。

（2）计算模型设置

发射过程燃气射流冲击状态的数值计算模型依据上节的基本模型建立，并采用可实现

$k-\varepsilon$ 模型作为其湍流模型。计算模型结合弹体运动方向和燃气射流作用的主要范围建立计算域，并采用结构化网格，以控制网格数量并保障计算精度。计算网格尺度由定常条件下的网格无关性分析确定。这里主要采用给定发动机位置条件下不影响射流冲击地面滞止压强的网格尺度作为基本网格尺度。初始状态下，实例模型的计算域及网格状态如图 5. 1. 7 所示。

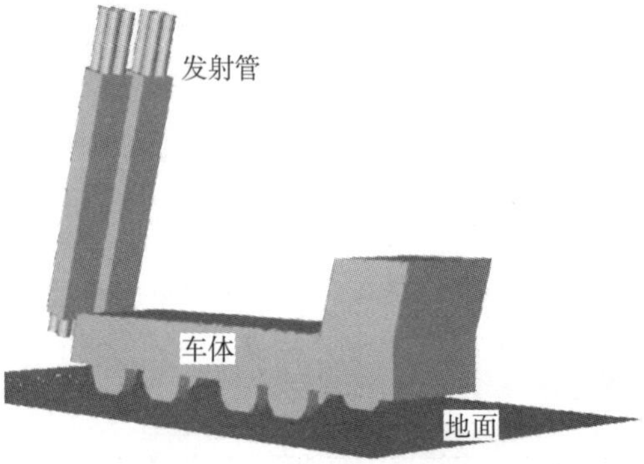

图 5. 1. 6　计算模型结构示意

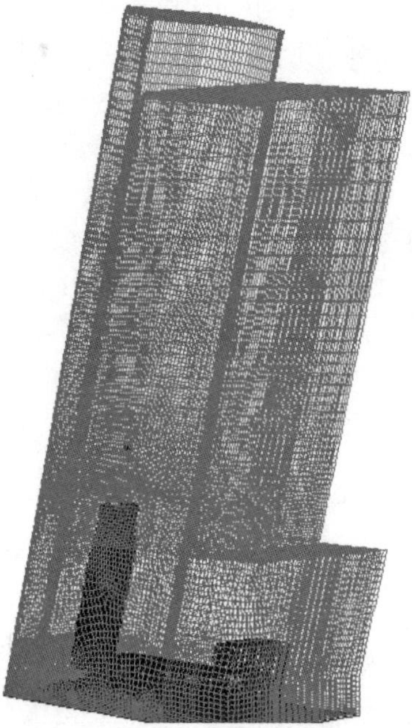

图 5. 1. 7　计算域与网格状态

为考察弹体运动带来的计算域变化和非定常冲击流场状态，采用动网格技术模拟弹体运动。计算模型采用单一气体组分，气体属性依据燃气属性进行设置，包括比热比、相对分子质量、导热系数、黏性系数等。发动机入口参数采用压力入口，设置边界上的总温、总压、静压及湍流参数；计算域出口采用均一化压力出口边界，设置为标准大气环境；结构表面采用无滑移绝热壁面模型。

（3）典型时刻燃气流场分布状态

采用高性能计算平台对发射过程燃气射流冲击状态进行求解计算，可获得多种形式的计算结果，包括典型时刻燃气流场参数分布状态、指定位置流场参数或统计流场参数随时间的变化情况等。这里先从典型时刻流场状态着手，对发射过程燃气射流分布特性进行介绍。

数值计算能够获得完整的流场参数分布，包括压强、温度、密度、速度以及多种扩展参数。由于燃气流场计算采用的时间步长通常较小，每个时间步上保留完整的计算结果数据量非常庞大，因此可在关注的时间点上保存数值计算的流场分布数据进行分析处理。图 5. 1. 8 给出了三个典型时刻过运动弹体轴线纵剖面的燃气冲击流场速度分布状态。从图 5. 1. 8（a）和图 5. 1. 8（b）中，能够清楚看出燃气射流的马赫波结构以及射流近场冲击产生的拦截激波；从图 5. 1. 8（c）中，可以看出射流扩展及其对相邻结构的速度冲击状态。

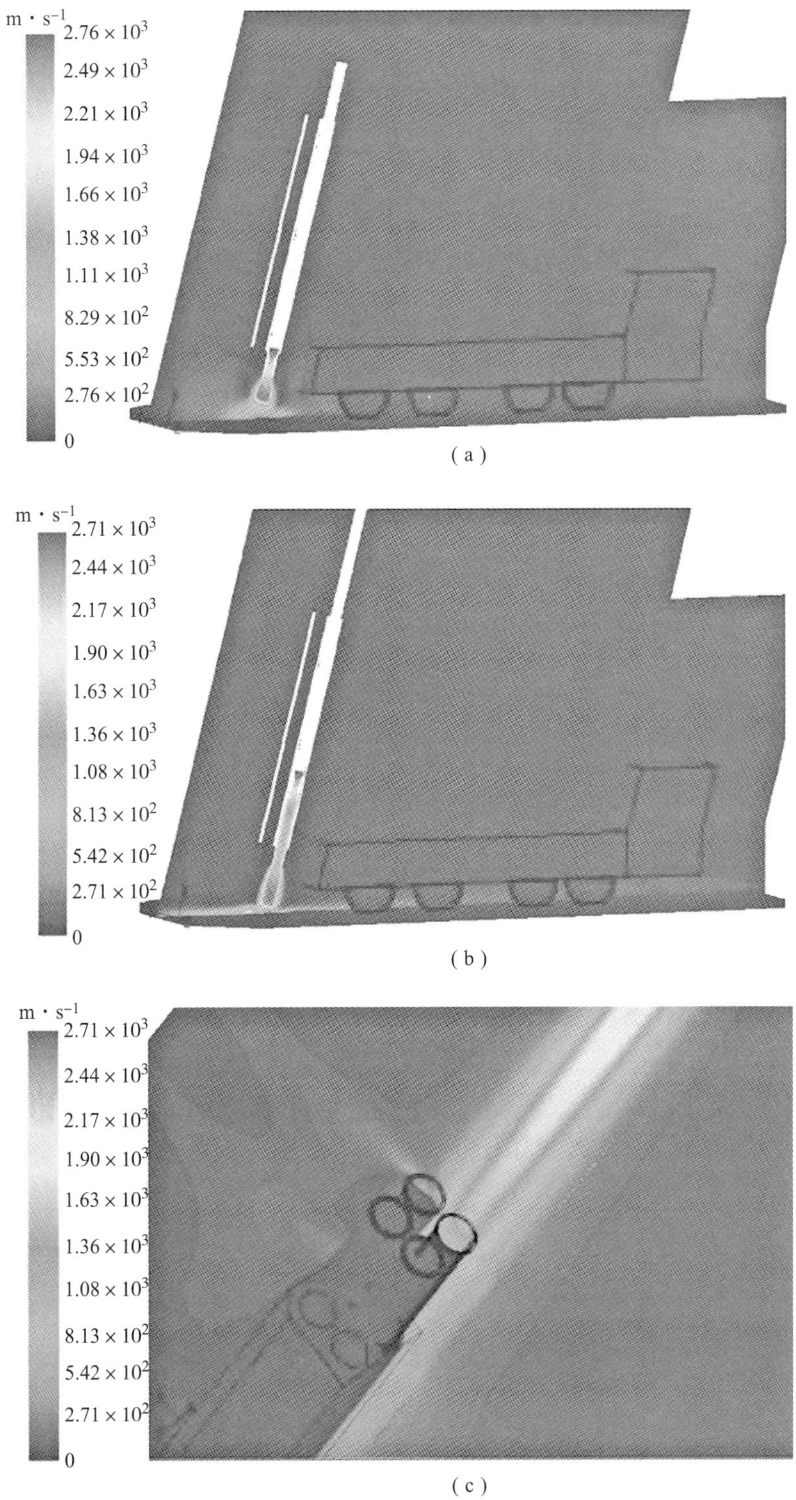

图 5.1.8　典型时刻燃气冲击流场速度分布

(a) 发射初期；(b) 弹体运动一段距离；(c) 弹体离筒一段距离

（4）时变测点参数及统计数据

为获得典型位置及关注区域随时间变化的流场参数或冲击载荷，在数值计算中，可以通过结果监测的方式对这些数据进行统计和记录。可以监测记录的数据既包括指定点的流场参数，也包括指定区域的统计参数，如平均值、最大值、最小值等。图 5.1.9 给出了当前发射管内部三个测点 1、2 和 3 的压强变化和管内平均压强、最大压强以及最小压强的统计值变化情况。其中，测点 1 位于发射管后部，距后端面 0.5 m；测点 2 位于发射管中部；测点 3 位于发射管前部，距前端面 0.5 m。从图中可以看出，随着弹体运动，管内测点压强依据规律变化，也可看出管内压强最大值、平均值以及最小值的变化情况。值得注意的是，受燃气流引射效应影响，在弹体底部附近，存在显著的负压载荷；而在弹体离管后，在管口附近形成超临界拥塞流动，管口局部压强显著增加，从图中离筒瞬间管内最大压强远大于测点压强可看出这一点。

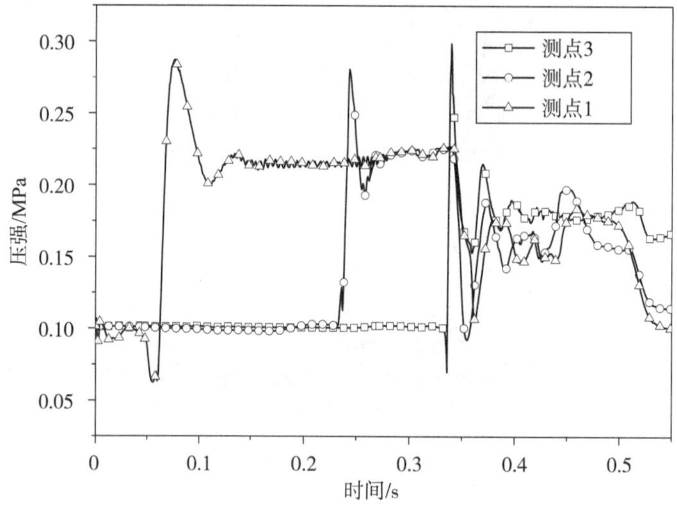

（a）

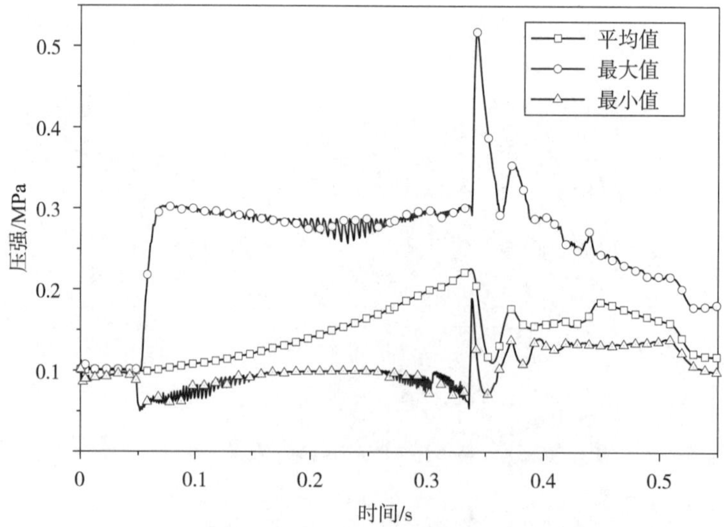

（b）

图 5.1.9　典型位置及区域压强变化

（a）当前发射管内部测点压强；（b）当前发射管内部压强

（5）发射过程燃气射流冲击典型特征

通过非定常数值计算分析，能够获得火箭弹发射时燃气射流冲击的典型过程及特征。图 5.1.10 给出了实例火箭弹发射时燃气作用的主要特性及时序状态。

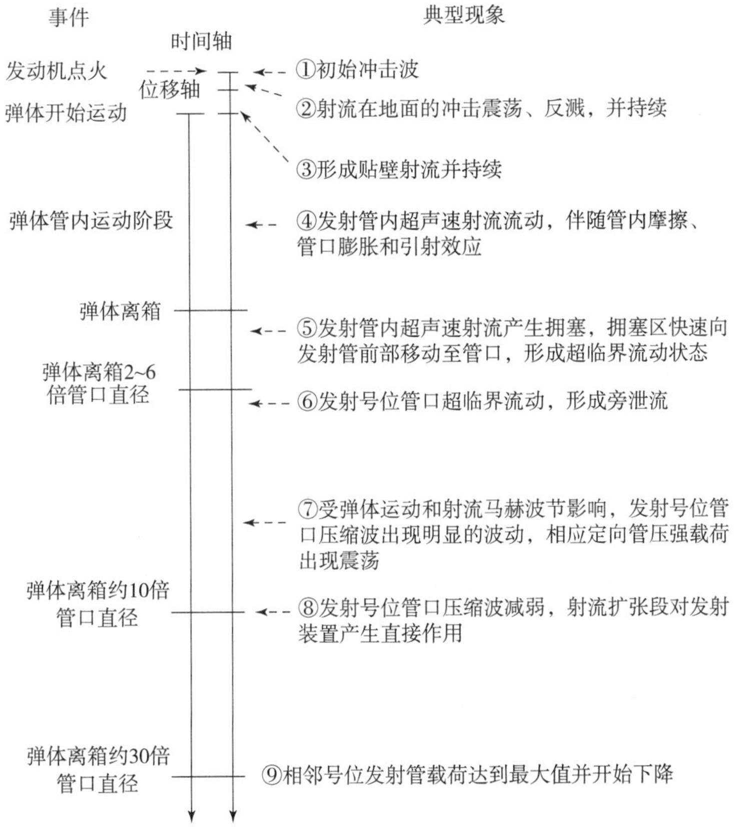

图 5.1.10　实例火箭弹发射时燃气作用的主要特性及时序状态

（二）级间热分离燃气流动状态数值模拟分析

级间分离技术是将连接成一个整体的多级火箭或导弹按预定程序进行分离的技术。依据级间分离力的主要来源，通常将级间分离分为热分离和冷分离两种形式。冷分离又称减速分离，它的分离一般包括级间连接件爆破断开、启动下面级制动火箭或其他制动装置、启动上面级火箭发动机等过程。热分离主要由上面级火箭发动机启动喷出的燃气流产生分离载荷，实现上面级与下面级的分离。这里以级间热分离为对象，对分离过程中的燃气流动状态进行实例分析。

（1）结构模型

级间热分离过程不但伴随流动与运动的耦合、气动绕流与燃气喷流之间的耦合，在考虑完整的分离状态时，往往需要采用三维模型考察姿态角对流动状态和分离过程的影响。这里为简化分析，忽略分离过程中攻角、侧滑角等姿态角的作用，采用轴对称模型进行分离过程流动状态的计算分析。具体模型结构如图 5.1.11 所示。

（2）计算模型设置

数值计算模型依据上节内容进行设置，并采用可实现 $k-\varepsilon$ 模型作为其湍流模型。数值

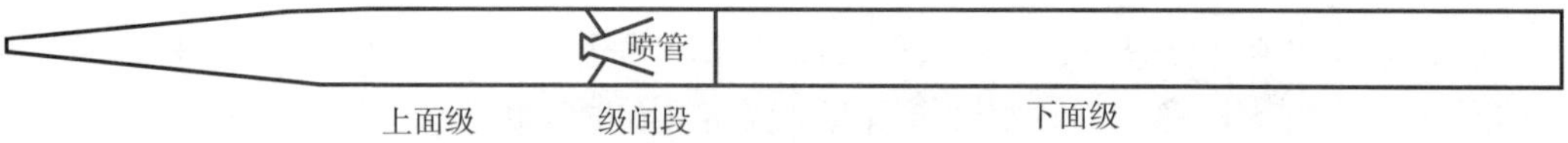

图 5.1.11　级间分离计算模型结构示意

模型的计算域均包括喷管流动区域、级间段区域和外场区域。计算域来流边界设置为远场边界，出口依据设置为压强出口边界，壁面设置为无滑移绝热壁面。计算模型中、前、后级的分离运动采用嵌套网格处理，其中，背景网格为包含上面级的全局网格，嵌套网格为包含下面级的局部网格，背景网格及嵌套网格均可依据分离载荷运动。具体的计算模型及网格如图 5.1.12 和图 5.1.13 所示。

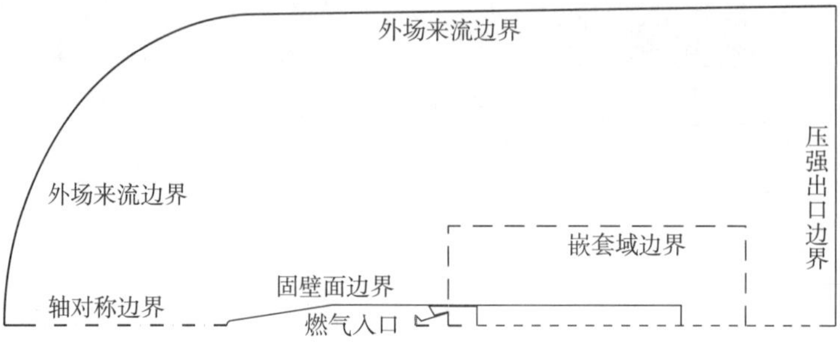

图 5.1.12　级间分离模型计算域示意

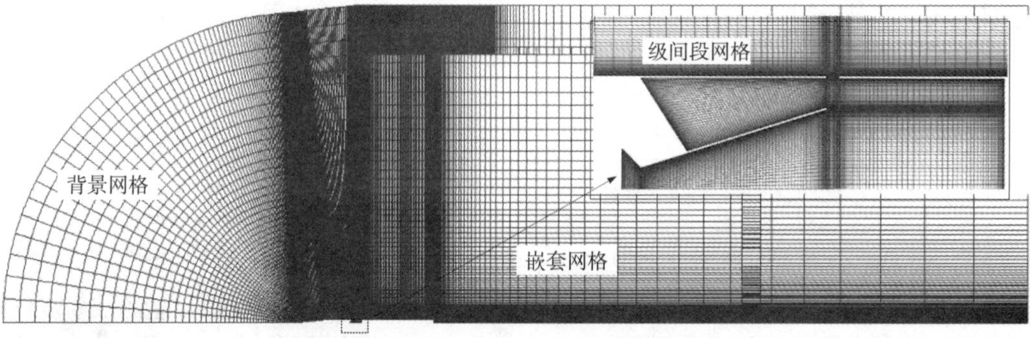

图 5.1.13　级间分离模型计算网格示意

（3）级间分离载荷变化过程

通过高性能平台对级间分离过程进行计算分析，能够获得完整的上面级及下面级载荷状态、运动过程以及流场状态。这里先从分离载荷出发，对其分离过程进行简要分析。

级间热分离的分离载荷受多种因素影响，但在分离初期，分离载荷主要由级间段的燃气作用决定。通常情况下，燃气作用下的分离载荷可分为如下几个典型阶段，其变化过程如图 5.1.14 所示。

➢ 建压未运动阶段，也称憋压阶段（A），该阶段时间较短，从分离发动机点火开始，至分离运动结束为止。在这一阶段，分离载荷呈显著上升趋势。

➢ 级间段间隙流量小于喷管流量，分离载荷持续增加阶段（B），该阶段由于喷管流量大于沿级间分离间隙流出的燃气流量，级间段压强持续增加，分离载荷也持续增加。

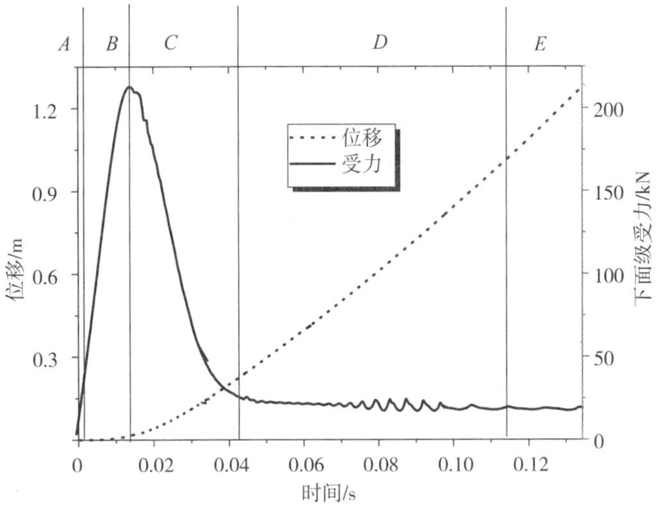

图 5.1.14　分离载荷变化状态示意

➢ 级间段间隙流量大于喷管流量，分离载荷持续减小阶段（*C*），该阶段由于喷管流量小于沿级间分离间隙流出的燃气流量，级间段压强持续减小，分离载荷也持续减小。

➢ 分离载荷稳定并小幅振荡阶段（*D*），该阶段分离距离较大，级间段滞留气体压强对射流冲击滞止压强的影响很小，分离载荷转为由射流冲击载荷决定。在射流冲击作用下，由于超声速射流马赫波节与拦截激波的相对位置变化，冲击滞止压强发生变化，分离载荷呈小幅振荡规律。

➢ 分离载荷持续减小阶段（*E*），随着分离距离的近一步增加，射流冲击由近场冲击转变为远场冲击，随着冲击距离增加，分离载荷逐渐减小。

（4）级间热分离燃气流动典型状态

级间分离过程中，随着分离距离变化，燃气流动呈现出不同的流动形态和流动特征。

➢ 级间段的超声速射流冲击

级间段指上面级和下面级之间的连接段，这里也将分离过程中上面级与下面级之间径向尺寸小于飞行器直径的区域称为级间段。

上面级发动机喷出的超声速燃气流动直接作用在下面级端面时，产生典型的超声速射流冲击结构，其结构包括拦截激波、波后滞止区以及沿滞止区向外扩散流动的贴壁射流或泄流区，如图 5.1.15 所示。

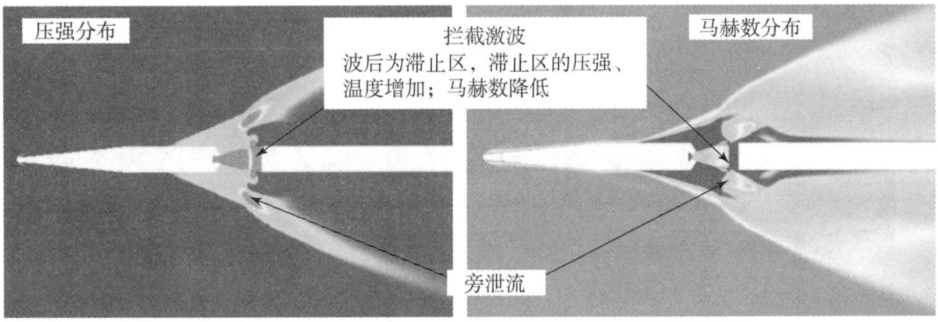

图 5.1.15　超声速射流冲击结构示意

➢ 侧向燃气流引起的流动分离及射流撞击

级间分离过程中，大量燃气流沿级间段间隙向外流出，形成侧向喷流状态，在气动绕流和射流冲击旁泄流相互作用过程中形成流动分离及射流撞击流动结构。

流动分离主要出现在分离初期阶段，此时级间段内的气体主要经冲击滞止及回流后沿级间段间隙流出，流出气流径向速度远大于轴向速度；当气动绕流与侧向喷流相互作用时，气动绕流速度发生显著变化，并对上游部分流动区域产生影响，形成流动分离现象，如图 5.1.16 所示。

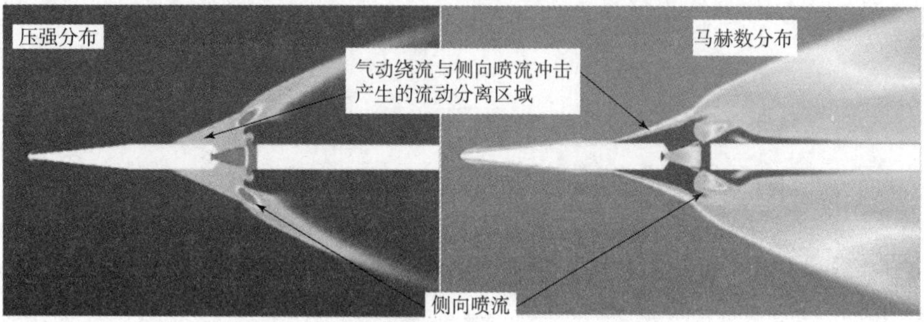

图 5.1.16　侧向喷流引起的流动分离状态示意

随着分离距离的增加，由上面级喷管喷出的一部分气流由于膨胀效应，直接向外流出，部分气流经下面级冲击滞止后，以旁泄流形式向外流出，由于直接向外流出的喷焰气体轴向速度大于旁泄流气体速度，在下面级分离面径向外侧形成射流撞击现象。事实上，射流撞击也可看作一种局部冲击射流状态。随着射流直接沿级间间隙流出，侧向喷流引起的流动分离效应逐渐减弱。

值得关注的是，在喷口膨胀比较大的主动段飞行过程中，当燃气射流向外扩展角较大时，气动绕流与燃气流动相互作用时，也会形成流动分离状态。

➢ 分离体对燃气流动的远场干扰

随着上面级和下面级分离距离的增加，分离发动机喷出的燃气射流与距离较远的下面级相互作用，形成远场干扰，如图 5.1.17 所示。在这一状态下，下面级受到燃气射流的远场冲击，还会产生一定的分离载荷；与此同时，燃气在出口附近和下面级冲击区域附近均会出现高压高温区域，出现两个逐渐远离的高温热源。

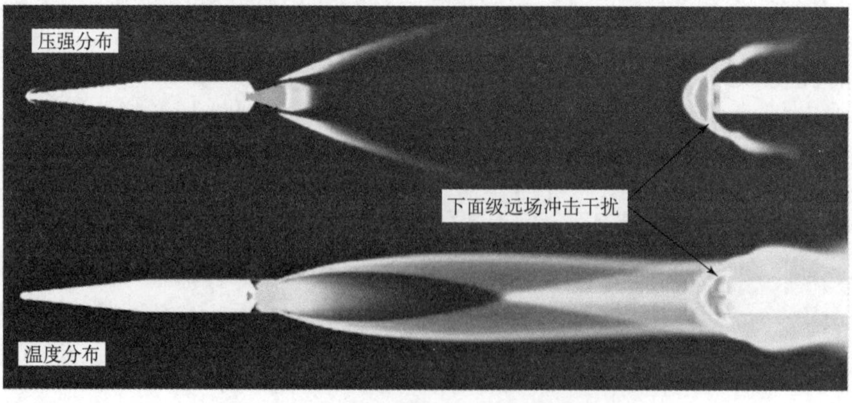

图 5.1.17　下面级远场冲击干扰状态示意

5.2　水下发射气液多相流场及发射弹道分析

5.2.1　水下发射典型流动及作用特性

导弹、鱼雷等潜载武器水下发射有多种形式；按发射姿态，可分为水平发射和垂直发射；按发射动力，可分为热发射和冷弹射。热发射由助推发动机直接点火推动武器运动，而冷弹射由弹射动力装置产生高压工质气体推动武器运动离开载体。不论采用哪种发射方式，动力装置产生的高温高压气体工质都会与周围水环境相互作用，形成复杂的气液多相流场，对发射平台及发射弹道产生重要影响。一般情况下，水下发射具有如下典型流动状态及作用特性。

（一）气液多相传热传质流动

潜载武器水下热发射时，助推发动机产生的高温高速气体不能排入载体内部，而需要通过一定的导流结构或直接经由筒口向外排入周围水环境，在发射筒口产生典型的气液多相流动。由助推器喷出或经发射系统导流的燃气往往具有较大的流速或压强，在水环境中形成典型的水下气体射流流场结构。相关研究表明，水下气体射流受流量和流速影响，呈现出不同的流动形态。当流量和流速较低时，喷口附近出现不稳定的泡流区；而在流量和流速较大条件下，喷口附近存在由气流动量主导的明显的射流段，有时也称作喷口气泡。

采用冷弹射方式发射潜载武器时，通常以弹射动力装置产生的工质气体推动武器运动，可以是燃气工质，也可以是燃气－蒸气混合工质。在武器离开发射装置前，工质气体往往被密封在发射筒内部，具有较高压强；当武器离开发射装置时，筒内高压工质气体与水环境直接连通并向外流出，形成气液多相混合流动。

图 5.2.1 给出了通过数值计算获得的典型水下发射水气两相分布状态。其中，图 5.2.1（a）所示为同心筒形式的热发射状态，由助推发动机产生的高温高速燃气经由内外筒间隙排入水环境中；图 5.2.1（b）所示为采用冷弹射弹体离筒后的气液两相流动状态。值得一提的是，发射前，发射筒与弹体的间隙区域也存在大量气体，在发射过程中，这些气体也会随着弹体的运动而流出发射筒，这部分气体同样会在筒口附近形成气液两相流动，对发射载荷产生影响。

不论是热发射还是冷弹射，作为发射动力的工质气体均具有较高的温度，在水汽耦合流动过程中，高温气体内能以热辐射和热传导等方式传递给周围水环境，达到一定条件后，液体水会快速汽化形成水蒸气。而汽化过程中的吸热，又会使蒸汽局部温度降低，并可能出现液化现象。因此，在水下发射多相流动中，伴随着显著的传热传质效应。但相关研究表明，水下发射过程中，武器的筒内运动时间往往不足 1 s，相变过程对这个阶段的影响较小。因此，在一些仅考虑弹体筒内及离筒初期运动特性的分析中，可忽略传热传质效应对发射的影响。

在实际应用和研究分析中，如果忽略传热传质效应，将工质气体当作单一气体与水环境相互作用，往往将相应的流动称为水下发射的气液两相流动；如果考虑传热传质效应，或将高温燃气、筒内原有气体、水蒸气等进行区分，则称为水下发射的气液多相流动。

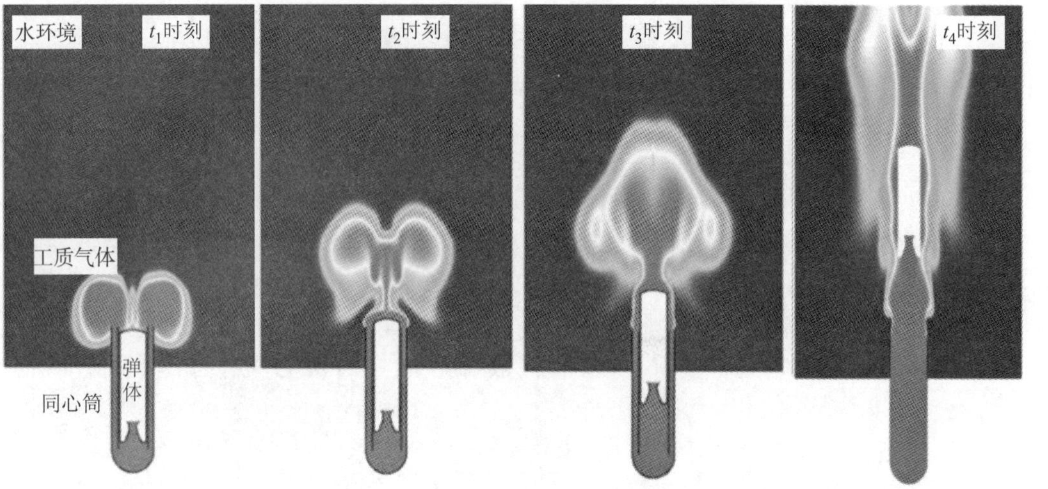

(a)

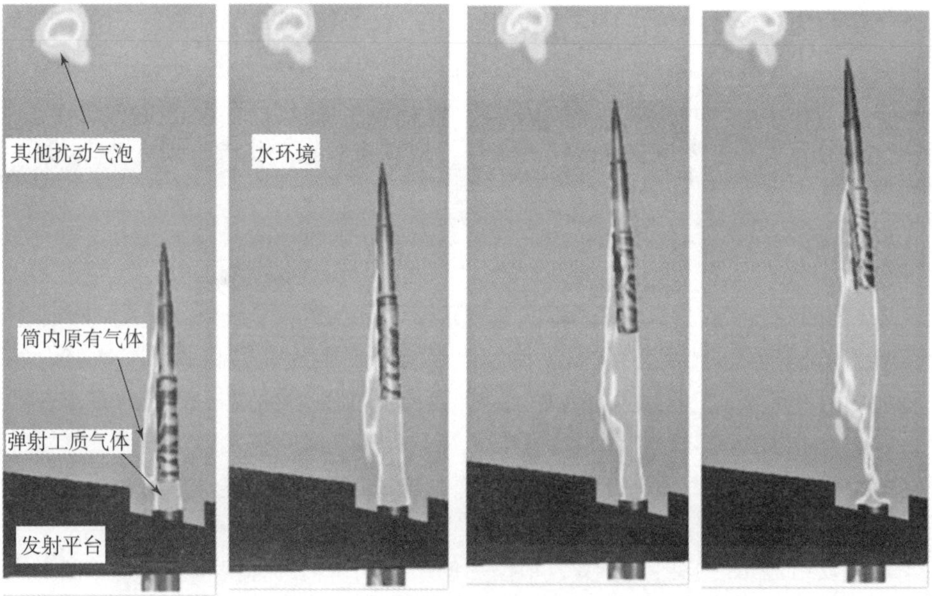

(b)

图 5.2.1　水下发射气液两相流动示例

(a) 同心筒结构水下热发射示例气相体积分数云图；(b) 水下冷弹射示例气相体积分数云图

(二) 筒口气泡及脉动载荷

水下发射气液多相耦合流动过程中，大量气体积聚在发射筒口附近，形成显著的筒口气泡。一般情况下，筒口气泡会呈现出鼓胀、收缩、再鼓胀的形态变化，泡内压强相应出现减小、增加、再减小的脉动状态，对周围设备和发射弹道产生显著影响。

图 5.2.2 给出了水下冷弹发射筒口附近 4 个测点由气泡脉动产生的压强变化实例。图中，p_a为筒口位置环境压强，t_e为发射弹体离开发射筒的时间。弹体在筒内运动时，运动出筒的弹体及筒内原有气体与环境水介质相互作用，测点压强小幅振荡；弹体离筒瞬间，

筒口附近多个测点受筒内高压工质气体影响，压强快速增加；此后筒口工质气泡迅速膨胀，压强快速降低；由于水运动惯性影响，气泡压强膨胀至水环境压强以下，直至测点压强降至环境压强的 70% 左右；此后气泡在水环境的作用下开始收缩，气泡内压缩增加，同样，由于水运动惯性影响，测点压强因气泡收缩达到峰值时，超过了离筒瞬间的压强值。工质气泡脉动首个周期后，气泡还会继续着膨胀、收缩振荡状态并引起测点压强变化，但由于流动阻尼以及气泡界面的不稳定断裂等因素，此后的压强振荡幅值逐渐减小并趋于稳定。

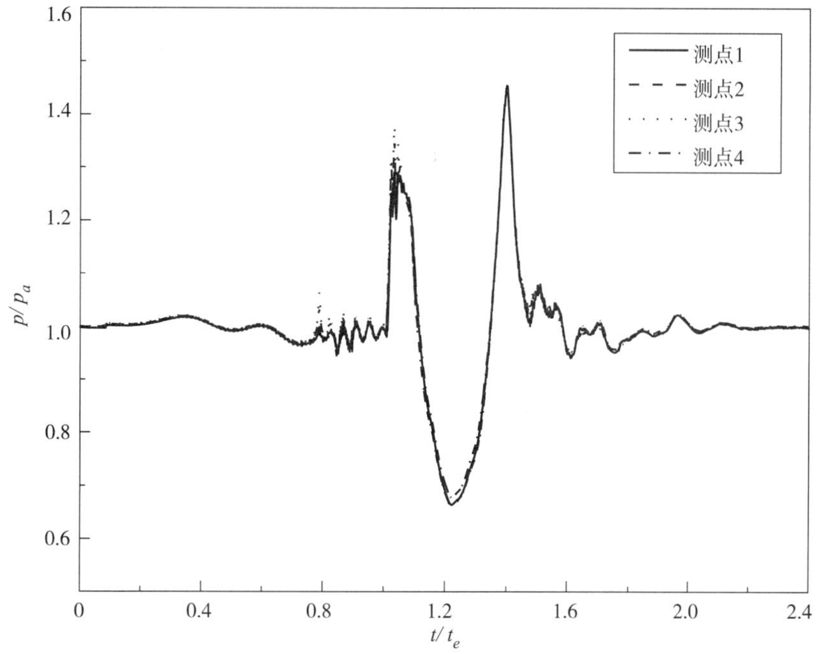

图 5.2.2　水下冷弹发射筒口测点压强变化示例

结合泡口气泡压强变化和界上附近水介质运动速度，可将水下发射筒口气泡的脉动变化过程表示为如图 5.2.3 所示的状态。

①扰动压强大于环境压强，两相界面向气泡扩张方向运动，测点压强开始下降，如图 5.2.3（a）所示。可将其定义为“压力膨胀”。

②扰动压强与环境压强平衡，但受海水运动惯性影响，两相界面继续向气泡扩张方向运动，测点压强持续降低，如图 5.2.3（b）所示。可将其定义为“膨胀压强平衡状态”。

③由于扰动压强小于环境压强，界面扩张速度逐渐减小至零值，此时测点压强达到最小值，如图 5.2.3（c）所示。可将其定义为“惯性膨胀”。

④由于环境压强大于扰动压强，两相界面开始向气泡缩小方向运动，测点压强开始增加，如图 5.2.3（d）所示。可将其定义为“压力收缩”。

⑤扰动压强与环境压强再次平衡，但受水运动惯性影响，气泡继续缩小，压强持续增加，如图 5.2.3（e）所示。可将其定义为“收缩压强平衡状态”。

⑥由于扰动压强大于环境压强，界面缩小速度逐渐减小至零值，此时测点压强再次达到最大值，如图 5.2.3（f）所示。可将其定义为“惯性收缩”。

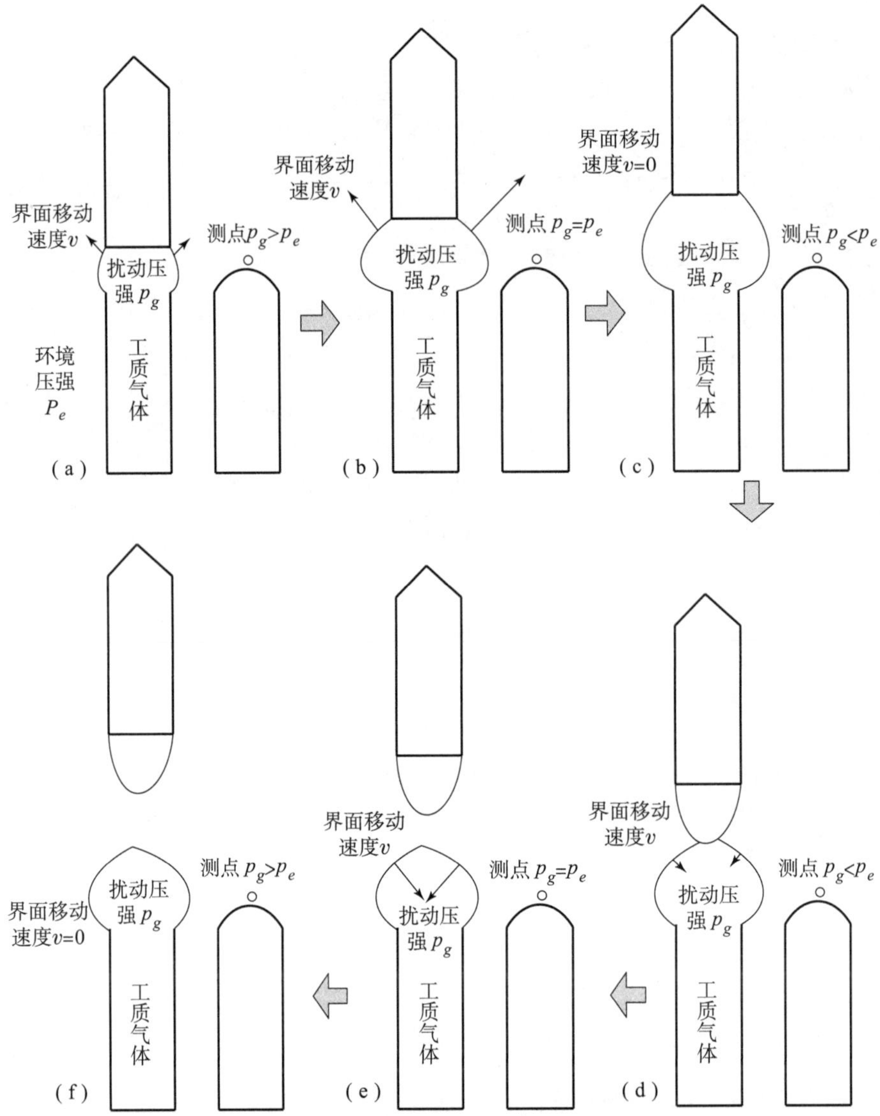

图 5.2.3　筒口气泡发展变化过程示意

（三）横流载荷及横向动力学响应

潜载武器水下发射时，往往伴随着载体及海洋洋流的运动。在研究或应用过程中，将与武器发射方向显著不同的流动称为横向流或横流，受其影响，武器在发射离筒过程中会受到明显的横向载荷作用，在使发射弹道产生偏转的同时，弹体典型截面产生较大弯矩，对弹体刚强度产生显著影响。

水下发射不但包含着气液多相流动耦合，也包含着流体与运动结构间的耦合。图 5.2.4 给出了潜载武器在不同横流速度下发射时的流场和弹体位置姿态响应。可以看出，在横流速度为 0 kn[①] 时，弹体姿态变化很小，气泡分布也近似呈对称状态；随着横流速度增加，弹体

---

① 1 kn = 1.852 km/h。

横向转角显著增加，气泡也向横流下游方向偏移。

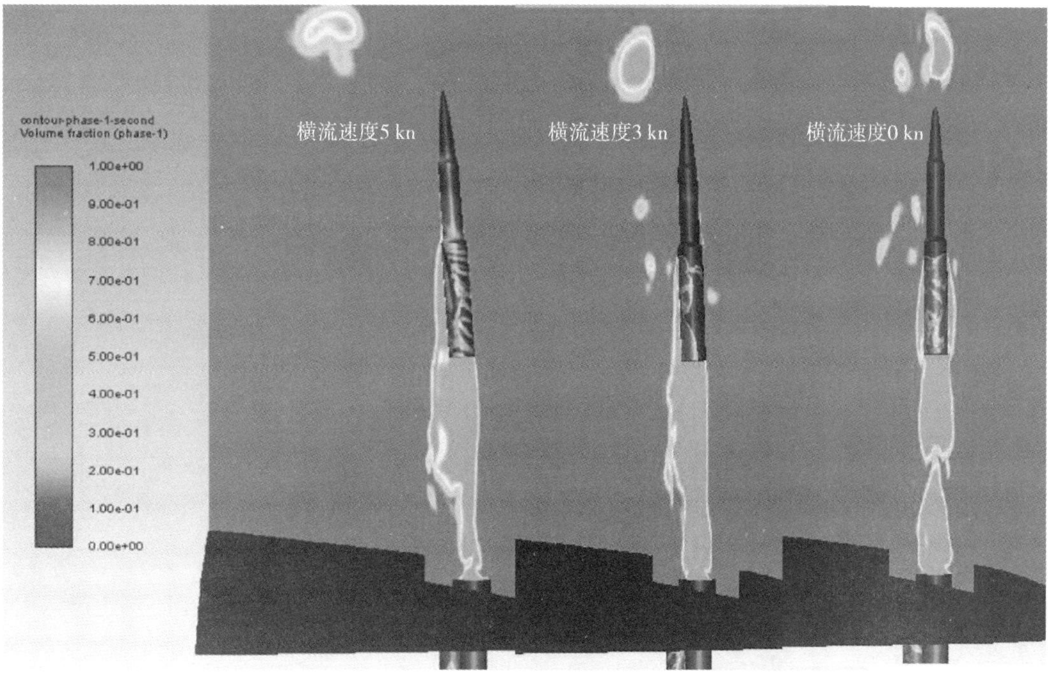

图 5.2.4　不同横流条件下的气泡及弹道响应示例

（四）水流倒灌与“水锤”效应

水下武器发射，尤其是垂直发射后，受发射筒内外压差及密度差影响，大量水介质倒灌进入发射筒。某些状态下倒灌水流在发射筒内产生显著的冲击作用，被称为发射筒的“水锤”冲击，不但对发射筒内部结构或设备产生影响，而且对载体升沉也会产生一定的影响。

在水下发射过程中，水流倒灌状态受多种因素影响，包括发射筒尺寸、筒内气体状态、筒口结构以及横流速度等。图 5.2.5 给出了采用不同模型计算获得的水流倒灌状态。其中，图 5.2.5（a）所示水流倒灌速度快，冲击效应显著，筒内液体充满时间较快；图 5.2.5（b）所示水流倒灌较为缓慢，冲击作用不太明显，筒内液体充满液体时间慢。

在工程应用中，为估算“水锤”冲击载荷，有时参考液压冲击计算方法估计水流冲击至发射筒底部时产生的压强载荷，即

$$p = p_0 + \alpha\rho c v \tag{5.2.1}$$

式中，p_0 表示涌入水流冲击前发射筒内气体压强；ρ 为水密度；c 为水中压缩波传播速度，可近似为水中的声速；v 为海水抵达发射筒底部时的速度；α 为修正系数。利用不可压缩流体的伯努利方程，可近似地将海水抵达发射筒底部时的速度表示为

$$v = \sqrt{2\left(\frac{\Delta p}{\rho} + gh\right)} \tag{5.2.2}$$

式中，Δp 为发射筒内外压力差；h 为发射筒长度；g 为重力加速度。对液压系统这类整个

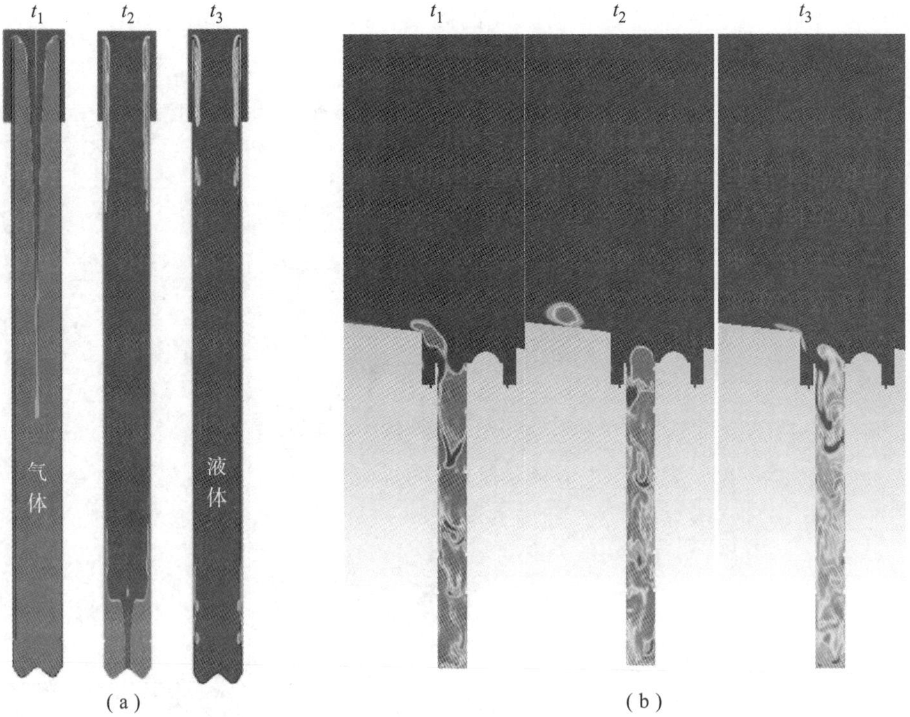

图 5.2.5 不同状态下的水流倒灌状态示例

(a) 大口径简化发射筒内的水流倒灌状态；(b) 中口径考虑筒口结构的水流倒灌状态

管路充满液体的冲击问题，修正系数 α 反映的是冲击波传递时间与阀件关闭时间之间的比例关系；而对于发射筒中倒灌水流的冲击问题，该系数主要反映筒内水气掺混作用状态的影响。针对不同的发射筒结构，该系数具有不同的取值，需要通过大量实验和数值分析加以确定。

5.2.2 气液多相流与水汽相变模型

水下发射涉及的流动状态既是一个包含计算域变化的非定常流动，也是包含气液多相介质的多相流动。关于计算域变化的非定常流动模型，在前文已做介绍，这里不做赘述。

对于水下发射这类气液多相流动以及包含的传热传质效应，通常采用气液多相流模型进行流动和传热过程模拟，并引入水汽相变模型考虑相间传质过程。发射过程中的气液多相流动一般采用欧拉－欧拉方法进行处理。该方法把各相当作互相贯穿的连续相，由于一相的体积不能被其他相占据，因此引入了相的体积分数概念。每一相的体积分数被认为是时间和空间的连续函数，各相的体积分数和为 1。每一相的守恒方程组通过推导可以获得一套方程组，对于每一相而言，这些方程具有相似的结构。需要注意的是，对于多相流模型的封闭问题，目前还在继续研究中，尚缺少统一的处理方法。在多相流中，通用输运方程可写为

$$\frac{\partial(\alpha\rho\phi)}{\partial t} + \nabla\cdot(\alpha\rho u\phi) = \nabla\cdot\overline{\overline{\tau}} + S_\phi \tag{5.2.3}$$

式中，ϕ 为各相物理量或混合物变量；α 为相体积分数，对于混合物，$\alpha = 1$；ρ 为各相密度或

混合物密度；u 为各相速度或混合物速度；$\nabla\cdot\bar{\bar{\tau}}$ 为扩散项；S_ϕ 为源项。

依据对模型方程的不同处理形式，目前常用的欧拉－欧拉多相流模型有三种，分别为 VOF 模型、混合（Mixture）模型以及欧拉（Eulerian）模型。

（一）VOF 模型

VOF 模型依赖于两种或多种流体（或相）互不渗透这一事实。它是将界面追踪技术应用到固定的欧拉网格的一种两相流方法，被设计用来模拟不能混合的两相或多相流体之间的界面追踪。在 VOF 模型中，多相之间共用一个动量方程组，在整个计算域中需要计算每一个网格内各相的体积分数。

VOF 模型通过求解一相或多相体积分数的连续性方程，并通过各相体积分数追踪各相之间的界面。而动量方程和能量方程由各相共享，并由混合物的物性参数来表示各相体积分数的作用。基本控制方程包括：

（1）体积分数方程

$$\frac{\partial}{\partial t}(\alpha_q\rho_q) + \nabla\cdot(\alpha_q\rho_q\boldsymbol{u}_q) = S_{\alpha_q} + \sum_{p=1}^{n}(\dot{m}_{pq} - \dot{m}_{qp}) \tag{5.2.4}$$

（2）动量方程

$$\frac{\partial}{\partial t}(\rho\boldsymbol{u}) + \nabla\cdot(\rho\boldsymbol{u}\boldsymbol{u}) = -\nabla p + \nabla\cdot[\mu(\nabla\boldsymbol{u} + \nabla\boldsymbol{u}^{\mathrm{T}})] + \rho\boldsymbol{g} + \boldsymbol{F} \tag{5.2.5}$$

（3）能量方程

$$\frac{\partial}{\partial t}(\rho E) + \nabla\cdot(\boldsymbol{v}(\rho E + p)) = \nabla\cdot(k_{\mathrm{eff}}\nabla T) + S_h \tag{5.2.6}$$

体积分数方程中，下标 q 表示第 q 相；α_q 为第 q 相体积分数；$\dot{m}_{qp}$ 和 $\dot{m}_{\alpha q}$ 为从 q 相到其他相的质量传输（相变）。默认情况下，方程右端的源项 S_{α_q} 为零。

模型中的物性参数表示为 $\phi = \sum\alpha_q\phi_q$，而对于能量 E 和温度 T，可采用质量平均的变量，如

$$E = \frac{\sum_{q=1}^{n}\alpha_q\rho_q E_q}{\sum_{q=1}^{n}\alpha_q\rho_q} \tag{5.2.7}$$

需要注意的是，为依据体积分数获得各相界面，并由此处理控制体积面上的对流和扩散能量，可以采用不同的处理格式。常用的格式包括几何重建格式和施主－受主格式，如图 5.2.6 所示。

几何重建格式用折线代表流体之间的界面，精度较高。该格式假定相间的界面在每个单元内有线性斜率，并用此线性斜率计算流体通过控制体界面的对流通量。当控制体内完全充满一相时，采用标准插值格式获得控制体界面上的通量；当控制体位于两相的界面附近时，采用几何重建格式处理。

施主－受主格式相界面方向取决于控制体内以及相邻单元中该相的体积分数梯度的方向，相界面的方向或者为水平，或者为竖直。当控制体完全被同一相充满时，采用标准的插值格式获得控制体界面通量；当控制体位于两相的界面附近时，采用施主－受主格式确定对流通量。该格式将一个控制体识别为来自一相的一定量流体的施主，另一个相邻控制体为等

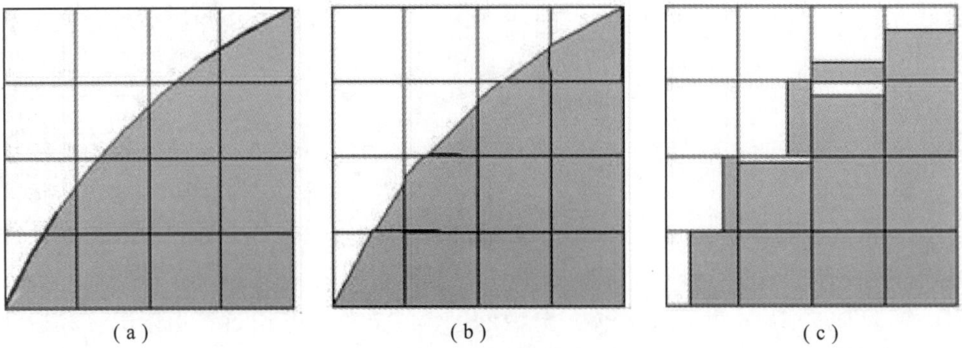

图 5.2.6　界面重构方法

(a) 实际的相间界面形状；(b) 几何重建格式重建的界面形状；(c) 施主 – 受主格式的界面

量流体的受主。来自一相可通过控制体边界的流体的量受到施主控制体中所充体积和受主单元空余体积这两个值中较小者限制。

（二）混合（Mixture）模型

混合模型是一种简化的多相流模型。混合模型模拟的多相流中，各相以不同速度运动，但在局部空间尺度是平衡的，相间耦合较强。混合模型允许各相相互穿插，在一个控制容积内，任意相的体积分数可以取 0 ~ 1 之间的任意值。

混合模型求解混合物的连续性方程、动量方程、能量方程及次要相体积分数方程、相对速度的代数表达式来模拟多个相的运动。其基本方程可表示为：

（1）混合物连续性方程

$$\frac{\partial}{\partial t}(\rho_m) + \nabla\cdot(\rho_m \boldsymbol{u}_m) = 0 \tag{5.2.8}$$

（2）混合物动量方程

$$\frac{\partial}{\partial t}(\rho_m \boldsymbol{u}_m) + \nabla\cdot(\rho_m \boldsymbol{u}_m \boldsymbol{u}_m) = -\nabla p + \nabla\cdot[\mu_m(\nabla \boldsymbol{u}_m + \nabla \boldsymbol{u}_m^{\mathrm{T}})] + \rho_m \boldsymbol{g} + \boldsymbol{F} + \nabla\cdot\left(\sum_{k=1}^{n} \alpha_k \rho_k \boldsymbol{u}_{dr,k} \boldsymbol{u}_{dr,k}\right) \tag{5.2.9}$$

（3）混合物能量方程

$$\frac{\partial}{\partial t}\sum_{k=1}^{n}(\alpha_k \rho_k E_k) + \nabla\cdot\sum_{k=1}^{n}[\alpha_k \boldsymbol{v}_k(\rho_k E_k + p)] = \nabla\cdot(k_{\mathrm{eff}}\nabla T) + S_E \tag{5.2.10}$$

（4）次要相体积分数方程

$$\frac{\partial}{\partial t}(\alpha_p \rho_p) + \nabla\cdot(\alpha_p \rho_p \boldsymbol{u}_m) = -\nabla\cdot(\alpha_p \rho_p \boldsymbol{u}_{dr,p}) + \sum_{q=1}^{n}(\dot{m}_{qp} - \dot{m}_{pq}) \tag{5.2.11}$$

式中，下标 m 表示混合物；下标 p 表示次要相；$\boldsymbol{u}_{dr,k}$ 表示次要相 k 的漂移速度，表示为 $\boldsymbol{u}_{dr,k} = \boldsymbol{u}_k - \boldsymbol{u}_m$，可由一些代数模型进行计算，这里不详细介绍。

（三）欧拉模型

欧拉模型模拟对每一相使用欧拉方法描述和处理，假设各相共享相同的压力，对每一相求解连续性方程和动量方程。其基本方程表示为

（1）各相连续性方程

$$\frac{\partial}{\partial t}(\alpha_q\rho_q) + \nabla\cdot(\alpha_q\rho_q\boldsymbol{u}_q) = \sum_{q=1}^{n}(\dot{m}_{qp} - \dot{m}_{pq}) + S_q \tag{5.2.12}$$

（2）各相动量方程

$$\frac{\partial}{\partial t}(\alpha_q\rho_q\boldsymbol{u}_q) + \nabla\cdot(\alpha_q\rho_q\boldsymbol{u}_q\boldsymbol{u}_q) = -\alpha_q\nabla p + \nabla\cdot\bar{\bar{\tau}}_q + \alpha_q\rho_m\boldsymbol{g} + \boldsymbol{F} + \sum_{p=1}^{n}(R_{pq} + \dot{m}_{pq}\boldsymbol{u}_{pq} - \dot{m}_{qp}\boldsymbol{u}_{qp}) \tag{5.2.13}$$

（3）各相能量方程

$$\frac{\partial}{\partial t}(\alpha_q\rho_q h_q) + \nabla\cdot(\alpha_q\rho_q\boldsymbol{u}_q h_q) = -\alpha_q\frac{\partial p}{\partial t} + \bar{\bar{\tau}}_q\cdot\nabla\boldsymbol{u}_q - \nabla\cdot q_q + S_q + \sum_{p=1}^{n}(Q_{pq} + \dot{m}_{pq}h_{pq} - \dot{m}_{qp}h_{qp}) \tag{5.2.14}$$

式中，R_{pq} 和 Q_{pq} 分别为相间作用力和相间换热量，可选用不同表达式来处理，这里不详细介绍。

（四）水汽相变模型

对于含有水介质和高温气体的多相混合流动，受高温气体影响，液态水会产生剧烈的蒸发或沸腾，产生大量水蒸气。

在高温气体作用下，水的汽化与凝结相变是一个复杂的过程，目前尚缺少公认可行的处理方式。针对工程应用，通常可依据水的饱和温度计算水的汽化率，建立 RPI 相变模型，即当混合物温度大于水的饱和温度时，水吸收能量汽化为水蒸气；当混合物温度小于水的饱和温度时，水蒸气释放能量凝结为液态水。

（1）水汽化公式

$$\dot{m}_l = \begin{cases} -0.1\times\alpha_l\times\rho_l\times|T_l - T_{\text{sat}}|/T_{\text{sat}}, & T_m > T_{\text{sat}} \\ 0.1\times\alpha_v\times\rho_v\times|T_m - T_{\text{sat}}|/T_{\text{sat}}, & T_m < T_{\text{sat}} \end{cases} \tag{5.2.15}$$

（2）水蒸气凝结公式

$$\dot{m}_v = \begin{cases} 0.1\times V_l\times\rho_l\times|T_m - T_{\text{sat}}|/T_{\text{sat}}, & T_m > T_{\text{sat}} \\ -0.1\times V_v\times\rho_v\times|T_m - T_{\text{sat}}|/T_{\text{sat}}, & T_m < T_{\text{sat}} \end{cases} \tag{5.2.16}$$

式中，下标 l 表示液态水；下标 v 表示水蒸气；$\dot{m}_l$ 为液相的汽化率；$\dot{m}_v$ 为气相的凝结率；T_{sat} 为水的饱和温度，根据当地压强确定。

相变引起的能量源相变化率表示为 $\dot{H}_{p_i} = \dot{m}_{p_i}h_{p_i}$，$h_{p_i}$ 为 p_i 相的焓。

5.2.3　水下发射多相流场及弹道分析实例

为明确水下发射多相流场数值计算的应用流程，本节结合一筒多弹形式的水下冷弹发射，对水下发射流场及发射弹道响应进行实例分析。

（一）计算模型与设置

实例分析考察的发射系统布置在潜艇艇艏区域，由于实际潜艇结构尺寸远大于单发武器的发射装置尺寸，因此，计算分析仅需要考虑局部艇体外形，并对发射过程流动及载荷影响不大的局部结构进行适当简化。这里从简化结构模型入手，对计算模型及设置进行介绍。

（1）模型结构与计算域

计算模型主要考虑对发射流动影响较大的结构，包含部分艇壳、发射筒、筒盖及相邻位置发射筒水密膜等，如图 5.2.7 所示。计算模型主要区域为发射筒内部区域及筒外局部水域。计算域外场设置在水域环境中，在外场边界的来流、侧向、顶面及底面，依据横流条件设置为速度入口边界；在外场边界的出流位置，设置为压强出口边界；发射筒内动力装置出口设置为弹射工质的压强入口条件；模型中的结构壁面设置为无滑移绝热壁面。

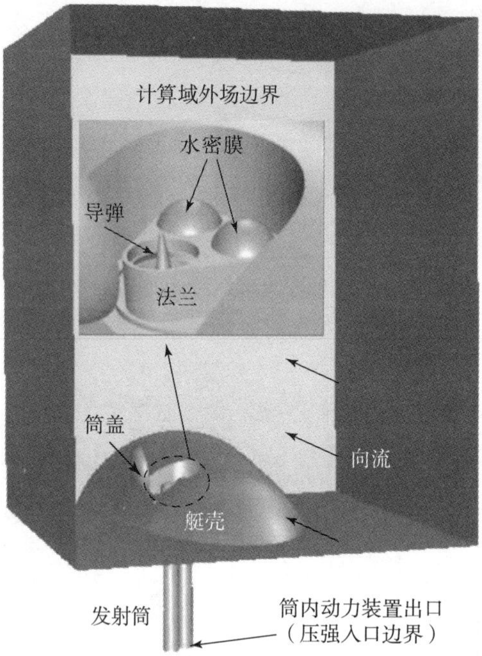

图 5.2.7　水下发射实例模型对象

（2）计算网格

计算网格采用结构化网格体系，在流动梯度较大区域，对网格进行局部加密。为模拟弹体运动，采用嵌套动网格技术将计算区域分为静域和动域。在计算过程中，发射筒内以及水域计算网格作为静域背景网格，围绕弹体的嵌套网格作为动域随弹体运动。在筒内运动阶段，围绕弹体的嵌套网格被静域边界切分，构成筒内流动计算区域。图 5.2.8 给出了计算模型中的局部网格和动、静域网格分区状态。

（3）模型及参数设置

水下发射流场计算实例采用 VOF 多相流模型，并采用雷诺平均方法进行求解，利用可实现 $k-\varepsilon$ 模型封闭湍流输运项。

值得注意的是，水下发射分析模型中，环境压强随水深的变化明显，对流动状态存在显著影响，因此需要结合水深条件将外场边界上的压强按如下方式定义

$$p = p_e + \rho_w g(H + y)$$

式中，p_e、ρ_w、H 分别为海平面大气压强、水密度以及发射水深。图 5.2.9 给出了依据水深环境定义的发射初期压强分布云图，可以看出压强随水深的变化情况。

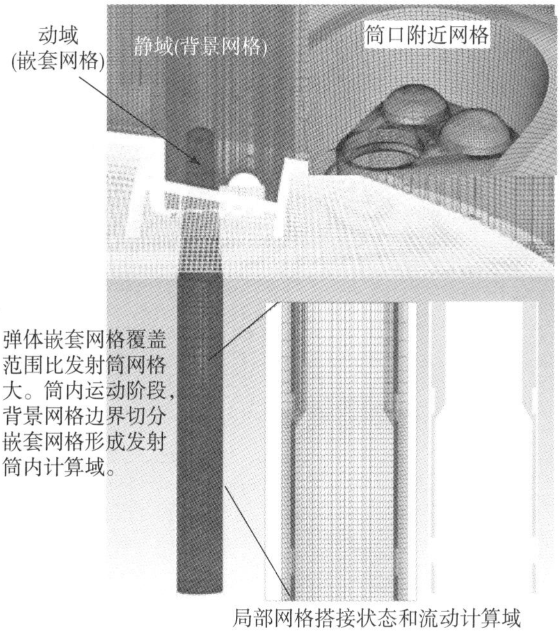

图 5.2.8　动域、静域及局部网格示意

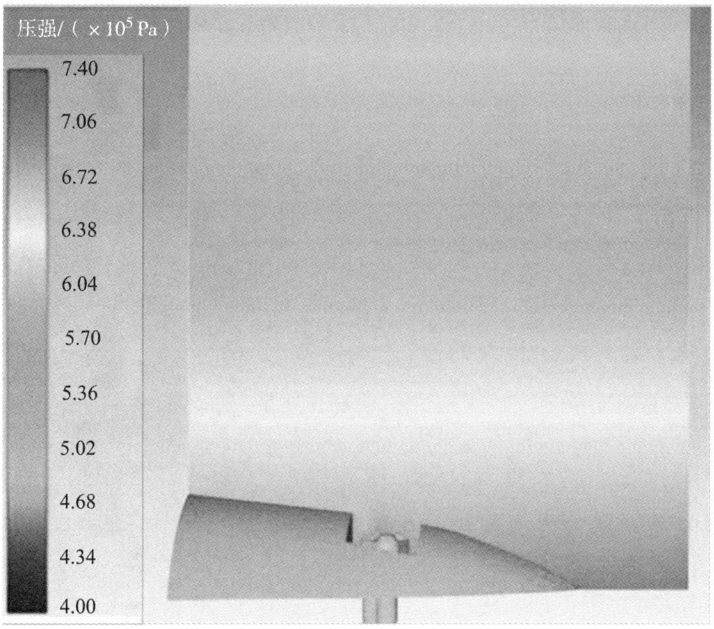

图 5.2.9　实例模型发射初期压强分布状态

（4）计算分析流程

在实例分析中，为考察弹体在横流向作用下的姿态变化，除考虑流体作用载荷外，还需要考虑发射装置中支承导向结构及密封结构等变形产生的作用载荷。发射过程中的结构变形载荷结合弹体位置姿态以及实验获得的结构变形响应载荷曲线确定，并采用如图 5.2.10 所示流程进行流动、结构变形载荷及弹道响应的耦合计算。

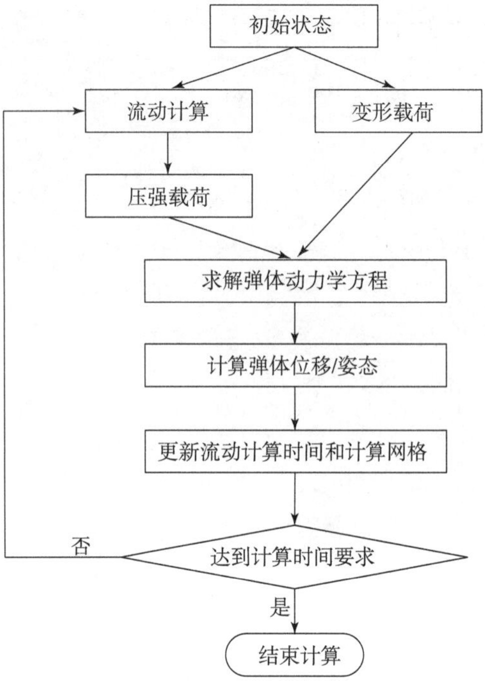

图 5.2.10　水下发射流动及弹道响应耦合计算流程

（二）实例模型结果

利用高性能计算平台对实例模型进行求解计算，可获得水下发射典型时刻流场参数分布状态、关注区域流动参数及载荷变化情况以及发射弹道响应参数等。这里分别结合多相流场分布、关注位置载荷变化以及弹道响应等，对实例计算结果进行分析。

（1）气液多相流动状态

水下发射气液多相流场计算过程中，理论上能够获得每个计算时间步长的流场分布状态。为减少存储量，通常只需要保存关注时间点上的流场结果。图 5.2.11 给出了发射过程中三个典型时刻的气相体积分数分布情况。可以看出在弹体运动过程中筒内原有气体和弹射工质气体流出及其在横流作用下形成的气泡形态，也可看出弹体在横流作用下产生的横向姿态偏转。

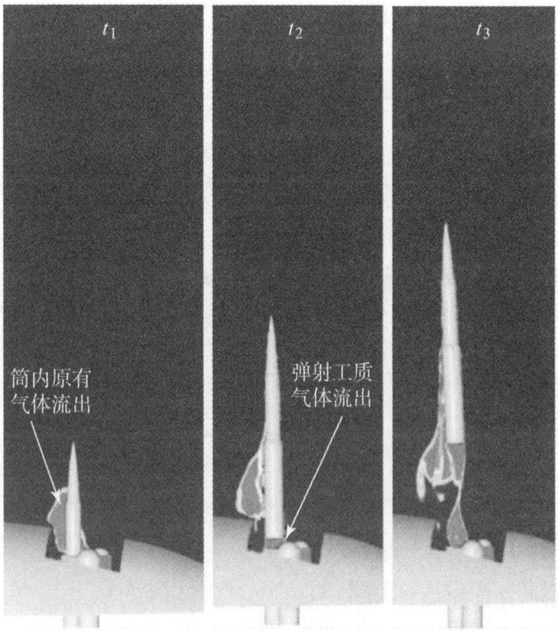

图 5.2.11　典型时刻弹体运动与气体分布云图

（2）关注区域载荷变化

水下发射过程中，通常关注多种类型的载荷状态，如作用在发射筒及相邻设备表面的载荷状态，其主要影响发射装置及周围设备安全；作用在弹体表面的横流载荷，其主要影响初始弹道响应；横流与支承导向结构共同作用下产生的弹体典型截面弯矩，其主要影响弹体刚强度；等等。

图 5.2.12 给出了计算获得的筒盖内表面测点压强、运动弹体表面迎气面测点压强以及弹体中部横截面承受的横向弯矩等随时间的变化曲线。筒盖表面测点位于计算网格的静域中，可直接通过指定坐标确定测点位置；弹体表面测点位于计算网格的动域中，测点位置随弹体运动，需要在计算过程中结合弹体位置及姿态变化实时更新；弹体中部横截面最大弯矩由弹体表面压强载荷相对考察截面求矩后积分获得。

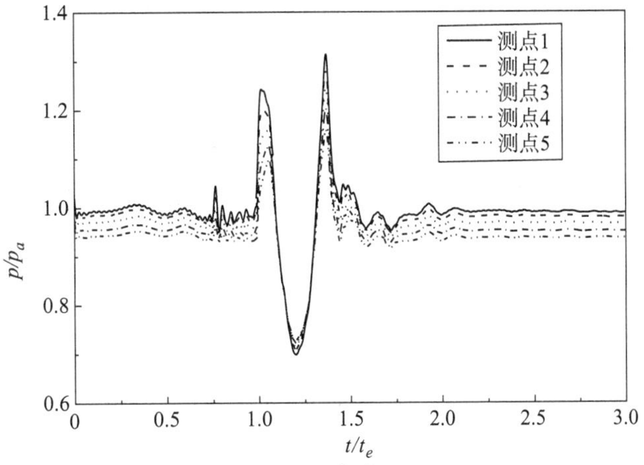

(a)

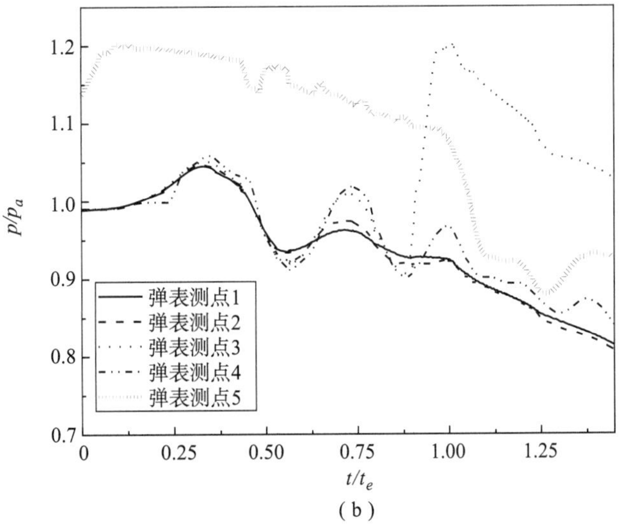

(b)

图 5.2.12　典型载荷变化曲线

(a) 筒盖内表面测点压强；(b) 运动弹体表面迎气面测点压强

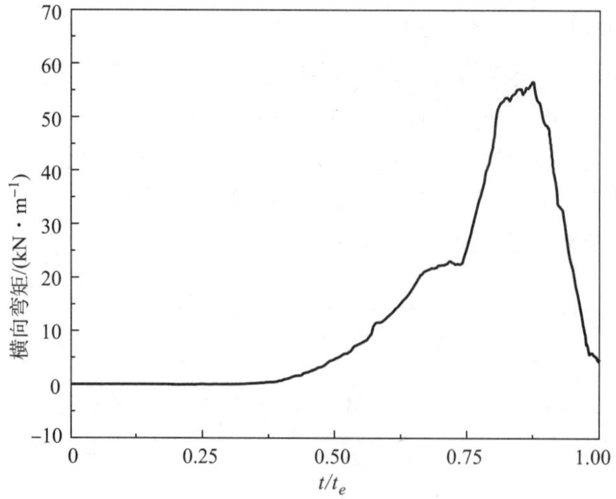

(c)

图 5.2.12　典型载荷变化曲线（续）

（c）弹体中部横截面承受的横向弯矩

从图中可以看出，弹体在筒内运动阶段，筒盖内侧压强呈小幅震荡；弹体离筒瞬间，高压工质气体与水环境相互作用，产生显著的气泡脉动载荷。由于筒盖内侧测点所处水深不同，测点平均压强有所不同；此外，由于测点至筒口气泡的距离存在差异，受与距离有关的压强载荷传播衰减影响，测点压强脉动幅值同样出现差异。

图 5.2.12（b）中弹表测点 1～5 沿弹体头部区域向尾部区域依次布置，可以看出弹表压强变化具有如下特征：弹体头部附近测点 1、测点 2 压强在弹体运动初期受到筒内气体流出与水环境相互作用引起的压强波动影响，呈振荡变化规律；随着运动距离增加，测点对应水深减小，相应的测点压强降低。弹体表面测点 3 位于弹体中部收缩段向圆柱段过渡区域附近，弹体运动速度对其影响较为显著。在该测点与水环境直接接触前，其变化状态与筒口附近压强振荡状态相一致；在该测点与水环境接触后，主要受弹体速度引起的动压头影响，即弹体速度越快，压强载荷越大。中部测点 4 的压强变化规律与上部测点的变化规律类似，即在受到筒口压强载荷影响的同时，也会受到水深环境的影响。下部测点 5 位于弹体尾部，在弹体离筒前主要反映筒内工质气体压强，压强显著高于其他测点；在弹体离筒后，该测点受到筒口气泡的影响也较为明显。此外，测点经过气密环时，无法直接获得该测点压强状态，计算时采用未被气密环遮挡的相邻位置压强替代该测点压强，导致部分测点压强出现小幅方形或锯齿形波动。

由于弹体离筒后支承导向结构对弹体的约束解除，弹体内部弯矩不再是弹体结构载荷关注的重点，因此，图中给出的弹体中部截面最大弯矩只考虑弹体筒内运动阶段的变化情况。可以看出，随着弹体离筒长度增加，受到横向流的作用面积增加，特征截面弯矩逐渐增加，在弹体尾部与最后一组支承导向结构分离瞬间达到最大值。

（3）发射弹道响应

通过对实例模型的求解计算，可以获得弹体沿三个方向的位移、速度和载荷变化情况，也可获得弹体沿三个转动方向的转角、角速度和角加速度变化情况。这里仅结合图 5.2.13

给出的弹体沿横向的转角和角速度变化，分析横流作用对发射弹道的影响。

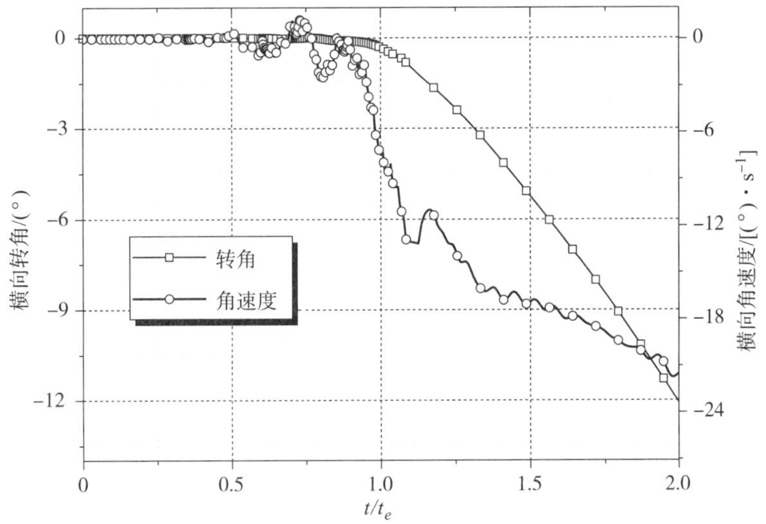

图 5.2.13　弹体横向转角和角速度变化

从图中可以看出，在弹体弹射运动初期，弹体受到的横向扰动较小，在支承结构作用下，姿态变化很小。在弹体离筒时刻一半左右，弹身离筒尺寸增加，横向流作用加强，弹体在横向流和支承结构共同作用下出现较明显的速度振荡。在弹体离筒初期，横向流的作用仍然集中在弹体上部，因此姿态角速度持续增加。在 1.15 倍离筒时刻左右，受筒口气泡载荷影响，弹体角速度出现显著波动，此后随着弹体继续运动，角速度的增幅逐渐减小。可见导弹水下弹射过程中，弹体姿态角的影响因素可分为两个阶段：一是支承结构作用下的筒内运动阶段，此阶段弹体受到横向流作用和支承结构约束，弹体姿态角变化较小，姿态角速度会出现振荡变化；二是弹体离筒后的横向流和筒口气泡共同作用阶段。

5.3　含粒子效应及复燃反应的喷焰流场分析

5.3.1　喷焰流动中的粒子效应及计算模型

为保证推进剂的稳定燃烧并提高发动机推力性能，火箭发动机推进剂中往往加入多种金属粉末。在发动机工作过程中，这些金属粉末燃烧后生成的大量金属氧化物组分掺混在燃气流中，经喷管流动及喷焰流动降温后形成大量粒子产物，对喷焰流动及辐射效应产生显著影响，也会冲击、附着在物体表面而产生侵蚀或烧蚀作用。因此，喷焰流动中的粒子状态及作用效应一直是发射气体动力学研究的重要内容。本节主要从常见喷焰粒子的物理特性出发，对粒子特征及计算分析方法进行介绍。

（一）常见金属氧化物粒子特征

依据推进剂中加入的金属粒子不同，喷焰流动中包含的金属氧化物也有所差异。表 5.3.1 列出了几种喷焰中常见金属氧化物的物理特性。一般情况下，火箭发动机燃烧室温度较高（可达 2 000 ~3 500 K），金属粒子燃烧后生成的氧化物在燃烧室中多以凝聚液相存在。

这些金属氧化物液滴在喷管流动中，温度逐渐降低，当温度降到其熔点时，它们开始由液相转变为固相颗粒。

表 5.3.1　某些氧化物的物理特性

氧化物	相对分子质量	熔点/K	密度/$(g\cdot cm^{-3})$		熔解热/$(kJ\cdot kg^{-1})$	沸点/K	汽化热/$(kJ\cdot kg^{-1})$
			固体	液体			
Al_2O_3	101.96	2 318	3 960	3 060	1 149.7	3 800	12.44
BeO	25.013	2 843	3 010	2 560	2 845.3	4 530	34.98
MgO	40.31	3 075	3 580	—	1 920.8	3 350	5.06

喷焰中氧化物颗粒的形状与其形成过程密切相关，火箭发动机中的大部分氧化物颗粒在燃烧室中会经历液态过程，在表面张力作用下呈球形，因此可近似认为在喷管流动及喷管外流动中，颗粒形状为球形。

颗粒尺寸分布是颗粒相最重要的特性。由于颗粒尺寸的不均匀性，一般采用统计方法描述颗粒尺寸分布状态，目前通常采用的有按粒径的颗粒数分布密度和按粒径的颗粒质量分布密度两种方法。

对于按粒径的颗粒质量分布密度，首先将颗粒半径变化范围分成若干区间 Δr_{pi}，再统计各个颗粒半径区间的颗粒质量分数 ε_{Mi}，由各颗粒半径区间的平均半径 $\bar{r}_{pi}$ 和对应的颗粒质量分数 ε_{Mi} 所形成的分布，称为颗粒质量分数按颗粒半径的离散分布密度。以离散分布密度除以颗粒半径区间，当颗粒半径区间很小时，可得到连续分布密度

$$f_m = \frac{\mathrm{d}M}{M_p\mathrm{d}r_p} \tag{5.3.1}$$

式中，f_m 为按粒径的颗粒质量连续分布密度；$\mathrm{d}M$ 为颗粒半径区间 $\mathrm{d}r_p$ 上颗粒的质量；M_p 为颗粒相总的质量。在颗粒半径 r_{pi} 和 r_{pi+1} 之间，有

$$\int_{r_{pi}}^{r_{pi+1}} f_m\mathrm{d}r_p = \frac{\Delta M_i}{M_p} \tag{5.3.2}$$

$$\int_{r_{p\min}}^{r_{p\max}} f_m\mathrm{d}r_p = 1 \tag{5.3.3}$$

大量实验和研究表明，对于含铝复合推进剂配方中采用铝粉单粒度分布，即粒子只具有一种平均尺寸的粒度分布，燃烧产物中 Al_2O_3 颗粒的直径分布为对数正态分布；对于含铝复合推进剂配方中采用铝粉双粒度分布，即所谓的双级配：一部分粒子具有较小平均尺寸的粒度分布，一部分具有较大平均尺寸的粒度分布，燃烧产物中 Al_2O_3 颗粒的直径分布为双峰分布。

多数情况下，发动机燃烧后 Al_2O_3 颗粒直径在 0.1～100 μm 范围内，为简化计算，有时需要采用颗粒平均尺寸，把多分散颗粒的两相流动简化为单分散的两相流动。Hermsen 综合分析了多年从固体火箭发动机羽流中得到的 Al_2O_3 颗粒尺寸分布数据，得出下面计算颗粒平均尺寸的经验公式

$$\bar{r}_{p43} = 11.484\,7 r_t^{0.293\,2}[1 - \exp(-0.081\,6\times10^{-8}\varepsilon_m p_c \tau)] \tag{5.3.4}$$

式中，r_t 为喷喉半径；p_c 为燃烧室压强；ε_m 为颗粒在燃烧室中的质量分数；τ 为颗粒在燃烧室中的平均停留时间。

（二）喷焰流动中的颗粒受力

在含有气相和粒子的流动中，气体和颗粒往往具有不同的速度，因此，颗粒和气体之间存在相互作用力。

颗粒做匀速运动时，在与浸入介质相对速度（$u-u_p$）方向上的相互作用力叫作阻力。在笛卡尔坐标系下，单位质量颗粒所受的阻力表示为

$$F_D = \frac{18\mu}{\rho_p d_p^2}\frac{C_D Re}{24}(u-u_p) \tag{5.3.5}$$

式中，u 为流体速度；u_p 为颗粒速度；μ 为流体动力黏性系数；ρ_p 为颗粒密度；d_p 为颗粒直径；C_D 为阻力系数；Re 为颗粒雷诺数，其定义为

$$Re = \frac{\rho d_p |u_p - u|}{\mu} \tag{5.3.6}$$

其中，ρ 为流体密度。

针对方程中的阻尼系数 C_D，很多科学家在实验基础上给出了在一定范围内的计算公式。对于含固体颗粒的喷焰流动，绝大部分 Re 都大于 1，气相克努森数 Kn 也大于 0.01，而流动中燃气速度的马赫数大多大于 0.4，因此燃气流是可压缩的。在这种情况下，计算气固两相燃气流动用的阻力系数公式应包含有惯性力、稀薄效应和可压缩性这 3 项影响，通常采用 Carlson 和 Hoglund 提出的公式

$$C_D = \frac{24}{Re}\left\{\frac{(1+0.15Re^{0.687})\left[1+\exp\left(-\frac{0.427}{Ma^{4.63}}-\frac{3}{Re^{0.88}}\right)\right]}{1+\frac{Ma}{Re}\left[3.82+1.28\exp\left(-1.25\frac{Re}{Ma}\right)\right]}\right\} \tag{5.3.7}$$

此外，作用在颗粒上的力还有视质量力、Basset 加速度力、流体不均匀力以及温度梯度所产生的力等，这些力对颗粒宏观运动状态的影响较小，这里不做讨论。

（三）颗粒的热量交换

当固体颗粒与气体温度不同时，它们之间存在热量传递，而且以对流传热方式为主。半径为 r_p 的颗粒在单位时间内通过表面传给流体的热量为

$$Q = -4\pi r_p^2 (T_f - T_p) h \tag{5.3.8}$$

式中，h 为对流换热系数；h 通常根据相似准则努谢尔数来计算：$Nu = \frac{2r_p h}{k_f}$，其中，k_f 为气体的导热系数。

在喷管流动与燃气射流中，颗粒与气体温度差别较小，颗粒可作为完全浸没于气体中的球形颗粒，采用 Nu 的经验公式

$$Nu = 2 + 0.459Re^{0.55}Pr^{0.33},\ 1 < Re < 7\times10^4 \tag{5.3.9}$$

式中，Pr 为普朗特数。该式也可写成 $Nu = Nu_s g(Re)$，其中，Nu_s 为斯托克斯努谢尔数，$Nu_s = 2$；$g(Re)$ 为考虑惯性项的修正因子，可表示为 $g(Re) = 1 + 0.229\,5Re^{0.55}Pr^{0.33}$。

在实际应用中，在计算颗粒与气体间的传热时，有时还需要考虑湍流效应、稀薄效应以及颗粒热辐射等一些影响颗粒传热的因素。

（四）稀疏气粒两相流的颗粒轨迹模型

有的情况下，粒子产物在喷焰中的质量含量能够达到 30%，但由于颗粒密度远大于气

体密度，颗粒在射流中的体积分数不足 1%，因此，含颗粒的喷焰流动一般被作为稀薄气粒两相流，采用颗粒轨迹模型进行气固两相计算，很少采用将粒子近似为稠密相的多流体模型方法。

（1）颗粒相控制方程

采用颗粒轨道模型描述气固两相流时，把颗粒相看作是离散介质，在拉格朗日坐标系中描述。燃气流场中颗粒相在拉格朗日坐标系下的方程为

$$\frac{\mathrm{d}u}{\mathrm{d}t} = \frac{1}{\tau_{rp}}(u - u_p) = F_D \tag{5.3.10}$$

$$m_k c_k \frac{\mathrm{d}T_k}{\mathrm{d}t} = hA_k(T - T_k) \tag{5.3.11}$$

式中，τ_{rp} 为颗粒弛豫时间，可表示为 $\tau_{rp} = \frac{\rho_{pm} d_p^2}{18\mu}\frac{C_D Re}{24}$；$F_D$ 为对应坐标方向上的颗粒受力；m_k、c_k、T_k 分别表示单个颗粒的质量、比热容和温度；h 表示对流换热系数；A_k 表示单个颗粒表面积。

（2）颗粒轨迹计算

当采用颗粒轨迹法计算固体颗粒时，通常依据颗粒的粒径将其离散为多组不同粒径的颗粒，并依据按粒径的颗粒质量分布密度设定每组颗粒的质量流率。在完成分组后，可通过求解颗粒相的控制方程获得其轨迹和温度。

由于颗粒相控制方程是一组常微分方程，可采用数值积分方法求解。积分中可选取较小的时间步长 Δt，则可以设在此小的时间步长 Δt 内颗粒速度弛豫时间保持不变。于是可得到在该积分时间步长上颗粒相动量方程的近似解分别为：

$$u_k = u + (u_{k,\mathrm{old}} - u)\exp^{-\frac{\Delta t}{\tau_{rk}}} \tag{5.3.12}$$

式中，下标 k 表示第 k 组颗粒；下标含有 old 的表示积分初始时刻颗粒的速度分量与位置。

当考虑在积分时间步长内颗粒速度弛豫时间变化时，可以用四阶龙格－库塔法积分颗粒的动量方程，可以用函数 f 表示动量方程的右端表达式，下一时刻未知的速度用 y 表示。

$$y_{n+1} = y_n + \frac{\Delta t}{6}(k_1 + 2k_2 + 2k_3 + k_4) \tag{5.3.13}$$

$$k_1 = f(y_n);k_2 = f\left(y_n + \frac{1}{2}\Delta t k_1\right);k_3 = f\left(y_n + \frac{1}{2}\Delta t k_2\right);k_4 = f(y_n + \Delta t k_3)$$

颗粒在空间运动的轨道需要求解下述微分方程得到

$$\frac{\mathrm{d}x_k}{\mathrm{d}t} = u_k \tag{5.3.14}$$

对上述颗粒轨道方程可采用欧拉数值积分法求解。若积分时间步长为 Δt，则可得到颗粒轨道的空间位置为

$$x_k = x_{\mathrm{old}} + \frac{1}{2}(u_{k,\mathrm{old}} + u_k)\Delta t;\ y_k = y_{\mathrm{old}} + \frac{1}{2}(v_{k,\mathrm{old}} + v_k)\Delta t$$

积分步长 Δt 可选取为 $0.1\tau_p$ 或 $0.1\min\left\{\frac{\Delta x}{\mathrm{abs}(u + u_k)}\right\}$。

（3）颗粒湍流扩散

沿着颗粒轨道，在积分计算过程中，颗粒轨道方程中的流体速度为瞬时速度 $\bar{u} + u'$，这

样就可以考虑颗粒的湍流扩散。这里流体瞬时速度可表示为

$$u' = \zeta\sqrt{\overline{(u')^2}} = \zeta\sqrt{2k/3} \tag{5.3.15}$$

式中，ζ 为服从正态分布的随机数；k 为湍流模型的湍动能。

（4）颗粒轨道计算边界条件

在需要加入颗粒的计算域入口处给出颗粒的初始粒径、颗粒初速度的大小和方向、颗粒温度以及颗粒加入率。

在计算过程中，如果颗粒运动到计算域出口，则停止轨道计算；如果颗粒运动到轴对称边界、面对称边界，则采用滑移边界条件处理，即沿边界切向的速度不变，更改沿边界法向的速度符号。如果颗粒到达壁面，按碰撞关系得到碰撞后的速度方向和大小，碰撞前后可采用 Tabakoff 提出的如下经验关系式

$$\frac{V_2}{V_1} = 1 - 2.03\beta_1 + 3.32\beta_1^2 - 2.24\beta_1^3 + 0.472\beta_1^4 \tag{5.3.16}$$

$$\frac{\beta_2}{\beta_1} = 1 + 0.409\beta_1 - 2.52\beta_1^2 + 2.19\beta_1^3 - 0.531\beta_1^4 \tag{5.3.17}$$

式中，V_1 和 V_2 分别代表颗粒碰撞前和碰撞后的速度。图 5.3.1 给出了颗粒与下壁面碰撞后速度方向的变化情况，其中，β_1、β_2 是碰撞速度与壁面间的角度；下标 1、2 代表碰撞前和碰撞后的状态；α 为碰撞面与 x 轴之间的夹角。

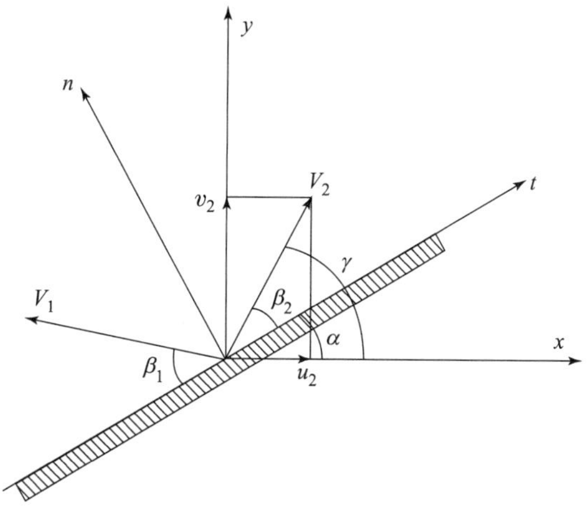

图 5.3.1　颗粒与下壁面碰撞后的速度变化示意图

（5）两相耦合求解

为获得颗粒相和气相的耦合作用，需要在气相计算的基础上与颗粒相计算耦合求解。

耦合求解气固两相流的颗粒轨道模型，一般要先对连续相流场进行计算，获取连续相流场结构；然后在连续相流场中加入固体颗粒，并在一定时间步长内计算固体颗粒的速度和轨迹；计算固体颗粒运动引起的质量、动量及能量通量，把这些通量作为源相加入连续相流场，重新计算流场结构，直到计算结果满足预期精度。具体流程如图 5.3.2 所示。

（6）颗粒场的统计平均方法

从大量颗粒轨道的计算可以得到颗粒相表观密度场和速度场的统计平均结果。设第 k 条

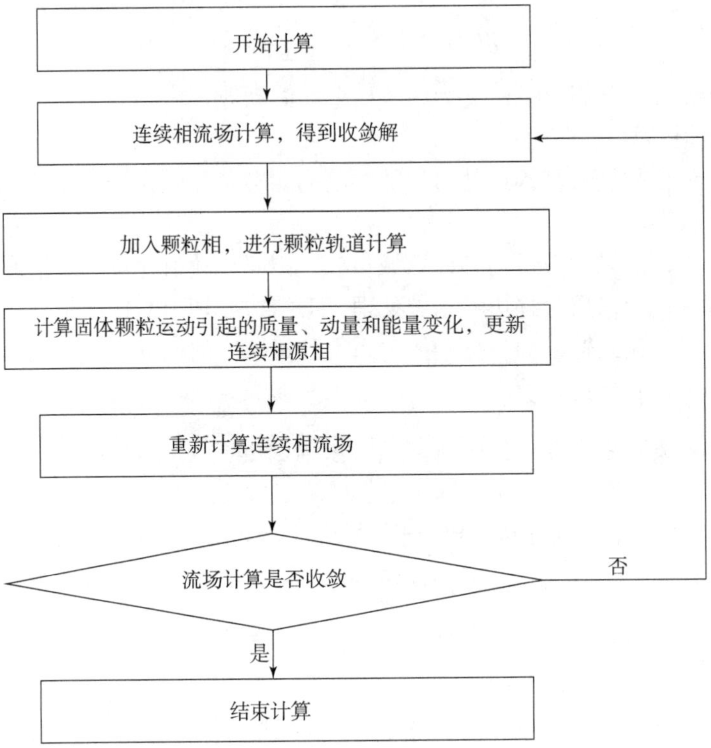

图 5.3.2　两相流耦合求解流程

轨道穿越空间某一控制体的时间为 Δt_k，该控制体可取为空间区域离散化的网格单元体，其体积为 ΔV，颗粒轨道所代表的颗粒质量流率为 $\dot{M}_k = \dot{n}_k m_k$，其中，$\dot{n}_k$ 为颗粒的数密度流率，单位为（个/s），m_k 为单个颗粒的质量。则该颗粒轨道对网格单元内颗粒相表观密度的贡献量为

$$\rho_k = \frac{\dot{N}_k m_k \Delta t_k}{\Delta V} \tag{5.3.18}$$

于是在该单元体上，颗粒相的总表观密度为

$$\rho_p = \sum_k \rho_k \tag{5.3.19}$$

利用质量加权平均的概念，可得定义在该单元体上的颗粒相速度分量为

$$u_p = \frac{\sum_k \rho_k u_k}{\sum_k \rho_k} \tag{5.3.20}$$

式中，u_k 等表示第 k 条颗粒轨道在穿越该单元体时的平均轴向或径向速度分量。

5.3.2　含燃烧化学反应的喷焰流动计算模型

通常情况下，由火箭发动机喷口喷出的高温燃气中包含大量未燃尽组分，如 CO、H_2 等，当这些组分与空气中的氧气掺混时，会产生剧烈的燃烧化学反应，对喷焰流场温度及组分分布产生显著影响。目前有多种模型可用来解决含燃烧化学反应的流动问题，如有限速率化学反应模型、预混燃烧模型以及 PDF 输运燃烧模型等。在考虑复燃反应的喷焰流场数值计算时，应用较多的是含组分输运的有限速率化学反应模型，这里也仅对这种模型进行介绍。

（一）有限速率化学反应动力学

对于具有 N_r 个基元反应的某反应，其当量表达式可以写为

$$\sum_{j=1}^{N_r}\nu'_{ij}W_j \underset{k_{bi}}{\overset{k_{fi}}{\rightleftharpoons}} \sum_{j=1}^{N_r}\nu''_{ij}W_j\ (i = 1, 2, \cdots, N_r) \tag{5.3.21}$$

式中，ν'_{ij}、ν''_{ij} 分别为第 i 个基元反应中组分 j 的反应物和生成物的当量反应系数；k_{fi}、k_{bi} 为第 i 个反应的正、逆反应速率常数。

由于化学反应平衡的时候，各组分的净变化率都为零，此时能够得到各个反应的化学反应平衡常数 K_i

$$K_i = \frac{k_{fi}}{k_{bi}} \tag{5.3.22}$$

阿仑尼乌斯指出，只有能量超过一定值 E_a 的分子才能产生化学反应，并由这些高能的活化分子生成产物。他提出用波尔兹曼因子 $\exp[-E_a/(R_uT)]$ 来计算化学反应速率，即阿仑尼乌斯定律

$$k_f = A\exp\left(-\frac{E_a}{R_uT}\right) \text{或} k_f = A\cdot T^n\exp\left(-\frac{E_a}{R_uT}\right) \tag{5.3.23}$$

这里的 A（或 $A\cdot T^n$）是用化学动力学表征化学反应速率系数的总碰撞频率，包括了碰撞项、与碰撞分子的方向有关的空间因子，以及温度对指数前参数适当的影响因子。

对于单个反应，其当量表达式可以写为：

$$\nu'_iW_i \underset{k_{bi}}{\overset{k_{fi}}{\rightleftharpoons}} \nu''_iW_i \tag{5.3.24}$$

组分 i 通过反应，其质量变化率 $\dot{\omega}_{ir} = \left.\frac{\mathrm{d}\rho_i}{\mathrm{d}t}\right|_r$（下标表示单独某一化学反应造成的密度改变），则

$$\dot{\omega} = (\nu''_i - \nu'_i)\left[k_f\prod_{l=1}^{N}\left(\frac{\rho_l}{W_l}\right)^{\nu'_l} - k_b\prod_{l=1}^{N}\left(\frac{\rho_l}{W_l}\right)^{\nu''_l}\right]W_i \tag{5.3.25}$$

由此可知，当一个系统中由 N_R 个反应共同完成时，组分 i 的总质量生成率应为各个反应中组分 i 质量生成率之和，即

$$\dot{\omega}_i = \sum_{j=1}^{N_R}\dot{\omega}_{jr} \tag{5.3.26}$$

（二）多组分系统基本关系式

对于多组分的气体，它的总质量密度 ρ 是各组分质量密度 ρ_i 之和，气体压力 p 是各组分的分压 p_i 之和，混合物的总摩尔数 n 是各组分摩尔数 n_i 的总和，即

$$\rho = \sum_i\rho_i,\ p = \sum_i p_i,\ n = \sum_i n_i$$

组分 i 的质量分数和摩尔分数分别定义为

$$F_i = \frac{\rho_i}{\rho},\ X_i = \frac{n_i}{n}$$

在一个多组分扩散混合物中，各组分以不同的速度运动，宏观运动可表征为各组分的质量平均速度，也即混合物与组分以同样的速度运动。当地质量平均速度 v 可表示为

$$v = \frac{\sum_{i=1}^{N} \rho_i v_i}{\sum_{i=1}^{N} \rho_i} \tag{5.3.27}$$

各组分相对于混合物的扩散速度表示为 $v_{\mathrm{dsi}} = v - v_i$，有时也称漂移速度。各组分的扩散速度可依据 Fick 第一扩散定律得到如下表达式

$$v_{\mathrm{dsi}} = -\frac{1}{F_i} D \nabla F_i \tag{5.3.28}$$

式中，D 为质量扩散系数，可表示 $D = \dfrac{1}{Pr}\dfrac{\mu}{\rho}$，这里可取混合物密度 ρ 和混合物黏性系数 μ；Pr 为普朗特数。

（三）多组分化学反应流动守恒方程

多组分含有限速率化学反应流体的流动方程与一般气体流动方程有一定差异。首先，为考虑各组分的输运过程，需要引入组分的质量守恒方程；其次，要考虑化学反应引起的热量变化，这些变化将使得方程中焓的组成发生变化。

对于混合物中的各组分，其质量守恒方程可表示为

$$\frac{\partial(\rho F_i)}{\partial t} + \frac{\partial(\rho F_i v_j)}{\partial x_j} = \frac{\partial}{\partial x_j}\left(\rho D_{im} \frac{\partial F_i}{\partial x_j}\right) + \dot{\omega}_i \tag{5.3.29}$$

式中，D_{im} 为 i 组分的质量扩散系数。

由于混合流动系统中各组分的质量生成率之和 $\sum_i \dot{\omega}_i = 0$，因此，混合物的质量守恒方程与一般流动方程相同。同样，当采用混合物参数时，混合物动量方程也与一般流动的动量方程相同。

多组分混合物的能量守恒方程推导过程与一般流动的能量守恒方程相同，但需要考虑由下式表示的组分间热扩散 $\tilde{q}_j$

$$\tilde{q}_j = -\sum_i^N \rho F_i h_i v_{\mathrm{dsi},j} \tag{5.3.30}$$

式中，下标 j 表示坐标方向；$v_{\mathrm{dsi},j}$ 表示对应坐标方向的组分质量扩散系数。

需要注意的是，化学反应的热量吸收与放出过程已在组分间热扩散中体现，不需要单独进行处理。此时组分的热力学参数通常处理为当地平均温度的函数。

$$h_i = \Delta h_i^0 + \int_{T_0}^{T} c_{pi} \mathrm{d}T \tag{5.3.31}$$

$$\frac{c_{pi}}{R_u / W_i} = A_i + B_i T + C_i T^2 + D_i T^3 + E_i T^4 \tag{5.3.32}$$

$$c_{Vi} = c_{pi} - R_u / W_i \tag{5.3.33}$$

式中，Δh_i^0 为组分 i 在温度 $T_0 = 298.15$ K 时的标准生成热；c_{pi}、c_{Vi} 分别为 i 组分的定压比热和定容比热；A_i、B_i、C_i、D_i、E_i 为计算定压比热时的各系数，对于不同组分，这些系数值和生成热都是不相同的，其值可由物理化学手册给出。

（四）喷焰流动中的常用组分及反应体系

尽管火箭发动机类型和配方存在较大差异，推进剂燃烧后生成的产物组分众多，但质量分数或摩尔分数超过 1% 的组分相对较少。表 5. 3. 2 列出了发动机燃烧后的主要组分类型及热力学参数，其中，H、O、OH 等组分含量较少，但在反应体系中属于重要的中间产物，这里一并列出。

表 5. 3. 2　喷焰流动主要组分及参数

组分	相对分子质量	标准状态熵 /(J · K^{-1} · mol^{-1})	标准状态焓 /(kJ · mol^{-1})	c_p /(J · K^{-1} · kg^{-1})
O_2	32. 00	205	0. 0	919. 31
H_2	2. 016	130. 6	0. 0	14 283
N_2	28. 02	191. 5	0. 0	1 040. 67
CO	28. 01	197. 91	−110. 41	1 043
CO_2	44. 01	213. 64	−393. 51	840. 37
H_2O	18. 016	188. 72	−241. 83	2 014
OH	17. 008	38. 98	183. 59	1 713. 21
H	1. 008	114. 6	217. 97	20 621
HCl	36. 46	186. 8	−92. 31	798. 307 9
O	16. 00	161. 0	249. 2	1 368. 75
Cl	35. 46	121. 29	165. 09	617. 820 3

围绕喷焰流动中的复燃化学反应，目前应用较多的有多种不同的反应体系。这里给出一种适用于固体火箭发动机复燃化学反应的 C、H、O、Cl 反应体系，见表 5. 3. 3。

表 5. 3. 3　考虑 Cl 元素的喷焰复燃化学反应动力式

序号	反应式	正反应速率 $/\left[\left(\frac{cm^3}{N^*}\right)^{ms-1}\cdot s^{-1}\right]$	逆反应速率 $/\left[\left(\frac{cm^3}{N^*}\right)^{ms-1}\cdot s^{-1}\right]$
1	$O+O+M=O_2+M$	$3.0\times10^{-34}\exp(900/T)$	$4.23\times10^{-9}\exp(-58\ 950/T)$
2	$O+H+M=OH+M$	$1.0\times10^{-29}T^{-1}$	$1.14\times10^{-5}T^{-1}\exp(-51\ 610/T)$
3	$H+H+M=H_2+M$	$3.0\times10^{-30}T^{-1}$	$7.90\times10^{-6}T^{-1}\exp(-52\ 560/T)$
4	$H+OH+M=H_2O+M$	$1.0\times10^{-25}T^{-2}$	$1.12T^{-2}\exp(-60\ 180/T)$
5	$H_2+OH=H_2O+H$	$1.9\times10^{-15}\exp(-1\ 825/T)$	$8.26\times10^{-15}T^{1.3}\exp(-9\ 335/T)$
6	$H_2+O=OH+H$	$3.0\times10^{-14}\exp(-4\ 480/T)$	$1.33\times10^{-14}\exp(-3\ 440/T)$
7	$O_2+H=OH+O$	$2.4\times10^{-10}\exp(-8\ 250/T)$	$1.94\times10^{-11}\exp(-280/T)$
8	$OH+OH=H_2O+O$	$1.0\times10^{-11}\exp(-550/T)$	$9.8\times10^{-11}\exp(-9\ 120/T)$
9	$CO+O+M=CO_2+M$	$7.0\times10^{-33}\exp(-2\ 200/T)$	$8.24\times10^{-7}T^{1.3}\exp(-64\ 670/T)$
10	$CO+OH=CO_2+H$	$2.8\times10^{-17}\exp(330/T)$	$2.92\times10^{-15}T^{1.3}\exp(-10\ 550/T)$

续表

序号	反应式	正反应速率$/\left[\left(\frac{cm^3}{N^*}\right)^{ms-1}\cdot s^{-1}\right]$	逆反应速率$/\left[\left(\frac{cm^3}{N^*}\right)^{ms-1}\cdot s^{-1}\right]$
11	$CO+O_2=CO_2+O$	$4.2\times10^{-12}\exp(-24\,000/T)$	$3.5\times10^{-11}\exp(-26\,890/T)$
12	$Cl+OH=HCl+O$	$4.0\times10^{-12}\exp(-2\,500/T)$	$5.33\times10^{-12}\exp(-3\,010/T)$
13	$H_2O+Cl=HCl+OH$	$1.6\times10^{-10}\exp(-9\,100/T)$	$2.16\times10^{-11}\exp(-3\,010/T)$
14	$Cl+H_2=HCl+H$	$1.4\times10^{-11}\exp(2\,130/T)$	$8.10\times10^{-12}\exp(-1\,600/T)$
表中，N^* 为摩尔分子数；ms 为反应物数量，$ms=2$ 表示二元反应，$ms=3$ 表示三元反应。			

5.3.3 含粒子效应及复燃反应的喷焰计算实例

为了进一步认识和了解含粒子效应及复燃效应的喷焰流动状态，这里结合具体的分析实例对其进行介绍。

（一）含粒子非平衡效应的喷焰流场实例

在发动机燃烧室内，可近似认为颗粒相与燃气相充分混合，具有相同的运动速度和温度，并均匀分布。但受喷管收缩段和扩张段影响，在喷管出口截面上的颗粒相和燃气相具有不同的运动参数和分布形式，因此，在考虑颗粒效应的燃气射流计算时，通常将喷管流动一起进行计算处理，并在喷管入口位置设置计算域的入口边界。

（1）模型设置

实例分析结合如图 5.3.3 所示喷管建立计算模型。喷管入口设置为压力入口边界，设置总压为 7.5 MPa，总温为 3 200 K；出口条件依据环境大气条件设置为压力出口边界。

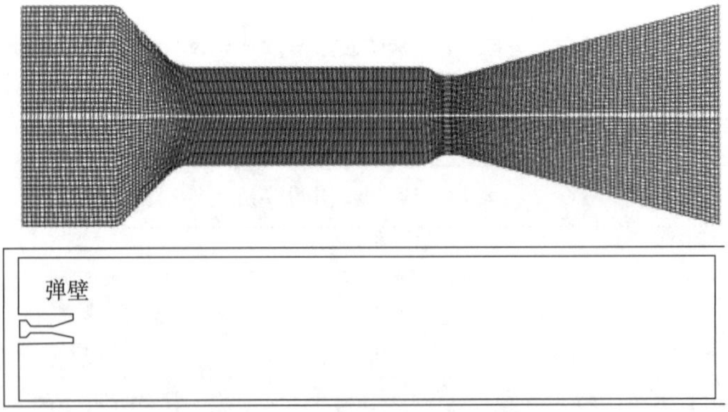

图 5.3.3 喷管形状与计算域

实例模型假定颗粒尺寸呈正态分布，并对颗粒相进行分组，见表 5.3.4。颗粒入射条件，即入口边界上的颗粒分布、速度和温度，依据当地燃气条件设置。

表 5.3.4　颗粒相参数

参数	颗粒直径/μm									
	1.5	2.5	5	10	12	20	30	50	75	100
颗粒数目/个	100	100	100	100	100	100	100	100	100	100
入射温度/K	2 990	2 990	2 990	2 990	2 990	2 990	2 990	2 990	2 990	2 990
入射速度/($m \cdot s^{-1}$)	100	100	100	100	100	100	100	100	100	100
质量流率/($kg \cdot s^{-1}$)	1.585	0.093	0.242	0.513	0.211	0.822	0.849	0.821	0.147	0.004

（2）颗粒轨迹特性

图 5.3.4 ~ 图 5.3.6 给出了不同直径的颗粒轨迹。从计算结果可以明显看出，不同直径的固体颗粒在流场中的轨迹差别很大。直径为 1.5 μm 的小尺寸固体颗粒因其质量小，受燃气相的速度变化影响相对较大，其颗粒轨迹与流线相符较好；当颗粒直径增加至 12 μm 时，固体颗粒与流线的吻合程度降低，与喷管入口后方的壁面有一定的碰撞，使颗粒有一定程度的集中，其轨迹受流场影响，仍有一定弯曲；颗粒直径进一步增加至 100 μm，固体颗粒与喷管壁面的碰撞加剧，并且颗粒经喷管加速后的轨迹弯曲已不明显，颗粒在喷管出口处虽只分布在一个较小的区域，但出口后的轨迹呈扇形分布。

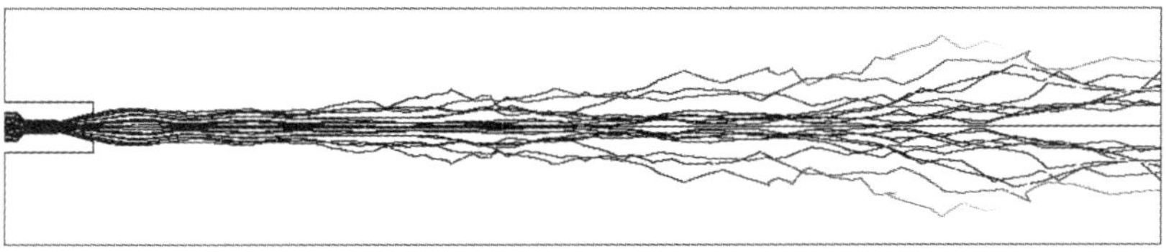

图 5.3.4　直径为 1.5 μm 的颗粒轨迹

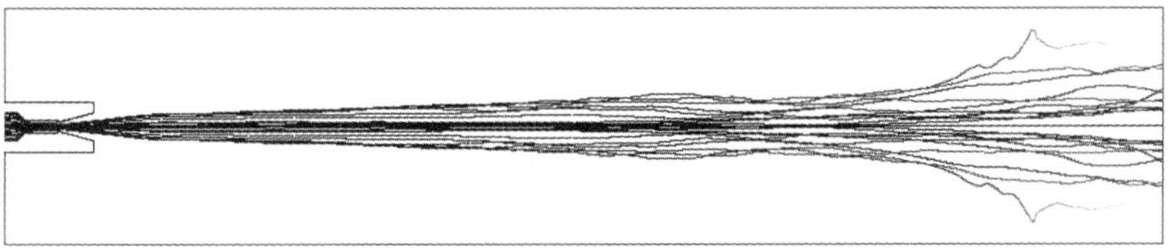

图 5.3.5　直径为 12 μm 的颗粒轨迹

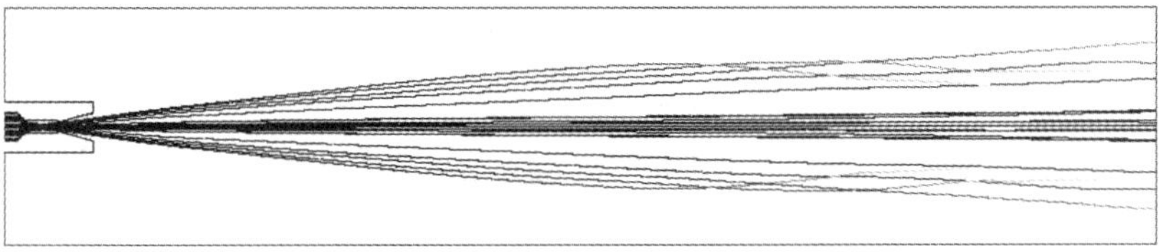

图 5.3.6　直径为 100 μm 的颗粒轨迹

（3）颗粒相对燃气流动的影响

图 5.3.7 所示为单相射流与两相射流轴线上速度、温度曲线的比较。可以看出，在喷管扩张段，由于颗粒的阻滞作用，两相射流速度的增长速度小于单相射流的，从而使两相射流

的最大速度小于单相射流的最大速度；在经过第一道膨胀波和压缩波后，射流速度增加，此时由于颗粒相速度大于燃气相速度，对燃气相速度增加有一定促进作用，因此，两相射流流场中速度的增幅大于单相射流的速度增幅。在两相射流中，由于高温颗粒相的存在，颗粒相的温度变化比燃气相要缓慢得多，因此，颗粒相对燃气相温度变化有较大的阻滞作用。从图可以看出，两相射流轴线上的温度衰减比单相射流慢得多，使两相射流整体温度比单相射流的高。

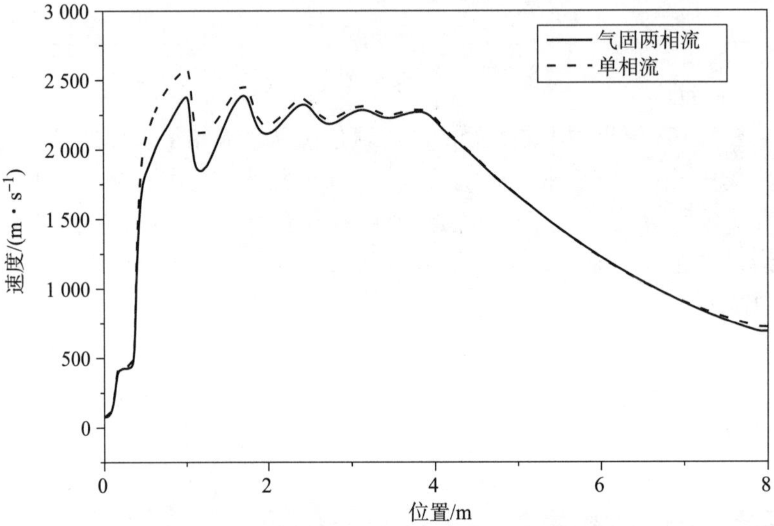

(a)

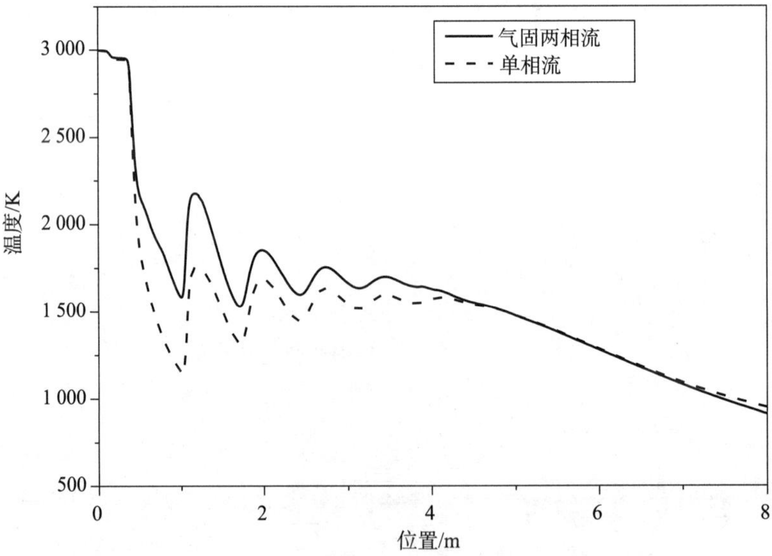

(b)

图 5.3.7　轴线上单相流与两相流参数比较

(a) 流场速度；(b) 流场温度

(二) 气动喷焰耦合流场及复燃反应计算实例

为考察含复燃反应的喷焰流场，这里结合高超声速国际飞行研究试验飞行器 HIFiRE－1

试验段和假定的火箭发动机模型，对其气动喷焰耦合流动状态以及流动过程中的复燃反应进行实例分析。

（1）计算模型设置

计算模型结构结合 HIFiRE－1 试验段三维外形和假定的大流量发动机喷管建立，为考察气动绕流与喷焰的相互作用，计算模型包含很大的外场区域，如图 5. 3. 8 所示。计算采用结构化网格，并在流动梯度大的区域对网格进行局部加密。

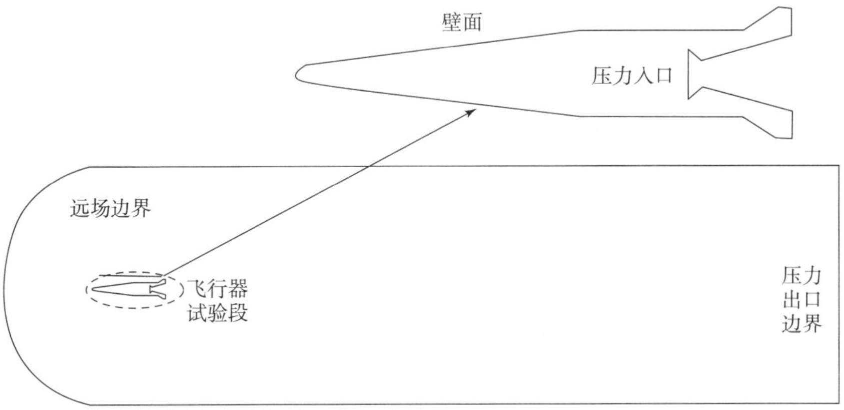

（a）

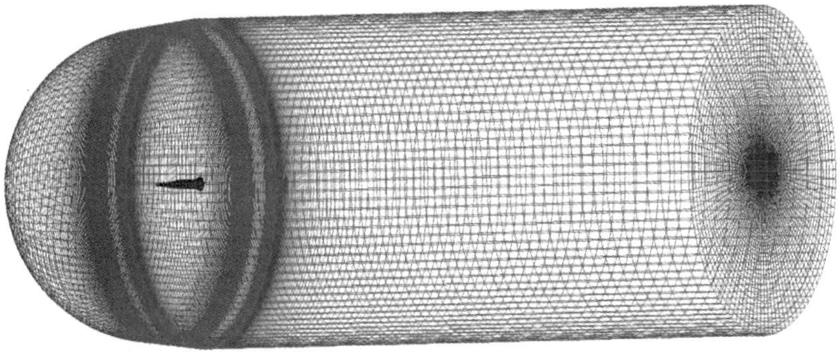

（b）

图 5. 3. 8　计算模型及网格

（a）计算域及边界；（b）计算网格

为模拟发动机喷焰状态，参考某固体火箭发动机典型工作状态，给定喷管入口参数，见表 5. 3. 5。计算模型设置飞行高度为 10 km，来流马赫数为 4，飞行攻角和侧滑角均为 0°。

表 5. 3. 5　喷焰流动输入参数

喷管参数	喷管出口直径/mm	240
	喷管喉径/mm	80
	扩张半角/(°)	15

续表

喷管入口流动参数	燃烧室总温/K	3 200	
	燃烧室总压/MPa	6. 8	
	组分浓度（质量分数）	CO	0. 307
		CO_2	0. 032 9
		HCl	0. 171 7
		H_2	0. 020 2
		H_2O	0. 097 2
		N_2	0. 147 1
		Al_2O_3（固）	0. 22

（2）喷焰流场中的复燃效应

为考察喷焰流场中复燃效应对流场的影响，分别对考虑复燃反应的流场和不考虑复燃反应的冻结流场进行求解计算。

在多组分模型中，考虑平衡化学反应状态的计算模型，也称为平衡流；不考虑反应的计算模型，也称为冻结流。图 5. 3. 9 给出了计算获得的平衡流和冻结流温度分布对比情况。在喷管出口附近，两种模型计算获得的喷焰流场均产生了显著的膨胀现象；在喷焰与自由来流相互掺混逐步发展的区域，均存在内部的核心区和外部的边界混合区域；但在考虑复燃反应的流场中，喷焰温度显著增加，对喷焰热学效应和光学辐射均会产生重要影响。

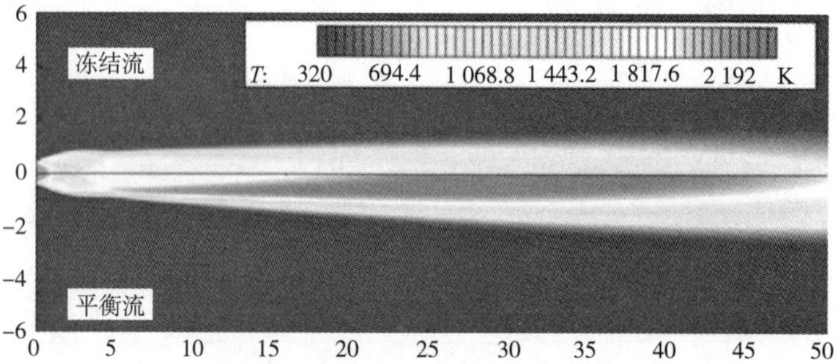

图 5. 3. 9　冻结流与反应流温度分布对比

图 5. 3. 10 给出了冻结流模型和平衡流模型计算获得的喷管下游轴线上的典型流动参数变化情况。从图中可以看出，复燃化学反应对喷焰温度分布和组分分布有着显著影响，而对喷焰压强分布和速度分布影响不大。

由图可以看出，不含复燃效应的冻结流和包含复燃效应的平衡流，其温度及组分分布具有显著差异。从喷管下游轴线上的温度分布可以看出，在喷流核心区下游，对于考虑复燃效应的平衡流状态，受喷焰与大气湍流混合过程以及由此引起的复燃效应影响，轴线上的气流温度逐渐增加，并在喷管下游 30 m 左右达到最大值；此后由于未燃尽组分大量消耗，复燃效应逐渐减弱，轴线上的气流温度受扩散和掺混影响逐渐降低。而对于不考虑复燃效应的计算模型，轴线上的温度在喷焰与大气的掺混过程作用下逐渐降低。

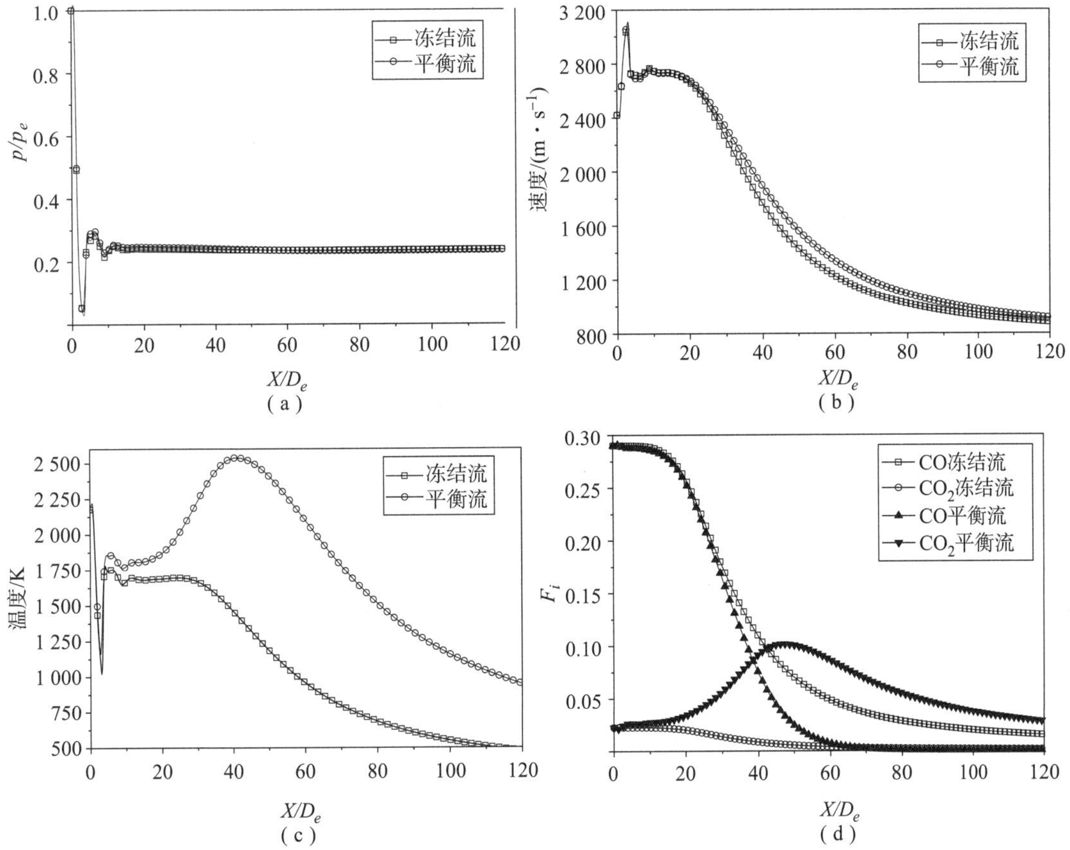

图 5.3.10　喷焰轴线典型参数分布

(a) 轴线压强分布；(b) 轴线速度分布；(c) 轴线温度分布；(d) 轴线组分分布

受复燃效应影响，冻结流和平衡流轴线上的组分分布具有显著差异。对于不含复燃化学反应的计算模型，喷焰中的组分沿喷管下游方向逐渐降低；而对于包含复燃化学反应的计算模型，喷焰中可用作燃料的组分受复燃效应作用而快速减少，如图中的 CO 组分；而作为燃烧产物的组分则出现明显增加，如图中的 CO_2 组分。

(3) 气动喷焰耦合流动状态

本实例模型除考察喷焰复燃效应外，对气动喷焰耦合流动同样进行了考察。图 5.3.11 给出了气动喷焰相耦合的流动马赫数分布。在飞行器鼻锥和头锥前部，高速来流受到强烈扰动，产生明显的脱体激波，波后速度降低，压强和温度增加，马赫数降低。在锥体和柱体过渡区域，表面绕流产生膨胀效应，速度增加，压强和温度降低，马赫数增加。在锥度较大的裙体表面，来流再次受到强烈压缩，产生显著的斜激波结构，并在裙体根部附近伴随产生分离涡流。流过裙体并受到压缩的来流在裙后圆柱段经历了一个较小区域的膨胀过程，便受到喷焰流动的扰动作用。通常情况下，欠膨胀状态的喷焰流动会向径向扩展，并具有较高的动压，使来流在喷焰边界附近再次受到压缩作用。另外，由于头锥、裙体和喷焰边界对来流的多次压缩作用，使喷管出口附近的来流压强增加，会在一定程度上降低喷焰的欠膨胀程度，对下游喷焰流动产生一定影响。在飞行器底部区域，高速来流急剧膨胀，形成低压涡流区，并使部分喷焰气体回流进入这一区域，对飞行器底部热环境产生显著影响。

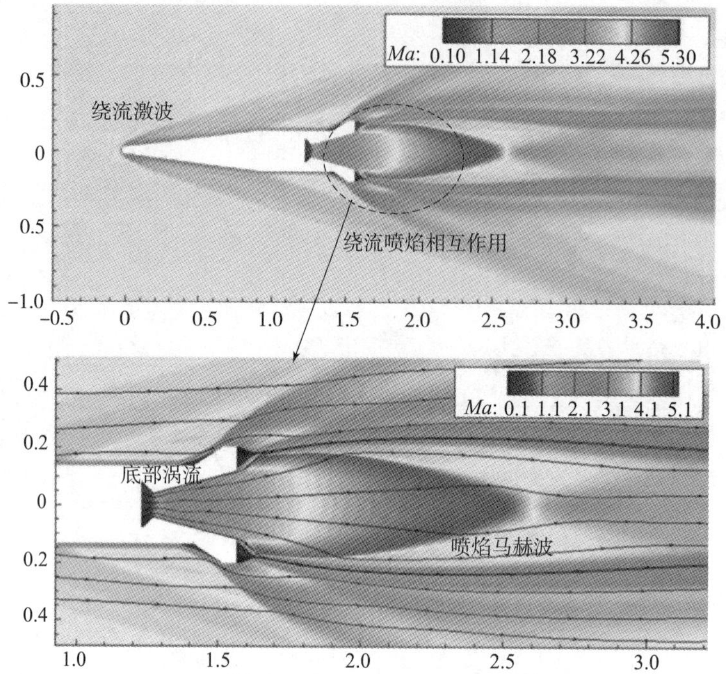

图 5.3.11　气动喷焰耦合流动马赫数分布

图 5.3.12 和图 5.3.13 给出了气动喷焰耦合流动的压强和温度分布云图。从图中可明显看出飞行器头锥附近绕流激波引起的压强变化、尾裙附近的压强变化以及喷焰边界上的压缩作用。而在喷焰流动区域，喷口附近的喷焰气体通过一系列膨胀波发生显著膨胀，使其压强降低至环境压强以下，进而受到自由来流的压缩作用而产生压缩效应，形成明显的马赫波结构。可以看出，在气动绕流和喷焰相互耦合条件下，喷焰流场结构形态不会产生显著变化，但飞行器绕流对自由来流产生一定的压缩作用，进而对喷焰流动参数产生一定影响。此外，在喷焰流动区域可以看出，喷焰气体与来流气体在湍流混合过程中，产生了显著的复燃化学反应，使喷焰温度明显升高。

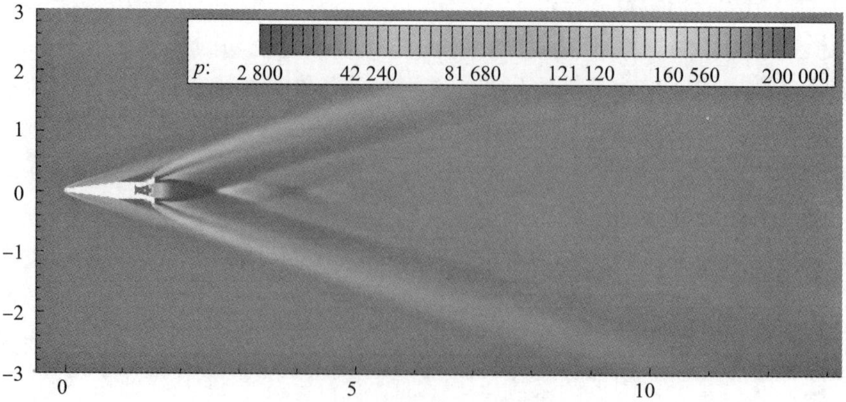

图 5.3.12　气动喷焰耦合流动压强分布

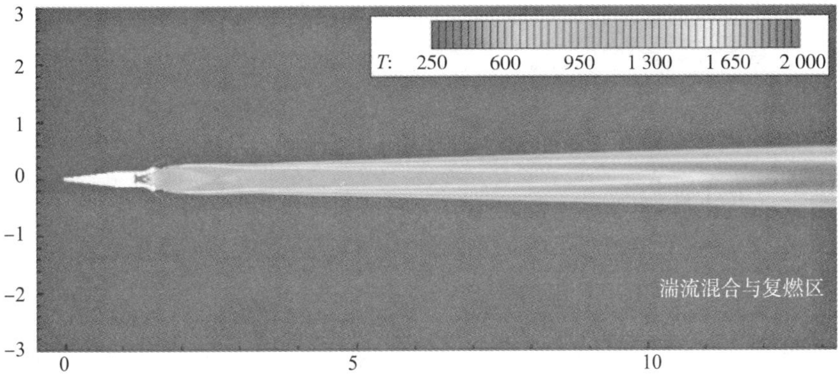

图 5.3.13　气动喷焰耦合流动温度分布

图 5.3.14 给出了气动喷焰耦合流动的 CO 和 CO_2 组分分布。在喷焰流动过程中，随着喷焰与自由来流相互掺混及复燃化学反应的发生，作为反应物的 CO 组分质量分数在湍流混合区逐渐减少，而作为生成物的 CO_2 组分质量分数显著增加。

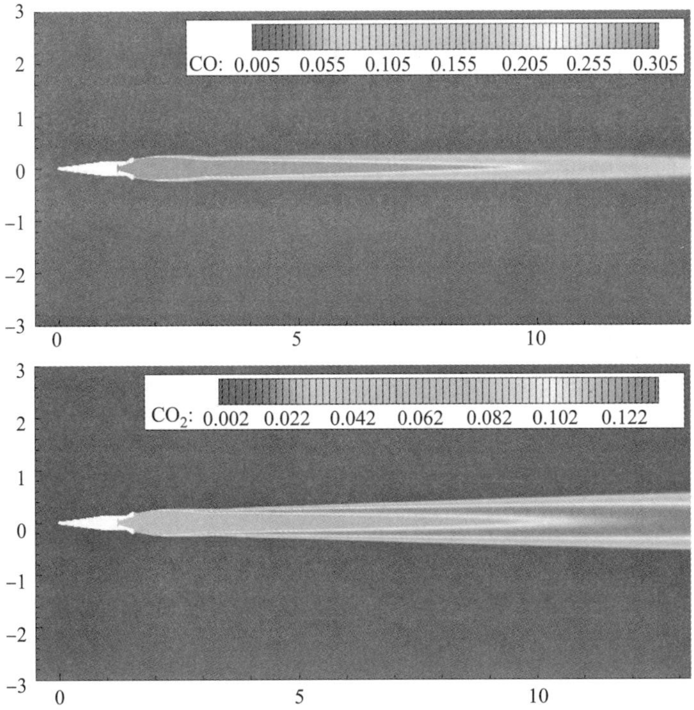

图 5.3.14　气动喷焰耦合流动 CO 和 CO_2 组分分布

5.4　发射气体动力学扩展模型

5.4.1　喷焰相变及尾迹云模型

火箭导弹飞行过程中，喷焰中固有粒子以及水汽相变粒子长时间滞留在其飞行轨迹附近，形成显著的尾迹云现象，在目标探测以及高空环境研究等领域受到较多关注。喷焰尾迹云的形成及演变过程受到喷焰组分状态、环境大气条件以及尾涡流等多种因素影响，呈现出显著的瞬态和随机特性，相关的产生演变机理及计算分析还在研究过程中。本节主要从喷焰尾迹云组成、水汽相变模型以及流动相变耦合模型等角度，对相关研究进展进行简要介绍。

（一）喷焰尾迹云的组成

喷焰尾迹云的组成主要受火箭发动机类型影响。对于液体火箭发动机，其尾迹云主要与喷焰中高温水汽的冷凝结晶有直接关系。液体火箭发动机尾喷焰流动过程中，高温燃气在快速流动和冷却过程中，水蒸气在合适的条件下析出并凝结成冰晶或液滴，形成以冰晶或液滴为主要成分的喷焰尾迹云。对于固体火箭发动机，其喷焰组分和尾迹云颗粒成分均比液体火箭发动机复杂。目前弹道导弹固体火箭发动机主要采用三组元或四组元推进剂，其氧化剂主要为高氯酸铵（AP），有时也包含黑索金等高能成分；其燃烧剂主要为铝粉及起到黏结作用的 CTPB 或 HTPB 组分。固体火箭发动机喷焰中通常包含三类可形成尾迹云的成分：

（1）三氧化二铝颗粒物

固体火箭发动机中铝粉燃烧生成的三氧化二铝在从燃烧室经喷管至大气的过程中，快速由气态转化为熔融状态再到固态。一般情况下，喷焰流动中包含大量直径为 0.1 ~ 100 μm 的三氧化二铝颗粒物，对于高铝含量的推进剂，其质量分数可达 30% 以上。这些颗粒物是固体火箭发动机尾迹云的重要组成。

（2）冰晶或液滴颗粒物

与液体火箭发动机类似，固体火箭发动机喷焰中也包含了大量高温水蒸气，在与大气的不断混合降温过程中，大量水蒸气将凝结为冰晶或液滴，构成尾迹云的另一类颗粒物。

（3）盐酸雾滴

由于固体火箭发动机中通常以高氯酸铵作为氧化剂，在其燃烧生成物中会包含大量的氯化氢气体，当喷焰中的氯化氢气体与大气中的水气或喷焰中凝结生成的液滴接触时，会形成大量具有刺激性味道的盐酸雾滴，这也是构成固体火箭发动机尾迹云的一类重要颗粒物。

（二）水汽相变模型

关于三氧化二铝粒子的一些特性，在前文已有介绍，冰晶、液滴以及盐酸雾滴均与喷焰或大气中的水汽相变凝结有关，因此这里主要对常用的水汽相变模型进行介绍。

从热力学角度分析，相变系统自由能总是趋向于减小。系统自由能可分为两项：一是粒子形成后具有的表面自由能 ϕ，主要由粒子半径 r 和粒子表面张力 σ 决定；一是过饱和态到平衡态之间的体自由能，由新相和母相的体自由能之差 $\Delta\mu$ 以及新相摩尔数 N_n 决定。相变系统内的自由能变化量可表示为

$$\Delta G = \phi - N_n\Delta\mu = 4\pi r^2\sigma - \frac{4r^3}{3v_l}\pi \cdot RT\ln\frac{p}{p_e} \tag{5.4.1}$$

式中，v_l 为粒子的摩尔体积。对 r 求导可得到临界液核的半径

$$r^* = \frac{2\sigma v_1}{RT\ln\dfrac{p}{p_e}} \tag{5.4.2}$$

图 5.4.1 给出了成核粒子半径与系统自由能的关系，可以看出，当粒子半径小于临界半径时，自由能斜率大于 0，液滴趋向于减小；而当粒子半径大于临界半径时，则粒子趋向于

增大。因此，只有半径超过临界值的晶核才能稳定增长。

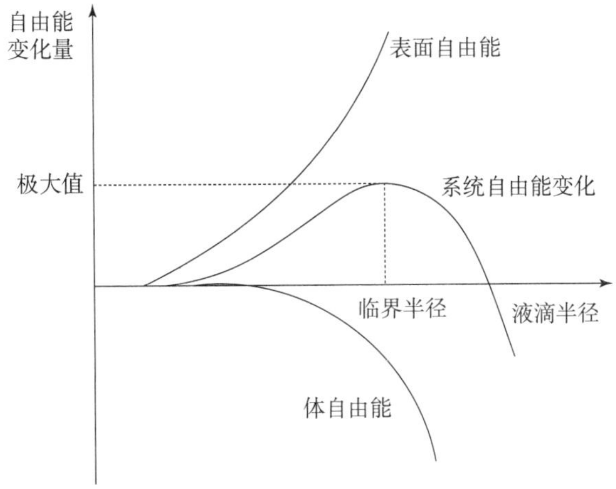

图 5.4.1　自由能变化示意

从水汽凝结相变微观角度，可将能够稳定增长的相变过程分为成核过程和粒子生长过程。前者主要解决成核率，即单位时间单位体积内形成的晶核数目，相应的模型称为成核模型；后者主要解决粒子生长能够达到的有效尺度，相应模型称为生长模型。

（1）成核模型

在相非平衡系统中，气体分子之间不断碰撞，或组成聚合体，或又不断分解为单体。成核尺寸大于临界半径时，会继续生长至宏观大小，因此，成核过程并非达到平衡状态，不能采用玻尔兹曼分布。对此，Volmer 提出亚稳平衡条件，即临界核不能进一步长大，而是重新分解，并得到临界核的浓度为

$$n_i^* = n_1 e^{-\frac{\Delta G^*}{kT}} \tag{5.4.3}$$

式中，n_i^* 为含 i 个分子的临界核浓度；n_1 为气体分子数密度；ΔG^* 为临界核的形成功。由此，成核率可由单体碰撞并附着在面积为 A^* 的临界核的概率给出，即

$$J = A^* \omega n_i^* \tag{5.4.4}$$

式中，$A^* = 4\pi r^{*2}$；$\omega = \alpha_c p/(2\pi mkT)^{\frac{1}{2}}$，表示碰撞速率，其中，$\alpha_c$ 为凝结系数，p 为气体压力，m 相对分子质量，k 为玻尔兹曼常数。因此，经典相变成核率模型可表示为

$$J_{\text{CNT}} = \alpha_c(4\pi r^{*2})[p/(2\pi mkT)^{\frac{1}{2}}] \cdot n_1 \exp[-\Delta G^*/(kT)] \tag{5.4.5}$$

Girshick 及 Chiu 从推导的自洽性出发，完善了自由能公式，得到了内洽经典成核理论（ICCT）。在内洽经典成核理论中，成核率由对经典成核理论进行修正，获得

$$J_{\text{ICCT}} = \frac{J_{\text{CNT}} \exp\Theta}{p_v/p_{\text{sat}}} \tag{5.4.6}$$

式中，$\Theta = \dfrac{\sigma a}{kT}$，表示量纲为 1 的平面表面张力，其中，$\sigma$ 为液滴表面张力，$a = (36\pi)^{\frac{1}{3}} V_l^{\frac{2}{3}}$，$V_l$ 为水的分子体积；p_v 为实际的蒸气压；p_{sat} 为水蒸气在温度 T 时的饱和蒸气压。

（2）生长模型

对于温度较为稳定的系统，在假定粒子为球形的条件下，可将成核粒子的增长速率表

示为

$$\frac{\mathrm{d}r}{\mathrm{d}t}=\alpha\frac{m}{\rho_c}\left[\frac{p-p_c}{(2\pi mkT)^{1/2}}\right] \tag{5.4.7}$$

相关研究表明，温度在133～158 K范围内，H_2O分子在冰上的黏着系数为0.83±0.15。理想情况下粒子将以固定的速率或根据上式和局部流动条件计算出的等效速率生长。凝结或凝华相变过程中释放的能量会使粒子温度增加，当粒子生长引起的温度增量超过一定值时，液滴或冰晶的饱和蒸气压 p_c 大于环境水蒸气压强 p，粒子增长受到抑制。但对于临近空间喷焰流动，则伴随着剧烈的膨胀降温和压强变化，并对粒子生长有着显著影响。Gyarmathy 从 Fick 扩散率和 Fourier 导热率出发，假定液滴表面凝结速率取决于凝结潜热从水滴表面转移到周围较冷蒸汽的速率，将液滴半径增长速率表示为

$$\frac{\mathrm{d}r}{\mathrm{d}t}=\frac{\lambda_v(T_s-T_v)}{\rho_l h}\frac{1-r^*/r}{r+\frac{\sqrt{8\pi}}{1.5Pr}\frac{\gamma}{\gamma+1}l} \tag{5.4.8}$$

式中，λ_v 是水蒸气的导热系数；h 是水蒸气比焓；T_s 是饱和水蒸气温度；γ 是水蒸气绝热指数；Pr 是普朗特数。该公式适用于自由分子流、连续流以及过渡区的液滴粒子生长计算。Young 等人在 Gyarmathy 工作的基础上进行了低压修正，提出了粒子生长的 Young 低压修正模型。

$$\frac{\mathrm{d}r}{\mathrm{d}t}=\frac{\lambda_g\Delta T\left(1-\frac{r_c}{r}\right)}{\rho_l h_{fg} r\left[\frac{1}{1+1.5Kn}+3.78(1-\mu)\frac{Kn}{Pr_g}\right]} \tag{5.4.9}$$

（三）流动相变耦合模型

流动与相变耦合模型是指结合流动状态，计算相变粒子中成核数量粒子尺寸的模型，目前应用较广的模型为欧拉离散相模型（The Euleran Dispersed Phase，EDP）。该模型从气相 N－S 方程、组分方程以及相间传热传质模型出发，建立流动相变耦合模型，其基本控制方程可表示为如下形式：

$$\frac{\partial \boldsymbol{U}}{\partial t}+\frac{\partial \boldsymbol{F}}{\partial x}+\frac{\partial \boldsymbol{G}}{\partial y}+\frac{\partial \boldsymbol{H}}{\partial y}=\boldsymbol{S} \tag{5.4.10}$$

式中

$$\boldsymbol{U}=\begin{bmatrix}\rho\\ \rho_i\\ \rho u\\ \rho v\\ \rho E\\ \rho g\\ \rho Q_2\\ \rho Q_1\\ \rho Q_0\end{bmatrix},\quad \boldsymbol{F}=\begin{bmatrix}\rho u\\ \rho_i u\\ \rho u^2+p\\ \rho uv\\ (\rho E+p)u\\ \rho g u\\ \rho Q_2 u\\ \rho Q_1 u\\ \rho Q_0 u\end{bmatrix},\quad \boldsymbol{G}=\begin{bmatrix}\rho v\\ \rho_i v\\ \rho uv\\ \rho v^2+p\\ (\rho E+p)v\\ \rho g v\\ \rho Q_2 v\\ \rho Q_1 v\\ \rho Q_0 v\end{bmatrix}$$

$$
\boldsymbol{H}=\begin{bmatrix} \rho v \\ \rho_i v \\ \rho u v \\ \rho v^2 \\ (\rho E+p)v \\ \rho g v \\ \rho Q_2 v \\ \rho Q_1 v \\ \rho Q_0 v \end{bmatrix},\quad \boldsymbol{S}=\begin{bmatrix} 0 \\ 0 \\ 0 \\ 0 \\ 0 \\ \frac{4}{3}\pi\rho_i\left(Jr_b^3+3\rho Q_2\overline{\frac{\mathrm{d}r}{\mathrm{d}t}}\right) \\ Jr_b^2+2\rho Q_1\overline{\frac{\mathrm{d}r}{\mathrm{d}t}} \\ Jr_b+\rho Q_0\overline{\frac{\mathrm{d}r}{\mathrm{d}t}} \\ J \end{bmatrix}
$$

式中，ρ 为在气相中均匀分布的气粒混合物的总密度；ρ_i 为各个不发生凝结的气体的组分密度；u、v 分别为混合物沿坐标轴 x 方向和 y 方向的速度；p 为气液混合物的压强，近似认为等于气体混合物的压强；E 为气液混合物的总能，包括内能和动能；g 表示液态水占气液混合物的质量分数；J 为由前述成核模型确定的成核率；r 是相变组分成核的最小半径；$\overline{\frac{\mathrm{d}r}{\mathrm{d}t}}$是由前述生长模型确定的粒子半径 r 的变化率平均值，成核率和半径变化由前文所述成核模型和生长模型给定；Q_0、Q_1、Q_2 分别为相变粒子尺寸分布函数的零阶、一阶、二阶矩函数，表示为

$$
Q_0=N;\ Q_1=\sum_{i=1}^{N}r_i;\ Q_2=\sum_{i=1}^{N}r_i^2 \tag{5.4.11}
$$

（四）喷流水汽相变模型示例

为考察喷流相变的典型状态，这里以富含水汽的拉瓦尔喷管流动为例，对流动相变过程进行示例分析。

（1）计算模型

为简化计算，示例采用轴对称拉瓦尔喷管模型，如图 5.4.2 所示。喷管入口压强为 3 MPa，温度为 500 K，水汽含量为 50%。

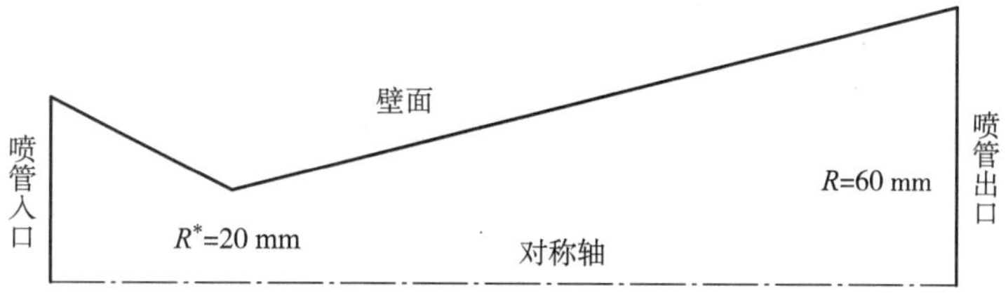

图 5.4.2　喷流相变计算模型示意

计算采用欧拉离散相模型，并采用经典成核理论计算成核率，采用 Gyarmathy 模型计算粒子半径生长速率。

（2）轴线上参数分布状态

通过求解计算，获得喷管轴线上压强、温度、马赫数与液滴半径变化曲线，如图

5.4.3 所示。可以看出，气流经喷管收缩段加速，在喷管扩张段产生膨胀波，随着气流不断膨胀，水蒸气饱和度大于1，达到过饱和状态；水蒸气在喷管喉部下游达到凝结相变临界点，相变液滴开始出现，流场压强、温度、马赫数产生小幅波动；随后轴线上液滴半径迅速增大，在第一个凝结激波处液滴半径增大趋势变缓，随后缓慢增大，在喷管出口处粒径最大。

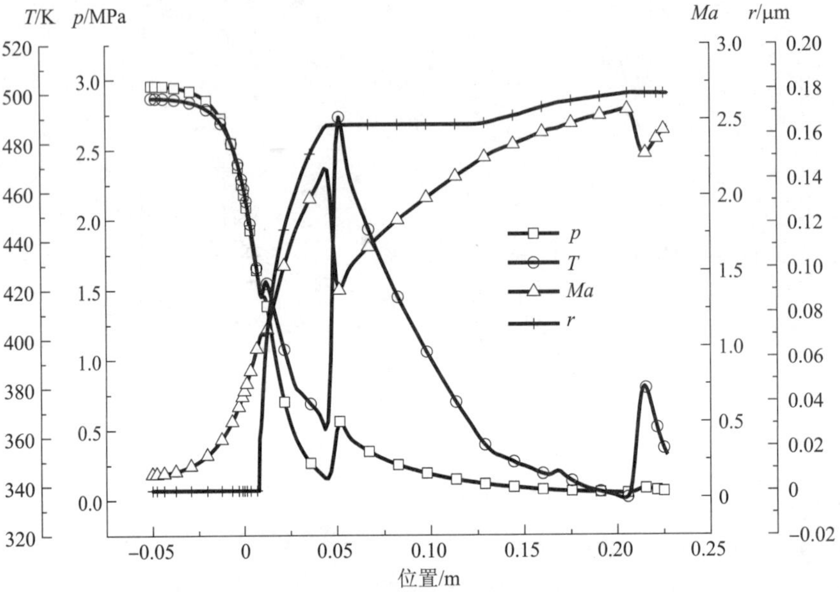

图 5.4.3　轴线上压强、温度、马赫数与液滴半径

图 5.4.4 给出了相同条件下，无凝结相变效应与考虑凝结相变效应时喷管内流场压强、温度、马赫数分布。可以观察到考虑凝结时喷管下游压强大于无凝结情况，同时，由于水蒸气凝结释放潜热，导致凝结流场喷管下游温度明显高于不考虑无凝结效应得到的结果。考虑凝结时，流场马赫数最大值约为 2.6，不考虑凝结时的马赫数最大值为 3.7。

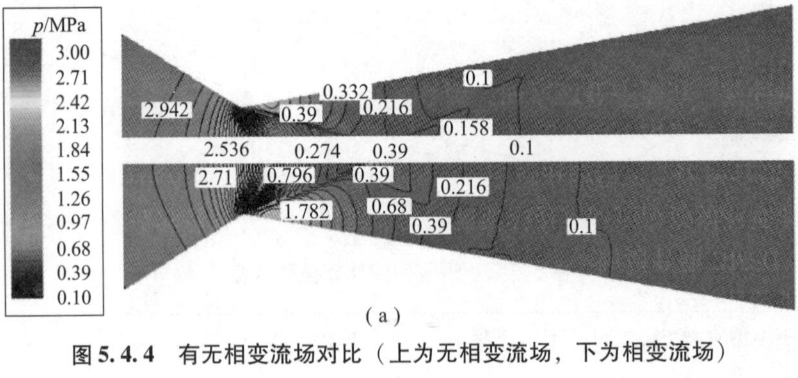

(a)

图 5.4.4　有无相变流场对比（上为无相变流场，下为相变流场）

(a) 压强

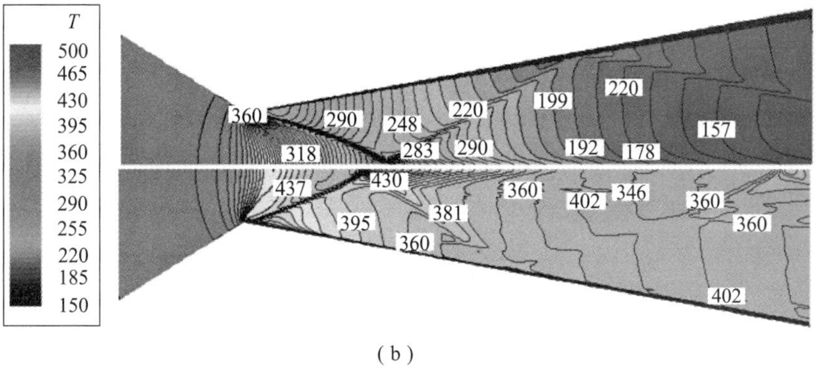

（b）

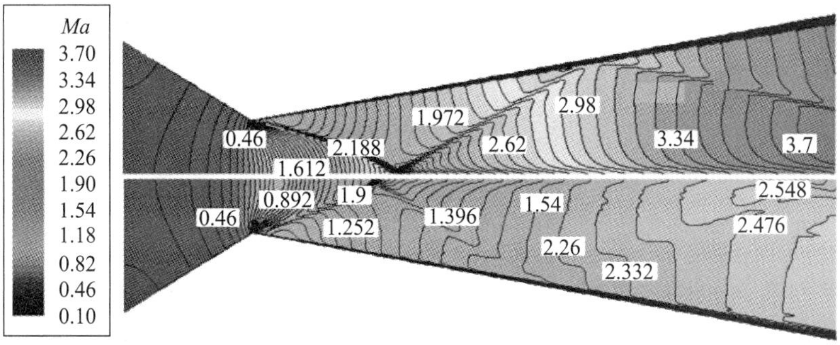

（c）

图 5.4.4　有无相变流场对比（上为无相变流场，下为相变流场）（续）

（b）温度；（c）马赫数

5.4.2　空间稀薄环境喷焰流场

飞行器在 70 km 以上的高空飞行或在天基平台发射起飞时，环境大气非常稀薄，由火箭发动机喷出的燃气流一出喷口就急剧膨胀，形成包含连续流区、过渡流区以及稀薄流区的跨流域流动。一般情况下，空间稀薄环境条件下的喷焰流动尺度远大于飞行器自身尺度，并伴随组分分离、温度非平衡、热辐射主导的传热等复杂特性。受空间深冷背景和稀薄大气环境影响，空间稀薄环境下喷焰模拟及试验测量困难，一些典型特性的产生机理及数学模型还处于研究阶段。本节主要结合空间稀薄环境喷焰流场研究进展，对相应的流动原理、数学模型以及计算方法等进行简要介绍。

（一）稀薄气体动力学基础

随着气体稀薄程度的增加，气体的间断粒子效应就会变得显著，这使得通常用于求解气体问题的 Navier - Stokes 方程的输运系数表达不再正确，因此对稀薄气体进行统计性的描述成为唯一方式。基于统计原理时，气体宏观量的描述要依赖速度分布函数，而玻尔兹曼方程恰能给出分布函数对空间位置和时间变化率的关系。稀薄气体动力学建立在各态遍历、混沌和二元碰撞的假设基础上，使得相关理论和方法得以发展。

（1）速度分布函数

对于一个气体系统而言，其状态由每个分子的运动状态决定，不仅包含分子的速度，还包含位置信息，因此对整个系统需基于 6 维相空间来描述。在这一空间中的某个瞬时时刻，

N 个气体分子所处的状态的统计学描述为：

$$F^{(N)}(\boldsymbol{c}_1,\boldsymbol{c}_2,\cdots,\boldsymbol{c}_N,\boldsymbol{r}_1,\boldsymbol{r}_2,\cdots,\boldsymbol{r}_N,t)\mathrm{d}\boldsymbol{c}_1\mathrm{d}\boldsymbol{c}_2\cdots\mathrm{d}\boldsymbol{c}_N\mathrm{d}\boldsymbol{r}_1\mathrm{d}\boldsymbol{r}_2\cdots\mathrm{d}\boldsymbol{r}_N \tag{5.4.12}$$

上式即为 N 个粒子的分布函数，其中，$\boldsymbol{c}_i$、$\boldsymbol{r}_i$ 分别为分子 i 的速度和位置矢量。由此可得到 N 个分子中 R 个分子的分布函数为：

$$F^{(R)}(\boldsymbol{c}_1,\boldsymbol{c}_2,\cdots,\boldsymbol{c}_R,\boldsymbol{r}_1,\boldsymbol{r}_2,\cdots,\boldsymbol{r}_R,t)=\int_{-\infty}^{\infty}\cdots\int_{-\infty}^{\infty}F^{(N)}\mathrm{d}\boldsymbol{c}_{R+1}\cdots\mathrm{d}\boldsymbol{c}_N\mathrm{d}\boldsymbol{r}_{R+1}\cdots\mathrm{d}\boldsymbol{r}_N \tag{5.4.13}$$

也就是说，不论其他（$N-R$）个分子的位置和速度如何，在 1 ~ R 个分子邻近微小相空间内找到系统的概率都为

$$F^{(R)}\mathrm{d}\boldsymbol{c}_1\mathrm{d}\boldsymbol{c}_2\cdots\mathrm{d}\boldsymbol{c}_R\mathrm{d}\boldsymbol{r}_1\mathrm{d}\boldsymbol{r}_2\cdots\mathrm{d}\boldsymbol{r}_R \tag{5.4.14}$$

当 $R=1$ 时，无论其他粒子在相空间的位置和速度如何，都可得单粒子的分布函数为 $F^{(1)}(\boldsymbol{c}_1,\boldsymbol{r}_1,t)$。在分子混沌论的假设下，可得粒子的分布函数为

$$f(\boldsymbol{c},\boldsymbol{r},t)\equiv NF^{(1)}(\boldsymbol{c},\boldsymbol{r},t) \tag{5.4.15}$$

（2）分子间的碰撞及模型

在气体分子构成的系统中，分子之间存在大量的相互碰撞。在混沌假设的基础上，分子之间的碰撞事件是相互独立的，则多元碰撞概率非常小，分子碰撞模型主要考察二元碰撞。对于没有平动能和内能交换的弹性碰撞，分子二元碰撞后的速度可由动量守恒和能量守恒确定。图 5.4.5 给出了相对于固定力心分子碰撞轨迹和碰撞后相对速度的变化关系，图中 b 为瞄准距离，θ 和 r 为分子相对于固定力心的极坐标夹角和极半径，θ_A 表示拱极线与入射方向夹角，$\boldsymbol{c}_r$ 和 $\boldsymbol{c}_r^*$ 分别为入射分子碰撞前和碰后的速度，GOG^* 和 GOX 分别为碰撞平面和参考平面，ε 为二者的夹角，O 为力场中心，δ 为偏转角 χ 的补角。对于弹性碰撞，分子碰撞前后相对速度和分子间的瞄准距离不变，可求得分子的碰后的偏转角 χ 为

$$\chi=\pi-2\theta_A \tag{5.4.16}$$

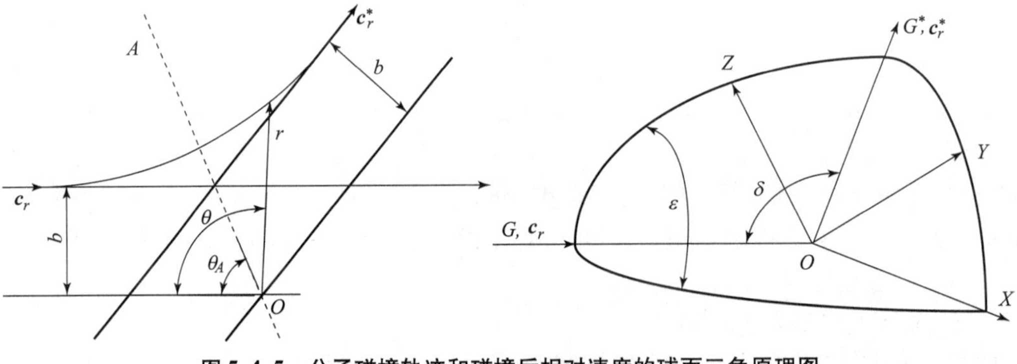

图 5.4.5 分子碰撞轨迹和碰撞后相对速度的球面三角原理图

进而根据球面三角原理可得两分子碰撞后的相对速度为

$$u^*=u\pm(u_1-u)\cos^2\frac{\chi}{2}\pm\Lambda\sin\chi\cos\varepsilon \tag{5.4.17}$$

$$v^*=v\pm(v_1-v)\cos^2\frac{\chi}{2}\pm\frac{\sin\chi}{2}[c_r(w_1-w)\sin\varepsilon-(u_1-u)(v_1-v)\cos\varepsilon]/\Lambda \tag{5.4.18}$$

$$w^* = w \pm (w_1 - w)\cos^2\frac{\chi}{2} \pm \frac{\sin\chi}{2}[c_r(v_1 - v)\sin\varepsilon - (u_1 - u)(w_1 - w)\cos\varepsilon]/\Lambda \tag{5.4.19}$$

式中，$\Lambda = [c_r^2 - (u_1 - u)^2]^{1/2}$，$(u, v, w)$ 和 (u_1, v_1, w_1) 为分子碰撞前的速度；上标 * 表示碰撞后分子速度；当运算符取 + 时，为速度 (u^*, v^*, w^*)，当运算符取 − 时，为速度 (u_1^*, v_1^*, w_1^*)。

（3）玻尔兹曼方程

为描述稀薄条件下气体分子分布函数对空间位置和时间变化率的关系，通常采用基于各态遍历、混沌和二元碰撞假设的如下形式的玻尔兹曼方程

$$\frac{\partial f}{\partial t} + \boldsymbol{\xi} \cdot \frac{\partial f}{\partial \boldsymbol{X}} + \boldsymbol{F} \cdot \frac{\partial f}{\partial \boldsymbol{\xi}} = \int_{-\infty}^{\infty}\int_0^{4\pi}(f'f'_1 - ff_1)g\sigma(g,\chi)\,\mathrm{d}\Omega\mathrm{d}\boldsymbol{\xi}_1 \tag{5.4.20}$$

式中，$f \equiv f(t, X, \xi)$ 为气体分子的速度分布函数；$\boldsymbol{\xi}$、$\boldsymbol{X}$ 分别表示一般坐标系下的速度矢量和位置矢量；$\boldsymbol{F}$ 为气体分子单位质量上的外力；g 为气体分子的相对运动速度；σ 为气体分子碰撞截面；χ 为分子碰撞偏转角；Ω 为方向角，上标"$'$"表示碰撞后的物理量。由上述方程可见，气体分子速度分布函数 $f(t, \boldsymbol{X}, \boldsymbol{\xi})$ 的变化率由两部分组成：第一部分是由气体分子在相对空间中运动引起的分布状态变化，以 $f(t, \boldsymbol{X}, \boldsymbol{\xi})$ 的微分形式出现；另一部分是由于气体分子间相互碰撞而引起的 $f(t, \boldsymbol{X}, \boldsymbol{\xi})$ 变化，以 $f(t, \boldsymbol{X}, \boldsymbol{\xi})$ 的积分形式出现。

对于包含多种组分的喷焰流动，需要采用多组分混合气体的玻尔兹曼方程进行描述，如下式

$$\frac{\partial f_i}{\partial t} + \boldsymbol{\xi}_i \cdot \frac{\partial f_i}{\partial \boldsymbol{X}_i} + \boldsymbol{F}_i \cdot \frac{\partial f_i}{\partial \boldsymbol{\xi}_i} = \sum_{j=1}^{N}\int_{-\infty}^{\infty}\int_0^{4\pi}(f'_i f'_j - f_i f_j)g\sigma_{ij}(g,\chi)\,\mathrm{d}\Omega\mathrm{d}\boldsymbol{\xi}_j, i = 1, 2, \cdots, N \tag{5.4.21}$$

方程左边项与前述公式中的含义相同，但其分布函数的变化针对的是指定的第 i 种组分，方程右边则表示指定的第 i 种分子与第 j 种分子碰撞引起的分布函数的变化率。由于 i 种分子可以和不同类别的分子相互碰撞，因而需要在右边对 j 进行从 1 到 N 求和处理。

在玻尔兹曼方程中，由于涉及大量分子的直接碰撞处理和状态统计，直接计算非常困难，目前主要采用一些近似或简化模型进行计算分析。特别对于高空稀薄条件下的喷焰流动，很难通过直接求解玻尔兹曼方程获得其数值解，因此通常采用一些专门的方法进行求解计算，其中应用较广的一种方法是直接蒙特卡诺方法（DSMC）。

（二）稀薄气体流动的 DSMC 方法

DSMC 方法的核心思想是利用有限个仿真分子代替实际分子的运动和碰撞过程，并通过统计的方法获取气体流动的宏观结果，其本质上是对玻尔兹曼方程的另一种数值求解形式。

在使用 DSMC 方法进行具体计算时，模拟分子的数量要足够多，以使它们在每一个流场网格中能够有效地代表真实气体分子的分布状态和碰撞行为，但相对真实分子数目，需要的模拟分子数目还是要小得多，即一个模拟分子代表着大量的真实分子。在计算的过程中，需要标记并存储每个模拟分子的位置坐标、速度分量及内能等参数，它们随着分子的运动、分子间的相互碰撞以及分子与边界的碰撞等因素不断地变化。通常情况下，模拟中的时间参数与真实流动的物理时间等同，并通过非定常流的长时间渐近状态得到流动的定常分布。为了

将分子的运动与分子间的碰撞分别进行处理，需要采用非常小的时间步长。在给定的小时间步长 Δt_m 内，所有模拟分子依其具有的速度匀速运动一段距离，然后再考察具有代表性的分子间碰撞。一般来讲，模拟时采用的分子运动步长 Δt_m 应该远小于局部平均碰撞时间。为了避免全局选择分子碰撞对的困难，将流场划分为线性尺度为 Δr 的网格，以从中选择分子碰撞对，并进行流场宏观量的统计。相对于流场宏观量梯度的标尺长度，Δr 与应该是小量，一般令 Δr 为当地分子平均自由程的 1/3 即可满足这一要求。

针对稀薄流动的 DSMC 算法计算程序流程如图 5.4.6 所示。

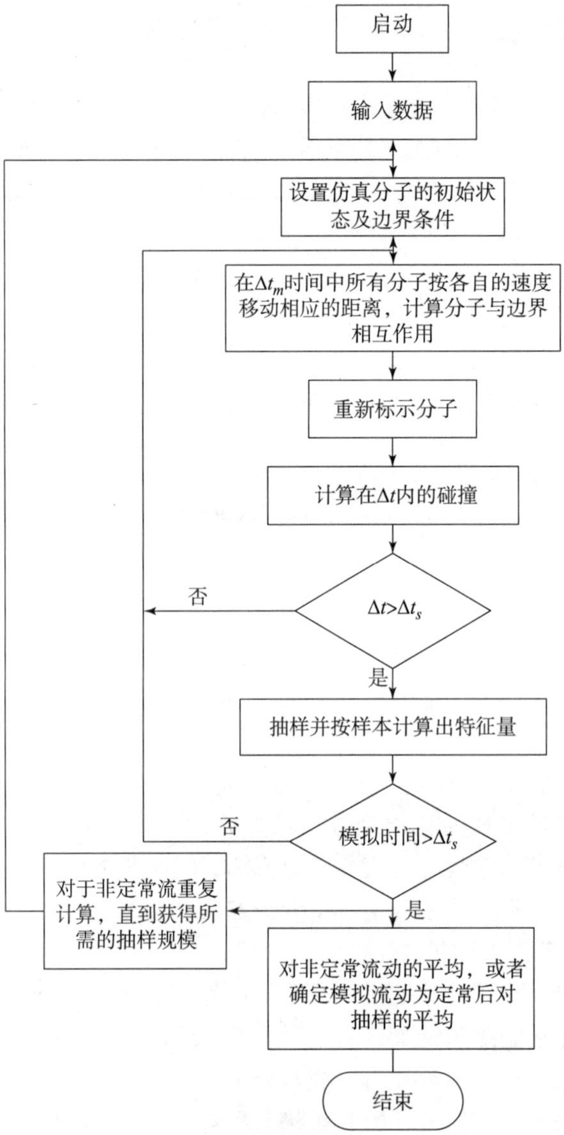

图 5.4.6　DSMC 方法计算流程示意

图中，Δt_m、Δt、Δt_s 和 t 分别表示时间推进步长、时间间隔、流动特性抽样的控制时间和计算时间。采用 DSMC 方法进行稀薄气体流动计算时，还需要对分子运动模型、分子间以及分子与壁面间的碰撞模型、碰撞对选择以及能量转换等进行详细处理，相关内容参考关于 DSMC 方法的专业书籍，这里不做详细介绍。

（三）稀薄环境喷焰流动计算模型

对于跨流域的稀薄环境喷焰流动，气体密度通常会跨越七八个以上的数量级，采用 DSMC 方法覆盖如此大跨度的分子密度范围，其计算量是相当庞大且难以接受的。因此，在目前的实践应用中，对于极小尺度的喷焰流动，可采用完全 DSMC 方法进行求解计算，但对于多数实际尺度的喷焰流动，通常需要采用 NS/DSMC 混合模型方法或工程预估方法进行稀薄环境喷焰流场计算。

（1）NS/DSMC 混合模型

为模拟稀薄环境喷焰流动从连续流区向稀薄流区发展的完整状态，目前应用较多的模型为 NS/DSMC 混合模型。该模型在喷焰流动的连续流区采用基于 Naive - Stocks 方程的方法进行流场计算，通常为雷诺平均方法（RANS）；在喷焰流动的过渡流区和稀薄流区采用 DSMC 方法进行求解计算。在两个分区之间，结合宏观流动参数与统计参数间的关系进行插值和转换。

（2）基于 Cosine 规则的工程预估模型

基于 Cosine 规则的工程预估模型是一种利用点源描述稀薄条件下喷焰流场的近似模型。在这一模型中，喷焰流场的质量密度分布主要由考察点到喷口中心距离 r 以及所在流线与对称轴线的交角 θ 决定，可表示为

$$\rho(r,\theta) = B\frac{1}{r^2}f(\theta) \tag{5.4.22}$$

式中，B 为描述喷口密度状态；$f(\theta)$ 可由多种形式表征，目前应用较广的一种形式为 Boynyon 提出的表达式

$$f(\theta) = \left[\cos\left(\frac{\pi\theta}{2\theta_{\lim}}\right)\right]^{\frac{2}{\gamma-1}} \tag{5.4.23}$$

式中，θ 以弧度计算；$\theta_{\lim}$ 为极限膨胀角，由 Prandtl - Mayer 流动状态确定

$$\theta_{\lim} = PM(Ma = \infty) - PM(Ma_E) + \theta_E \tag{5.4.24}$$

式中，Ma 为马赫数；Ma_E 为出口马赫数；PM 为 Prandtl - Mayer 角；θ_E 为喷管出口半角。

实际上，燃气在喷管内流动时，在喷管内壁面上总会有边界层的存在。Simons 在总结 Boynyon 等人关于边界层效应对极限角 $\theta_{\lim}$ 的影响后，从数学上推导出了适用于考虑边界层效应之后的关于密度表达式为

$$f(\theta) = \begin{cases} \left[\cos\left(\dfrac{\pi\theta}{2\theta_{\lim}}\right)\right]^{\frac{2}{\gamma-1}}, & \theta \leqslant \theta_0 \\ f(\theta_0)\exp[-\beta(\theta-\theta_0)], & \theta_0 < \theta < \theta_{\lim} \end{cases} \tag{5.4.25}$$

$$\theta_0 = \theta_{\lim}\left[1 - \frac{2}{\pi}\left(\frac{2\delta}{r_E}\right)^{\frac{\gamma-1}{\gamma+1}}\right];\beta = A\left(\frac{\gamma+1}{\gamma-1}\right)^{\frac{1}{2}}\left(\frac{2\bar{U}_L}{U_L}\right)\left(\frac{r_E}{2\delta}\right)^{\frac{\gamma-1}{\gamma+!}};U_L = \left(\frac{2\gamma RT_0}{\gamma-1}\right)^{\frac{1}{2}}$$

式中，U_L 为极限速度，由一维等熵流动公式获得；$\bar{U}_L$ 为边界层膨胀区平均极限速度。由于边界层内黏性耗散作用，显然 $\bar{U}_L < U_L$，可表示成 $\bar{U}_L = \alpha U_L$，于是 $\alpha < 1$，通常取 $\alpha = 0.75$，这相当于边界层动量损失系数。

求出流场中某确定点 (r,θ) 的密度后，根据一维等熵关系获得其他流动参数。该方法作

为一种工程近似方法，难以对稀薄环境喷焰流动的非平衡效应进行描述。

（3）分子运动学模型

分子运动学模型是一种基于无碰撞自由分子流运动理论解发展起来的喷焰计算模型。对于如图 5.4.7 所示喷焰流动状态，由自由分子流的气体运动学可知，从喷焰出口位置 (x_0, y_0, z_0) 出发的喷焰分子，只有满足如下条件才能到达空间任意一点 $P(x,0,z)$

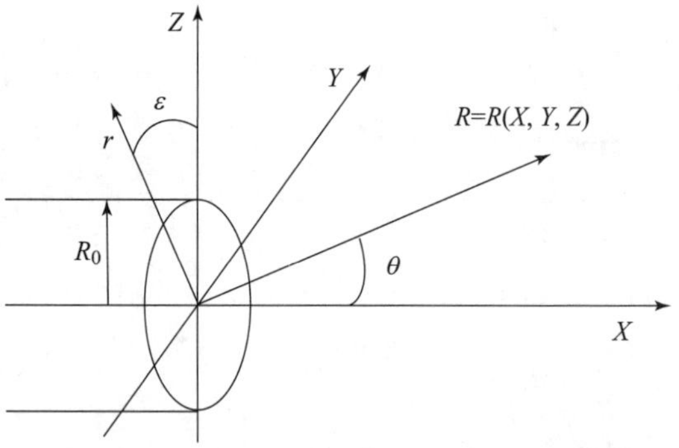

图 5.4.7　稀薄环境喷焰模型空间坐标示意

$$\frac{x - x_0}{u + U_e} = \frac{0 - y_0}{v} = \frac{z - z_0}{w} \tag{5.4.26}$$

为获得空间任意位置 $P(x,0,z)$ 的组分分子状态，以 $s_0 = U_e/\sqrt{2R_iT_e}$ 表示喷焰点源强度，在空间任意位置的组分分子数密度、宏观速度和温度可表示为喷口径向尺寸和周向角度的定积分形式。喷管下游任意点 $P(x,0,z)$ 的组分分子状态可表示为：

➢ 组分分子数密度：

$$n_i(x,0,z)/n_{ie} = \frac{\exp(-s_0^2)}{\sqrt{\pi^3}x^2}\int_{-\pi/2}^{\pi/2}\mathrm{d}\varepsilon\int_0^{R_0} rK\mathrm{d}r$$

➢ 宏观轴向速度：

$$U_i(x,0,z)\sqrt{\beta_0} = \frac{\exp(-s_0^2)}{\sqrt{\pi^3}x^2}\frac{n_{ie}}{n_i}\int_{-\pi/2}^{\pi/2}\mathrm{d}\varepsilon\int_0^{R_0} rM\mathrm{d}r$$

➢ 宏观径向速度：

$$W_i(x,0,z)\sqrt{\beta_0} = \frac{\exp(-s_0^2)}{\sqrt{\pi^3}x^3}\frac{n_{ie}}{n_i}\int_{-\pi/2}^{\pi/2}\mathrm{d}\varepsilon\int_0^{R_0}(z - r\sin\varepsilon)rM\mathrm{d}r$$

➢ 宏观温度：

$$TTR_i(x,0,z)/T_e = -\frac{U_i^2 + W_i^2}{3R_iT_0} + \frac{4}{3}\frac{\exp(-s_0^2)}{\sqrt{\pi^3}x^2}\frac{n_{ie}}{n_i}\int_{-\pi/2}^{\pi/2}\mathrm{d}\varepsilon\int_0^{R_0} Nr\mathrm{d}r$$

式中

$$K = Q\left\{Qs_0 + \left(\frac{1}{2} + Qs_0^2\right)\sqrt{\pi Q}\left[1 + \mathrm{erf}(s_0\sqrt{Q})\right]\exp(s_0^2Q)\right\}$$

$$M = Q^2\left\{Qs_0^2 + 1 + s_0\left(\frac{3}{2} + Qs_0^2\right)\sqrt{\pi Q}\left[1 + \mathrm{erf}(s_0\sqrt{Q})\right]\exp(s_0^2Q)\right\}$$

$$N = s_0Q^2\left(\frac{5}{4} + \frac{Qs_0^2}{2}\right) + \frac{1}{2}\sqrt{Q^3\pi}\left(\frac{3}{4} + 3Qs_0^2 + Q^2s_0^4\right)\left[1 + \mathrm{erf}(s_0^2\sqrt{Q})\right]\exp(s_0^2Q)$$

$$Q = x^2/(x^2 + z^2 + r^2 - 2z\cdot r\cdot\sin\varepsilon),\quad \beta_0 = 1/(2R_iT_e)$$

分子运动学模型是一种无碰撞的理想流动状态，对喷焰分子之间、喷焰与来流分子、喷焰与外部壁面之间的相互作用未进行考察。为描述分子之间以及分子与壁面间的碰撞作用，国内外发展了一些具有等效碰撞效应的喷焰分子运动学模型，但尚不成熟，这里对此不做详细介绍。

（四）稀薄环境喷焰流动计算实例

为考察稀薄环境喷焰流动典型状态，这里以具有较小尺度及较小出口压强的多组分喷焰为对象进行实例计算分析。

实例模型喷管出口直径为 0. 01 m，喷口压强为 2 000 Pa，喷口温度为 1 800 K，喷口气流速度为 2 300 m/s，喷口组分包括 H_2、HCl、CO、CO_2 及 H_2O，摩尔含量分别为 0. 027、0. 272、0. 261、0. 048 和 0. 392。环境压强和温度分别为 0. 01 Pa 和 200 K，来流速度为 4 000 m/s。

这里的实例模型采用 DSMC 方法进行求解计算，获得轴线上典型流场参数如图 5. 4. 8 所示。从图中可以看出，随着轴向距离增加，气体密度快速下降，到 10 倍喷口直径附近密度已下降约 100 倍。此外，喷焰在沿轴向发展过程中，平动温度和转动温度出现明显差异，表明出现了显著的温度非平衡状态。

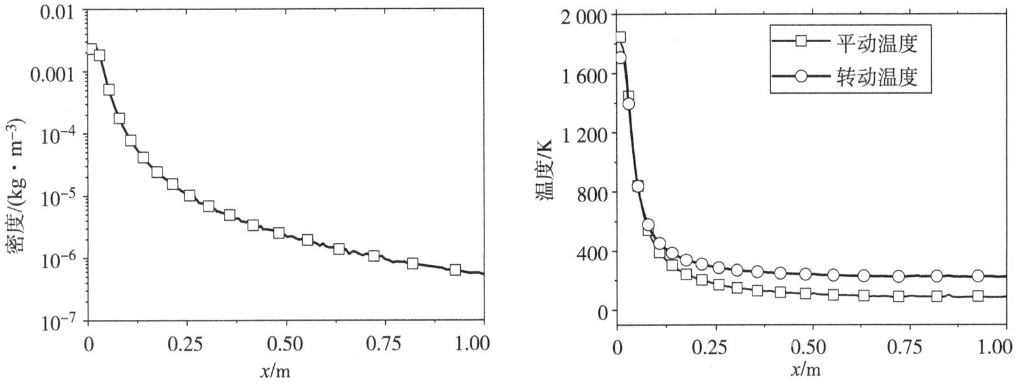

图 5. 4. 8　稀薄环境喷焰流场轴线上密度及温度分布

为进一步明确稀薄环境喷焰流的非平衡效应，图 5. 4. 9 给出了平动温度、转动温度以及两种典型组分的分布云图。可以看出，在流动过程中，不但温度存在显著的非平衡效应，组分分布也存在显著的非平衡效应，也称为组分分离效应。受分子自身质量影响，相对分子质量大的组分更靠近轴线附近，而相对分子质量小的组分向外扩张更明显。

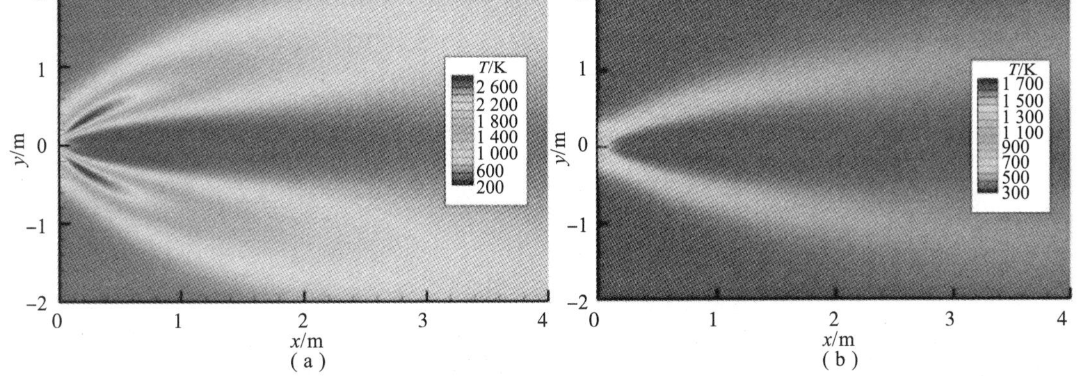

图 5. 4. 9　稀薄环境喷焰流场的典型参数分布

(a) 平动温度；(b) 转动温度

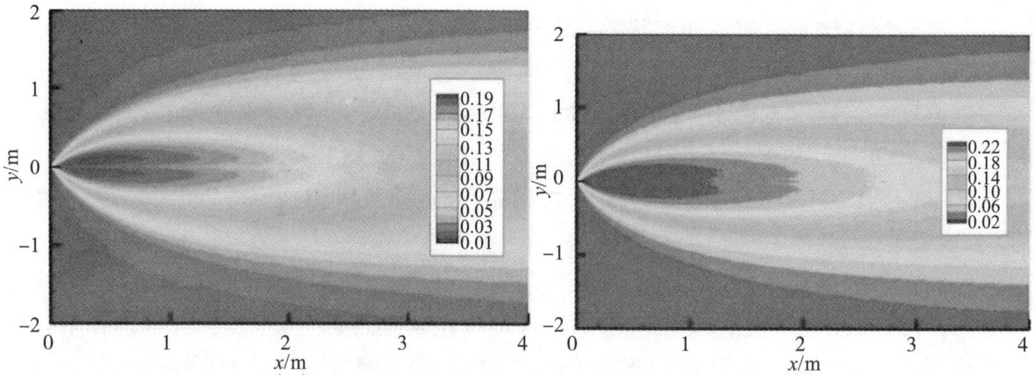

(c)　　(d)

图 5.4.9　稀薄环境喷焰流场的典型参数分布（续）

(c) 组分 HCl 质量分数；(d) 组分 CO 质量分数

思　考　题

1. 超声速射流冲击有哪些典型状态？超声速射流近场冲击包含哪些典型流动结构？发射管迎气面冲击的超临界流动和亚临界流动有何区别？

2. 燃气射流或喷焰流动计算时，单组分模型、双组分模型、多组分模型有何区别？在应用中如何选择？

3. 动网格技术的网格更新有哪些方法？嵌套动网格和分区动网格各有什么特点？哪类网格更适用于6DOF 模型？

4. 气液多相流动有哪些常用模型？各有什么特点？水下发射气液多相流动与多体运动如何耦合？

5. 固体火箭发动机喷焰流动中的颗粒物有哪些特点？采用颗粒轨迹法和等效连续相模拟气粒两相流动的基本思路是什么？

6. 喷焰流动复燃反应产生机理是什么？主要发生在哪些区域？通常采用什么方法进行喷焰复燃效应的计算分析？

7. 什么是稀薄条件下的气体流动？稀薄条件下喷焰流动的典型特征是什么？通常采用什么方法进行计算分析？

级间分离计算示例－轴对称模型－马赫数分布

级间分离计算示例－轴对称模型－压强分布

燃气射流冲击计算实例_ 动网格－壁面温度场

燃气射流冲击计算实例_ 动网格－对称面温度场

第 6 章

CAE 在发射系统结构分析中的应用

6.1 结构分析与结构优化

6.1.1 结构分析模型及载荷形式

对大多数装置或设备，结构刚强度是保证系统正常工作的基础。在发射系统设计分析过程中，系统及结构部件的刚强度同样是结构分析的重要内容，在不做特别说明时，本节的结构分析主要指结构刚强度分析。在进行发射系统结构分析时，面临的主要问题一个是如何选择计算模型，一个是如何确定计算模型的载荷和约束，下面分别对其进行介绍。

（一）发射系统结构分析计算模型

传统的结构分析过程中，常常针对发射装置不同部件进行简化处理后分别建立计算模型，并通过查阅手册或机械设计中给出的方法进行强度计算和校核。如针对定向器结构，往往需要分别针对定向器本体、导轨、耳轴或轴承等组成部分进行强度计算和分析。在利用传统方法进行强度分析时，受各部件间的相互作用和连接方式影响，载荷确定较为困难；受模型简化影响，复杂部件的计算精度不高，往往需要选用较大的安全系数。

（1）整体模型、局部模型与部件模型

在应用有限元方法进行结构强度分析时，可针对完整的发射装置结构，建立整体计算模型，此时可结合下文介绍的载荷分析内容和处理方法确定发射装置载荷形式，并进行整体强度分析和校核。为保证结构强度，并减小结构质量，发射装置通常采用梁、壳、筋、板等构件构成，并通过焊接、螺栓等形式加以连接。在整体分析模型中，可依据结构特征采用梁、壳单元建立计算模型。一般来讲，当梁结构的长度尺寸超过截面特征尺寸的 3 ~ 5 倍时，即可选用梁单元模型；当壳结构尺寸超过其厚度的 5 ~ 10 倍时，即可选用壳单元模型。对于采用局部焊接或螺栓连接的结构，一般情况下连接强度要高于本体强度，在建模时可将连接部件作为一个整体进行处理。当然，也可直接利用一些特殊单元形式考虑实际的焊接和螺栓的连接作用，但其计算量将大大增加。

对于需要关注的局部结构或连接区域，可建立局部模型进行分析，并利用整体分析获得的内力分布作为局部分析模型的计算载荷。如整体结构中作为承力结构的耳轴、轴承等结构，在整体模型中可近似为刚性区域，以简化计算，当需要独立考察这些结构的刚强度时，可建立独立的模型进行求解计算。

除前面提到的整体分析模型和局部分析模型外，在实际应用中还经常针对一些部件进行有限元分析，以单独校核其在载荷作用下的强度、刚度及固有模态等，如发射箱模型、导轨模型、回转台模型等。对这类模型通常也采用梁、壳单元进行建模，但其载荷需要考虑部件间的作用力，约束需要结合具体连接方式进行处理。

（2）载荷与约束形式

在进行力学基础学习时，通常将对自由度的限制称为约束，对结构施加的力或力矩称为载荷。而在进行结构分析时，有时会将作用于结构的力、力矩、位移、速度及加速度等均称为载荷，如集中力载荷、分布力载荷、位移载荷等。这里参照基础力学中的习惯，将载荷和约束分开进行阐述。

➢ 静载荷与惯性载荷

作用在发射系统上的载荷就其对时间的变化特性而言，可分为静载荷与动载荷。静载荷对结构作用力的大小、方向及作用位置不随时间改变，如结构自重、导弹重力等；动载荷对结构作用的大小、方向或作用点随时间变化。在进行发射装置刚强度计算时，除需要考虑静载荷的作用外，通常还需要将动载荷引起的惯性力考虑在内。

惯性载荷是由于结构加速度而引起的，其大小等于结构质量乘以运动加速度，方向与加速度方向相反。正如前面所说，在进行发射装置刚强度计算时，通常将动载荷作用转化为惯性载荷加以考虑。在实际应用中，常结合结构的重力来表征总的惯性力，即用过载系数或简称过载来表示。

过载系数是一矢量，等于作用于结构上除重力之外所有外力的总和与其自重之比，其方向与外力之和相反，即

$$\boldsymbol{n} = -\frac{\sum \boldsymbol{F}_i}{W} \tag{6.1.1}$$

式中，$\boldsymbol{n}$ 为过载系数；$\boldsymbol{F}_i$ 为作用在结构上除自重外所有外力矢量之和；W 为结构自重。由结构惯性中心运动方程可得到

$$\frac{\boldsymbol{W}}{\boldsymbol{g}}\boldsymbol{a} = \sum \boldsymbol{F}_i + \boldsymbol{W} \tag{6.1.2}$$

因此有

$$\boldsymbol{n} = -\left(\frac{\boldsymbol{a}}{g} - \frac{\boldsymbol{g}}{g}\right) \tag{6.1.3}$$

式中，$\boldsymbol{a}$ 为结构惯性中心的运动加速度；$\boldsymbol{g}$ 为重力加速度，g 为其模。

如果已知物体的运动规律，即知道它的加速度后，可由上式求出过载系数。在实际应用中，常利用它在直角坐标系中的投影表示，即

$$n_x = -\frac{a_x}{g} + n_{gx}, n_y = -\frac{a_y}{g} + n_{gy}, n_z = -\frac{a_z}{g} + n_{gz}$$

式中，n_{gx}、n_{gy}、n_{gz} 分别表示重力加速度的过载系数在坐标方向的投影。

➢ 约束形式

如前所述，在进行发射系统结构分析时，往往需要结合考察目标建立整体分析模型、部件分析模型和局部模型，并结合其连接特性与分析目的确定其约束形式。

一般来讲，除发射准备状态外，发射装置各部件之间、发射装置与载体之间不允许有相对刚体位移，或需要尽量减小其刚体位移。因此，除运动部件外，其他部件多采用固定连接方式，在有限元分析模型中对应地选用固定约束。

对整体分析模型，约束区域一般选在发射装置与载体的连接位置；对部件模型，约束区域通常选在离载体较近的部件连接位置，以多联装发射箱为例，当针对单个发射箱进行部件模型分析时，约束区域选择在发射箱与支架的连接位置，而不应选择发射箱与相邻发射箱的连接位置。在进行耳轴、定位销轴等局部结构分析时，通常在局部结构与本体的连接区域施加固定约束；而在分析焊接、螺栓等连接区域的局部强度时，通常需要在连接区域周边划分出一部分本体结构，以协调连接区域产生的变形，并在本体结构外沿施加固定约束或弹性约束。

综上所述，发射系统常用的计算模型包括整体模型、部件模型和局部模型等三类，各种模型的处理方式见表 6.1.1。

表 6.1.1　发射装置有限元分析模型

对比项	整体模型	部件模型	局部模型
功能	对发射装置整体刚强度进行分析和校核，并可用于整体模态分析	对发射装置部件刚强度进行分析和校核，并可用于部件模态分析	对连接区域、局部实体结构等进行强度分析和校核
简化方式	将连接强度大于本体结构的连接部件视作整体；忽略局部几何特征（如倒角、小孔等）的影响；忽略局部实体结构的变形影响	将连接强度大于本体结构的连接部件视作整体；忽略局部几何特征（如倒角、小孔等）的影响；忽略局部实体结构的变形影响	忽略关注区域以外的其他结构和模型
单元类型	梁、壳单元为主	梁、壳单元为主	壳或实体单元
载荷	依据发射装置载荷类型进行分析确定	依据发射装置载荷类型进行分析确定，并考虑连接部件作用力	依据发射装置载荷类型进行分析确定，也可利用整体分析或部件分析中获得的内力作为载荷
约束	利用发射装置与载体的连接方式确定，通常在连接点选用固接方式	利用部件间的连接方式确定，通常以与载体较近的部件连接点进行固接	在局部结构与本体连接区域进行固接，有时需要在本体结构中划出部分区域作为弹性连接区域

（二）发射系统常见载荷形式

发射系统结构分析除需要考虑前述静载荷及惯性载荷外，更多时候需要结合使用状态确定载荷的具体形式。这里结合不同的发射装置类型和使用条件，对常见载荷进行介绍。

（1）结构动作产生的动载荷或冲击

在发射准备阶段，不论是放列、撤收、瞄准还是其他勤务操作，往往都会涉及发射装置结构自身的运动。尽管多数情况下这些运动产生的惯性力对结构本体刚强度影响不大，但对连接部件或驱动部件有重要影响，如轴承、驱动电动机等。在实际应用中，需要结合结构运动规律及动力学分析确定结构动作产生的动载荷或冲击力。

（2）路面运输时的载荷

发射装置（拖车式或自行式发射装置）在路面运输或行驶时，受路面不平、制动、转弯等因素影响，会产生不同形式的惯性载荷，对结构刚强度产生影响。在工程应用中，为简化分析，常用过载系数来表征这些载荷。

在考虑路面不平影响时，在工程计算时，只需要考虑垂向过载系数，表示为 n_y。过载系数与载车缓冲部件的刚度有关，与结构上允许的变形量有关。缓冲器刚度越大，过载系数越小，但当缓冲器的刚度过大时，就会引起冲击，反而增加行军时发射装置受到的载荷。对于轮式载车运输时，一般取 $n_y=3\sim4$；对于履带式载车运输方式，通常取 $n_y=2\sim3$。

发射装置在路面运输中制动时，各零部件都要产生惯性力。路面运输中，制动时虽有各种不同情况，但以完全制动（指全部车轮停转、车轮在路面上纯滑动）时的惯性力为最大，并可采用水平方向的过载系数 n_x 来表示。一般来讲，制动时的过载系数与轮胎和路面状况等一系列因素有关，在工程应用中常取 $n_x=0.8\sim1.25$。

发射装置在路面运输中转弯时，各零部件产生的惯性力通常用转弯允许的过载系数 n_z 表示，一般依据发射装置转弯不侧翻的条件进行估算。设载车轮距为 B，路面侧倾角为 γ，载车与发射装置重心高为 h，载车与发射装置重力为 W，载车所受离心力为 F，则发射装置不侧翻的条件为

$$F \leqslant \frac{\dfrac{B}{2h}+\tan\gamma}{1-\dfrac{B}{2h}\tan\gamma}W \tag{6.1.4}$$

转弯时允许的过载系数为

$$n_z \leqslant \frac{F}{W}=\frac{\dfrac{B}{2h}+\tan\gamma}{1-\dfrac{B}{2h}\tan\gamma} \tag{6.1.5}$$

（3）舰载发射装置的摇摆载荷

在水面航行的舰艇总是在做摇摆运动。由于多数发射装置固定于舰艇上，与舰艇无相对运动，计算这些部件的惯性载荷时，要计算舰上固定点（发射装置所在位置）的加速度。

水面航行舰艇的摇摆运动规律可以看作是以舰艇质心为基点的轨道运动及绕质心的摇摆运动合成的，其基本形式包括横摇、纵摇、偏摇、垂荡、纵荡、横荡等。在实际应用中，由于质心运动（垂荡、纵荡、横荡）和偏摇产生的过载系数较小，可忽略其影响。对于影响较大的纵摇和横摇，可按三种情况进行计算：只考虑纵摇状态；只考虑横摇状态；纵摇和横摇同时达到最大值状态。具体的纵摇、横摇参数需要依据海情和舰艇类型确定，可查阅相关手册。

对于固定在舰艇上的发射装置，最大过载系数出现在下列两种情况之下：一是舰艇通过水平位置瞬间，这时摇摆速度最大，因此法向过载系数最大；二是舰艇处于最大摇摆角度时，角加速度最大，因此切向过载系数最大。通常情况下，切向过载系数大于法向过载系数，因此通常采用切向过载系数。如已知舰艇纵摇和横摇最大振幅分别为 $\theta_{\max}$ 和 $\gamma_{\max}$，纵摇、横摇的周期为 T_θ 和 T_γ，舰艇质心 O 到发射装置安装位置 A 的矢径在三个坐标方向的投影分别为 R_{Ax}、R_{Ay} 和 R_{Az}，则可按下述方法计算最大过载系数。

只考虑纵摇时，有

$$n_x=-\frac{4\pi^2}{g}\frac{\theta_{\max}}{T_\theta^2}R_{Ay},\ n_y=\frac{4\pi^2}{g}\frac{\theta_{\max}}{T_\theta^2}R_{Ax},\ n_z=0$$

只考虑横摇时，有

$$n_x = 0,\ n_y = -\frac{4\pi^2}{g}\frac{\gamma_{\max}}{T_\gamma^2}R_{Az},\ n_z = \frac{4\pi^2}{g}\frac{\gamma_{\max}}{T_\gamma^2}R_{Ay}$$

若认为纵摇和横摇同时达到最大，有

$$n_x = \frac{4\pi^2}{g}\left(\frac{\theta_{\max}}{T_\theta^2}R_{Az}\sin\gamma_{\max} - \frac{\theta_{\max}}{T_\theta^2}R_{Ay}\cos\gamma_{\max}\right)$$

$$n_y = \frac{4\pi^2}{g}\left(\frac{\theta_{\max}}{T_\theta^2}R_{Ax}\cos\gamma_{\max} - \frac{\gamma_{\max}}{T_\gamma^2}R_{Az}\right)$$

$$n_z = \frac{4\pi^2}{g}\left(\frac{\gamma_{\max}}{T_\gamma^2}R_{Ay} - \frac{\theta_{\max}}{T_\theta^2}R_{Ax}\sin\gamma_{\max}\right)$$

进行摇摆惯性载荷计算时需要注意，航行状态和战斗状态的工作情况是不同的，应分别考虑。航行状态发射装置固定在舰艇上，根据最不利海情计算；战斗状态要根据战术技术要求的海情进行计算，在考虑瞄准时，还要考虑摇摆运动与瞄准调转运动的合成。此外，认为纵摇和横摇同时出现最大值只是一种简化计算的假设，实际发生这种状态的情况极其少见，据此所做的摇摆惯性载荷计算结果偏大，在进行结构强度设计时，不必选用过大的安全系数。

（4）机载导弹发射装置载荷

悬挂或安装在飞机上的发射装置及导弹，与载机是一个整体。载机飞行和着陆时，发射装置承受载荷可根据飞机在各种典型受载情况下的过载系数来确定。为确定飞机机身和机翼上悬挂物的过载系数和空气动力，各国已专门拟定的规范来规定飞机和直升机飞行与着陆的极限设计过载系数及气动参数，可用来进行发射装置的惯性载荷计算，这里不进行详细介绍。

（5）导弹作用在发射装置上的载荷

根据强度设计需要或计算需要，可将发射装置与导弹作为一体来计算，此时不需要专门考虑导弹作用在发射装置上的载荷，而应结合实际情况选择合适的连接方式；在实际应用中，也可将导弹和发射装置分别进行计算分析，此时需要考虑导弹作用在发射装置上的载荷情况。

导弹发射前，相对发射装置定向器是静止的，此时作用在发射装置上的载荷主要是弹重、运载体运动或发射装置动作引起的惯性力等，有的情况下还要考虑风作用在导弹上的力。导弹受运载体或发射装置牵连运动引起的惯性力计算方法与发射装置惯性力计算方法类似，只是需要将与位置相关的量由发射装置的质心移动到弹体质心位置进行考虑。

发射时，导弹在定向器上运动，此时作用在发射装置上的载荷除前述载荷外，还有导弹相对运动引起的惯性载荷、自旋导弹的不平衡载荷、发动机的推力分力、燃气冲击力、摩擦力、闭锁器的解脱力以及系统振动惯性力等。一般来讲，这部分载荷对发射装置结构强度影响较小，但对一些局部结构需要进行专门的设计和考虑，如闭锁器承受的解脱力、导流器承受的燃气冲击力等。导弹发射时产生的载荷均可看作动载荷，并对发射装置的振动响应有重要影响，因此，在进行发射装置动态响应分析时应予以考虑。

（6）风载荷

风载荷是影响弹－架系统振动和结构强度必须考虑的一种因素。在研究风的作用时，除了复杂的地形条件外，一般不考虑垂直风的影响，认为风是平行于地面的，并分解为垂直于

射击平面的横风 u_ζ 和平行于射击平面的纵风 u_ξ。

风作用在发射装置上的载荷，由风速（或风压）、受风结构的迎风面积和气动阻力系数等因素来确定，可由下式计算

$$P_w = \sum q_i S_i \tag{6.1.6}$$

式中，P_w 为作用在发射装置上总的风载荷；S_i 为计算迎风面积；q_i 为计算面积相适应的计算风压。计算风压是指考虑了风的性质、受风结构的形状以及所位置高度后的风压，可表示为

$$q_i = qC_x R_H \beta \tag{6.1.7}$$

式中，$q = \frac{1}{2}\rho u^2$ 为额定风压，表示风以某一稳定风速稳定作用的压力；C_x 为气动阻力系数；R_H 为风压随高度增加的系数；β 为阵风修正系数。这些参数的具体数值可参见相关文献中的表格或经验公式确定。

（7）燃气流载荷

火箭发动机的燃气流作用在发射装置上之后，对发射装置产生多种形式的力学载荷。在燃气直接作用区域，高速流动的燃气受发射装置壁面影响，产生很大的滞止压力并改变流向，体现在发射装置上则为显著的冲击力。在发射箱或发射筒这类限制空间内，燃气流或燃气引射产生的压力载荷对结构强度有重要影响，在设计时应加以考虑。

各种射流的流动结构及计算方法在许多文献中均有介绍，在本书第 5 章也对如何采用数值分析方法计算燃气射流冲击载荷进行了介绍，这里不再赘述。

（8）爆炸冲击载荷

在发生非接触爆炸时，爆炸产生的冲击效应对周围设备同样具有明显的破坏作用。为保证距爆炸中心一定距离的发射装置的战斗能力，在很多情况下需要考虑爆炸冲击载荷作用下的发射装置强度问题。

6.1.2 发射系统结构优化方法

在满足功能性能要求前提下，实现发射装置的轻量化设计，一直是发射系统设计优化的重要内容。通常情况下，发射系统功能性能要求主要体现为设计载荷状态下的刚、强度指标，而轻量化主要体现为发射系统重量的最小化设计，并通过结构优化方法来实现。本节结合发射系统优化设计的应用需求，对相应的优化方法进行介绍。

（一）结构优化数学模型及分类

结构优化设计与传统设计不同，结构优化设计建立在理论计算和数值仿真、优化算法的基础上，是一种现代的设计理念。结构优化设计针对给定的结构形式、材料、工况等各种约束条件，建立数学计算优化模型，根据优化理论算法，对模型反复进行分析、优化、再分析、再优化过程，直到结果收敛，得出最优方案。这里从结构优化的数学模型及其设计分类分别阐述。

（1）结构优化的数学模型

结构优化设计是优化设计在产品结构方面的运用。结构优化包含三大要素：设计变量、约束条件及目标函数。

➢ 设计变量

产品结构是由一系列参数决定的，不同的参数决定不同的结构尺寸与性能，合理的参数

可使结构更经济安全，符合设计要求。其中需要进行修改的参数称为设计变量 X。在数学上，其形式由若干分量组成的向量表达：

$$\boldsymbol{X} = [x_1, x_2, \cdots, x_n]^{\mathrm{T}} \tag{6.1.8}$$

式中，n 为设计变量的个数，决定了优化问题的维数。

设计变量 $\boldsymbol{X}$ 的一个取值对应设计空间中的一点，只有当该点在可行域时，设计为可行设计，否则为不可行设计。在实际结构优化问题中，优化模型必须要反映出问题自身的要求和特点，设计变量的选择需根据问题进行选择。总的来说，设计变量的选择需要遵循如下原则：选择的设计变量需要满足相互独立要求；选取的设计变量应与目标函数具有一定的关系，并且对目标函数产生的影响越大越好；应尽量选取具有实际意义的参数作为设计变量；在设计要求能够满足的前提下，尽量减少设计变量的数目，以使优化问题变得简单，减少计算时间。

➢ 约束条件

产品在设计过程中总会受到许多的限制要求，例如强度、刚度等，也称约束条件。约束条件就是必须满足的限制要求。在数学上，约束条件可表示为如下等式或不等式：

$$\begin{cases} g_i(X_1, \cdots, X_n) = 0 \\ h_k(X_1, \cdots, X_n) \leqslant 0 \end{cases} \tag{6.1.9}$$

约束条件可分为性能约束和几何约束。常用的性能约束有应力约束、位移约束、动态特性约束等。几何约束一般是对设计变量的直接或者间接约束，如对板的厚度约束、杆件的长度约束等。

➢ 目标函数

为评价产品设计的优劣，需要设计人员提出评价指标。在结构优化中，为了更方便地设计，人们将由设计变量组成的函数形式作为评价标准的表达式，称作目标函数 $f(x)$。

根据不同的问题与设计要求，可选取不同的目标函数。例如，在土木工程中，一般选取材料的质量最少或造价最低为优化目标；在有的产品设计中，也会以应变能最小化、最大位移最小等作为目标函数。

优化问题按照优化指标数可分为单目标优化问题和多目标优化问题。单目标优化问题只选取一个目标函数。当优化过程中含有多个目标时，优化设计变为多目标优化问题，在这种情况下，需要分析这些目标的重要性，选取其中最重要的一个目标作为目标函数，其他作为约束条件。或者根据目标的重要程度，对目标进行加权处理，建立含有这些目标的目标函数。

结构优化设计需要将实际工程设计中的问题按照数学方法进行描述，转换成为数学模型，其形式如下：

求设计变量

$$\boldsymbol{X} = [x_1, x_2, \cdots, x_n]^{\mathrm{T}} \tag{6.1.10}$$

使目标函数

$$\text{Min or Max } f(\boldsymbol{X}) \tag{6.1.11}$$

满足约束条件

$$\begin{cases} g_i(\boldsymbol{X}) \leqslant 0, i = 1,2,\cdots,m \\ k_j(\boldsymbol{X}) \leqslant 0, j = 1,2,\cdots,p \\ h_l(\boldsymbol{X}) = 0, l = 1,2,\cdots,q \end{cases} \tag{6.1.12}$$

式中，$f(\boldsymbol{X})$ 为目标函数；n 为设计变量的个数；m 为几何约束条件的个数；p 为性能约束条件的个数；q 为变量之间的约束条件的个数。设计变量可以为形状设计变量、尺寸设计变量和拓扑设计变量。目标函数和约束可能为质量、位移、频率值、应变能等参数或某些参数的组合。

（2）结构优化设计分类

结构优化问题主要根据设计变量、约束函数及目标函数的类型决定，不同类型的优化问题需要用不同的方法来解决。以设计变量的类型来分类，结构优化可以分为尺寸优化、形状优化及拓扑优化。

尺寸优化（Sizing Optimization）是指在不改变材料结构及形状的基础上，通过调整结构单元的属性来寻找一组最优参数，使得结构设计达到要求，如图 6.1.1 中桁架的尺寸优化。结构单元属性包括梁单元截面尺寸、板的厚度、壳单元厚度或者复合材料的铺层角度、分层厚度等。在尺寸优化过程中，不需要重新划分有限元网格，其内部数学一般为简单线性关系计算，只需要采用合适的数学规划法与灵敏度分析便可完成尺寸优化，主要运用于产品详细设计阶段。目前，尺寸优化已经相对发展较为成熟，有许多与之相关的理论研究与工程应用。

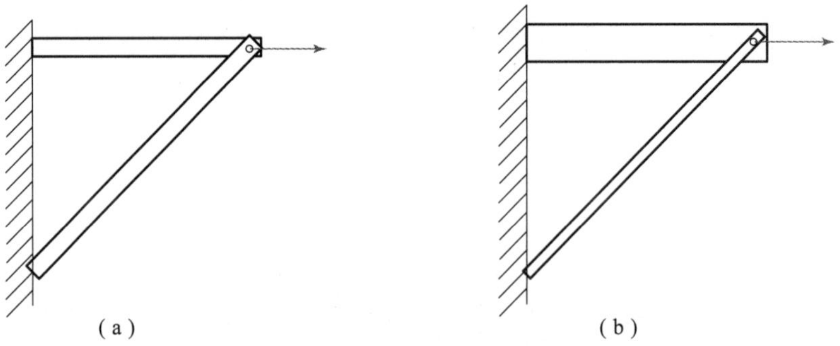

图 6.1.1　尺寸优化示意图

（a）原始桁架结构图；（b）尺寸优化后的桁架结构图

形状优化（Shape Optimization）设计是指可变边界问题，在结构的拓扑关系不发生变化的前提条件下，通过改变设计模型的几何边界形状，不断划分有限元网格，移动网格节点，来寻求理想的结构形貌，达到提高结构的刚强度、改善模态、优化结构内部力的传递路径、减少应力集中等不良现象的目的，如图 6.1.2 中带孔平板的形状优化。由于形状优化计算过程中，响应与设计变量之间一般呈现非线性关系，一定程度上增加了灵敏度分析的难度和计算量。1973 年，Zienkiewicz 和 Compbell 使用等参元和序列线性规划的方法解决了水坝的形状优化问题，这是早期对形状优化的运用。形状优化相比尺寸优化发展较晚，取得的成果也相对较少。

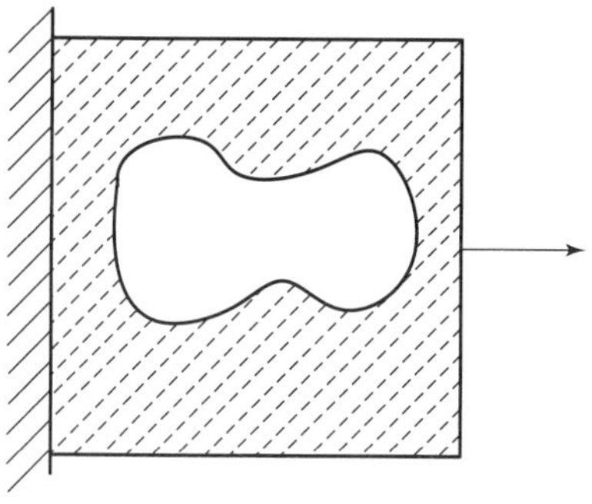

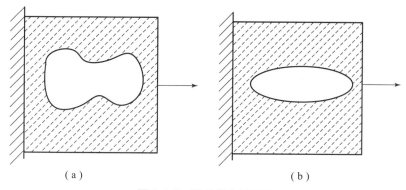

图 6.1.2　形状优化示意图

(a) 原始结构图；(b) 形状优化后的最优结构图

拓扑优化（Topology Optimization）是指在满足优化目标和约束函数条件前提下，在给定的设计空间域内使得材料分布或者传力路径达到最优，如图 6.1.3 中的拓扑优化所示。对拓扑优化的研究，早期以骨架优化为主，后期研究重心逐渐向连续体优化转移。在产品或结构的概念和初步设计阶段，拓扑优化能够为设计工程师提出一个理论设计，减少设计的盲目性与局限性，为进一步设计提供基础和科学依据，为结构设计经验和实践欠缺的年轻工程师提供很大程度上的帮助，对研究工作者而言，是一个极具吸引力又具有挑战性的课题。

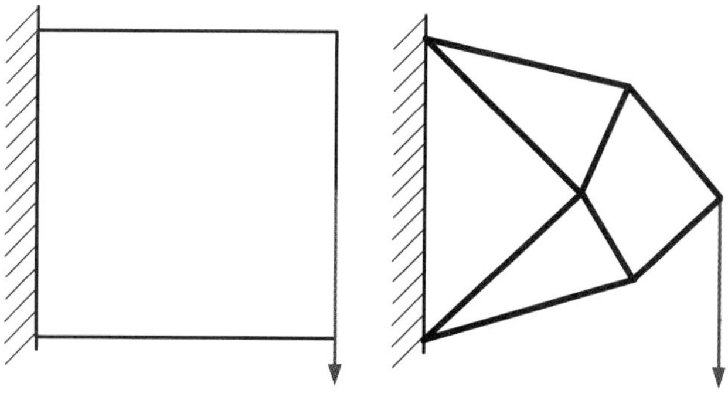

图 6.1.3　拓扑优化示意图

(a) 原始结构图；(b) 拓扑优化后的最优结构图

相比尺寸优化与形状优化，拓扑优化更具有研究价值，能够创造更大的经济效益。从拓扑优化问世到如今，已经有许多领域的工作者对其进行学习与研究，拓扑优化设计理论与方法不断得到完善，日趋成熟，拓扑优化逐渐成为人们的研究热点与主流趋势。

（二）结构优化问题的求解算法

结构优化的核心内容是求解目标函数在约束条件下的最优值问题，也称为优化算法。结构优化问题中应用较广的优化算法可分为三类：一是数学规划法，二是优化准则法，三是智能优化算法。

(1) 数学规划法

数学规划法经过了严格的数学理论推导，它的理论基础就是数学方法中的规划论，基于数值分析在设计区间内进行“搜索”和“规划”，直到出现最优解为止。经过研究人员不断深入的研究，研究人员开始将优化准则法的优点应用到数学规划法中。然后依据力学特性对显式逼近、变量连接、选择有效约束等求解技术进行了一些方面的改进，极大地提高了计算的效率。目前常用的数学规划法有序列线性规划法、二次规划法、罚函数法、乘子法等。数学规划法的优点是，有着严谨的数学推导与理论基础，其收敛性也可以通过数学公式进行完整的证明，从而将规范法应用到连续体结构拓扑优化时，能够取得很好的优化效果，通用性非常好。但是其缺点中，最显著的是求解效率存在差异，也就是说，针对不同的优化问题，求解效率也大不相同，有好有坏。

（2）优化准则法

优化准则法是基于力学概念和工程经验建立起来的。它的基本思想很简单，就是使结构的某项性能达到最优化，在设定的约束条件下，构建一种优化准则，在这种准则下通过多次的迭代计算，使设计空间的材料分布越来越优化，最终完成拓扑优化设计。该方法的优点是编程实现非常方便，迭代收敛较快，能够在短时间内寻找出满足实际工程需要的可行结构，目前已在实际工程中得到广泛的应用。其主要缺点是为了解决不同的拓扑优化问题，优化准则法需要推导适应所求问题的迭代准则和约束条件。另外，当碰到多约束优化问题时，需要通过多个拉格朗日乘子设定多个优化准则，操作较为复杂。

（3）智能优化算法

智能优化算法就是依靠模拟生物界群体进化的原理进行优化的算法，此类方法按照适者生存的生态模式进行选择，淘汰适应度低的个体解，而保留下来适应度较高的个体解，从而通过一步一步的迭代计算，搜索到全局的最优解。智能优化算法是结构拓扑优化中常用的方法之一，例如遗传算法、模拟退火算法、粒子群方法等。遗传算法包括三个过程，即再生、交叉和异化。按照遗传算法的理论一代代地进化。遗传算法属于随机性的搜索，它是按照获得最大效益的原则进行随机搜索的。遗传算法与传统算法相比，其针对多个点同时进行优化计算，不像传统算法只针对单个计算点进行优化计算，把遗传算法的计算点看作一个群体，所以遗传算法优化计算后的结果是相对于整个群体的最优解。遗传算法有着其结果的优越性，在优化追踪中不需要函数的单调性和连续性。但结构的计算量很大，需要分析的次数极多，收敛速度很慢，在工程实际问题中很少运用。遗传算法由于其分析次数较多，所以一般只应用于设计变量少的结构优化问题。

根据三种优化算法的优缺点，这里主要介绍数学规划算法。

数学规划法的基本思想是将结构力学与数学规划理论相结合，将结构拓扑优化问题中的等式约束和不等式约束转变为设计域构成范围的约束，在变量的允许变化范围内通过各种数值分析方法寻求目标函数的最优值。结构拓扑优化运用数学规划算法寻最优解是反复迭代的过程，每一轮迭代不仅要进行结构分析，通常还需要进行灵敏度分析。运算量较大。下面以线性和非线性划分简要介绍数学规划法。数学规划法一般分为线性规划法和非线性规划。其区别为优化问题中的目标函数或者约束是线性函数还是非线性函数。

线性规划是研究多变量函数在变量具有约束条件下的最优化问题，它是运筹学重要的分支之一，是目前发展得最成熟的优化技术方法。单纯形法是线性规划问题的标准解法，它的解题思路由图解法得到，现以单纯形法为例介绍线性规划算法，详细内容可参考相关文献。

线性规划法常用的模型如下所示：

$$\text{find}: \boldsymbol{X} = [x_1, x_2, \cdots, x_n]^{\mathrm{T}}, x_1, x_2, \cdots, x_n \geqslant 0 \tag{6.1.13}$$

目标函数：

$$\text{Min or Max } F(\boldsymbol{X}) = c_1x_1 + c_2x_2 + \cdots + c_nx_n \tag{6.1.14}$$

约束条件：

$$\begin{gathered} \text{s. t. }: \boldsymbol{A} \cdot \boldsymbol{X} = \boldsymbol{b} \\ \boldsymbol{b} = [b_1, b_2, \cdots, b_m]^{\mathrm{T}} \\ \boldsymbol{A} = \begin{pmatrix} a_{11} & \cdots & a_{1n} \\ \vdots & \ddots & \vdots \\ a_{m1} & \cdots & a_{mn} \end{pmatrix} \end{gathered} \tag{6.1.15}$$

式中，x 是设计变量；F 是结构拓扑优化的目标函数；$\boldsymbol{A}$ 是约束条件方程组的系数矩阵；$\boldsymbol{b}$ 是约束方程组的函数值。

在数学规划中，如果约束条件或目标函数为优化变量的非线性函数时，求解问题的数学方法被称为非线性规划。非线性规划是研究在一组线性与（或）非线性约束条件下，寻求某个非线性或线性目标函数的最大值或最小值问题。

非线性的数学规划法常用模型如下所示：

$$\text{find}: \boldsymbol{X} = [x_1, x_2, \cdots, x_n]^{\mathrm{T}}, x_1, x_2, \cdots, x_n \geqslant 0 \tag{6.1.16}$$

目标函数：

$$\text{Min or Max } F(\boldsymbol{X}) = c_1x_1 + c_2x_2 + \cdots + c_nx_n \tag{6.1.17}$$

约束条件：

$$\text{s. t.} \begin{cases} g_i(\boldsymbol{X}) \leqslant 0, i = 1, 2, \cdots, k \\ h_j(\boldsymbol{X}) = 0, j = 1, 2, \cdots, l \end{cases} \tag{6.1.18}$$

式中，$\boldsymbol{X}$ 是设计变量；F 是结构拓扑优化的目标函数；g_i 是结构拓扑优化问题的不等式约束；h_j 是结构拓扑优化问题的等式约束。

（三）结构拓扑优化

由于发射装置往往具有复杂的结构和特殊的外形，需要采用结构拓扑优化才能实现优化目标，因此这里主要对其进行介绍。

（1）拓扑优化原理

拓扑优化的基本工作原理是将给定的设计区域划分为有限个单元，根据建立的数学模型进行计算并删除部分区域，剩下的单元形成带孔的连续体，从而实现连续体的拓扑优化。

为方便采用数学方式表达连续体结构设计内的材料，引入材料特征函数，具体如下：

$$\chi(x) = \begin{cases} 1, x \in \Omega_{\text{mat}} \\ 0, x \in \Omega_{\text{void}} \end{cases} \tag{6.1.19}$$

式中，Ω_{mat} 为实体材料对应的区域；Ω_{void} 为孔洞对应的区域；$\chi(x)$ 为结构材料的某种特征属性。如果某处材料存在，则该特征函数的值为“1”；反之，特征函数的值则为“0”。

通过引入材料特征函数，实现了结构材料的数学表达，再经过有限元方法离散化结构，即结构的拓扑优化数学求解模型可以表达成：

$$\text{Find}: \boldsymbol{X} = [x_1, x_2, \cdots, x_n]^{\mathrm{T}} \in \Omega$$
$$\text{Min}: C(\boldsymbol{X}) = \boldsymbol{F}^{\mathrm{T}}\boldsymbol{U}$$
$$\text{s.t.} \begin{cases} V^* \leqslant fV \\ \boldsymbol{F} = \boldsymbol{K}\boldsymbol{U} \\ x_i = \{0,1\} \ (i = 1, 2\cdots, n) \end{cases} \tag{6.1.20}$$

式中，x_i 为结构中的某种特征变量；Ω 为整个结构的设计区域；C 为整体结构的柔顺度值；$\boldsymbol{K}$ 为整体结构的刚度矩阵；$\boldsymbol{U}$ 为整体位移的列向量；$\boldsymbol{F}$ 为外部的载荷向量；V 为原整体结构体积；V^* 为优化完成后的结构体积。

（2）结构拓扑优化的方法

在拓扑优化过程中，材料的插值方法是必不可少的，起着至关重要的作用，这些年经过国内外学者的不断研究，各类型的插值方法陆续被提出来，极大地促进了拓扑优化理论的发展，在工程实际中也得到广泛使用。根据拓扑优化方法基本思路的不同，可以分为两类：一类是通过改变材料的属性，如均匀化方法与变密度法；另一类是通过改变结构的几何形状，如变厚度法和进化结构法等。以下将简单介绍这几类方法，并根据目前为止应用最广泛的材料插值法重点介绍变密度法。

➢ 均匀化方法

均匀化方法就是在拓扑优化过程中引入微结构模型，通过对微结构模型进行优化，进而决定对这些微结构模型的增删。均匀化方法实际上就是变相地通过尺寸优化的方法解决了拓扑优化问题。将拓扑优化与尺寸优化有机结合起来，能够采用尺寸优化的算法来得到拓扑优化结果，极大地丰富了拓扑优化理论，为拓扑优化理论的研究打下了坚实的基础。

➢ 变密度法

变密度法是在均匀化法基础上发展起来的，该方法不像均匀化方法需要引入微结构模型，而是基于同性材料。变密度法是以结构单元的相对密度为设计变量的，人为地假设材料弹性模量与单元相对密度之间的函数关系。相较均匀化方法，变密度法的设计变量要少得多，优化程序简易，优化效率高。值得一提的是，单元的相对密度是反映材料密度和材料特性之间对应的一种伪密度，其大小在区间［0，1］内变化。变密度法已成功应用于实际工程问题中，在材料插值模型方法中是应用频率最高的方法。

➢ 变厚度法

变厚度法的基本思想是通过对单元厚度做尺寸优化来决定删除结构单元。该方法通过将拓扑变量依附在单元厚度上而将拓扑优化问题转变为尺寸优化问题。

➢ 进化结构法

进化结构法（ESO）在达尔文进化理论的哲学思想下，按照某种规则不断地删去结构中不必要的材料，直到达到收敛条件，来获得最终拓扑优化结果，但优化效率较低。

（3）拓扑优化的变密度法

拓扑优化的变密度法将设计区域的每个有限单元的相对密度作为设计变量，即假定结构所选用的材料的密度可变，材料的基本属性（弹性模量 E、许用应力 σ）均可用单元密度进行函数关系式表达，相对于其他拓扑优化方法减少了设计变量，简化了求解过程。变密度法中的设计变量（单元密度）在 0 ~ 1 中取值，相邻单元的单元密度连续。拓扑优化过程中，根据设计变量取值对单元进行取舍，当单元密度为1（或接近于1）时，说明此单元所处位置的材料在结构中比较重要，故应保留；当单元密度为0（或接近于0）时，说明此处材料不是很重要，可去除，从而对结构进行简化，提高材料的利用率，实现轻量化设计。

根据插值函数的类型，可分为SIMP材料插值模型（固体各向同性材料惩罚模型）和RAMP材料插值模型（合理近似模型）两种。本章主要介绍SIMP模型。

SIMP模型的插值函数是指数函数，其数学模型为：

$$\begin{cases} E_{ijkl}(x)=\rho(x)^{\beta}E_{ijkl}^{0},\ \beta>1 \\ \int_{\Omega}\rho(x)\mathrm{d}\Omega\leqslant V \\ 0\leqslant\rho(x)\leqslant1,\ x\in\Omega \end{cases} \tag{6.1.21}$$

式中，E_{ijkl} 表示所选材料的弹性模量；Ω 表示设计区域；V 为设计区域 Ω 所占体积；β 为惩罚因子。对于三维模型，可将惩罚因子表示为

$$\beta\geqslant\max\left\{15\frac{1-v_0^2}{7-5v_0^2}\middle|1.5\frac{1-v_0^2}{1-2v_0^2}\right\} \tag{6.1.22}$$

密度值在材料特性值之间：

$$E_{ijkl}(\rho=0)=0, E_{ijkl}(\rho=1)=E_{ijkl}^{0} \tag{6.1.23}$$

假设变化后的伪弹性模量是各项同性的，并且泊松比是常量，SIMP法建立参数数学方程：

$$\begin{cases} E(\lambda)/E_0=\rho(\lambda)^{\beta} \\ \int_{\Omega}\rho(\lambda)\mathrm{d}\Omega\leqslant V \end{cases} \tag{6.1.24}$$

式中，$E(\lambda)$ 为伪弹性模量；E_0 为材料的真实弹性模量；$\rho(\lambda)$ 为伪密度。

基于SIMP法的连续结构的拓扑优化数学模型为：

$$\begin{aligned} &\min_{u\in U,\rho}: \quad l(u) \\ &\text{s.t.}:\begin{cases} a_E(u,v)=l(v), & v\in U \\ E_{ijkl}(x)=\rho(x)^{\beta}E_{ijkl}^{0}, & \beta>1 \\ \int_{\Omega}\rho(x)\mathrm{d}\Omega\leqslant V, & x\in\Omega \\ 0\leqslant\rho_{\min}(x)\leqslant1 \end{cases} \end{aligned} \tag{6.1.25}$$

基于SIMP法的拓扑优化数学模型可应用于许多场合，如柔度最小化问题、质量最小化问题、最大特征值问题等。

（四）拓扑优化的数值不稳定现象及处理方法

连续体结构的拓扑优化方法已经达到了非常成熟的阶段，被用于解决了许多问题。尽管方法已经非常成熟，实际运用时仍然存在与收敛相关的数值不稳定现象，下面简要概述拓扑优化领域这些问题的解决方法。主要分为以下四类问题：

（1）灰度单元

指在拓扑优化过程中有部分单元密度值处于中间，而离散的拓扑优化中不存在中间密度，实际工程中也不存在中间密度材料，难以在实际工程加工制造，如图6.1.4所示。处理

方法主要有通过引入惩罚因子对中间密度进行惩罚，将造成加工制造困难的中间密度通过惩罚函数使其能够趋近两端，如变密度法等。

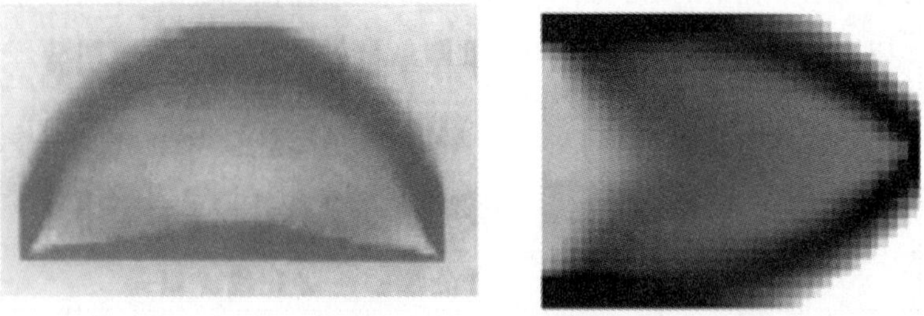

图 6.1.4　灰度单元示意

（2）棋盘格式

指在某些优化区域，密度为 1 和 0 的单元以类似棋盘格的形式交替出现，如图 6.1.5 所示。该现象的出现主要是高估了单元的刚度，尤其是当单元只在角点处连接时。相应处理方法包括采用高阶单元、过滤技术、长度控制、密度斜率控制、约束棋盘格等。

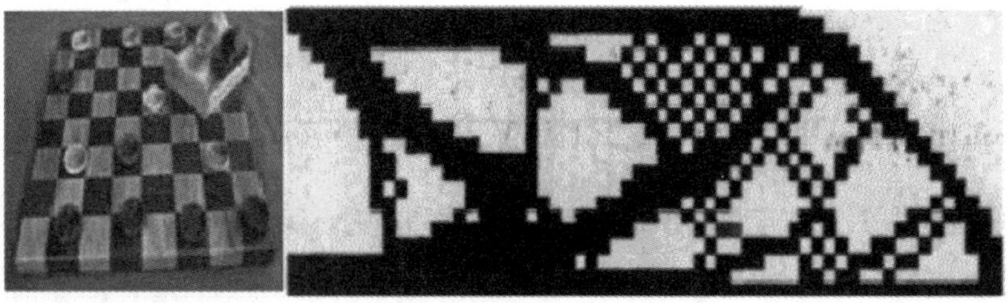

图 6.1.5　棋盘格式示意

（3）网格依赖性

拓扑优化的结果与网格划分的单元数目相关，当单元的数目过多时，划分更为密集，优化后的结构中会出现许多细长的杆状单元，如图 6.1.6 所示。处理方法主要有网格独立过滤技术、周长控制、局部梯度约束等。

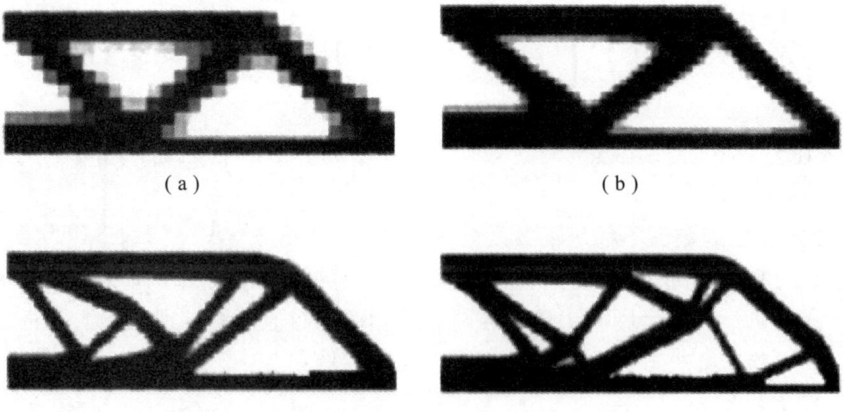

（a）　（b）

（c）　（d）

图 6.1.6　网格依赖性示意

（a）30×10；（b）60×20；（c）90×30；（d）120×40

（4）局部极值

指针对同一模型采用不同的优化计算参数会得到不同的结果，这种现象主要是由于近似问题的非凸性造成的。解决方法通常为连续法，即通过一系列步骤逐渐地把近似凸问题转换为原始的非凸问题，在每一步中使用基于梯度的优化方法直至收敛。

6.1.3　结构分析及优化实例

为考察发射系统结构分析及优化分析的具体模型及状态，这里分别以舰载发射装置和单管发射筒为对象进行实例分析。

（一）舰载发射装置刚强度分析

依据发射方式和发射姿态的差异，舰载发射装置具有多种形式，在示例中选用结构较为简单的固定斜角双联装发射装置进行刚强度分析。

（1）发射装置整体计算模型

该类型的发射装置主体承力结构包括固定在舰体强结构上的发射支架和固定在支架上的两联装发射箱，该发射箱既可用于导弹贮运，也可用于导弹发射，这里只考虑这类主体结构的刚强度问题。

为建立完整发射装置的计算模型，对实际结构中的连接关系或结构特性进行简化或降阶，建立模型如图 6.1.7 所示。

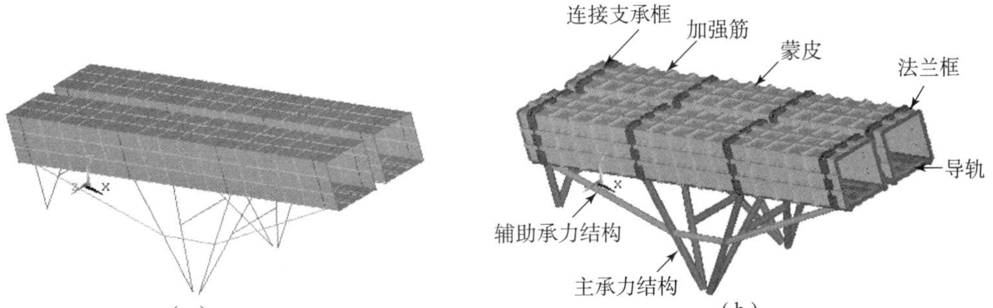

（a）　　　　（b）

图 6.1.7　发射装置计算模型

（a）线壳模型；（b）显示截面属性

在该模型中，主要简化处理内容见表 6.1.2。

表 6.1.2　计算模型简化处理方式列表

结构构件	实际模型结构	简化处理方式
发射支架	圆管结构	梁单元模型
发射箱	连接支承框	梁单元模型
	加强筋	梁单元模型
	法兰框	梁单元模型
	导轨	梁单元模型
	蒙皮	壳单元模型

续表

结构构件	实际模型结构	简化处理方式
连接方式	加强筋、连接支承框与蒙皮之间焊接	处理为整体模型，使连接单元共节点
	导轨与支承框和环向加强筋间采用支座连接	忽略支座变形影响，利用约束方程使导轨与支承框、环向加强筋对应节点具有相同的位移
	发射支架与发射箱采用螺栓连接	忽略螺栓连接的具体形式，利用约束方程使发射支架和发射箱连接位置节点具有相同的位移

（2）约束与载荷

为保证支承结构的刚强度，舰载发射装置需要与舰艇上的强结构（肋骨）固接，因此可直接约束发射支架底部节点的所有自由度。

对于固定斜角的发射装置，发射状态的载荷主要引起结构振动，进而对发射动力学过程产生影响；而在进行刚强度分析时，主要考虑贮运状态下的载荷类型。对舰载发射装置而言，需要考虑的载荷类型为舰艇摇摆引起的发射装置载荷。结合实际的舰艇类型和战术技术要求，确定该舰载发射装置需要考察的极限载荷为横向过载 1.8g 和纵向过载 1.8g 耦合状态。

在上述发射装置载荷条件下，主要考虑发射装置自身惯性力和导弹受发射装置牵连运动产生的载荷作用。发射装置惯性力可直接通过惯性载荷施加。导弹受牵连运动产生的作用力可通过过载大小直接计算，但导弹与导轨通过多个滑块连接，并与发射箱通过挡弹机构固定，直接计算出来的导弹作用力难以准确地分配到这些连接位置上。因此，在计算模型中建立简化弹体模型（保证弹体模型的质量、质心与实际结构的相同，弹体模型弯曲、扭转刚度与实际结构的相当），并在弹体和发射箱的连接位置利用约束方程使相应节点具有相同的位移。在静力分析中，采用这种方式处理导弹对发射装置的作用力具有较好的效果，在实际分析中得到了广泛的应用。

包含约束和载荷的完整模型如图 6.1.8 所示。

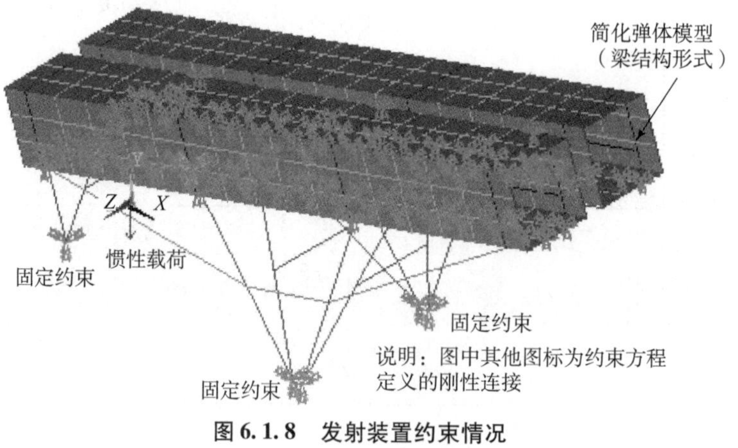

图 6.1.8　发射装置约束情况

（3）整体分析结果

针对上述模型进行求解计算，获得节点位移云图和单元等效应力云图，如图 6.1.9 和图

6.1.10 所示。从图中可以看出，发射装置在舰艇摇摆极限过载条件下的最大位移为 2.221 mm，发射箱最大等效应力为 22.822 MPa，发射支架最大等效应力为 102.617 MP。发射箱采用铝合金材料，许用应力为 145 MPa，发射支架采用低碳钢材料，许用应力为 235 MPa，因此发射装置结构满足刚强度要求。

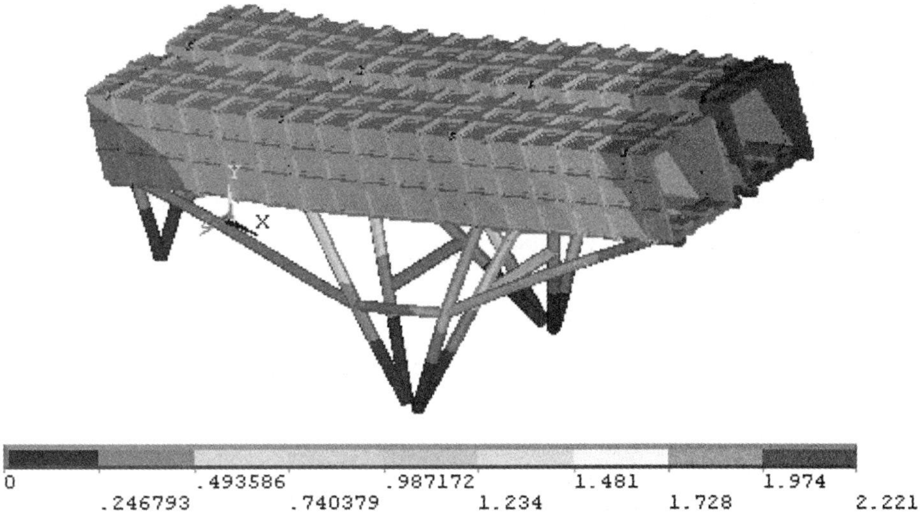

图 6.1.9　发射装置节点位移云图（单位：mm）

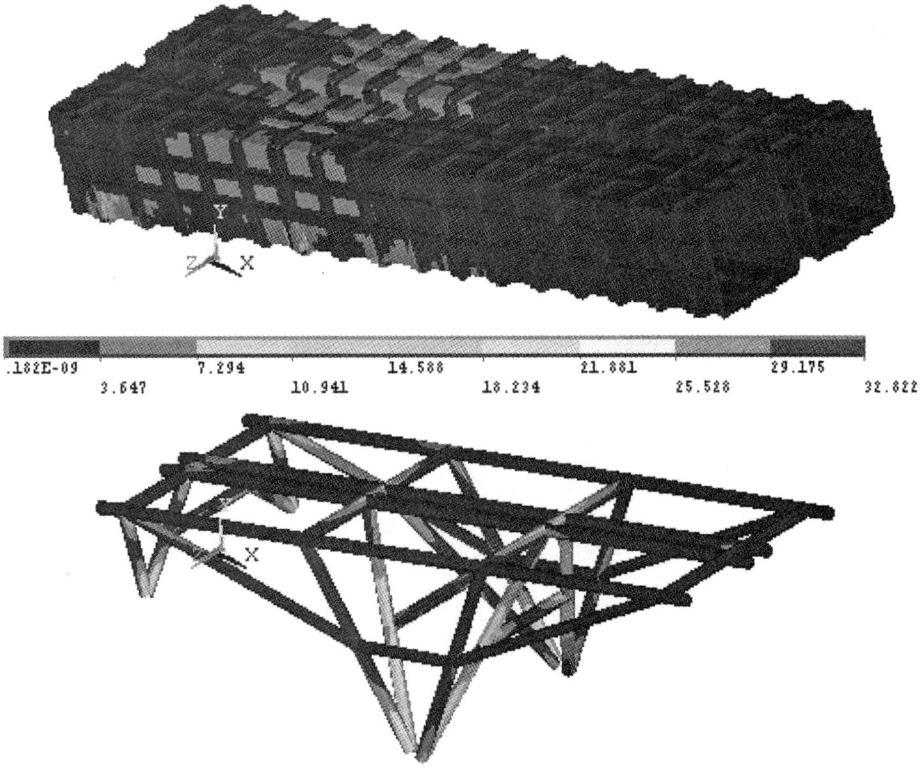

图 6.1.10　发射装置单元应力云图（单位：MPa）

（4）局部特性分析

在发射装置整体分析的基础上，可针对关注的局部区域进行局部强度分析。如导轨与发射箱连接支座、发射箱与发射支架的定位销轴、焊接局部区域等。这里以导轨与发射箱连接支座为例，其分析模型示意如图 6. 1. 11 所示。

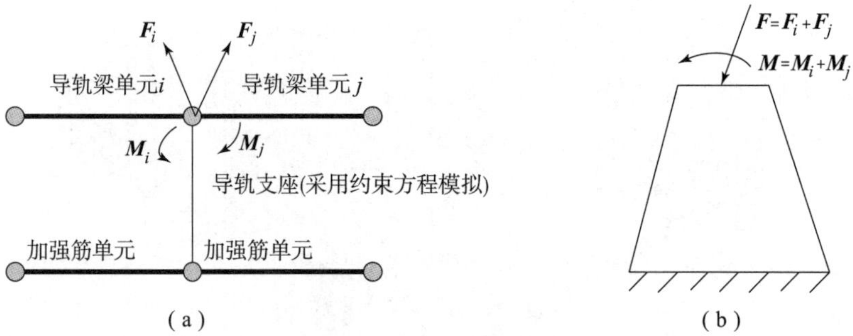

图 6. 1. 11 导轨支座分析模型与载荷处理示意

（a）导轨支座附近节点受力情况；（b）导轨支座分析模型示意

从整体分析可获得导轨与发射箱连接支座的最大载荷，见表 6. 1. 3。在此基础上，可建立导轨支座实体模型进行计算分析和校核，这里不再详述。

表 6. 1. 3 导轨支座受力情况

参数	单元 i 节点载荷	单元 j 节点载荷	支座受力
F_x/N	12 653	−5 259	7 394
F_y/N	4 945	−1 815	3 130
F_z/N	−6 418	13	−6 405
M_x/(N · mm)	35 896	19 162	55 058
M_y/(N · mm)	24 043	−65 728	−41 685
M_z/(N · mm)	39 137	13 262	52 339

（二）优化分析实例

这里以单管发射筒为对象，结合前述结构优化分析方法进行实例分析。实例模型设置发射筒长度限制为 7. 6 m，内径为 450 mm，筒体为玻璃钢纤维缠绕结构，可添加环形加强筋来增加筒体刚强度。玻璃钢缠绕结构的力学性能可采用 6. 3. 2 节的方法进行分析，这里为简化分析，将其等效为各向同性结构，设置其密度为 2 450 kg/m^3，杨氏模量为 52. 9 GPa，泊松比 0. 311，拉伸强度约为 117 MPa。发射筒结构布置如图 6. 1. 12 所示。

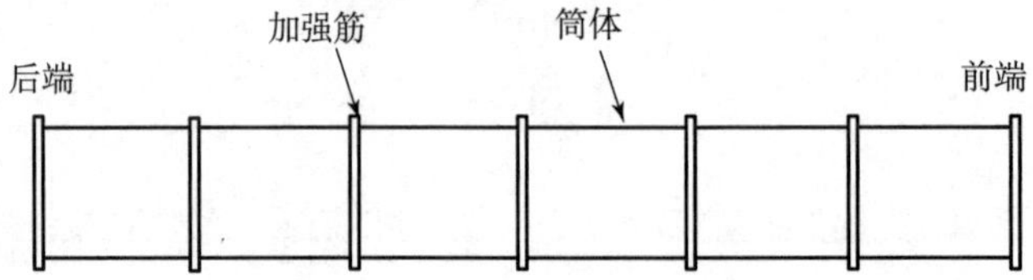

图 6. 1. 12 发射筒结构布置

优化问题考虑该结构内部承受压强载荷为 1 MPa，通过优化筒体厚度和加强筋的布置位置，在保证结构整体变形小于 2.5 mm，强度安全系数大于 1.5 的条件下，发射筒质量最小。为建立结构优化的一般过程，这里先从结构有限元模型入手建立结构分析模型，进而结合优化问题，设定优化目标和约束状态，对优化过程进行分析。

（1）结构有限元分析

依据发射筒结构参数，首先建立无加强筋的等壁厚发射筒有限元模型，如图 6.1.13 所示。发射筒后端采用轴向对称约束和轴向运动约束，防止轴向移动。初始状态设置发射筒壁厚为 4 mm。

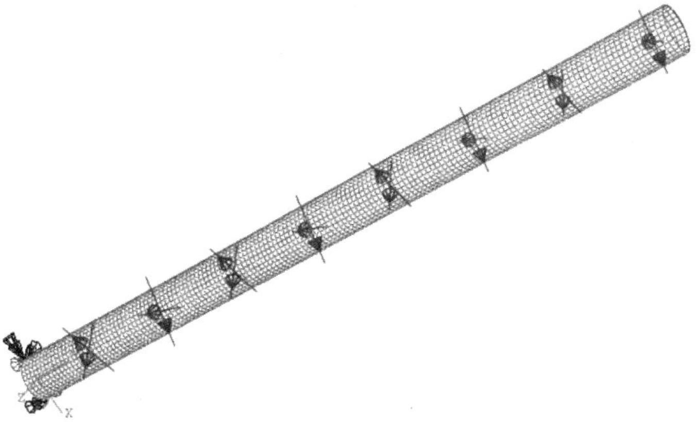

图 6.1.13　发射筒有限元网格模型

结合给定的载荷条件，进行静力学分析获得其等效应力和变形云图分布，如图 6.1.14 所示。在初始参数条件下，结构质量为 108.2 kg，结构最大应力为 55.92 MPa，结构最大变形量为 2.69 mm，变形量超出了给定的约束条件。

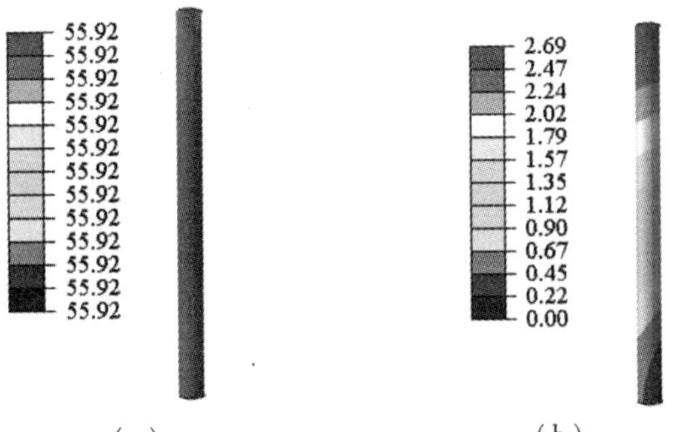

(a)　　(b)

图 6.1.14　初始条件下计算结果云图

(a) 应力云图（单位：MPa）；(b) 位移云图（单位：mm）

（2）结构优化分析

从优化问题出发，通过增加并调节加强筋位置，在保证结构刚强度的同时，使质量最小。为此，设置优化变量为筒体厚度、加强筋位置以及加强筋截面尺寸，约束变量为筒体最大变形量小于 2.5 mm，最大等效应力小于 78 MPa。为建立有效的优化模型，从加强筋位置出发，建立具体优化参数，如图 6.1.15 所示。优化初始状态将发射筒分为 15 段，即发射筒上的加强筋共有 16 根，除去尾端和前端的保持固定外，其余加强筋的厚度、宽度位置各不相同。其中 D 表示发射筒的壁厚，$d_1 \sim d_{16}$ 表示发射筒上加强筋的宽度，$H_1 \sim H_{15}$ 表示加强筋的位置，$h_1 \sim h_{16}$ 表示加强筋的厚度。

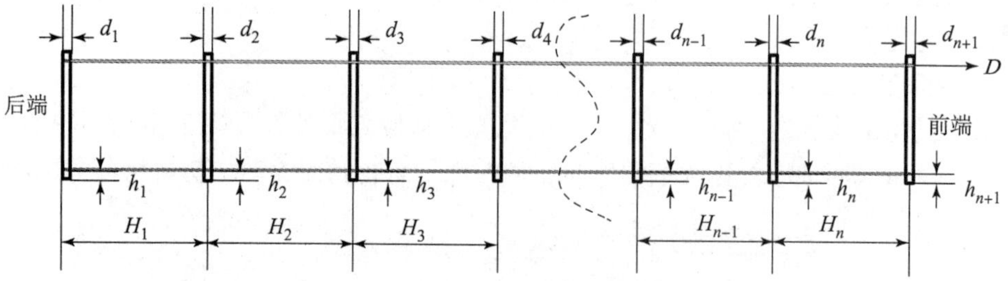

图 6.1.15　优化参数示意

利用前述优化方法，对发射筒加强筋的位置、厚度、宽度及筒体壁厚进行优化计算。获得发射筒最大等效应力、最大变形量和筒质量与迭代次数的曲线，如图 6.1.16 ~ 图 6.1.18 所示。由图中曲线关系可知，发射筒整体质量的增加与发射筒最大等效应力、最大变形量成反比例的变化趋势。为达到发射筒在满足刚强度要求条件下，整体的发射筒质量最小的要求，选取第 13 次的优化参数作为优化结果。

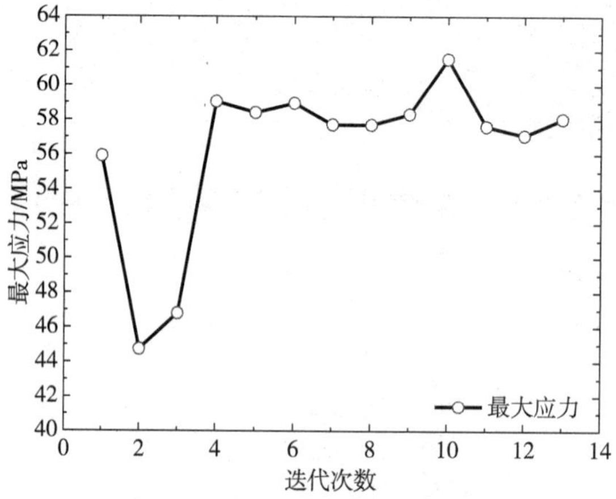

图 6.1.16　最大应力与迭代次数曲线

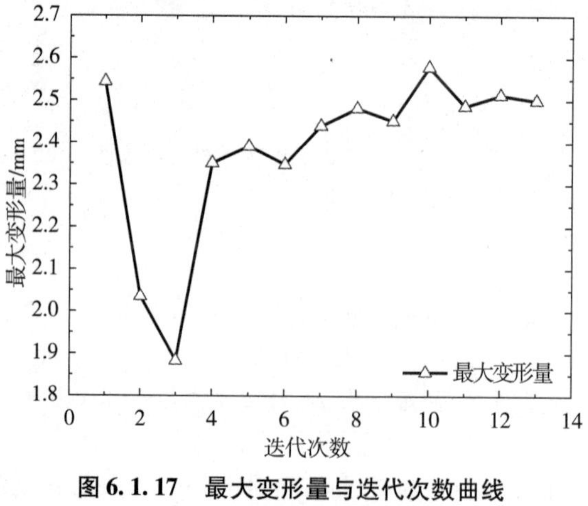

图 6.1.17　最大变形量与迭代次数曲线

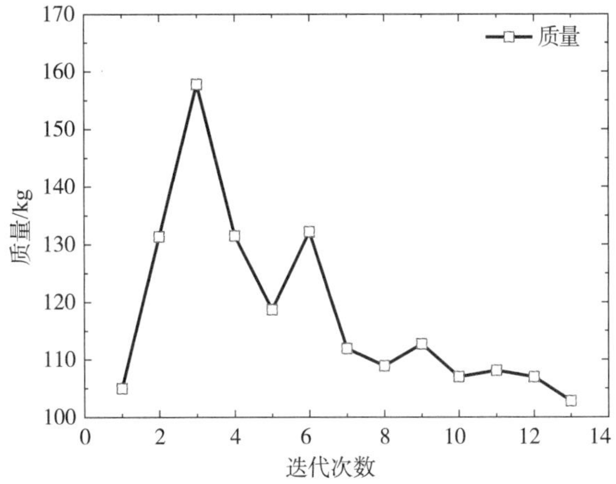

图6.1.18　筒质量与迭代次数曲线

优化结构筒体厚度为3.5 mm，加强筋数量为15条，宽度为30 mm，厚度为5 mm，间距为500 mm（最前端间距为600 mm）。利用优化结果进行结构刚强度分析，获得其等效应力分布和变形分布，如图6.1.19所示，此时发射筒最大等效应力为57.06 MPa，最大变形量为2.5 mm，结构质量为102.89 kg。

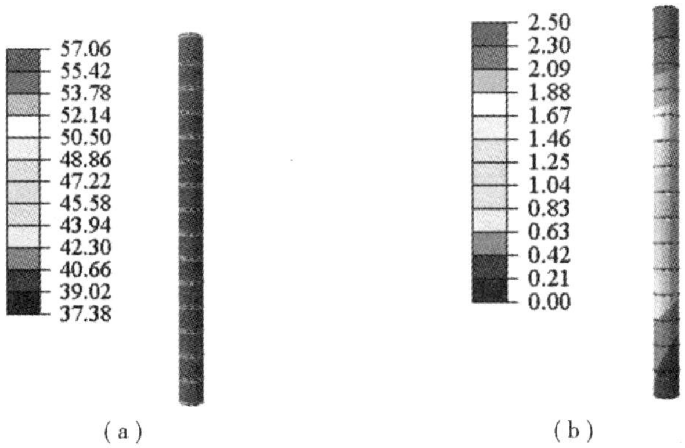

图6.1.19　优化结果结构响应

(a) 应力云图（单位：MPa）；(b) 位移云图（单位：mm）

6.2　发射系统动态响应分析

6.2.1　结构动态特性与解算方法

发射系统大多数情况下承受的载荷都具有显著的瞬态特征，如陆上运输过程的冲击振荡载荷、舰面运输时受到的横摇纵摇载荷、发射过程燃气射流冲击以及移动质量载荷等。因此，在设计发射系统时，不但需要考虑静载或最大动载作用下的刚强度问题，还需要考虑系统在瞬态载荷作用下的动态响应问题。

依据瞬态载荷作用下发射系统动态响应的考察类型，可将发射系统动态特性分为四类。一是发射系统固有模态特征，主要考察发射系统模态频率和振型状态，避免与激励载荷或连接系统产生共振现象；二是发射系统在多频动态载荷作用下的刚强度特性，尤其是在瞬态冲击或随机激励作用下的响应特性；三是发射系统对振动冲击载荷的传递特性，主要考察载体平台 - 发射系统 - 火箭导弹相互构成的系统在外部激励状态下的变形和过载情况；四是发射系统典型部件在外部载荷作用下的断裂失效或缓冲吸能特性。

发射系统在瞬态载荷作用下的动态特性如图 6. 2. 1 所示。

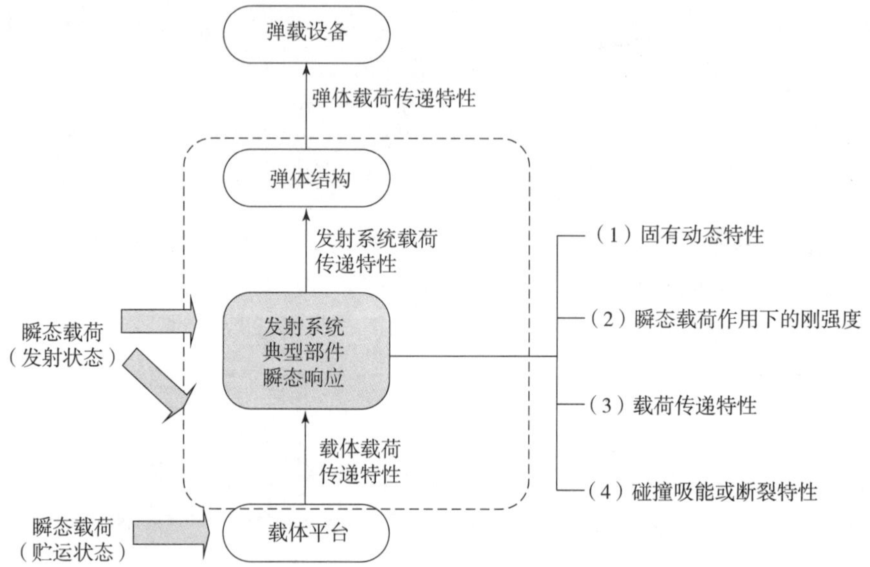

图 6. 2. 1　发射系统动态特性示意

在进行发射系统动态特性分析时，除需要考虑发射系统结构外，往往还需要考虑载体平台及弹体结构等关联系统，系统复杂程度高。为简化模型，在进行发射系统动态特性分析时，可依据发射系统的结构、物理参数的分布规律，以及模型的用途，将发射系统的动态分析简化为如下几种模型。

（1）集中参数模型

由有限个离散的惯性元件、弹性元件和阻尼元件来描述系统的振动特性。该模型是自由度有限的离散系统，所以也叫离散系统模型。数学模型为一组常微分方程，自由度的数目取决于完全描述系统运动的常微分方程数。在发射系统的多体动力学分析中，将系统简化为多刚体系统动力学模型，就是集中参数模型的一个具体实例。

（2）分布参数模型

将发射装置视为质量和刚度有一定分布规律的弹性体，是连续系统，所以也叫连续模型。模型的自由度数目是无限的，数学模型为偏微分方程。

（3）有限单元模型

将发射装置离散为有限个离散的单元，每个单元模拟局部的断面和材料特性。这些单元连接在一起，就得到描述整个系统特性变化情况的模型。单元的划分是一个几何过程，而局部特性的模拟则是每个单元物理性状的数学模型（所前面离散过程所述），即由局部的几何特性和材料性质推导出单元相应的质量和刚度。

（4）混合模型

其是集中参数模型和分布参数模型的混合应用，即系统的一部分用集中参数模型来描述，另一部分用分布参数模型来描述。

在数值计算分析时，集中参数模型、有限单元模型以及两者的混合模型应用较为广泛。在这些模型基础上，发射系统动态特性分析就是模型方程的求解问题。结构动力学模型方程已在第 3 章进行过介绍，这里主要介绍结构动力学模型方程的求解方法。

动力学响应问题的常用解法有模态叠加法和直接积分法。模态叠加法利用自然振动的模态矩阵对动力学方程进行解耦处理，以得到各自独立的动力学方程，然后分别进行求解。直接积分法直接将动力学方程对时间进行分段数值离散，然后计算每一时刻的位移数值，这一过程实际上是将时间的积分区间进行离散化，因此叫作积分算法。依据时间格式，积分方法又可分为显示隐式算法和显示算法。下面从模态分析入手，分别对其进行介绍。

（一）模态分析

模态分析主要用于获得发射系统模态频率、振型等固有动态特性，其核心内容是发射系统特征方程的特征值和特征向量求解。

对于无阻尼形式的自由振动方程，可表示为

$$\boldsymbol{M}\ddot{\boldsymbol{q}}_t + \boldsymbol{K}\boldsymbol{q}_t = 0 \tag{6.2.1}$$

该方程的解可表示为 $\boldsymbol{q}_t = \widehat{\boldsymbol{q}} \cdot \mathrm{e}^{\mathrm{i}\omega t}$，其中 ω 为常数。将其代入上述方程并消去 $\mathrm{e}^{\mathrm{i}\omega t}$ 后，有

$$(\boldsymbol{K} - \omega^2\boldsymbol{M})\hat{\boldsymbol{q}} = 0 \tag{6.2.2}$$

令 $\lambda = \omega^2$，上式可写为 $(\boldsymbol{K} - \lambda\boldsymbol{M})\hat{\boldsymbol{q}} = 0$。该方程有非零解的条件为

$$|\boldsymbol{K} - \lambda\boldsymbol{M}| = 0 \tag{6.2.3}$$

这就是特征方程。其中，λ 为特征值；ω 为自然圆频率，对应的频率 $f = \dfrac{\omega}{2\pi}$，称为自然频率。求出自然圆频率后，将其代入方程（6.2.2），可求出对应的特征向量 $\hat{\boldsymbol{q}}$，这就是对振动频率 ω 的振型，也称为模态。

当结构处于无约束状态时，对应的模态称为自由模态；考虑实际结构在边界上所受的约束求出的模态称为约束模态。对于无约束或约束不完整的结构，结构模态中既有弹性模态，又有刚性模态，后者相当于零固有频率的运动模态。对于有约束的结构，约束限制了其边界上的一些变形特性，因此，在多数情况下，其固有频率和振型与自由模态存在区别。

（二）模态叠加法

模态叠加法有时也称振型法或模态分析方法，其主要思想是利用系统模态的正交性，以系统的各阶模态向量所组成的模态矩阵作为交换矩阵，对通常选取的物理坐标进行线性变换，使得动态系统以物理坐标和物理参数所描述、相互耦合的方程组，变成一组彼此独立的方程，每个独立方程只含一个独立的模态坐标。在获得结构模态的基础上，可利用模态叠加法对无阻尼系统、阻尼系统的动力学方程进行解耦处理，以得到各自独立的动力学方程，然后分别求解，可以采用数值求解，也可解析求解。

对一个无阻尼系统，其有限元方程可表示为

$$\boldsymbol{M}\ddot{\boldsymbol{q}}_t + \boldsymbol{K}\boldsymbol{q}_t = \boldsymbol{P}_t \tag{6.2.4}$$

利用已知（或求出）的模态定义模态矩阵为

$$\boldsymbol{Q} = [\hat{\boldsymbol{q}}_1 \quad \hat{\boldsymbol{q}}_2 \quad \cdots \quad \hat{\boldsymbol{q}}_n] \tag{6.2.5}$$

令 $\boldsymbol{q}_t = \boldsymbol{Q} \cdot \boldsymbol{\eta}(t)$，并且 $\boldsymbol{\eta}(t) = [\eta_1 \quad \eta_2 \quad \cdots \quad \eta_n]^{\mathrm{T}}$，利用模态矩阵 $\boldsymbol{Q}$ 与 $\boldsymbol{M}$ 的正交性（即 $\boldsymbol{Q}^{\mathrm{T}}\boldsymbol{M}\boldsymbol{Q} = \boldsymbol{I}$），考虑到 ω_i 和 $\hat{\boldsymbol{q}}_i$ 为自由振动方程的解，可将上述方程写为

$$\ddot{\boldsymbol{\eta}}(t) + \begin{bmatrix} \omega_1^2 & & & \\ & \omega_2^2 & & \\ & & \ddots & \\ & & & \omega_n^2 \end{bmatrix} \boldsymbol{\eta}(t) = \boldsymbol{F}(t) \tag{6.2.6}$$

式中，$\boldsymbol{F}(t) = \boldsymbol{Q}^{\mathrm{T}}\boldsymbol{P}_t$。

方程（6.2.6）代表一系列的 n 个解耦方程，即相互独立的方程。可以看出这些独立的方程均为二阶微分方程，即

$$\ddot{\eta}_i(t) + \omega_i^2\eta_i(t) = F_i(t) \qquad (i = 1,2,\cdots,n) \tag{6.2.7}$$

在求出各个 η_i 后，即可获得包括有限元节点位移、应变以及应力在内的完整响应状态。

对于具有如下方程形式的阻尼系统

$$\boldsymbol{M}\ddot{\boldsymbol{q}}_t + \boldsymbol{C}\dot{\boldsymbol{q}}_t + \boldsymbol{K}\boldsymbol{q}_t = \boldsymbol{P}_t \tag{6.2.8}$$

可将阻尼矩阵 $\boldsymbol{C}$ 表示为 $\boldsymbol{M}$ 和 $\boldsymbol{K}$ 的线性组合，即 $\boldsymbol{C} = \alpha\boldsymbol{M} + \beta\boldsymbol{K}$。按照前面类似的处理，可得到单独的解耦方程为

$$\ddot{\eta}_i(t) + (\alpha + \beta\omega_i^2)\dot{\eta}_i(t) + \omega_i^2\eta_i(t) = F_i(t) \qquad (i = 1,2,\cdots,n) \tag{6.2.9}$$

对于一个复杂的工程结构，从理论上具有无穷多阶模态；即使采用离散方法处理后，其模态数量依然很大。在实际分析中，为简化计算，往往只需要取其前几阶模态进行模态叠加分析。实践情况表明，利用前几阶模态进行模态叠加分析即可获得较好的精度，因此这种简化具有实用意义。

模态叠加法可用于分析瞬态载荷作用下的刚强度，也可用于分析系统对动态载荷的传递特性。值得注意的是，模态求解时，忽略了系统的非线性响应，因此模态叠加法只适用于不包含非线性响应的线弹性响应状态。

（三）结构动力学响应直接积分隐式算法

结构动力学响应直接积分法就是直接将动力学方程对时间进行分段数值离散，然后计算每一时刻的位移数值，这一过程实际上是将时间的积分区间进行离散化，因此叫作积分算法。在实际应用中，对于不包含断裂、破坏等瞬态过程的结构动力学模型，通常采用 NewMark 隐式算法。

NewMark 方法是应用广泛的一种隐式算法，它采用以下公式来计算节点位移和速度项

$$\begin{aligned} \dot{\boldsymbol{q}}_{t+\Delta t} &= \dot{\boldsymbol{q}}_t + [(1-\beta)\ddot{\boldsymbol{q}}_t + \beta\ddot{\boldsymbol{q}}_{t+\Delta t}]\Delta t \\ \boldsymbol{q}_{t+\Delta t} &= \boldsymbol{q}_t + \dot{\boldsymbol{q}}_t\Delta t + \left[\left(\frac{1}{2} - \alpha\right)\ddot{\boldsymbol{q}}_t + \alpha\ddot{\boldsymbol{q}}_{t+\Delta t}\right]\Delta t^2 \end{aligned} \tag{6.2.10}$$

式中，α 和 β 根据积分精度和稳定性要求决定。利用上述表达式，可获得

$$\ddot{\boldsymbol{q}}_{t+\Delta t} = \frac{1}{\alpha\Delta t^2}(\boldsymbol{q}_{t+\Delta t} - \boldsymbol{q}_t) - \frac{1}{\alpha\Delta t}\dot{\boldsymbol{q}}_t - \left(\frac{1}{2\alpha} - 1\right)\ddot{\boldsymbol{q}}_t \tag{6.2.11}$$

因此，在 $t + \Delta t$ 时刻，可得到关于位移的迭代式

$$\hat{\boldsymbol{K}}\boldsymbol{q}_{t+\Delta t} = \boldsymbol{P}_{t+\Delta t} + \boldsymbol{M}\left[\frac{1}{\alpha\Delta t^2}\boldsymbol{q}_t + \frac{1}{\alpha\Delta t}\dot{\boldsymbol{q}}_t + \left(\frac{1}{2\alpha} - 1\right)\ddot{\boldsymbol{q}}_t\right] + C\left[\frac{\beta}{\alpha\Delta t}\boldsymbol{q}_t + \left(\frac{\beta}{\alpha} - 1\right)\dot{\boldsymbol{q}}_t + \left(\frac{\beta}{2\alpha} - 1\right)\Delta t\ddot{\boldsymbol{q}}_t\right] \tag{6.2.12}$$

式中

$$\hat{\boldsymbol{K}} = \boldsymbol{K} + \frac{1}{\alpha\Delta t^2\boldsymbol{M}} + \frac{\beta}{\alpha\Delta t}\boldsymbol{C}$$

在采用隐式算法时，一般认为时间步长对求解的稳定性没有影响，但会影响计算精度，因此需要结合计算精度要求来确定 Δt。

（四）结构动力学响应直接积分显式算法

对于包含破坏、断裂、失效以及大尺度非线性的结构动力学问题，通常会采用直接积分显式算法求解模型方程。

与流动和传热计算中的概念类似，结构动力学直接积分显式算法就是由上一时刻的已知计算值来直接递推下一步的解，在给定的时间离散步中，可以逐步求出各个时间离散点的值。针对前面介绍的动力学微分方程，可以采用中心差分法给出式中的加速度和速度的计算格式，即

$$\begin{aligned}\ddot{\boldsymbol{q}}_t &= \frac{1}{\Delta t^2}(\boldsymbol{q}_{t-\Delta t} - 2\boldsymbol{q}_t + \boldsymbol{q}_{t+\Delta t})\\ \dot{\boldsymbol{q}}_t &= \frac{1}{2\Delta t}(\boldsymbol{q}_{t+\Delta t} - \boldsymbol{q}_{t-\Delta t})\end{aligned} \tag{6.2.13}$$

式中，Δt 为时间步长。将上两式代入动力学微分方程，有

$$\left(\frac{1}{\Delta t^2}\boldsymbol{M} + \frac{1}{2\Delta t}\boldsymbol{C}\right)\boldsymbol{q}_{t+\Delta t} = \boldsymbol{P}_t - \left(\boldsymbol{K} - \frac{2}{\Delta t^2}\boldsymbol{M}\right)\boldsymbol{q}_t - \left(\frac{1}{\Delta t^2}\boldsymbol{M} - \frac{1}{2\Delta t}\boldsymbol{C}\right)\boldsymbol{q}_{t-\Delta t} \tag{6.2.14}$$

在进行第一步计算时，还需要知道 $\boldsymbol{q}_{-\Delta t}$，可由前述表达式给出

$$\boldsymbol{q}_{-\Delta t} = \boldsymbol{q}_0 - \Delta t\dot{\boldsymbol{q}}_0 + \frac{\Delta t^2}{2}\ddot{\boldsymbol{q}}_0 \tag{6.2.15}$$

相较于隐式算法，显示算法积分公式基于 t 时刻推导出来，相应的刚度矩阵 $\boldsymbol{K}$ 为 t 时刻的值，在求解时不需要对其求逆，在大规模非线性问题中，具有明显的优势。需要注意的是，中心差分法是条件收敛的，其稳定收敛条件为

$$\Delta t \leqslant \Delta t_{cr} \leqslant \frac{T_n}{\pi}$$

式中，T_n 是结构系统的最小固有振动周期，可由特征值问题求得。

6.2.2　振动与冲击响应分析

一般来讲，结构在振动与冲击载荷作用下的响应分析包括模态分析、谐响应分析、响应谱分析、瞬态响应分析等形式。从发射系统动态特性的考察重点出发，发射系统振动与冲击分析也涵盖了这些分析内容，其中，模态分析主要考察发射系统固有动态特性；谐响应分析考察发射系统在周期载荷作用下的稳态响应形式，可考察激励频率与结构稳态响应间的关联关系；谱分析用于考察多种频率的激励或随机激励作用下的系统总响应，同样属于稳态响应；瞬态响应分析考察时变载荷作用下的系统响应时间历程，通常用于发射系统动态响应过

程及载荷传递特性分析。模态分析的内容在前文已进行过介绍，这里主要对后面几种分析方法进行介绍。

（一）谐响应分析

谐响应分析用于计算简谐激励作用下的系统稳态响应，其动力学有限元方程可表示为

$$M\ddot{q}_t + C\dot{q}_t + Kq_t = F(\omega)e^{i(\omega t+\varphi)} \tag{6.2.16}$$

式中，$F(\omega)$ 表示简谐激励在频率 ω 时的振幅；φ 用于表示存在多个同频率激励间的相位角。谐响应分析可采用稳态运动响应方程进行求解，也可采用模态叠加法进行求解。

（1）谐响应的稳态运动响应方程

对于相同频率简谐激励作用下的结构，其位移响应也呈简谐状态，并具有与激励载荷相同的频率。将激励和位移响应按相位进行分解，有

$$\begin{aligned} F(\omega)e^{i(\omega t+\varphi)} &= \{F_{\max}e^{i\varphi}\}e^{i\omega t} = (F_1 + iF_2)e^{i\omega t} \\ q = q(\omega)e^{i(\omega t+\phi)} &= \{q_{\max}e^{i\phi}\}e^{i\omega t} = (q_1 + iq_2)e^{i\omega t} \end{aligned} \tag{6.2.17}$$

将其代入动力学方程，有

$$(-\omega^2 M + i\omega C + K)(q_1 + iq_2) = (F_1 + iF_2) \tag{6.2.18}$$

针对该稳态响应方程，可采用静态模型求解方法获得系统响应的最大值状态。依据稳态运动响应方程中质量矩阵的形式，求解稳态运动响应的方法又可分为完全法和缩减法，完全法是直接利用质量矩阵进行稳态方程求解的方法；缩减法是指利用缩减质量矩阵进行稳态方程求解的方法。

（2）谐响应的模态叠加法

模态叠加方法是谐响应分析时常用的求解方法，其基本原理在上一节进行了介绍，这里不再赘述。谐响应分析采用模态叠加方法时，求解模态坐标的独立方程激励同样为简谐形式，即

$$\ddot{\eta}_i + (\alpha + \beta\omega_i^2)\dot{\eta}_i + \omega_i^2\eta_i = F_i e^{i\omega_F t} \qquad (i = 1,2,\cdots,n) \tag{6.2.19}$$

（二）响应谱分析

响应谱分析是一种确定结构在多种频率的瞬态激励共同作用下总体响应的方法。其核心思路是给出每个固有频率处给定谱值的结构最大响应组合，获得结构的最大响应状态。响应谱分析中的谱是谱值与频率的关系曲线，代表了理想化的结构系统在某种激励下的最大响应，谱值通常是力、位移、速度或加速度。在响应谱分析中，除需要考虑谱值外，还需要考虑激励方向。

（1）响应谱分析流程及算法

在进行响应谱分析时，需要先确定结构的各阶模态频率 ω_i 和振型 $\hat{q}_i$，进而结合单个激励载荷作用位置处的单位载荷向量 F 或 d，按如下方式计算结构在各阶模态下的参与因子 γ_i

$$\gamma_i = \hat{q}_i^{T}F \text{ 或 } \gamma_i = \hat{q}_i^{T}Md \tag{6.2.20}$$

前者用于力谱，后者用于位移、速度及加速度谱值。式中，M 为质量矩阵。在参与因子基础上，可结合谱值 S_i 和模态频率获得不同激励下的模态系数，并用来和模态振型相乘得到各阶模态的最大响应。对于不同的响应谱类型，各阶模态系数 A_i 和最大响应 R_i 计算方法有所不同，具体如下：

➢ 力或位移响应谱

$$A_i = S_i\gamma_i; \boldsymbol{R}_i = A_i\hat{\boldsymbol{q}}_i \tag{6.2.21}$$

➢ 速度响应谱

$$A_i = \frac{S_i\gamma_i}{\omega_i}; \boldsymbol{R}_i = \omega_i A_i\hat{\boldsymbol{q}}_i \tag{6.2.22}$$

➢ 加速度响应谱

$$A_i = \frac{S_i\gamma_i}{\omega_i^2}; \boldsymbol{R}_i = \omega_i^2 A_i\hat{\boldsymbol{q}}_i \tag{6.2.23}$$

在各阶最大响应基础上，通过不同的模态组合形式，即可获得系统最大响应状态。常用的模态效应组合方式包括：

➢ ABS 方法

ABS 方法在所有模态组合方法中最为保守，它直接将各阶模态响应绝对值相加获得。

$$\boldsymbol{R} = \sum |\boldsymbol{R}_i| \tag{6.2.24}$$

➢ SRSS 方法

对于结构各阶固有频率较分散的情况，通常可采用 SRSS 方法，也即各阶模态响应的平方根方法，其表达式为

$$\boldsymbol{R} = \sqrt{\sum \boldsymbol{R}_i^2} \tag{6.2.25}$$

➢ NRL 方法

美国国家海军下属研究机构考虑到 ABS 方法及 SRSS 方法的优点，将 ABS 方法和 SRSS 方法结合起来，建立了 NRL 方法。该方法将影响最大的第 k 阶模态单列出来，用 ABS 方法进行考虑，而其他各阶模态则按照 SRSS 方法进行组合，表示为

$$\boldsymbol{R} = |\boldsymbol{R}_k| + \sqrt{\sum_{i \neq k} \boldsymbol{R}_i^2} \tag{6.2.26}$$

➢ CQC 方法

CQC 方法采用完全二次组合方法来考虑固有频率相近的模态之间的耦合效应，其组合公式表示为

$$\boldsymbol{R} = \sqrt{\sum_{i=1}^{N}\sum_{j=1}^{N} k\varepsilon_{ij}\boldsymbol{R}_i\boldsymbol{R}_j} \tag{6.2.27}$$

当 $i = j$ 时，$k = 1$；否则，$k = 2$。式中耦合系数 ε_{ij} 表示为

$$\varepsilon_{ij} = \frac{8(\xi_i\xi_j)^{1/2}(\xi_i + r\xi_j)r^{3/2}}{(1 - r^2)^2 + 4\xi_i\xi_j r(1 + r^2) + 4(\xi_i^2 + \xi_j^2)r^2}; r = \frac{\omega_j}{\omega_i} \tag{6.2.28}$$

式中，ξ 表示模态频率对应的阻尼系数。除上述模态效应组合方法外，依据模态间的耦合形式，还有一些其他组合方法，这里不一一列出。

（2）单点响应谱与多点响应谱分析

响应谱分析可分为单点响应谱分析和多点响应谱分析。值得注意的是，单点响应谱分析是指单个响应谱曲线作用下的结构总响应，响应谱的作用位置可包含多个；多点响应谱是指多个响应谱曲线作用下的结构总响应，如图 6.2.2 所示。

单点响应谱分析采用前述方法进行组合，获得结构总响应，即 $\boldsymbol{R}_{\mathrm{SPRS}} = \boldsymbol{R}$；而对于多点响应谱，采用每种单点响应谱响应结果进行平方和的均方根组合获得，即

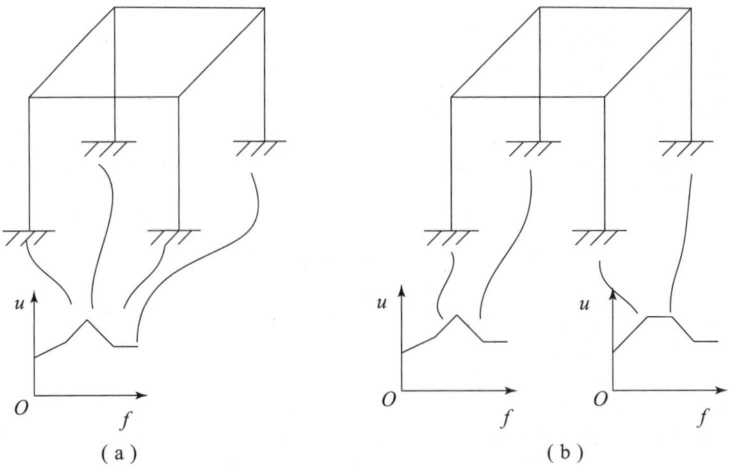

图 6.2.2　单点响应谱与多点响应谱分析模型示意

(a) 单点响应谱模型；(b) 多点响应谱模型

$$R_{\mathrm{MPRS}} = \sqrt{(R_{\mathrm{SPRS}})_n^2}$$

(3) 其他谱分析方法

谱分析是模态分析的扩展，用于考察系统在瞬态激励下的总体响应情况。前述响应谱分析就是谱分析中的一种。除响应谱分析外，发射系统动态响应常用的谱分析还包括动力设计分析方法（DDAM）和功率谱密度（PSD）分析等。这些谱分析采用的计算方法和流程相似，主要差异在于谱的定义形式。

➢ 响应谱

依据激励位置结构最大响应进行定义，包括谱值频率曲线和激励方向。

➢ 动力设计分析方法（DDAM）

由美国海军实验室定义的一种特定类型的频谱，用于分析舰用装备的抗振性。

➢ 功率谱密度（PSD）

采用概率分析方法定义的激励形式，用于随机振动分析。

关于其他谱分析的具体计算形式参考相关文献，这里不一一进行介绍。

（三）瞬态响应分析

瞬态响应分析又称为瞬态动力学响应分析，主要用于确定结构在随时间变化载荷作用下的动力学响应，也称为时间历程分析。在计算模型中，需要同时考虑惯性力、阻尼力以及结构变形产生的作用力。

瞬态响应分析可采用完全法、缩减法以及模态叠加法进行求解。完全法采用完整的系统矩阵计算结构瞬态响应，是三种方法中功能最强的，允许各类非线性特性，如塑性、大变形和大应变等，其采用时间积分算法来求解。缩减法通常采用主自由度和缩减矩阵来减小问题的求解规模，采用时间积分算法来求解。计算得到主自由度处的位移后，该结果可扩展到初始所有自由度上，仅允许简单的点点接触非线性行为。模态叠加法通常利用对基于模态分析获得的模态振型乘以因子并求和来计算结构响应。采用模态叠加法来进行求解，只允许简单的点点接触非线性特性。

通过瞬态响应分析，能够获得结构随时间的响应历程，既可用于考察结构的动态响应过程，也可结合冲击响应谱分析，考察系统载荷传递状态。图 6.2.3 给出了发射系统受到半正弦时采用不同方法进行分析的状态示意，从图中可以看出响应谱分析、冲击响应谱分析以及瞬态分析之间的联系及差异。

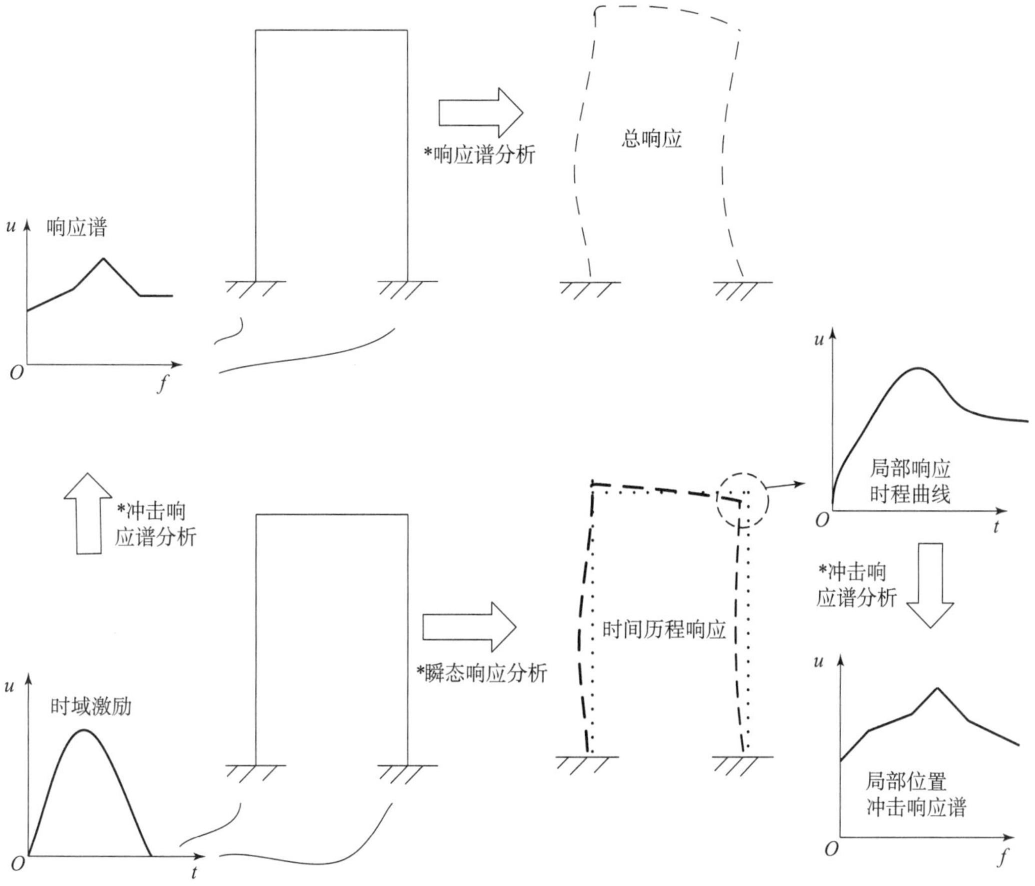

图 6.2.3　响应谱分析与瞬态分析关系

可以看出，响应谱分析是一种考察结构在瞬态载荷作用下的总响应的计算方法；瞬态响应分析是一种考察结构在瞬态载荷作用下时变响应的计算方法；冲击响应谱分析在这里主要是将时间历程的激励或响应向频域进行转换的方法。事实上，冲击响应谱分析同样是发射系统结构分析常用的一种分析方法，其核心是考察瞬态作用对应的频域特性。

值得注意的是，在有些计算软件或工具中，瞬态分析可直接施加的激励载荷为力和位移载荷等，不能直接施加加速度和速度载荷，因此需要将其转化为计算模型能够接受的载荷。相关研究表明，对于加速度冲击载荷，有如下几种转换思路：

（1）大质量法

这种方法是将加速度激励转化为力载荷，具体实施方法是通过在适当位置引入质量单元以构建大质量点 m，设置其质量为结构质量的 100 倍以上，并在该质量点与原加载点间建立刚性连接，利用公式 $F = ma$ 即可将加速度转换为力载荷，并且力载荷与加速度载荷曲线形式相同。

（2）位移法

该方法利用二次积分将加速度载荷转化为位移载荷，并将其直接施加在约束位置。

对于速度载荷，也存在两种转换方式：第一种是通过一次微分将其转换成加速度，最后利用大质量法转换成力载荷；第二种是位移法，即利用一次积分将其转换成位移载荷。

（四）冲击响应谱计算方法

冲击响应谱通常又称为“冲击谱”，是指将冲击激励施加到一系列线性、单自由度弹簧－质量系统时，将各单自由度系统的最大响应值作为对应于系统固有频率的函数的响应曲线。它使用冲击载荷作用在结构系统上的效果，即结构系统对冲击载荷的响应来描述冲击。由于一个实际的结构系统往往可以通过解耦转化为相互独立的单自由度系统集合，因而对于实际的工程应用，采用单自由度系统来计算冲击响应谱具有实际意义。在分析发射系统时，一些冲击响应谱已在相应标准或规范中给定，如舰载设备非接触爆炸作用下的冲击响应谱；而对于未给出冲击响应谱的分析，往往需要结合试验和理论计算确定结构的冲击响应谱。

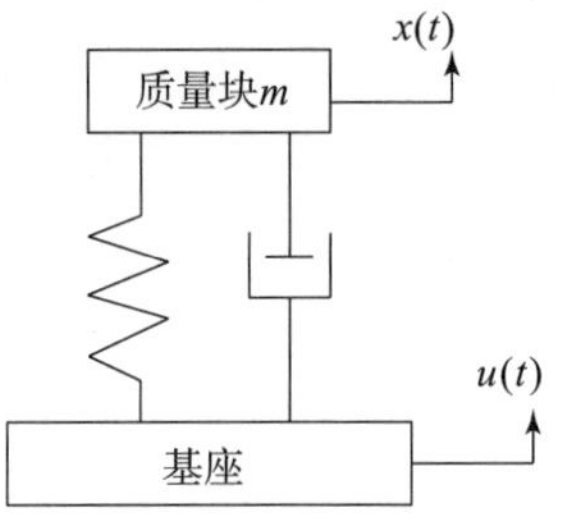

图 6.2.4　冲击响应谱力学模型

对于一个质量为 m、刚度为 k、阻尼为 c 的单自由度系统，在基座上作用有外部激励 $u(t)$，响应为 $x(t)$，如图 6.2.4 所示。当基础受到加速度作用时，由牛顿定律知，质量块 m 的运动方程为

$$m\ddot{x} + c\dot{x} + kx = ku(t) + c\ddot{u}(t) \tag{6.2.29}$$

引入质量块相对于基础的位移

$$\delta(t) = x(t) - u(t) \tag{6.2.30}$$

则

$$\ddot{\delta}(t) + 2\xi\omega_n\dot{\delta}(t) + \omega_n^2\delta(t) = -\ddot{u}(t) \tag{6.2.31}$$

式中，$\omega_n = \sqrt{k/m}$，为系统无阻尼固有频率；$\xi = c/2m\omega_n$，为系统阻尼比。求解上式并绘出频率与对应冲击响应峰值间的曲线图，由此获得系统的冲击响应谱。

常用的冲击响应谱计算方法有直接积分法、Rnuge－Kutta 算法、递推积分法、改进的数字滤波法和样条函数法等。由于 Smallwood 提出的改进数字滤波法计算速度快且精度高，下面详细介绍该计算方法。

针对图 6.2.4 所示的单自由度系统模型，设输入冲击加速度 $\ddot{u}(t)$ 的采样值为 $\ddot{U}_m$，加速度响应 $\ddot{x}$ 的采样值为 $\ddot{X}_m$，则以斜坡函数作为输入，利用 Z 变换，得到离散系统的传递函数为：

$$H(z) = \frac{b_0 + b_1 z^{-1} + b_2 z^{-2}}{1 - 2Cz^{-1} + E^2 z^{-2}} \tag{6.2.32}$$

对绝对加速度响应而言，各系数可表示为：

$$\omega_n = \sqrt{k/m} = 2\pi f,\ \omega_d = \omega_n\sqrt{1-\xi^2},\ E = \mathrm{e}^{-\xi\omega_n T},\ K = T\omega_d,$$
$$C = E\cos K,\ S = E\sin K,\ S' = S/K = (E\sin K)/K,$$

$$b_0 = 1 - S', b_1 = 2(S' - C), b_2 = E^2 - S'$$

而对相对位移响应而言，各系数的意义为

$$b_0 = \frac{1}{T\omega_n}\left[2\xi(C-1) + \frac{2\xi^2 - 1}{\sqrt{1-\xi^2}}S + T\omega_n\right] \tag{6.2.33}$$

$$b_1 = \frac{1}{T\omega_n}\left[-2CT\omega_n + 2\xi(1-E^2) - \frac{2(2\xi^2-1)}{\sqrt{1-\xi^2}}S\right] \tag{6.2.34}$$

$$b_2 = \frac{1}{T\omega_n}\left[E^2(T\omega_n + 2\xi) - 2\xi C + \frac{2\xi^2 - 1}{\sqrt{1-\xi^2}}S\right] \tag{6.2.35}$$

进行反 Z 变换可得到响应的递推公式

$$\ddot{X}_m = b_0\ddot{U}_m + b_1\ddot{U}_{m-1} + b_2\ddot{U}_{m-1} - a_1\ddot{X}_{m-1} - a_2\ddot{X}_{m-2} \tag{6.2.36}$$

式中，$a_1 = -2C$，$a_2 = E^2$。当固有频率很低时，有 b_0、b_1、$b_2 \to 0$，$a_1 = -2$，$a_2 = 1$。

6.2.3　动态响应分析实例

动态响应是水面或水下发射系统关注的重要内容，本节以水下发射单筒结构为对象，进行发射系统动态响应的实例分析。

（一）模型结构与设置

实例模型将水下发射单筒结构设置为分段筒体，筒体内径均为 1.2 m，上部筒体长 1 m，壁厚 50 mm；中部筒体长 14 m，壁厚 30 mm；下部筒体长 1 m，厚 50 mm，局部开方孔。表示筒体下部与中部连接线、上部与中部连接线均采用圆筒与潜艇大圆壳体的相贯线。结构形式如图 6.2.5 所示。

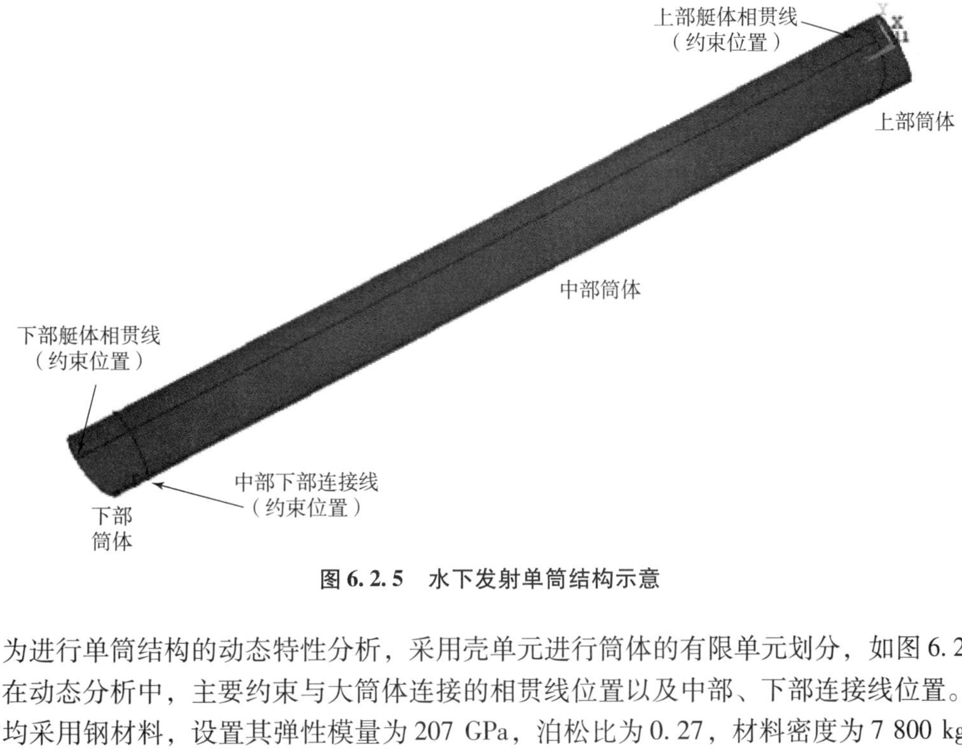

图 6.2.5　水下发射单筒结构示意

为进行单筒结构的动态特性分析，采用壳单元进行筒体的有限单元划分，如图 6.2.6 所示。在动态分析中，主要约束与大筒体连接的相贯线位置以及中部、下部连接线位置。单筒结构均采用钢材料，设置其弹性模量为 207 GPa，泊松比为 0.27，材料密度为 7 800 kg/m^3。

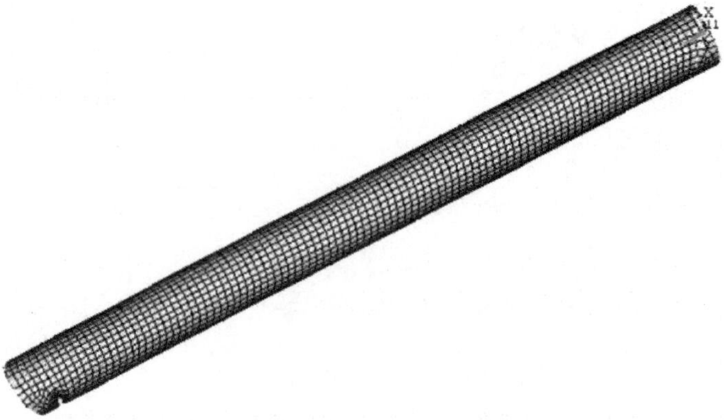

图 6.2.6　单筒结构计算网格

（二）自由模态分析

模态分析可分为自由模态分析和约束模态分析，自由模态分析考察结构无约束状态下的模态频率和振型，约束模态分析考察结构在指定约束状态下的模态频率和振型。自由模态分析结果是确定的，属于结构的固有属性；而约束模态结果与约束状态有关。这里为考察单筒结构的固有模态属性，对其进行自由模态分析，为消除自由模态分析中的刚体运动模态，仅分析频率大于 1 的模态。

通过有限元求解计算，可获得单筒结构频率大于 1 的前 8 阶模态频率与振型，见表 6.2.1。由于实例模型的单筒结构具有较显著的对称特性，相近频率的模态振型具有相似的振型形态，只是形变方向有所不同。值得注意的是，表中关于一阶弯曲、一阶扁胀等提法是工程应用中为便于交流采用的简略称谓，与数学上的准确描述有所区别。

表 6.2.1　实例模型自由模态列表（频率单位：Hz）

阶次	频率/形态	模态振型
1	31.180 一阶弯曲	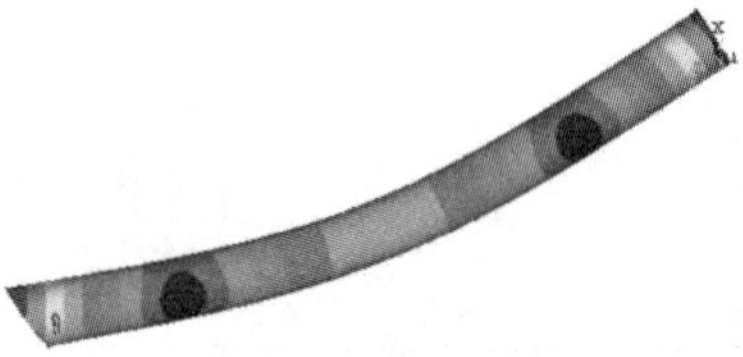
2	31.206	形态同 1 阶，沿 *Y* 向弯曲，略
3	54.235 一阶扁胀	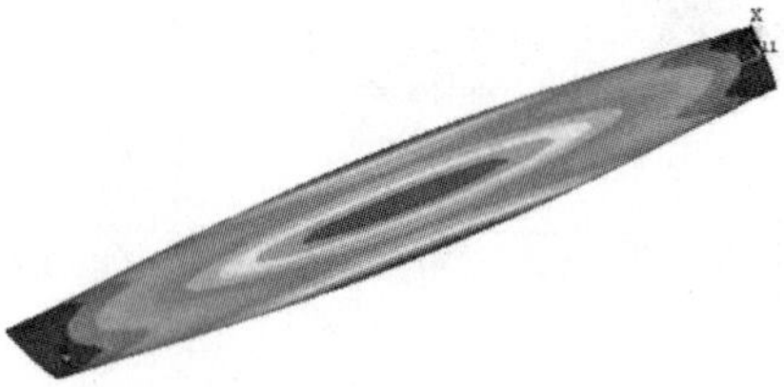

续表

阶次	频率/形态	模态振型
4	54.236	形态同 3 阶，沿 X 向收缩、Y 向膨胀
5	57.640 二阶扁胀	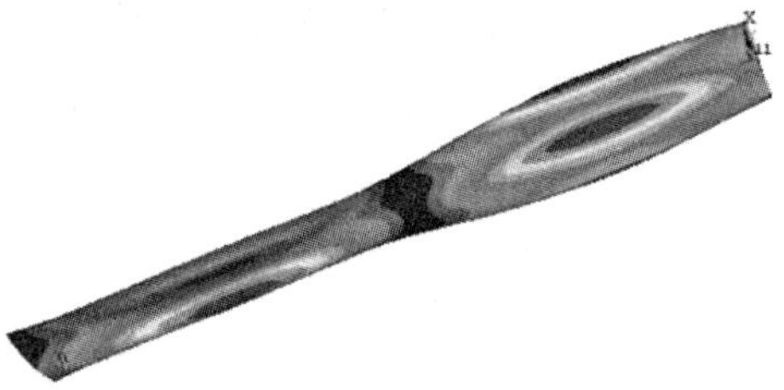
6	57.719	形态同 5 阶，扁胀方向不同
7	64.869 三阶扁胀	
8	64.450	形态同 7 阶，扁胀方向不同

（三）响应谱分析

为考察单筒结构在多种振动及冲击载荷下的响应特性，采用单点响应谱方法对其总体响应进行计算分析。计算模型采用基础激励形式的加速度谱，谱的作用方向为 X 向。不同频率对应的谱值见表 6.2.2。

表 6.2.2　单筒结构基础激励的频率及其对应加速度谱值

频率/Hz	谱值/($m \cdot s^{-2}$)	频率/Hz	谱值/($m \cdot s^{-2}$)
4	100	70	890
8	220	80	900
10	270	90	870
20	450	100	840
30	610	200	610
40	720	500	560
50	800	800	540
60	850	1 000	540

通过单点响应谱求解分析，获得单筒结构总体响应状态，如图 6.2.7 ~ 图 6.2.9 所示。可以看出在基础激励作用下，单筒结构变形及加速度响应的最大值出现在无约束的悬臂中部区域，而最大应力出现在约束区域附近。

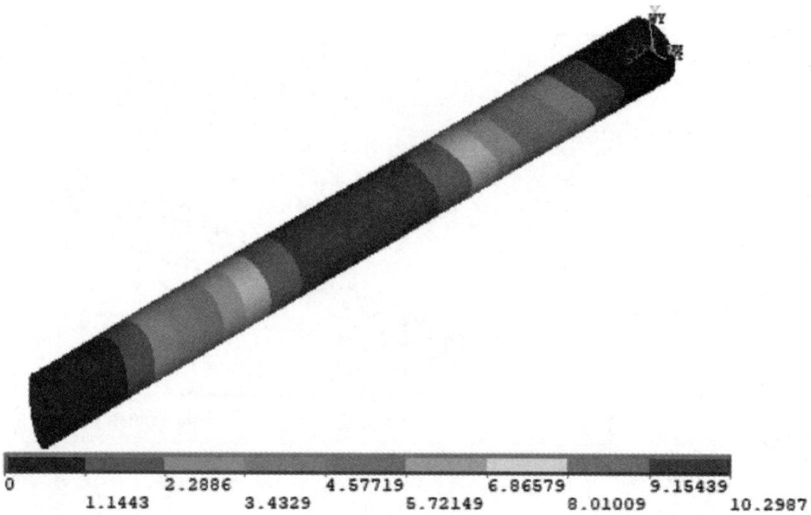

图 6.2.7　单筒加速度总体响应（单位：m/s^2）

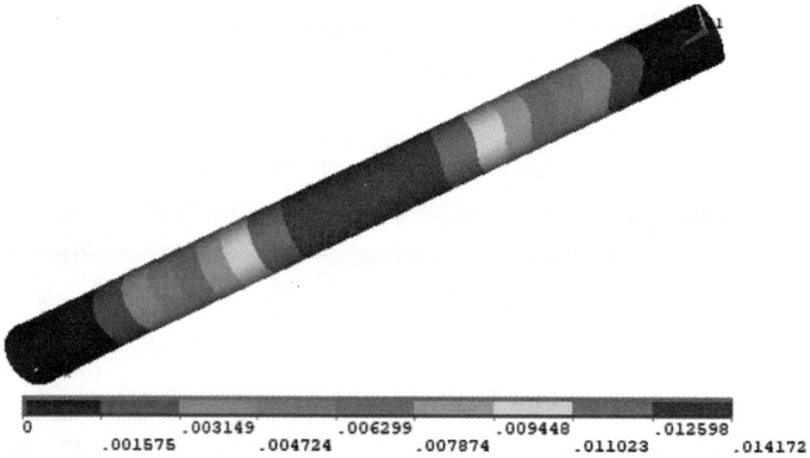

图 6.2.8　单筒变形总体响应（单位：m）

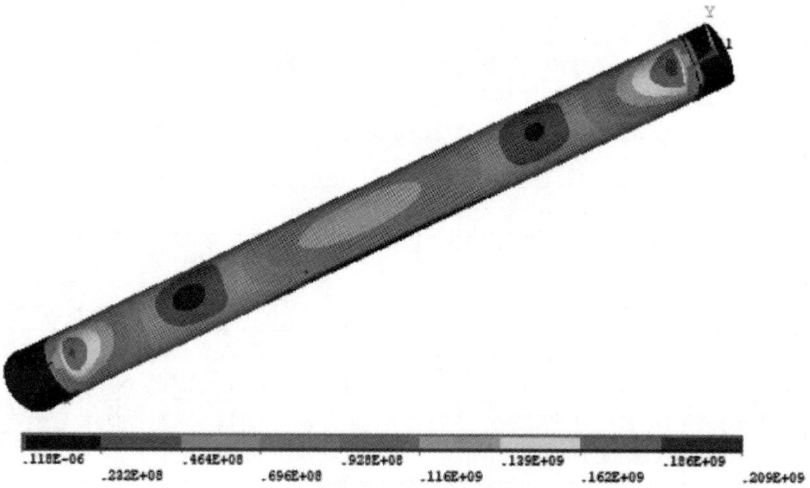

图 6.2.9　单筒等效应力总体响应（单位：Pa）

（四）瞬态响应分析

针对水下发射单筒结构，采用瞬态响应分析考察其在半正弦非接触冲击载荷作用下的时变响应特性。冲击载荷采用半正弦形式的加速度载荷，峰值为 50g，作用时间为 11 ms，并通过位移法转换为位移载荷，施加在约束位置作为基础激励。为考察结构在载荷作用期间以及载荷作用后的残余响应，瞬态响应分析计算时长设置为 50 ms，计算时间步长设置为 0. 1 ms。

通过求解计算，获得单筒结构中部典型位置随时间变化的位移、速度、加速度以及等效应力曲线，如图 6. 2. 10 所示。可以看出基础激励在结构内部的传递过程影响，结构响应最大值不是出现在载荷作用的时间范围内，而是出现在载荷作用后的残余响应阶段。

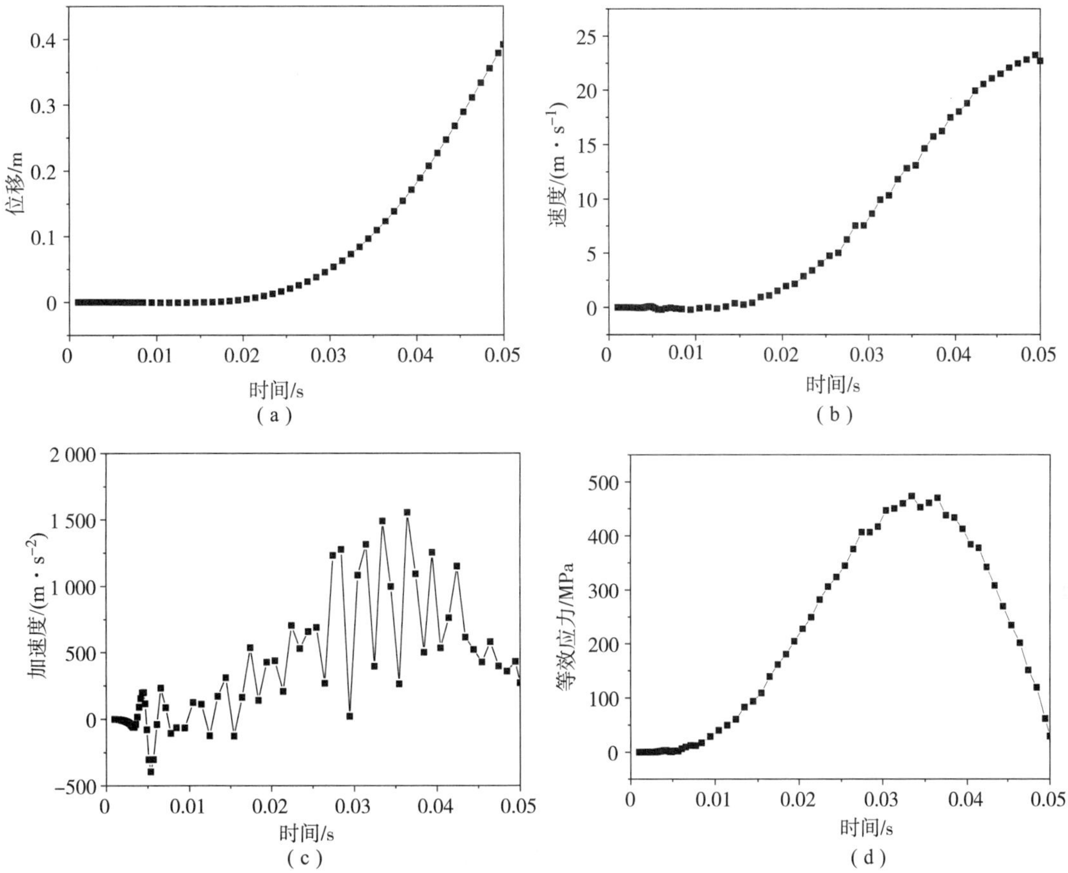

图 6. 2. 10　单筒中部典型位置等效应力变化

（a）位移；（b）速度；（c）加速度；（d）等效应力

图 6. 2. 11 和图 6. 2. 12 分别给出了 6 ms 和 22 ms 时单筒结构的整体变形和等效应力响应情况。可以看出，单筒结构在响应初期，中部悬臂区域的变形（即节点位移）响应明显滞后于激励位置；随着时间的增加，相应的响应状态发生显著变化。

（五）冲击响应谱

关注发射系统内部安装的弹体或其他结构在外部冲击载荷作用下的响应特性时，可从发射系统的瞬态分析出发，考察其他结构安装位置的时变响应特性或冲击响应谱特性。

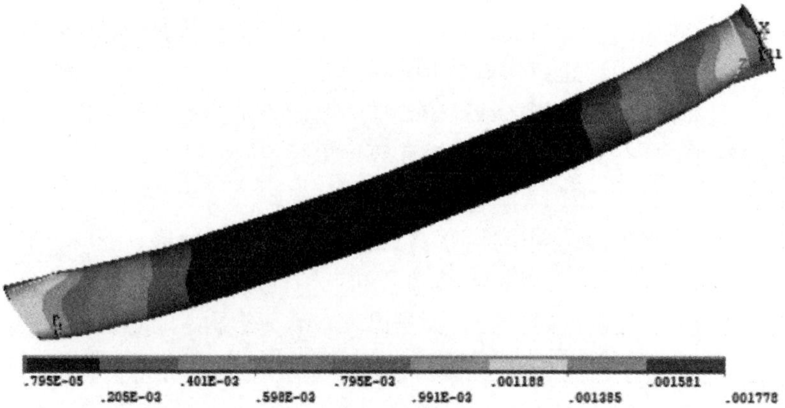

(a)

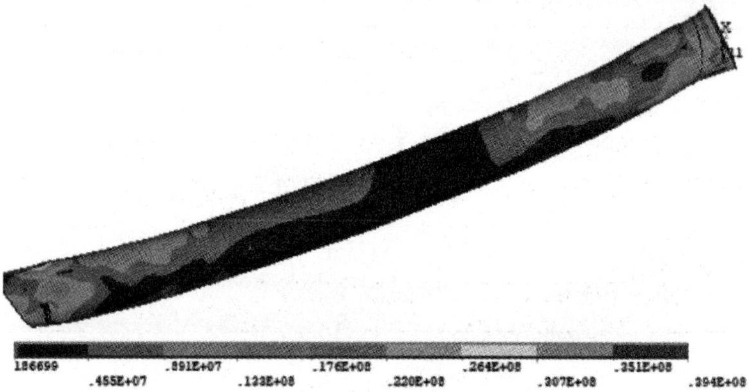

(b)

图 6.2.11　单筒结构 6 ms 时典型响应状态

(a) 结构变形分布（单位：m）；(b) 结构等效应力分布（单位：Pa）

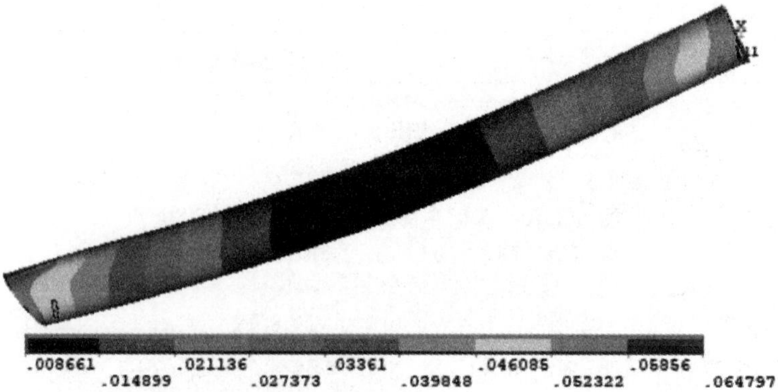

(a)

图 6.2.12　单筒结构 22 ms 时典型响应状态

(a) 结构变形云图（单位：m）

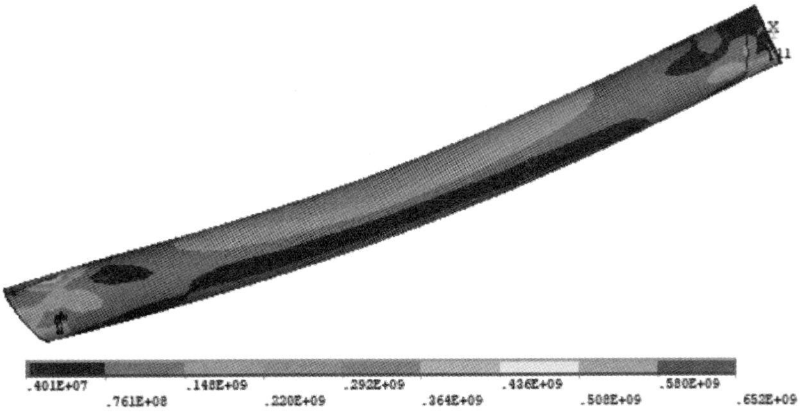

(b)

图 6.2.12　单筒结构 22 ms 时典型响应状态（续）

(b) 结构等效应力云图（单位：Pa）

在单筒结构瞬态分析实例中，提取了单筒中部典型位置的典型参数时变曲线，从这些时变曲线出发，采用冲击响应谱计算方法，可获得相应位置的冲击响应谱，为其他结构的动态响应分析提供条件。图 6.2.13 从瞬态分析获得的单筒结构中部典型位置加速度响应出发，给出了相应的加速度冲击响应谱曲线。

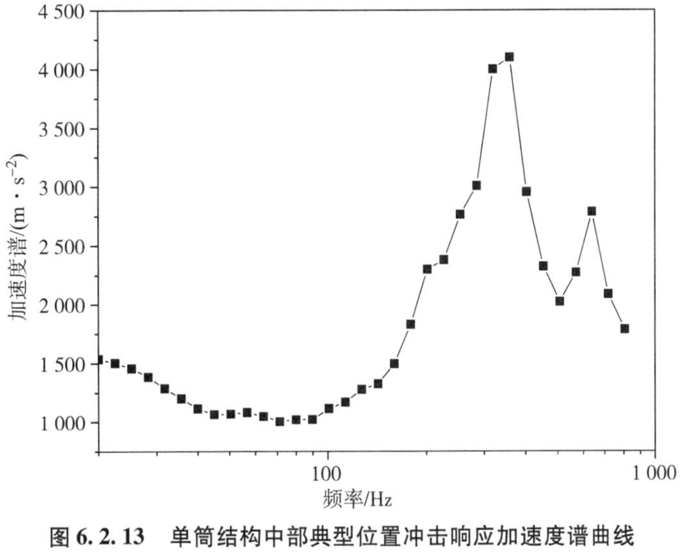

图 6.2.13　单筒结构中部典型位置冲击响应加速度谱曲线

6.3　发射系统应用结构特性分析

6.3.1　高性能构件设计分析

在发射系统中，存在多种服务于苛刻环境，并具有多种功能及指标要求的高性能构件，如潜载发射装置减振垫结构、易碎式密封盖结构、提拉缸弹射缓冲制动结构等。这些构件通常具有复杂的承载及响应能力，并具有环境适应性强、轻量化以及高可靠性等特性。一般情况下，这类高性能构件由于材料分布和多尺度结构特征对构件性能的耦合影响规律复杂，单从材料入手或结构入手均难以获得与结构匹配的性能设计。

针对这类构件，采用材料 - 结构一体化设计是解决这一问题的有效途径。通过材料与匹配优化设计，从宏/微观多尺度发掘材料与结构潜力，突破传统设计极限，获得复杂构件设计新方法，已成为这类结构设计的重要方式。事实上，在包括航空航天在内的多个领域，材料 - 结构一体化设计与制造已成为高性能构件设计制造的重要方式，智能材料、三明治夹芯结构等材料 - 结构一体化设计制造方法也得到了广泛应用。

本节主要以潜载发射装置减振垫结构为对象，对高性能构件的材料 - 结构一体化设计分析思路进行介绍。

（一）预弯柱开口减振结构

潜载发射装置减振结构属于一种典型的高性能构件。首先，减振结构需要满足多种功能要求，一是在输运过程中，需要具有良好的减振能力，在洋流波浪等低频宽幅位移激励下具有良好的刚度性能；二是在非接触爆炸这类冲击载荷作用下，需要具有良好的抗震缓冲能力；三是在发射过程中，需要具备良好的导向刚度。其次，减振结构需要满足轻质化、耐高温、易制备等性能要求。由于单一的材料同时具备上述功能和性能难度较大，多种形式的橡胶材料空心结构在潜载发射装置减振系统中得到了广泛应用。

Meier 等通过对带凹口的预弯曲支柱的设计研究，制造出能满足潜载发射装置特殊减振要求的氯丁聚氨酯橡胶配方的预弯柱开口减振结构，如图 6.3.1 所示。该结构在预弯柱及预开口发生大变形之前，其刚度特性主要由橡胶结构决定，通过合理的材料选择和尺寸设计，

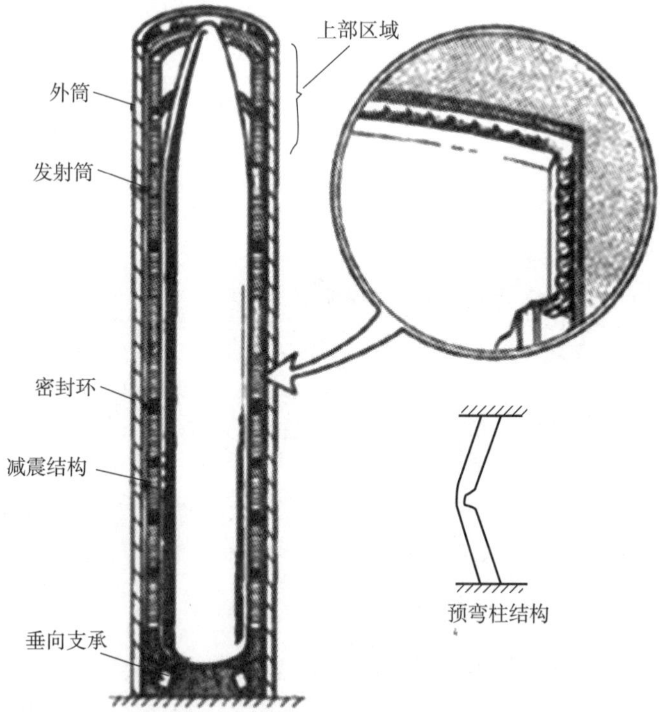

图 6.3.1　预弯柱开口减振结构示意

能够获得低频宽幅位移激励下的减振性能；在冲击载荷作用下，结构预弯柱及预开口发生大变形弯曲，冲击过载能够受到有效抑制；在冲击载荷作用下的变形过大时，变形后的预弯柱内表面产生接触，结构再次具有较大刚度，限制变形量的发展。

预弯柱开口减振结构综合利用橡胶材料的非线性刚度、结构变形弯曲以及结构变形接触等多种状态实现多种形式的减振功能。由于非线性材料、结构大变形以及接触状态的相互耦合，其结构设计和分析成为关注的重点。这里从非线性材料本构关系、结构外形尺寸等角度出发，对其力学性能进行了深入探讨。

（二）预弯柱开口减振结构有限元分析模型

为考察图6.3.1所示预弯柱开口减振结构力学性能，可将其简化为如图6.3.2所示结构。在具体分析模型时，设置其结构外形尺寸的长、宽、高参数分别为：$W=105$ mm、$L=105$ mm、$H=52$ mm，预弯柱高为 $h_1=32$ mm，预弯柱宽为 $B=7.5$ mm，预弯角 $\alpha=73°$，开口的高度为 $h_2=4$ mm，开口顶角到预弯柱的最短距离为 $b=6$ mm，倒角为 $R=3$ mm。

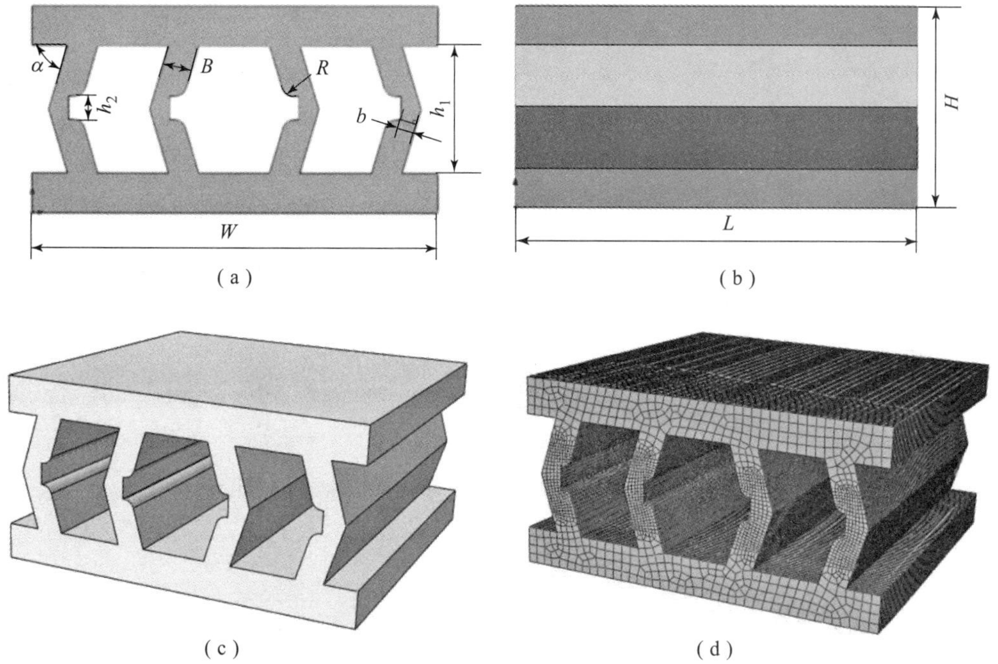

图6.3.2　预弯柱开口减振结构分析模型

（a）正视图；（b）左视图；（c）轴侧图；（d）有限元网格

结构本体采用聚氨酯橡胶材料，考虑到该材料的超弹性特征，采用九参数的Mooney－Rivlin本构模型来表征材料属性，表达式如下：

$$
\begin{aligned}
U = {} & C_{10}(I_1-3)+C_{01}(I_2-3)+C_{20}(I_1-3)^2+ \\
& C_{11}(I_1-3)(I_2-3)+C_{02}(I_2-3)^2+C_{30}(I_1-3)^2+ \\
& C_{21}(I_1-3)^2(I_2-3)+C_{12}(I_1-3)(I_2-3)^2+C_{03}(I_2-3)^3
\end{aligned} \tag{6.3.1}
$$

式中，I_1 为第一偏量应变不变量；I_2 为第二偏量应变不变量；C_{ij} 为与材料相关的参数，其中，$C_{10}=2\ 200\ 000$，$C_{01}=300\ 000$，$C_{20}=-700\ 000$，$C_{30}=450\ 000$，其余为0，单位为Pa。

为考察结构的力学特性，在模型结构下表面施加完全固定约束，上表面施加0～20 mm

的位移载荷，方向垂直向下。为考察结构大变形特性和表面接触行为，在计算模型中需要开启大变形计算模型和接触模型。接触类型采用面面接触，接触过程中不考虑摩擦，并在其接触面的法向位置设置法向“硬”接触。

（三）预弯柱开口减振结构响应特性

采用上述有限元计算模型，通过计算分析可获得其在不同位移载荷作用下的响应特性，如图 6.3.3 和图 6.3.4 所示。

图 6.3.3（a）、(b)、(c）和（d）分别表示预弯柱开口减振结构在不同位移载荷作用下的变形和等效应力分布。可以看出，预弯柱开口减振结构在位移载荷加载下发生了预弯柱的大变形、预弯减振体开口处的表面接触、预弯柱内表面接触以及预弯柱开口减振体内部的大面积接触行为。考虑到聚氨酯橡胶材料的超弹特性，预弯柱开口减振结构的响应特性表现出明显的非线性行为。

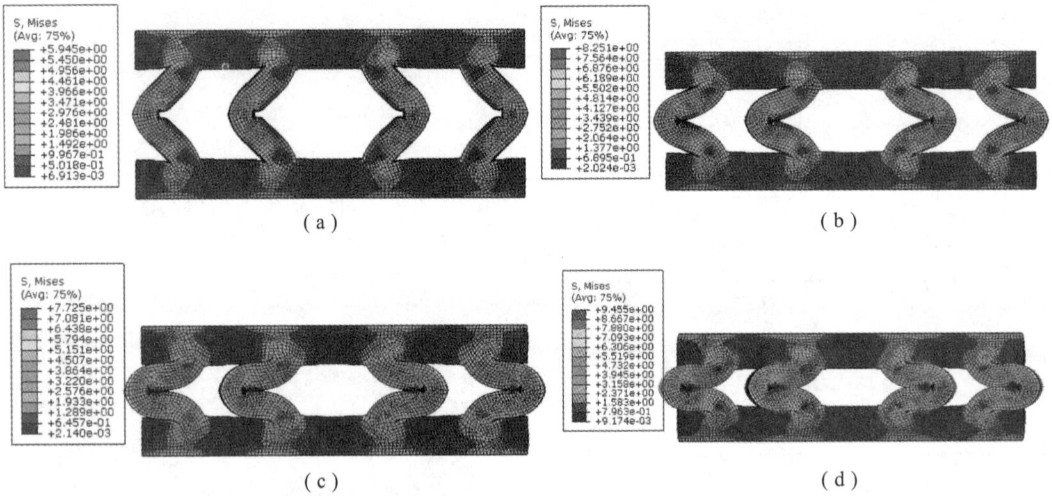

图 6.3.3　预弯柱开口减振结构在位移载荷作用下的响应

(a) Dis = 7.825 mm；(b) Dis = 13.825 mm；(c) Dis = 17.64 mm；(d) Dis = 20 mm

图 6.3.4 给出了加载过程中位移载荷作用下的力 - 位移曲线。结合曲线特征，可将预弯柱开口减振结构的变形响应特性分为四个过程：预弯柱初始变形期（*OA* 段）、预弯柱与材料复合变形期（*AB* 段）、预弯柱与接触复合变形期（*BC* 段）和接触压缩变形期（*CD* 段），并将该曲线斜率不超过 0.15 kN/mm 的曲线段作为判断应力 - 应变曲线的平台判定规则。

（四）结构参数对预弯柱开口减振结构力学性能的影响

为考察不同结构参数对预弯柱开口减振结构力学性能的影响，采用控制变量法对模型进行不同状态的计算分析，即在每次状态调整时，只改变一个结构参数，其他参数保持不变。

（1）预弯柱数量的影响

通过有限元求解计算，获得不同预弯柱数量对预弯柱开口减振结构响应特性的影响，如图 6.3.5 所示。可见随着预弯柱数量的增加，作用力 - 位移曲线大致成比例增加。预弯柱数量增加时，其力 - 位移响应曲线平台期的起始位置不受影响，对其结束位置有较大的影响，

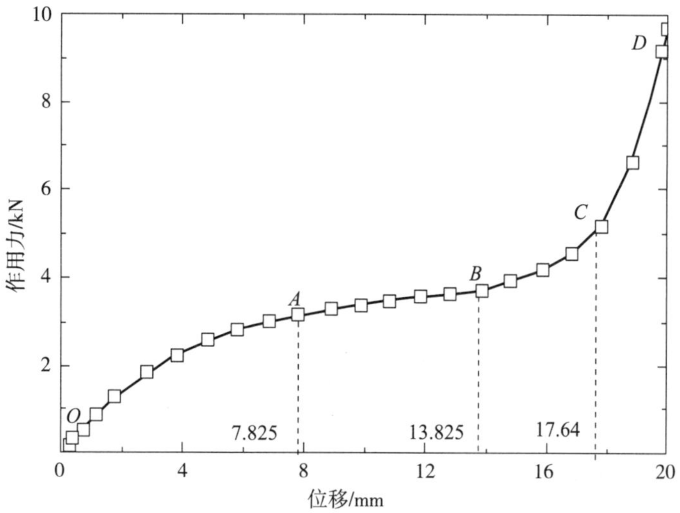

图 6.3.4　预弯柱开口减振结构的力 – 位移曲线

预弯柱数量越大，平台期结束越早。其原因是预弯柱内表面的接触影响了平台期的结束，预弯柱数量越大，其内表面接触面积越大，会使得预弯柱开口减振结构提前结束平台期，进入接触变形期。

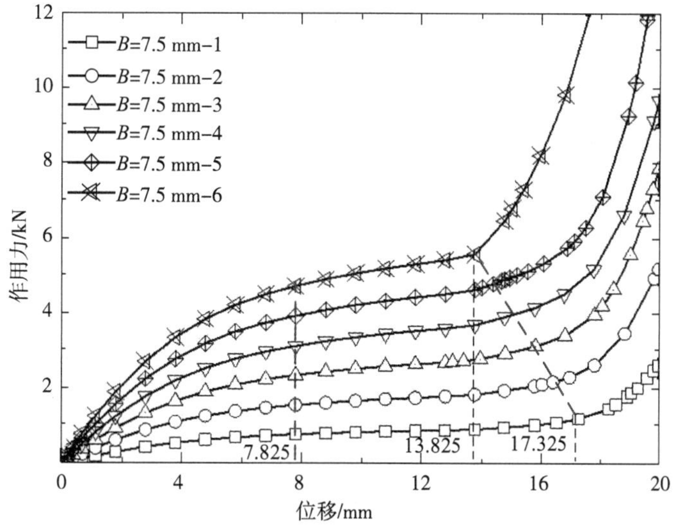

图 6.3.5　不同预弯柱数量下的响应特性曲线

（2）预弯柱宽度的影响

不同预弯柱宽度对预弯柱开口减振结构响应特性的影响如图 6.3.6 所示。从图中可以看出，力 – 位移曲线都表现出明显的非线性特征，并且每条曲线都呈现出预弯减振体变形响应特性的四个过程期，即初始变形期、平台期、接触变形期和压缩极限期；随着预弯柱的宽度增加，其特性响应曲线并不是成正比增加，这与预弯柱的结构及材料特性有关，并且预弯柱越厚，在相同位移载荷作用下，预弯柱开口减振结构的响应值越大。

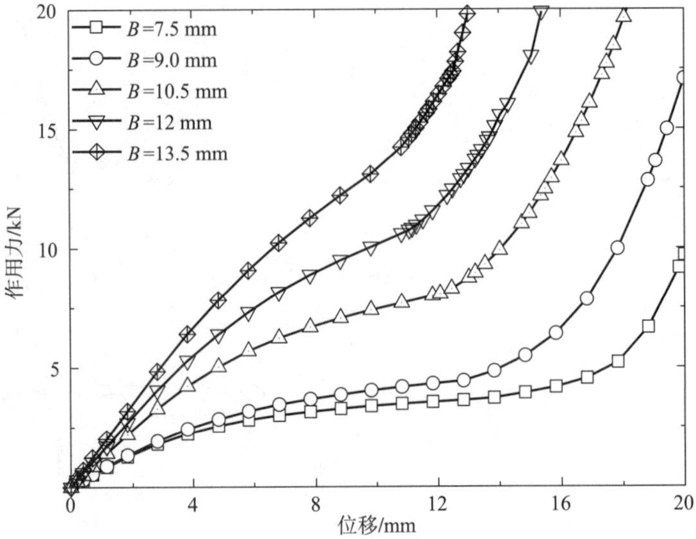

图 6.3.6　不同预弯柱宽度下的响应特性

（3）预弯柱高度影响

不同预弯柱高度对预弯柱开口减振结构响应特性的影响如图 6.3.7 所示。随着预弯柱高度的增加，预弯柱开口减振结构的力－位移响应曲线平台期初始位移基本不变，而对其响应曲线的平台期结束位移有较大的影响，预弯柱高度越大，平台期结束越迟，其原因在于预弯柱在压缩屈曲大变形期，预弯柱高度越高，其屈曲大变形能力越强，在相同位移载荷作用下，较高的预弯柱会有较长的屈曲大变形期；而预弯柱越矮，在相同位移载荷作用下，预弯柱开口减振结构会提早进入接触变形期，并且在统一载荷作用下，预弯柱越矮，内表面接触面积越大。

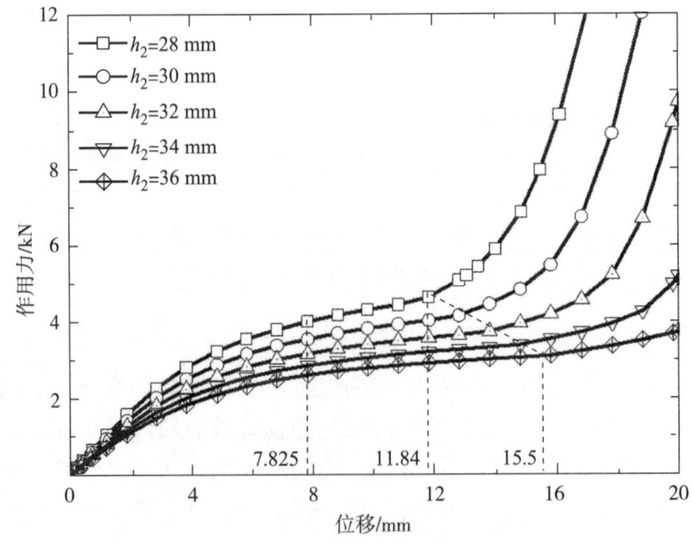

图 6.3.7　不同预弯柱高度下的响应特性

（4）预弯角度的影响

图6.3.8 给出了图6.3.2 所示预弯角度 α 变化时预弯柱开口减振结构的力 - 位移曲线。可以看出，在预弯减振结构响应的初始期，随着预弯角的增加，其力 - 位移曲线的斜率增加；在预弯减振体响应的平台期，随着预弯角的增加，其力 - 位移曲线的平台期持续越长，即在此时期，预弯减振体预弯角越大，其平台期开始的时间越早，结束的时间越迟。其变化原因在于预弯角越大，预弯减振体在位移载荷作用下会发生变形，预弯柱会提早进入屈曲大变形期，预弯角越小，其在预弯柱初始变形期的时间会越长，预弯柱的抗弯能力的作用时间也会越长。

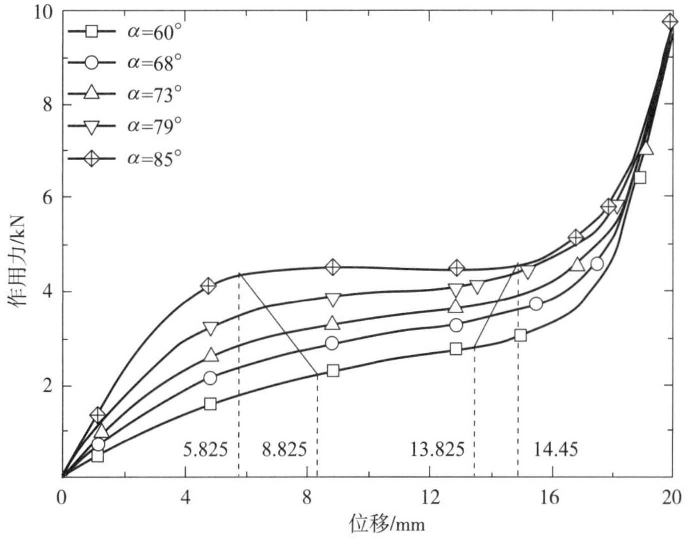

图6.3.8　不同预弯角度的响应特性

（5）开口尺寸的影响

图6.3.2 给出了预弯柱开口尺寸的三个典型参数，包括开口顶角到预弯柱的最短距离 b、开口高度 h_2、倒角 R，这些参数对预弯柱开口减振结构的力学性能影响如图6.3.9 ~ 图6.3.11 所示。

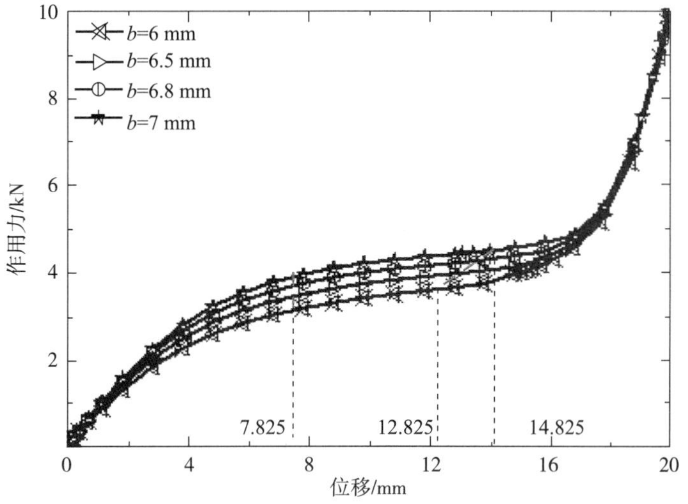

图6.3.9　不同最短距离下的响应特性

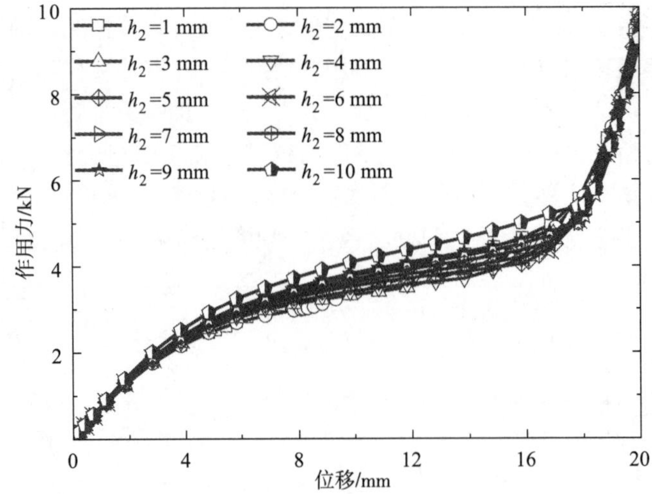

图 6.3.10　不同开口高度下的响应特性

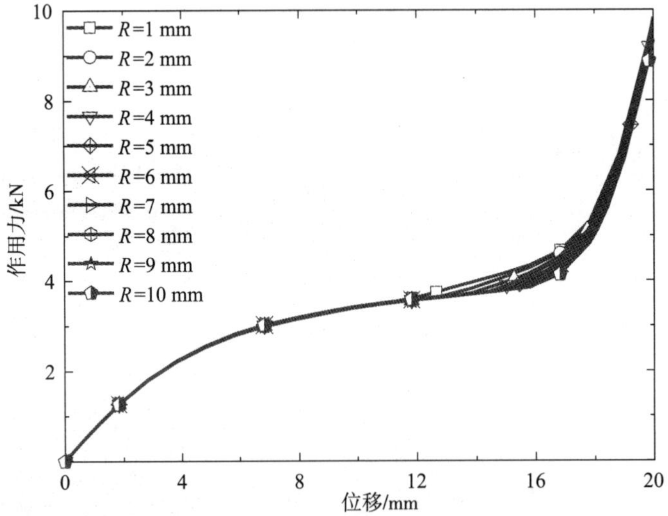

图 6.3.11　不同开口倒角下的响应特性

开口顶角到预弯柱的最短距离响应曲线的初始变形期和平台期。当最短距离很小时，预弯减振体的响应特性不会出现平台期；随着最短距离增加，力 - 位移曲线的平台期会逐渐增加，但是平台期的初始位置不会发生变化。开口高度的大小主要影响力 - 位移曲线的平台期，对其他阶段影响较小。开口倒角的大小主要影响预弯柱开口减振结构力 - 位移响应曲线平台期向接触变形期的转变状态。

6.3.2　多层复合结构分析

多层复合材料密度低、机械性能好，并具有良好的抗烧蚀和耐腐蚀能力，在发射系统中得到广泛关注和应用。近年来，已有多型发射筒、发射箱等主体结构采用多层复合材料结构。相对于金属结构，多层复合结构具有其特有的力学属性和分析方法。

（一）复合材料结构及力学特性

针对复合材料的应用特点，可分为结构复合材料和功能复合材料。结构复合材料主要用于承受和传递载荷，保证结构所需的强度和刚度；功能复合材料主要完成一种或多种特殊功能，例如，防热、耐磨、抗辐射、隐身等。本章主要阐述发射系统的结构分析，因此主要针对结构复合材料及其力学特性进行介绍。

复合材料由纤维材料和基体材料复合而成，与各向同性的均匀材料相比，实际的复合材料具有比较复杂的构造。在实际应用中，一般先由同方向排列的纤维材料与基体材料组成单层复合材料，如果单层复合材料的厚度很薄，称为单层复合材料。通常情况下，单层复合材料不直接应用于复合材料结构，而是把一层以上的单层材料相互叠合，各层的纤维方向各不相同，由此所构成的材料称为层叠复合材料。在进行复合材料分析时，即使把每个单层复合材料看作均匀材料，但是由于各层纤维方向的排列不同，它在宏观上仍然是一种不均匀材料，需要通过复杂的分析或实验确定其材料性能。

（1）单层复合材料特性

单层复合材料是复合材料的基础，因此往往用它的性能来表征复合材料的性能。通常在介绍复合材料的具体性能时，如不做特别说明，一般就指单层复合材料的性能。

在均匀的弹性材料中，联系应变和应力的相关系数称为弹性系数。而在不均匀的复合材料中，联系“体积平均应变”和“体积平均应力”的相关系数可称为“有效弹性系数”。为了简化，在很多复合材料力学分析中，仍使用应变、应力和弹性系数的名称，在应用中应注意其实际含义与常规均匀材料的区别。

单层复合材料一般在宏观上可看作一种横向各向同性的均匀材料，因此需要确定 5 个独立的弹性系数。设坐标轴 1、2、3 分别表示单层复合材料的纵向（沿纤维方向）和两个横向（垂直于纤维方向），如图 6.3.12 所示。

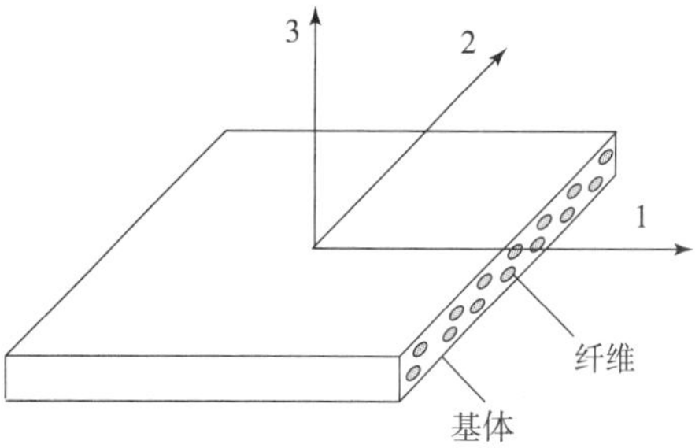

图 6.3.12　单层复合材料的构造与坐标表示

如采用常规的工程弹性系数表示，则它们分别为：纵向弹性模量 E_1，垂直于纤维方向的横向弹性模量 E_2，1—2 平面内的纵向泊松比 ν_{12}；1—2 平面内的剪切模量 G_{12}；2—3 平面内的横向泊松比 ν_{23}（或 2—3 平面内的剪切模量 G_{23}）。另外，由于认为 2—3 平面内为横向各向同性，其他几个弹性系数可由以下关系求出：

$$E_3 = E_2,\ \nu_{13} = \nu_{12},\ G_{13} = G_{12},\ G_{23} = \frac{E_2}{2(1+\nu_{23})} \tag{6.3.2}$$

如果已知纤维和基体弹性性质及复合材料中的纤维含量，可通过多种方法求出上述复合材料的弹性系数，感兴趣的读者可查阅复合材料相关书籍。

（2）叠层复合材料的弹性特性

一般来讲，叠层复合材料每个单层的弹性性质、纤维方向、厚度可以各不相同。因此，为了研究叠层材料的弹性特性，需要有一个统一的坐标系统 $x-y$。各个单层的主轴方向 1—2 与 $x-y$ 的坐标关系如图 6.3.13 所示。为了分析方便，叠层复合材料的 $z=0$ 平面一般取在整个复合材料的几何中心面上，此时称其为叠层复合材料的中面。

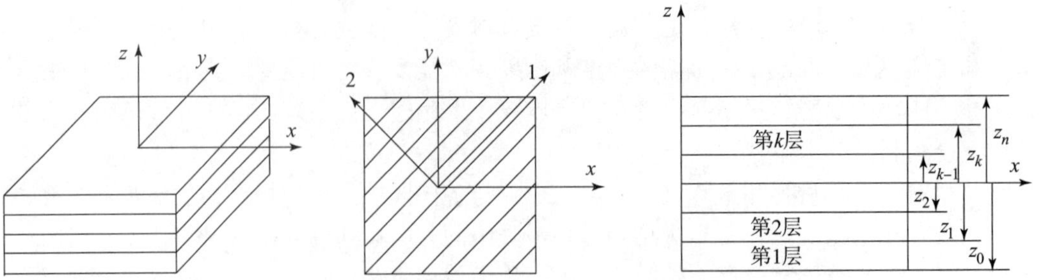

图 6.3.13　叠层复合材料的坐标表示

将单层复合材料的应力与应变关系转换到统一坐标系 $x-y$ 上，可表示为

$$\bar{\boldsymbol{\sigma}} = \bar{\boldsymbol{Q}}_k \bar{\boldsymbol{\varepsilon}} \qquad (k=1,2,\cdots,n) \tag{6.3.3}$$

式中，$\bar{\boldsymbol{Q}}_k$ 表示第 k 层刚度矩阵；$\bar{\boldsymbol{\sigma}}$ 和 $\bar{\boldsymbol{\varepsilon}}$ 分别是相应于第 k 层的应力和应变向量。根据叠层板理论的变形假设（可参考相关书籍），应变向量可表示为

$$\bar{\boldsymbol{\varepsilon}} = \bar{\boldsymbol{\varepsilon}}_0 + z\boldsymbol{\kappa} \tag{6.3.4}$$

式中，$\bar{\boldsymbol{\varepsilon}}_0$ 称为中面应变向量；$\boldsymbol{\kappa}$ 称为中面曲率变化向量。因此，有

$$\bar{\boldsymbol{\sigma}} = \bar{\boldsymbol{Q}}_k \bar{\boldsymbol{\varepsilon}}_0 + \bar{\boldsymbol{Q}}_k \boldsymbol{\kappa} z \tag{6.3.5}$$

引入叠层复合材料截面上单位宽度上的内力 $\boldsymbol{N}$ 和内力矩 $\boldsymbol{M}$，有

$$\boldsymbol{N} = \begin{Bmatrix} N_x \\ N_y \\ N_{xy} \end{Bmatrix} = \sum_{k=1}^{n} \int_{z_{k-1}}^{z_k} \begin{Bmatrix} \sigma_x \\ \sigma_y \\ \tau_{xy} \end{Bmatrix} \mathrm{d}z,\ \boldsymbol{M} = \begin{Bmatrix} M_x \\ M_y \\ M_{xy} \end{Bmatrix} = \sum_{k=1}^{n} \int_{z_{k-1}}^{z_k} \begin{Bmatrix} \sigma_x \\ \sigma_y \\ \tau_{xy} \end{Bmatrix} z\mathrm{d}z \tag{6.3.6}$$

此时可得到叠层复合材料广义内力和广义应变之间的关系，也称为叠层材料的本构关系式

$$\begin{aligned} \boldsymbol{N} &= \boldsymbol{A}\bar{\boldsymbol{\varepsilon}}_0 + \boldsymbol{B}\boldsymbol{\kappa} \\ \boldsymbol{M} &= \boldsymbol{B}\bar{\boldsymbol{\varepsilon}}_0 + \boldsymbol{D}\boldsymbol{\kappa} \end{aligned} \text{ 或 } \begin{Bmatrix} \boldsymbol{N} \\ \boldsymbol{M} \end{Bmatrix} = \begin{bmatrix} \boldsymbol{A} & \boldsymbol{B} \\ \boldsymbol{B} & \boldsymbol{D} \end{bmatrix} \begin{Bmatrix} \bar{\boldsymbol{\varepsilon}}_0 \\ \boldsymbol{\kappa} \end{Bmatrix} \tag{6.3.7}$$

式中，$\boldsymbol{A}$、$\boldsymbol{B}$、$\boldsymbol{D}$ 分别称为叠层材料的拉压刚度矩阵、拉弯耦合刚度矩阵和弯曲刚度矩阵，其表达式可由上述公式推导得出。利用矩阵运算，上式可表示为

$$\begin{Bmatrix} \bar{\boldsymbol{\varepsilon}}^0 \\ \boldsymbol{M} \end{Bmatrix} = \begin{bmatrix} \boldsymbol{a} & \boldsymbol{b} \\ \boldsymbol{c} & \boldsymbol{d} \end{bmatrix} \begin{Bmatrix} \boldsymbol{N} \\ \boldsymbol{\kappa} \end{Bmatrix} \text{ 或 } \begin{Bmatrix} \bar{\boldsymbol{\varepsilon}}_0 \\ \boldsymbol{\kappa} \end{Bmatrix} = \begin{bmatrix} \boldsymbol{a}^* & \boldsymbol{b}^* \\ \boldsymbol{c}^* & \boldsymbol{d}^* \end{bmatrix} \begin{Bmatrix} \boldsymbol{N} \\ \boldsymbol{M} \end{Bmatrix} \tag{6.3.8}$$

式中，$\boldsymbol{a}^*$ 为叠层材料的拉压柔度矩阵；$\boldsymbol{b}^*$ 和 $\boldsymbol{c}^*$ 称为叠层材料的耦合柔度矩阵，$\boldsymbol{b}^*$ 为 $\boldsymbol{c}^*$ 的转置矩阵；$\boldsymbol{d}^*$ 为叠层材料的弯曲柔度矩阵。利用柔度矩阵可表示出各单层复合材料的应力公式为

$$\bar{\boldsymbol{\sigma}} = \bar{\boldsymbol{Q}}(\boldsymbol{a}^* + z\boldsymbol{c}^*)\boldsymbol{N} + \bar{\boldsymbol{Q}}(\boldsymbol{b}^* + z\boldsymbol{d}^*)\boldsymbol{M} \tag{6.3.9}$$

结合前面分析，可看出叠层材料弹性性质的几个特征如下：

➢ 拉弯耦合效应

由于耦合刚度矩阵 $\boldsymbol{B}$ 的存在，内力 $\boldsymbol{N}$ 与曲率变化 $\boldsymbol{\kappa}$ 有关，内力矩 $\boldsymbol{M}$ 与中面应变 $\bar{\boldsymbol{\varepsilon}}_0$ 有关，反之亦然。这种现象统称为拉弯耦合效应。对于单层复合材料，这种现象不存在。

➢ 拉剪耦合效应

对叠层复合材料，拉压力 N_x、N_y 与剪应变 γ_{xy} 有关，反之亦然。同样，弯矩 M_x 和 M_y 与

扭率改变 κ_{xy} 有关。这种现象统称为拉剪耦合效应。

➢ 交叉弹性

由利用柔度矩阵表示的单层复合材料应力方程可知，每层的某个方向的应力不仅与这个方向的内力和内力矩有关，而且与其他方向的内力和内力矩有关。也就是说，一个方向上的内力或内力矩会产生其他方向上的应力，这种现象称为交叉弹性效应。

相似于单层复合材料，也可采用工程弹性系数的形式表示叠层材料的等效工程弹性系数，为

$$E_{x,\mathrm{eq}} = \frac{1}{a_{11}^*},\ E_{y,\mathrm{eq}} = \frac{1}{a_{22}^*},\ G_{xy,\mathrm{eq}} = \frac{1}{a_{66}^*},\ \nu_{xy,\mathrm{eq}} = -\frac{a_{12}^*}{a_{11}^*}$$

式中，数字下标表示柔度矩阵中的对应项。

(3) 复合材料的破坏

在叠层复合材料中，各个单层材料的材料性质、纤维方向、厚度等是各不相同的，因此，各个单层对外应力的抵抗能力是各不相同的。叠层复合材料在一定的外载作用下，一般来说不可能各层同时发生破坏，而应该是各层逐步地被破坏。在外载荷从零逐渐增加过程中，当到达某点 a 时，叠层材料的刚度会突然变小，也即某一个单层材料发生破坏，目前一般把 a 点对应的强度称为“首层破坏”强度；随着外载进一步增加，到达某一点 e 时，整个叠层材料断裂，其对应的强度称为“末层破坏”强度。

在很多实际结构，尤其是发射装置这类对强度要求较高的结构中，一般将首层破坏强度作为复合材料能够承载的极限强度。在给定外载条件下，可利用前述公式计算单层复合材料的应力 $\bar{\boldsymbol{\sigma}}$，并依据单层复合材料的强度准则判断其是否达到破坏条件。

对于单层复合材料，由于仅考虑面内的应力状态，因此其强度准则的一般表达形式可写成

$$F(\sigma_1, \sigma_2, \tau_{12}) = 0 \tag{6.3.10}$$

式中，F 为单层复合材料应力的某种函数形式。

强度准则的定义为：如果单层的各应力分量未达到式（6.3.10）的条件，即上式左边值小于零，则材料能够承载；如果达到或超过式（6.3.10）的条件，即式（6.3.10）左边值等于或大于零，则材料发生破坏。单层复合材料常用的强度准则有最大应力强度准则、最大应变准则、Hill－Tsai强度准则、Hoffman强度准则、Tsai－Wu强度准则等，这里不再一一介绍，读者可查看相关文献。

(4) 叠层复合材料的层间应力与层间强度

对于叠层复合材料，沿 z 向的应力分量称为层间应力。一般来说，层间应力对叠层材料的刚度分析影响不大，但在叠层复合材料的强度分析中，层间强度问题也不容忽视。

由于理论分析的困难，层间应力一般通过数值计算获得，并通过最大剪应力强度准则、最大拉应力强度准则或Hoffman强度准则判断其强度是否会发生层间破坏。

（二）复合材料结构的有限元模型

对于由复合材料构成的结构，其计算模型所采用的平衡关系、几何关系，与前面介绍的结构分析模型几乎完全相同，仅采用的本构关系（即复合材料广义应力与应变关系）与常规的各向同性材料不同。因此，复合材料结构的有限元计算思路和计算方法也与前面的相同，只是需要对其本构关系（材料特性）进行一些特殊处理，以生成满足复合材料特性的刚度方程。

在建立复合材料结构的有限元模型时，除需要依据一般有限元建模过程对结构进行离散外，还需要依据每一单层复合材料铺层的特性进行离散。这样的离散可以使铺层的力学性能、铺层方向、铺层形式直接体现在刚度矩阵中。

在有限元分析软件中，均把增强材料和基体复合在一起，讨论结构的宏观力学行为，因此可以忽略复合材料的多相性导致的微观力学行为，以每一铺层为分析单元。但不同软件描述复合材料铺层特性的方式有所不同，在使用中应结合不同软件的操作要求进行处理。

（三）复合材料结构分析示例

为更好地说明在复合材料结构中有限元方法的应用，利用通用的结构有限元分析软件进行典型算例的分析。

考虑边长 $a=500$ mm 和 $b=500$ mm 的复合材料发射箱盖（平板盖），在计算分析时，可简化为四边固支的矩形板。在贮运过程中，发射箱盖承受的载荷主要为发射箱内的充气压力，可近似为作用在矩阵板上的分布力。矩形所使用的材料为 T300 碳纤维/914 环氧复合材料，铺层方式为 $[(0_2/90_2)_2]_S$，即对称和正交铺层方式，单层厚度为 0. 1 mm，通过试验确定的单层材料的性能数据见表 6. 3. 1。

表 6. 3. 1 单层复合材料的性能数据

材料性能数据	取值
纵向弹性模量 E_1/GPa	125. 0
横向弹性模量 E_2/GPa	8. 0
剪切模量 G_{12}(GPa)/G_{23}(GPa)	5. 0/3. 0
泊松比 ν_{12}/ν_{23}	0. 30/0. 31
密度 $\rho/(\mathrm{kg\cdot m^{-3}})$	1 550

利用软件建立矩形叠层板有限元模型。将矩形板划分为 10 × 10 个四边形单元，如图 6. 3. 14 所示。定义如前所述的固定边界和载荷边界条件，在单元外表面施加力边界条件为均面压力 0. 02 MPa。定义单元类型为复合材料叠层板单元，并赋予单元以叠层复合材料特性。

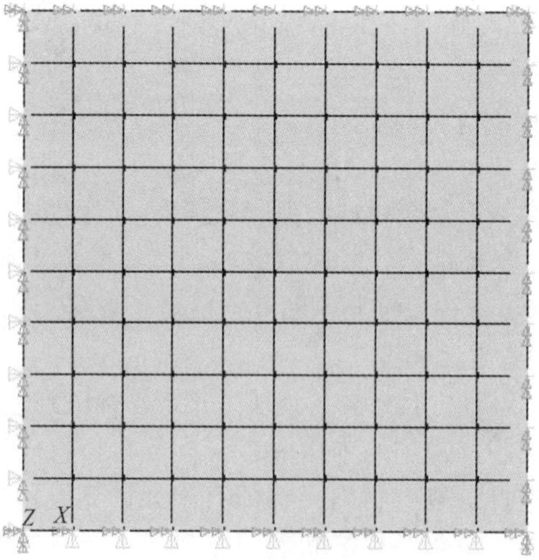

图 6. 3. 14 分析模型示意

计算获得复合材料发射箱盖在充气压力作用下的最大挠度为 5.373 mm，最大等效应力为 124.739 MPa（同样可获得各个坐标方向的应力情况，以利用强度准则进行强度判断），如图 6.3.15 所示。从结果可以看出，平板形式的发射箱盖挠度较大，在实际应用中可采用球面形式的发射箱盖，以减小充压情况下的挠度。

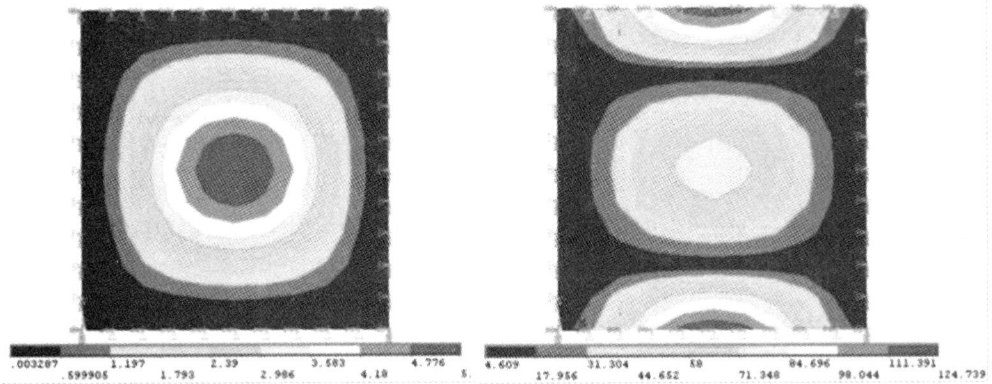

(a)　　　　(b)

图 6.3.15　计算结果云图

(a) 发射箱盖变形云图；(b) 发射箱盖等效应力云图

6.3.3　结构性能拓展分析

发射系统为实现不同类型火箭导弹的贮存、运输和发射，具有多种不同的类型和形式。从发射方式看，有热发射和冷弹射；从载体平台看，有潜载发射、舰面发射、车载发射、机载发射、塔架发射以及地下井发射等，从广义发射角度，还包括天基平台发射及月面发射起飞等。不同的发射类型和发射形式，往往也存在不同类型的结构分析内容。这里结合典型应用，对部分拓展的结构性能分析进行介绍。

（一）变形及断裂损伤特性分析

为满足发射过程的特殊需求，发射系统中往往包含一些通过变形、断裂或破坏来实现其功能的结构部件。例如提拉缸弹射装置里的缓冲制动结构，通常通过薄壁筒塑性大变形来实现提拉缸结构的缓冲制动；易碎式发射箱盖通常通过薄弱环节的断裂破坏，实现发射箱盖的快速开启和脱落分离；多种闭锁结构也通过连接件在外部载荷作用下的断裂或实效，实现快速解锁功能。

这里以薄壁筒缓冲制动结构的力学特性为例，对这类结构分析进行简要介绍。薄壁筒作为一类常用的碰撞吸能结构，在多个领域得到应用，其本质是将碰撞时的动能转化为应变能或其他形式的塑性耗散能。这类结构通常需要具有较小的初始峰值力、较长的冲击行程以及稳定的变形模式等，因此，其典型特征是筒体厚度远小于轴向和径向尺度，并在轴向冲击作用下不会发生明显的径向弯曲变形。图 6.3.16 给出了一些典型的薄壁筒结构形式。在实际应用中，薄壁筒截面形式、壳体厚度分布等均可依据缓冲止动吸能需求进行设计，常用形式包括非均匀厚度锥形筒、梯度缺陷圆筒、侧面开孔薄壁方筒、梯度多胞截面筒、多层嵌套薄壁筒等。

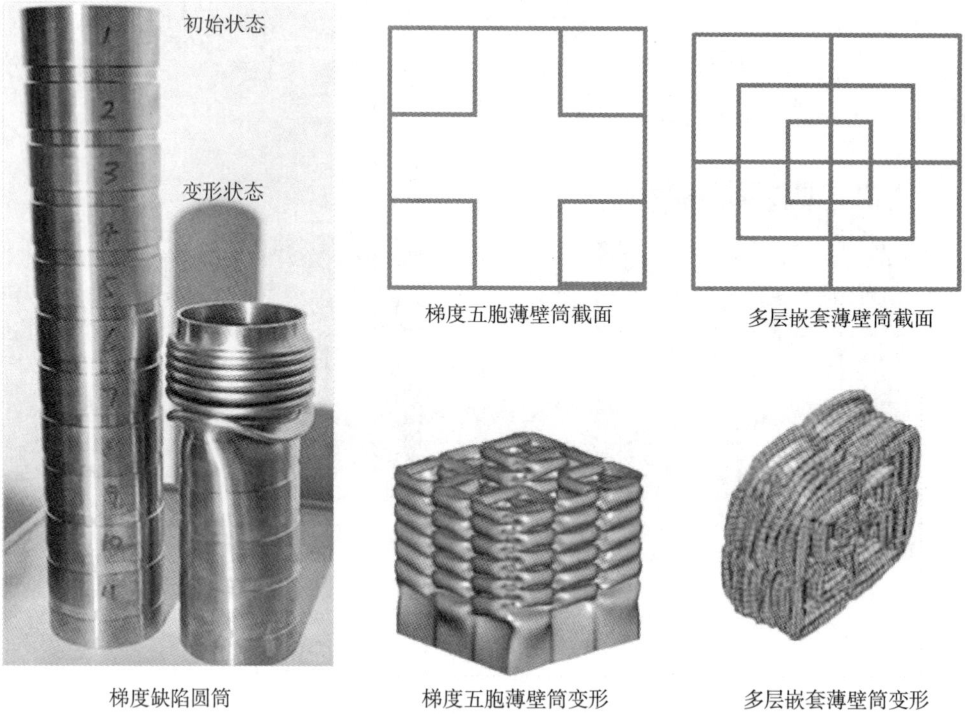

图 6.3.16　薄壁筒缓冲制动结构示例

为获得这类薄壁筒缓冲制动结构的缓冲制动力学性能，除进行实物实验外，通常需要采用非线性有限元方法进行瞬态载荷作用下的响应特性分析。这里以提拉杆弹射装置中常用的非均匀壁厚制动锥为例，对其分析模型及典型响应进行介绍。

（1）非均匀壁厚制动锥计算模型

非均匀壁厚制动锥结构外形及计算网格如图 6.3.17 所示，其两端是厚度为 4 mm 的法兰盘，柱壳长 220 mm，薄壁端外直径为 41 mm，内直径为 40 mm，厚壁端外直径为 42 mm，内直径为 40 mm。考虑到锥形壁厚的非均匀变化，采用实体网格单元进行显示动力学分析。

在计算模型中，固定制动锥下端面，并在上端面施加随时间变化的位移载荷，设置位移量在 0.002 s 内由 0 值增长至 200 mm。结构材料选择为碳钢，设置密度为 7 800 kg/m^3，弹性模量为 207 GPa，泊松比选用 0.3。计算模型采用双线性等向强化塑性模型表示材料的塑性特征，设置屈服应力为 467 MPa，切线模量为 6.1 GPa。

（2）制动锥响应特性

对非均匀壁厚制动锥计算模型进行求解计算，获得上端面位移及载荷曲线，如图 6.3.18 所示。可以看出，非均匀壁厚制动锥在被压缩时，其上端受到的作用力在一定范围内波动变化。在制动锥产生新的大变形褶皱前，位移变化对应的作用力较大；在新褶皱产生过程中，位移变化对应的作用力显著降低。由于制动锥上端壁厚较薄，其变形褶皱呈由上向下发展的趋势。结构变形响应状态如图 6.3.19 所示。

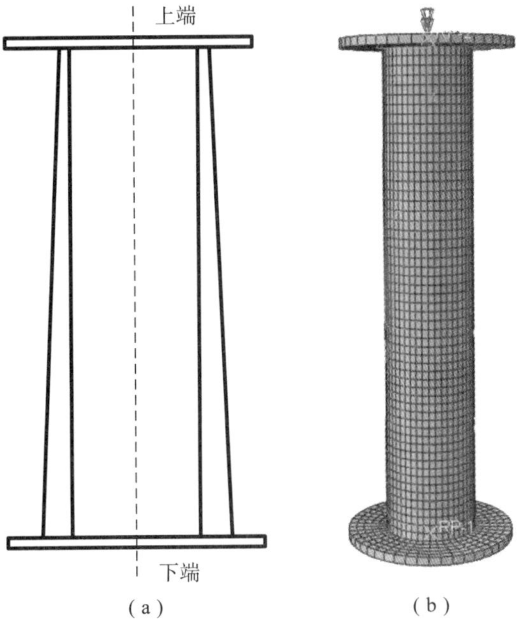

图 6.3.17　非均匀壁厚制动锥计算模型

(a) 结构外形；(b) 计算网格

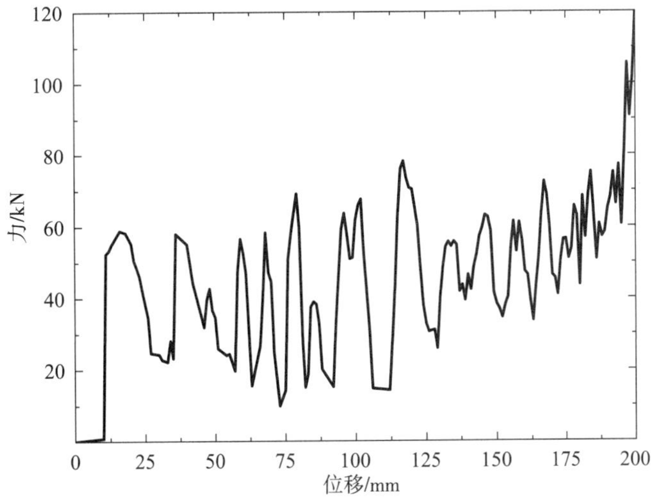

图 6.3.18　制动锥加载过程中的作用力变化

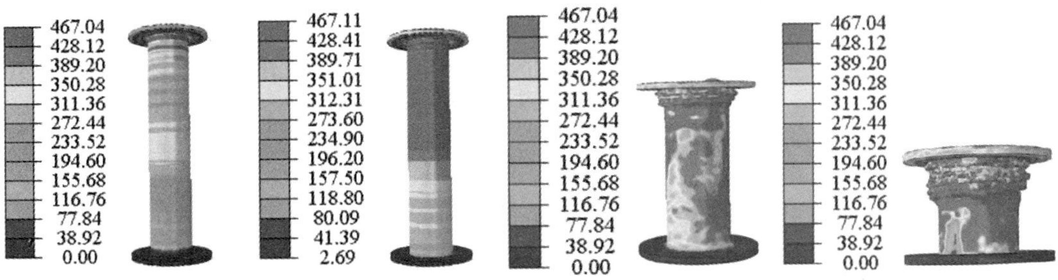

图 6.3.19　制动锥变形状态及等效应力分布（单位：MPa）

（二）长储蠕变性能分析

长储应用性能是发射系统设计分析关注的重要内容之一。长储应用性能通常关注两类：一类是长储蠕变性能，即结构在长期承载条件下的蠕变状态；另一类是长储应用条件下的疲劳和失效状态。前者主要由结构、材料以及载荷状态确定，研究相对较为成熟；后者受瞬态载荷、发射过程燃气流冲刷烧蚀、环境条件、保养维护状态等多种因素共同作用，具有较大散布。这里主要对长储蠕变性能分析方法进行介绍。

对于结构或材料的长储蠕变性能，通常可采用三类方法进行研究：第一类为基于蠕变失效（寿命）的对数回归方法；第二类为基于时温等效原理的方法；第三类为基于蠕变模型的外推方法。

（1）基于蠕变失效的对数回归方法

对于长期受载结构，受蠕变影响，其材料强度逐渐减小，直至破坏或失效。国内外相应标准均指出，对于多数材料，在不同应力水平下，其失效时间与应力呈对数线性关系，如图 6.3.20 所示。

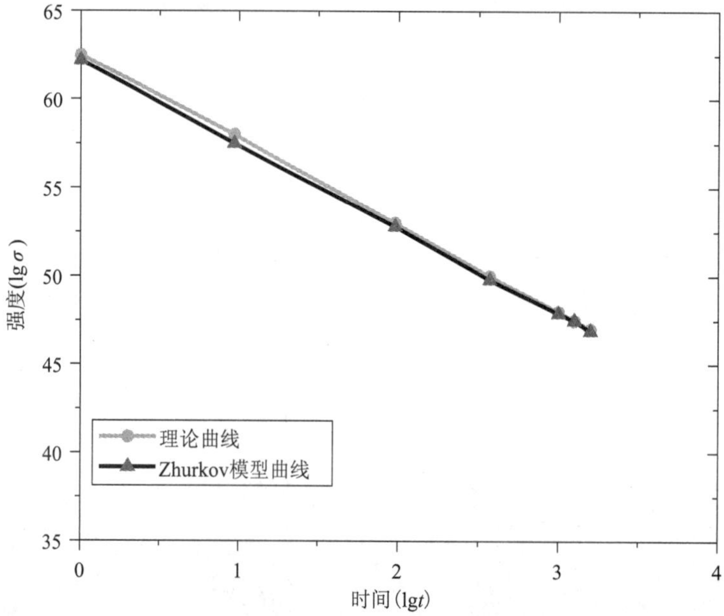

图 6.3.20　失效应力与时间的关系示例

上述关系可表示为 $\lg\sigma = A\lg t + B$，通过不同应力水平的失效实验，可拟合出式中的常数 A 和 B，即可通过该公式进行长储蠕变性能或寿命预估。对于长时储存的变形问题，也可在求得长时储存残留应力基础上进行转换获得。该方法对应的具体研究步骤为：

①确定失效变形量 ε_c，即指定结构失效对应的变形。

②通过加载实验获得失效变形量对应的失效应力 σ_c。

③预估不同时间结构失效对应的载荷（应力 σ），通常选定的时间点为 1 h、30 h、300 h、1 000 h、2 000 h。

④施加相应载荷（应力 σ）进行蠕变失效实验，获得达到失效应力 σ_c 的时间 t_σ。

⑤利用实验获得的 σ 和 t_σ 进行对数回归分析，确定拟合系数。

⑥利用 $\lg\sigma = A\lg t + B$ 进行长时蠕变性能预估。

（2）基于时温等效原理的实验方法

大量研究表明，结构或材料的蠕变主要与应力水平、温度以及时间等因素相关，即 $\varepsilon = \varepsilon(\sigma, T, t)$。材料的蠕变通常满足玻尔兹曼原理和时温等效原理。玻尔兹曼原理描述了在变载荷作用下结构或材料的蠕变叠加原理。时温等效（WLF）原理是进行长时蠕变实验的重要基础，利用该原理，可用多个温度点下的短时蠕变实验获得材料的长时蠕变特性。该原理提出，在材料蠕变与时间或是温度的曲线关系中，在改变时间标尺的情况下，可以通过在热力学温度曲线中找到等效参考点进行表达，即温度与应力水平对材料性能的影响是等效的，该等效关系可表示为

$$E(T_0, t/\alpha_T) = E(T, t) \tag{6.3.11}$$

式中，α_T 为松弛模量-时间曲线的位移因子，通过如下 WLF 方程进行计算

$$\lg\alpha_T = \frac{17.44(T - T_0)}{51.6 + T - T_0} \tag{6.3.12}$$

在时间的对数坐标系下，可直接对不同温度点下实验获得的蠕变曲线进行平移，获得长时蠕变曲线。

该方法的具体操作过程为：

①确定参考温度，即所关注的温度点。

②利用 WLF 方程确定多个等效温度点以及对应的实验时间，保证蠕变曲线的连续。

③开展相同应力水平、不同温度点下的蠕变实验，获得相应的蠕变曲线数据。

④利用 WLF 原理和方程获得长时储存的蠕变曲线，并利用该曲线分析长时储存蠕变特性。

（3）基于蠕变模型的外推方法

结合材料的蠕变特性，从理论分析和大量实验出发，国内外提出了多种蠕变模型，较为常用的模型包括 Norton 模型、Nadai 模型、Findly 模型等。

Norton 模型主要用于描述第二阶段具有常蠕变速率的蠕变过程，表示为

$$\varepsilon = \varepsilon_0' + \upsilon t, \upsilon = B\sigma^n \tag{6.3.13}$$

式中，B 和 n 为通过实验拟合的系数。Nadai 模型和 Findly 模型对应的蠕变速率和蠕变应变分别表示为

➢ Nadia 模型：

$$\upsilon = B\sin\left(a\frac{\sigma}{\sigma_0}\right)$$

➢ Findly 模型：

$$\varepsilon = \sigma K t^n$$

基于蠕变模型的外推方法步骤为：

①依据关注问题确定应力状态和温度状态，进行一定时长的蠕变实验，实验时间应该涵盖蠕变第一阶段和蠕变第二阶段的部分时长。

②结合蠕变实验曲线选择合适的蠕变模型。

③利用实验数据进行蠕变模型的参数拟合。

④利用理论方法或有限元方法进行长时蠕变性能的预估。

结合前面分析，三种方法的特点对比见表 6.3.2。

表 6.3.2　蠕变研究方法对比

参数	蠕变失效方法	时温等效方法	模型外推方法
研究方式	实验为主	实验为主	实验/分析相结合
预估长时蠕变性能	可以	可以	可以
预估寿命	可以	可以	较困难
实验次数	较多	较多	较少
准确程度	较高	较高	存在模型误差
综合	周期、成本较高，可对寿命进行预估	完整的蠕变曲线获得需要较高成本，但可与外推法结合使用	具有较广的适应性，可用于不同状态分析

思　考　题

1. 发射系统结构分析常见载荷有哪些？通常采用什么方式进行表征？

2. 结构优化的基本思路是什么？拓扑优化与参数优化有何区别？

3. 发射系统动态特性分析有哪些关注重点？模态分析、谐响应分析、谱分析、瞬态响应分析有何区别？各种分析的基本思路和流程是什么？

4. 非金属预弯减震结构载荷-位移曲线有哪些特征？这些特征的产生机理及主要影响因素有哪些？

5. 结构蠕变是什么特性？如何通过加速方法进行结构长储性能分析？

减震结构压缩响应计算示例

结构冲击响应计算示例

第7章

CAE在发射动力学分析中的应用

7.1 发射过程动力学响应分析

7.1.1 发射动力学分析流程及模型

发射过程动力学响应是发射动力学关注的主要内容，主要用于考察发射过程中火箭或导弹的初始扰动状态、最小让开距离、发射稳定性、发射装置承受载荷及响应特性等。由于发射过程动力学响应涉及发射载体、发射箱以及弹体结构的整体动力学特性，有时也把发射过程动力学响应称为发射系统整体动力学响应。本节主要围绕发射过程动力学响应，介绍采用多体动力学方法进行求解计算的流程和模型。

（一）发射动力学分析流程

在利用多体系统动力学方法进行发射动力学分析时，一般先结合研究问题类型和关注目标进行分析，确定模型的拓扑结构，包括构件、约束以及自由度等。针对不同对象或研究目标，模型复杂程度往往具有很大差异。如在进行弹-架系统振动特性的简单估算时，可采用单自由度系统模型或二自由度系统模型；在进行弹体发射初始扰动或姿态的分析时，往往需要采用七自由度系统模型、八自由度系统模型或更高自由度的复杂模型。

在确定分析模型拓扑结构的基础上，需要依据实际结构特征进行适当简化，并建立相应的构件（物体）和铰（约束）的连接模型。在集中参数模型（多刚体模型）中，往往采用离散的元件描述结构的质量、刚度、阻尼等复杂特性。这些元件包括只计弹性的弹性元件（弹簧、弹性梁、弹性轴段等）、只计惯性的惯性元件（集中质量、刚体、圆盘等）、只计阻尼的阻尼元件（阻尼器）等。确定这些元件的具体参数，是获得可靠结果的前提，对于一些简单结构，这些参数可采用材料力学或结构力学的公式得到，复杂结构多用测量方法确定。

在建立多体模型基础上，可结合发射装置的计算状态确定不同情况下的激励条件，并通过合适的方法施加到计算模型中。针对不同的激励情况，可开展不同状态下的发射动力学分析，以获得发射装置以及弹体的动力学响应，为设计和优化提供依据。

基于多体系统动力学的发射动力学建模分析过程如图7.1.1所示。

（二）发射动力学模型结构

由于弹-架系统的结构非常复杂，涉及的部件数量庞大，直接建立整个系统的模型极为困难。所以，不论是哪类模型，均需要结合实际系统特点进行简化并建立计算模型。在对弹-架系统进行简化时，需要注意以下几个要点：

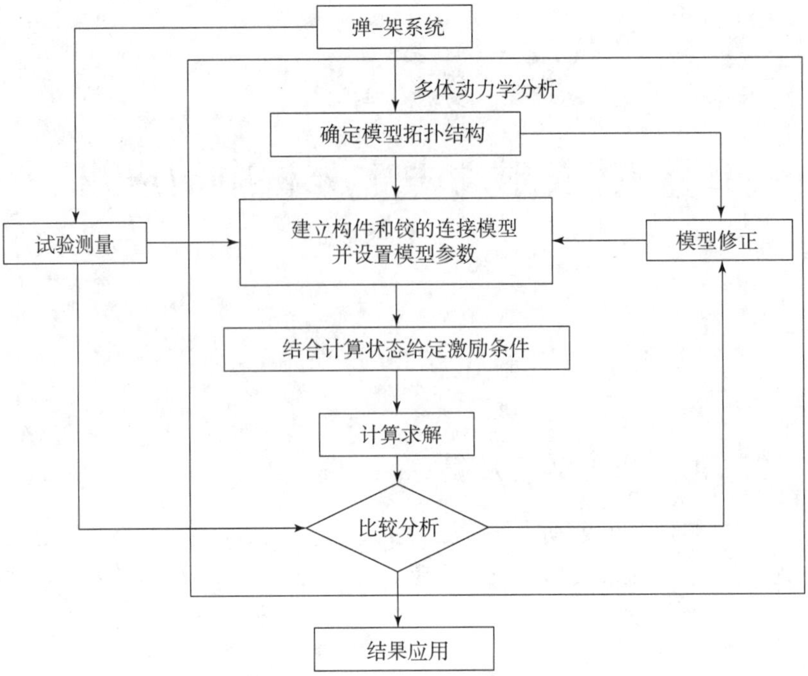

图 7.1.1　基于多体系统动力学的发射动力学分析过程示意

（1）将结构的动态特性参数离散化，或简化它们的分布规律

结构的质量、刚度、阻尼是描述系统的动态特性参数，它们一般是连续分布的，分布规律也较复杂。建立模型时，往往将其离散化，即认为结构是由有限个离散元件组成的。这些元件是：只计弹性的弹性元件（弹簧、弹性梁、弹性轴段等）；只计惯性的惯性元件（集中质量、刚体、圆盘等）；只计阻尼的阻尼元件（阻尼器）。

（2）简化结构动态特性参数的性质

结构的刚度系统、阻尼系统及质量，分别把作用在结构上的力与位移、力与速度及力与加速度联系起来，建立模型时，往往将其关系简化为线性关系。即认为弹性力与位移一次方成正比、阻尼力与速度一次方成正比、惯性力与相对于惯性坐标系的加速度一次方成正比。

（3）忽略次要因素

影响系统动力学响应的因素很多，各因素作用的大小各不相同，要建立相当全面的模型来体现结构的动力学特性往往使模型复杂化，难以获得可供分析的计算结果。所以应抓住主要因素，忽略次要因素，使问题得到简化。

针对不同分析目标，可以建立具有不同自由度的动力学模型。一般来讲，自由度较多的模型包含了更多的结构细节，更能够逼近真实结构的动力学响应过程。但自由度的增加，使得模型复杂程度大大增加，计算量和处理难度也相应增加。因此，在实际应用中需要结合分析的研究对象和分析目的，选择合适的模型自由度。下面列出一些简单的动力学模型，供读者参考。

（1）单自由度系统模型

单自由度系统模型是采用理论方法研究弹－架耦合振动常用的一种模型形式。该模型将发射系统的定向结构视为一无质量的弹性梁，一端固定，中间有一支承结构，移动弹体质量简化为一个等效的集中质量 $M_c(t)$，位于梁的前端，数值随时间变化。等效激振力 $F(t)$ 作用于质点上，作用位置不变，大小随时间变化。这个力与发射过程作用在定向器上的移动载荷等效。

这种模型将激励力和质量都移动的载动力学系统简化为位置不变、数值变化的时变系统。这是一种最简单的模型，能简单而有效地研究系统的一阶振动，计算动力系数。

（2）二自由度系统模型

如果要研究发射时弹体在射击平面内的振动、弹体对定向结构的动载荷，以及发射装置对地面的支反力等，可以采用二自由度系统模型。这个模型将系统分为发射装置和弹体两部分。发射装置是一个刚体，支于固定轴 O 处，可绕此轴转动；扭簧与发射装置的弹性（包括地面支持的弹性）等效，它使刚体保持平衡状态；弹体也为一刚体，通过定向钮刚性支于发射装置上，允许相对移动而无跳动，如图 7.1.2（a）所示。在很多情况下，也可用线性弹簧阻尼器代替扭簧，如图 7.1.2（b）所示。

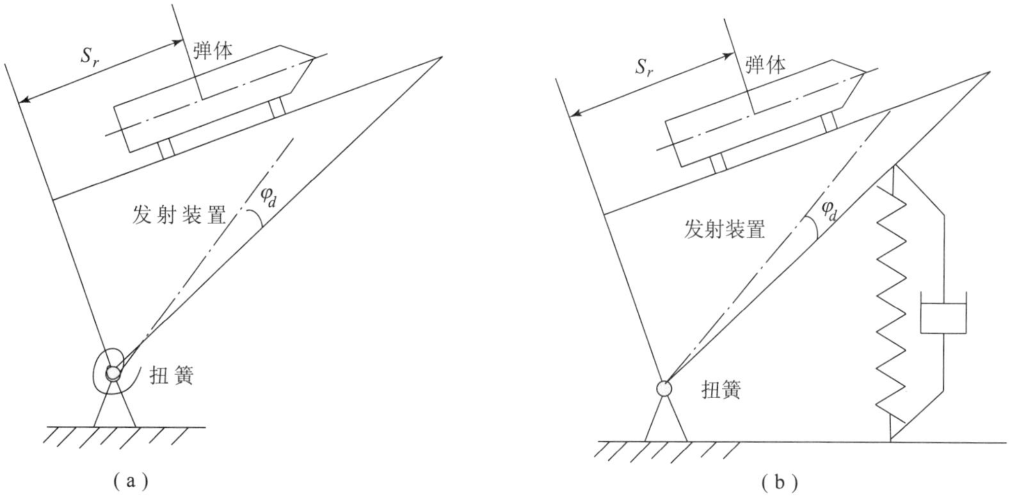

图 7.1.2　二自由度系统模型示意

这种模型用一个角位移来描述发射装置的运动，既简单，又能反映时变系统的特点。许多更多自由度的模型都是在这个基础上扩展的。

（3）三自由度系统模型

三自由度模型一般有三个刚体，经常划分为代替回转部分及基座的刚体 1、模拟定向器的刚体 2 以及在定向器上运动的弹体，如图 7.1.3 所示。

刚体 1 支于固定轴 O_1 及弹性支承上，可绕 O_1 点转动。弹簧 K_3 和 K_3' 模拟结构及地面支承处的弹性。刚体 2 在 O_2 点与刚体 1 相连，可绕此点做定轴转动。弹簧 K_2 为定向器及其连接的弹性等效。弹体刚性支于导轨上，允许相对移动而无跳动。

同前面两种模型一样，这种模型只在平面内考虑问题，未考虑发射装置的滚转。

（4）四自由度系统模型

当发射装置采用前面的模型，并考虑弹体垂直于定向器轴向的跳弹现象时，则构成了

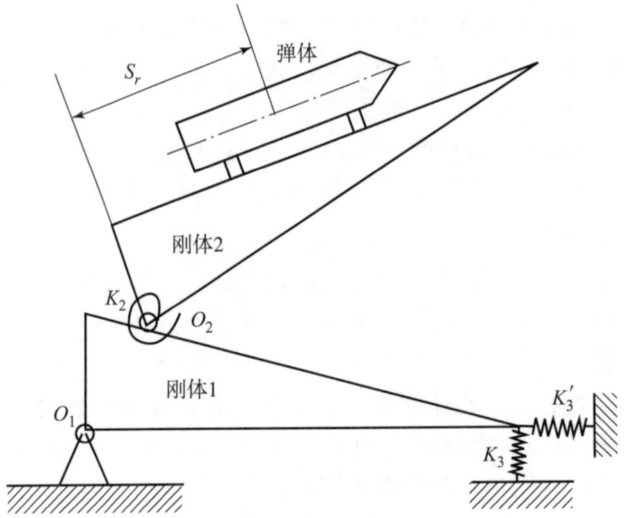

图 7.1.3　三自由度系统模型示意

弹 – 架系统的四自由度模型。

（5）五自由度模型

当弹体采用三自由度模型，发射装置采用二自由度模型时，可构成研究跳弹问题的五自由度模型。

当发射装置的运载体为履带车时，可将弹 – 架系统简化为车体、定向器及弹体三个刚体。车体具有质心的垂直位移、水平位移及绕质心的转动；定向器可绕车体上的固定轴转动；弹体支于定向器上，可沿定向器滑动而不跳动。

（6）六自由度系统模型

当弹 – 架系统由弹体、定向器和车体三个刚体组成，并考虑车体在三维情况下的转动自由度时，则构成六自由度模型，如图 7.1.4 所示。

模型中车体支于地面 O_1 处，可绕过该点的三个相互垂直的轴微幅振动；定向器通过 O_2 轴与车体相连，可绕该轴转动；弹体刚性支于定向器上，能在定向器上移动，并绕纵轴转动。

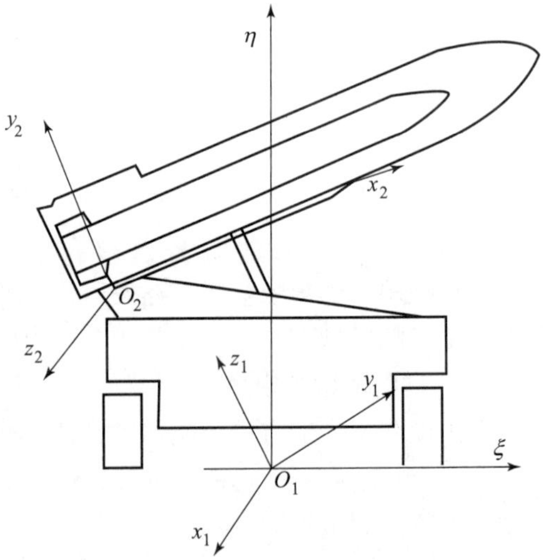

图 7.1.4　六自由度系统模型示意

上面介绍的均为一些简化的发射动力学多体模型，在多体系统动力学广泛应用之前，这些模型和其他的一些简化模型是发射动力学研究的主要模型对象，在为工程设计提供参考和依据的同时，为揭示发射动力学的特征提供了理论基础。在多体系统动力学得到广泛应用的今天，发射动力学多体系统模型涉及的刚体或柔性体的数量大大增加，系统自由度也越来越大，但构件的划分、自由度的选取，都与上述模型具有类似的处理原则和处理方法。

（三）结构模型参数

多体动力学模型一般由构件（物体）、铰（约束）、力元和激励等元素组成。弹－架系统简化为由构件、约束和力元构成的多体系统动力学模型后，相应的物理参数包括惯量（质量、转动惯量）、刚度（线刚度、角刚度）和阻尼，这些参数是进行发射动力学分析时必需的系统输入。一般来讲，惯量参数应与实际结构参数相符；刚度和阻尼参数应与原结构的弹性和阻尼特性等效。

（1）构件模型与连接关系

在多体动力学模型中，构件可以采用刚体模型，也可以采用柔性体模型（下文介绍）或由多个弹性件连接的集中质量模型。

刚体模型一般用于在激励作用下变形较小或变形过程对动力学响应影响不大的构件，其变形响应一般通过其他独立的弹性元件（弹簧）或阻尼元件来描述，如前面介绍的简化模型均将构件视为刚体，并通过独立的弹性元件来提供系统平衡内力。

当结构变形较大或变形过程对动力学响应影响较大时，可将构件处理为柔性体。当计算模型中包含柔性体时，从理论上来说，模型具有无限多自由度，但受单元离散影响，其自由度是有限的；在实际使用中，经常采用其低阶模态坐标进行处理，自由度大大降低，因此不能简单地描述其自由度数。但为方便介绍，下文提到含柔性体的构件时，也简单地认为其自由度数量与刚体的类似，即忽略柔性体变形对自由度的影响。

利用多个弹性件连接的集中质量模型是一种能够描述构件变形的简化方法。例如，在描述弹体变形时，采用完整的有限元模型，结构复杂，计算量大，通常将弹体为成几段，各段看成是由弹性体连接的集中质量，如图 7.1.5 所示。

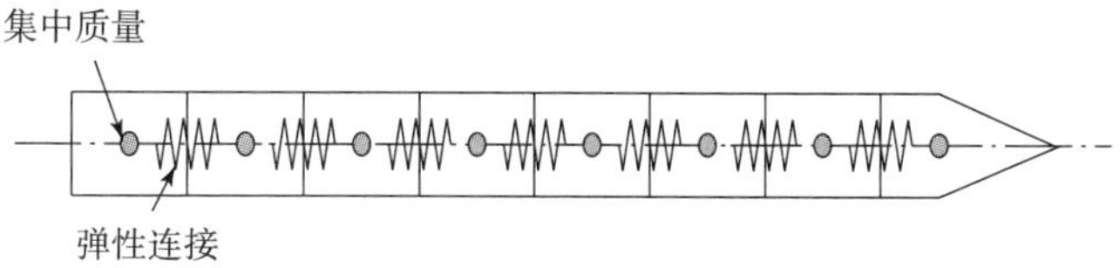

图 7.1.5　利用弹性元件连接的集中质量弹体模型

构件间的连接方式一般包含约束和力元两种，约束主要限制构件间的相对运动，而力元提供构件在自由度方向上平衡或运动的内部作用力。在计算模型确定的情况下，约束形式也相应确定，而构件间的各种力元参数需要采用其他方法来确定。

（2）惯量参数的确定

随着 CAD 的广泛应用，结构惯量参数确定变得简单易行。在大多数商业 CAD 软件中，给实体模型赋予密度参数，即可得到结构的质量、质心以及转动惯量等参数。

当然，惯量参数也可通过试验方法确定。对于质量来讲，一般可采用称重方法解决；而对于转动惯量，通常可采用复摆法或主振动频率法。由于可采用 CAD 模型直接确定惯量参数，这里对这些试验方法不做详细介绍。

（3）阻尼系数的确定

系统的阻尼包含黏滞阻尼、弹性材料的内阻尼以及摩擦阻尼等，目前尚缺少公认的理论计算方法。一般来讲，系统的阻尼与系统振动的衰减系数直接相关，阻尼是基本参数，而衰减系数是一导出量。阻尼通常是在一定的假设条件下通过衰减系数来测量的。

对于发射动力学模型指定的自由度方向上，可简化为单自由度振动系统，求出其衰减系数，进而确定该方向对应的阻尼系数。常用的方法包括自由振动衰减法、半功率点法、共振法等。而对于实际的多自由度系统，其阻尼测量不易进行，一般采用模态参数识别方法测试。这里仅对自由振动衰减法进行介绍。

对于一个有阻尼的单自由度系统，其自由振动可表示为

$$m\ddot{x}(t)+c\dot{x}(t)+kx(t)=0 \text{ 或 } \ddot{x}(t)+2\xi\omega_n\dot{x}(t)+\omega_n^2x(t)=0 \tag{7.1.1}$$

式中，m 为质量；c 为阻尼系数；k 为刚度系数；$\xi=\dfrac{c}{2m\omega_n}$，为阻尼因子；$\omega_n$ 为固有频率。

自由振动方程的解可表示为

$$x(t)=Ae^{-\xi\omega_n t}\sin(\omega_d t+\varphi) \tag{7.1.2}$$

可以看出，响应 $x(t)$ 的衰减呈指数衰减规律，对于衰减曲线上任意两点 t_1、t_2，其振动应有 $\dfrac{x(t_2)}{x(t_1)}=e^{\xi\omega_n\Delta t}$，$\Delta t=t_2-t_1$，两边取自然对数，有

$$\delta=\ln\frac{x(t_2)}{x(t_1)}=\xi\omega_n\Delta t \tag{7.1.3}$$

当 Δt 取周期 T_d 时，则 δ 为周期对数衰减率。由 $\omega_n=\dfrac{\omega_d}{\sqrt{1-\xi^2}}=\dfrac{2\pi}{T_d\sqrt{1-\xi^2}}$，有

$$\xi=\frac{\delta}{\sqrt{4\pi^2+\delta^2}}\approx\frac{\delta}{2\pi} \tag{7.1.4}$$

根据以上分析，只要给予待测系统一个激励，使系统做自由振动，记录下振动衰减时间历程，即可确定衰减率，进而确定阻尼系数。

需要注意的是，自由振动法一般只用来测量一阶固有振型的衰减系数。若测量高阶振动，需要用带通滤波器阻断其他各阶自由振动信号，但还须具备下述两个条件：一是激振能激出高阶振型；二是确知要测量的某阶固有频率。

(4) 等效刚度的确定

使系统某点沿指定方向产生单位位移（或角位移）时，在该点同一方向所加的力，称为系统在该点指定方向的刚度。基于这一定义，简单结构可用材料力学和结构力学的公式计算得到。但对于发射装置这一类复杂结构，多用测量方法确定，即测量已知外载荷作用下的变形。

利用前述自由振动方法，同样可以确定单自由度系统的刚度系数。在自由振动模型中，给系统附加一小质量 Δm 后，其固有频率有一变化量 $\Delta\omega$，即 $\omega_{n1}=\omega_n+\Delta\omega$，$m_1=m+\Delta m$，因而有

$$(\omega_n+\Delta\omega)^2=K/(m+\Delta m) \tag{7.1.5}$$

式中，K 为系统刚度。将上式展开并略去 Δm 和 $\Delta\omega$ 的二阶以上小量，得

$$K=\frac{\omega_n^2\omega_{n1}^2\Delta m}{\omega_n^2-\omega_{n1}^2} \tag{7.1.6}$$

由于式中约去了高阶小量，因此 Δm 不能太大，一般要求 $\Delta m/m<0.05$。在测量过程中，利用自由振动法测出原系统固有频率 ω_n，然后在系统上附加一个已知微小质量 Δm，再

用同样方法则出系统的固有频率 ω_{n1}，即可求得原系统的刚度系数。

在发射动力学分析中，已经总结出一套完整的通过模型参数识别建立动力学模型的方法，一般用于前述自由度较小的简化模型分析，这里不再详述，感兴趣的读者可参阅发射动力学的相关专著。

（四）发射动力学常见激励

发射过程中，作用在弹－架系统上的载荷和激励包含发动机推力、燃气冲击、机构响应激励、风载荷、推力偏心、质量偏心、导轨不平直诱发激励等多种形式。在动力学分析时，往往将这些激励分为三类，并依据分析目的和考察内容采用不同的方式施加到系统中。第一类为确定性载荷，如发动机推力、燃气作用载荷、机构响应激励等，通常依据其时变曲线或等效值直接施加即可；第二类为散布激励，包括风载荷、推力偏心、弹体质量偏心等，这类载荷具有较明确的散布范围，但无法确定具体的状态值，通常采用极值法或随机散布方法进行施加；第三类为随机激励载荷，如导轨不平直诱发激励，通常采用概率密度函数、相关函数或功率谱密度函数描述激励状态，并施加在计算模型上。

（1）发动机推力或弹射力

发动机推力或弹射力是火箭导弹的发射动力，是产生发射动力学响应的主要载荷。发射推力或弹射力在发射阶段通常呈时变状态，依据时变状态直接施加在力的作用位置和作用对象上即可。当推力或弹射力的时变状态无法给定时，也可利用载荷的等效均值进行简化分析。

（2）燃气冲击

燃气冲击力主要指热发射过程中燃气射流对发射系统的作用力和力矩，通常通过实验测量或仿真计算获得。由于燃气流动的复杂状态，燃气冲击具有显著的瞬态特征和分布特性，往往需要将其转换为时变等效力和力矩的形式施加在作用对象上。

（3）机构响应激励

发射过程中的机构响应激励主要指弹体闭锁力和插拔机构作用力。这两种力都是弹体运动瞬间的短时作用力。可采用如下两种方式处理：

其一是引入一个单位阶跃函数 $f(t,t_0)$ 来描述力的短时作用特点。令

$$f(t,t_0)=\begin{cases}1, & t\leqslant t_0\\0, & t>t_0\end{cases}\tag{7.1.7}$$

式中，t 为从发动机点火的时间；t_0 是弹开始运动的时间；如果令 Q 表示作用力的大小，则 $Qf(t,t_0)$ 就表达了力的瞬时作用效果。

其二，由于弹的启动时间很短，短时力的实质是一个冲击载荷。它的冲量给系统一个初速度，但系统来不及产生初位移。因此，可事先算出这类短时力引起的系统的初速度，作为分析弹－架系统运动的初始条件。

机构响应激励的作用力 Q 可通过实验获得，也可通过后文介绍的典型机构响应特性的动力学分析获得。值得注意的是，在有些情况下，机构响应激励作用力会对发射初始扰动产生较大影响。

（4）风载荷

风载荷是一种随机散布载荷，由于风向和风力的不确定性，往往采用最大横风和指定风向方式进行风载荷的施加。风载荷对发射系统和弹体均会产生作用，作用于发射系统的风载

荷通常采用均值进行施加，作用于弹体的风载荷需要结合弹体离筒/箱的迎风截面进行施加。

（5）推力偏心与质量偏心

推力偏心与质量偏心同样属于随机散布载荷，可以采用最大散布状态施加，也可采用随机散布处理。前者指结合推力偏心和质量偏心的范围，依据最大散布值和作用象限进行施加；后者采用随机函数生成带散布的质心位置和推力状态，通过大量仿真计算获得偏心状态对发射动力学特性的影响。

（6）导轨不平直诱发激励

在多体系统动力学分析中，多数情况下将导轨处理为平直导轨，此时弹体相对运动引起的惯性载荷表现为弹体与导轨间的相互作用力，一般不需要进行特殊处理。

由于制造、安装和使用上的原因，发射导轨的导向面实际上不可能是完全平直的。例如，导轨加工时，表面有波纹度；装配时，紧固件作用的力不平均使表面不平；使用时，受热不均使导轨弯曲等。尽管这个弯曲度是微小的，但在弹体运动时，会产生垂直于导轨方向的相对运动和相对转动，进而影响弹－架系统动力学响应。对导轨较长，弹体滑离速度较大的系统，这种影响不能忽略；对短导轨发射装置，可以不考虑导轨不平度的影响。

导轨表面形状一般是不规则的，不平度的函数规律及数值范围是随机的，要用统计的方法获得统计特性。在实际设计时，往往对加工和装配后的产品规定一个允许的最大不平度，并认为轨面形状是确定性函数，如余弦函数、圆弧或代数多项式，最大值不超过允许的不平度。在考虑导轨不平直的影响时，可采用三种方式进行处理，其中，前两种方式针对确定不平轨面，后一种方式针对随机不平轨面。

➢ 模型中引入导轨表面曲线

这种方式在建立导轨构件模型时确定导轨表面函数，并将其代入运动方程中进行分析计算。在软件应用中，只需要在构建导轨模型时依据导轨表面函数建立导轨表面即可。

➢ 附加惯性力与力矩

这种方式先求出由于导轨不平直引起的相对惯性力与力矩，然后用此力作为激励作用于系统之上进行分析计算。

如果定义 x 为导轨方向，y 为垂直于导轨平面的方向，$f(x)$ 为不平轨面函数，则轨面不平引起的弹体横向（y 向）过载系数可表示为

$$\begin{aligned} n_y = & -\frac{\dot{x}_R}{gl_0}[l_2 f''(x_R + l_1) + l_1 f''(x_R - l_2)] \\ & -\frac{\ddot{x}_R}{gl_0}[l_2 f'(x_R + l_1) + l_1 f'(x_R - l_2)] \end{aligned} \tag{7.1.8}$$

式中，x_R 为弹体质心坐标；l_0 为弹体前后定向钮距离；l_1 为后定向钮到弹体质心距离；l_2 为前定向钮到弹体质心距离；$'$表示对 x 求导数。

轨道不平引起的惯性力矩可表示为

$$\begin{aligned} M_R = & \frac{J_R}{l_0}\dot{x}_R[f''(x_R + l_1) - f''(x_R - l_2)] + \\ & \frac{J_R}{l_0}\ddot{x}_R[f'(x_R + l_1) - f'(x_R - l_2)] \end{aligned} \tag{7.1.9}$$

式中，J_R 为弹体绕 z 轴的转动惯量。

➢ 随机不平轨面模型

当考虑轨面形状的随机变化时，可利用空间功率谱密度描述轨面不平特性，有

$$S_q(\Omega) = a|\Omega|e^{b|\Omega|} + c \tag{7.1.10}$$

式中，Ω 为空间频率，表示每米长轨面某谐量出现的次数，单位为 1/m；a、b、c 为常数，由导轨轨面测量数据确定。

设 $y = f(x)$ 为轨面不平的函数，当它是随机量时，可利用功率谱等效的方法来确定一个准随机函数，以代替轨面不平的函数。

把 $S_q(\Omega)$ 曲线下的面积沿 Ω 等分为 $(2n+1)$ 个微面积。设每一等分段宽为 $\Delta\Omega$，并且相对纵轴是对称的，如图 7.1.6 所示。令第 i 段的中心频率为 Ω_i，相应的面积为 $\Delta\Omega S_q(\Omega_i)$。

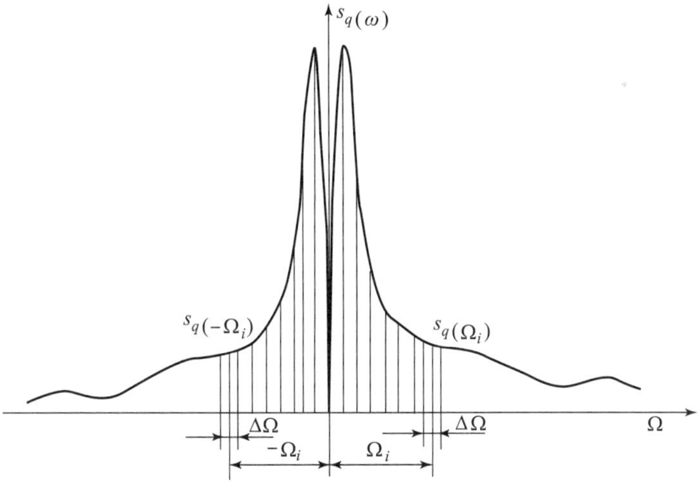

图 7.1.6 等效功率谱

设准随机函数为一系列谐波函数 $A_i\sin(2\pi\Omega_i)$ 的叠加，谐波函数的功率谱密度函数为

$$\frac{1}{4}A_i^2\delta(\Omega - \Omega_i) + \frac{1}{4}A_i^2\delta(\Omega + \Omega_i) \tag{7.1.11}$$

式中，$\delta(\Omega)$ 为狄拉克函数。

如果使得 $\frac{1}{4}A_i^2 = \Delta\Omega S_q(\Omega_i)$，就可认为图示的功率谱为谐波 $A_i\sin(2\pi\Omega_i)$ 的谱值，因此有

$$A_i = 2\sqrt{\Delta\Omega S_q(\Omega_i)} \tag{7.1.12}$$

在 $\Omega = 0$ 处的微面积可等效为某一常量 A_0 的均方值，采用同样方式可得到

$$A_0 = \sqrt{2\Delta\Omega S_q(\Omega_0)} \tag{7.1.13}$$

准随机函数则为

$$\begin{aligned} f(x) &= A_0 + \sum_{i=1}^{n} A_i\sin(2\pi\Omega_i x) \\ &= \sqrt{2\Delta\Omega S_q(0)} + 2\sqrt{\Delta\Omega}\sum_{i=1}^{n}\sqrt{S_q(i\Delta\Omega)}\sin(2\pi i\Delta\Omega x) \end{aligned} \tag{7.1.14}$$

因此，在知道 $S_q(\Omega)$ 后，即可利用此式获得其准随机样本函数。它实际上是一系列确定性谐波函数的叠加。$f(x)$ 随 $\Delta\Omega$ 大小而变，$\Delta\Omega$ 取得越小，这种等效越准确。将准随机函数代入横向过载和惯性力矩的计算式，即可获得任一时刻的横向过载 n_y 和惯性力矩 M_R。

7.1.2 发射系统刚柔耦合模型

在发射装置的多体动力学分析中，经常碰到一些部件变形对动力学响应有重要影响的情况，如导弹发射过程中车架、转台等变形对发射装置动力学响应的影响等。针对这类多体系统动力学问题，经常将变形较小的部件简化为刚体，但对变形较大，或变形过程对动力学响应有重要影响的部件处理为可变形的柔性体。例如，有时发射过程中尽管回转台变形较小，但回转台的变形会对发射箱的姿态角产生较大影响，进而影响弹体离轨姿态，此时就需要将回转台结构处理为柔性体模型。这类既包含刚体又包含柔性变形体的多体系统动力学模型，称为刚柔耦合动力学模型。为深入认识这类模型，这里先阐述其数学表示方法和模型方程，再对其在 CAE 软件应用中的处理方式进行介绍。

（一）结构变形的表示方法

依据描述柔性体运动和变形的参考坐标系，可将柔性体建模方法分为三类：浮动坐标系方法、随动坐标系方法和惯性坐标系方法。浮动坐标系方法是将多刚体动力学与结构动力学结合的一种方法，这种方法使多刚体动力学建模处理方式应用于柔性多体系统成为可能。这可以充分利用模态技术，对于小变形和低速的大范围运动情况，有较佳的计算效率和精度，是目前柔性多体系统建模使用最为广泛的方法。随转坐标系方法源于计算结构动力学，惯性坐标系方法源于大变形非线性有限元。目前多数 CAE 软件中用到的方法为浮动坐标系方法，而且该方法在处理发射装置设计中的刚柔耦合模型时具有较好的效果，这里只针对这种方法进行简单介绍。

（1）柔性变形体的坐标

发射系统中柔性变形体的坐标系如图 7.1.7 所示，包括惯性坐标系 e 和动坐标系 e'。前者不随时间而变化，后者建立在柔性体上，用于描述柔性体的运动。动坐标系可以相对惯性坐标系进行有限的移动和转动。

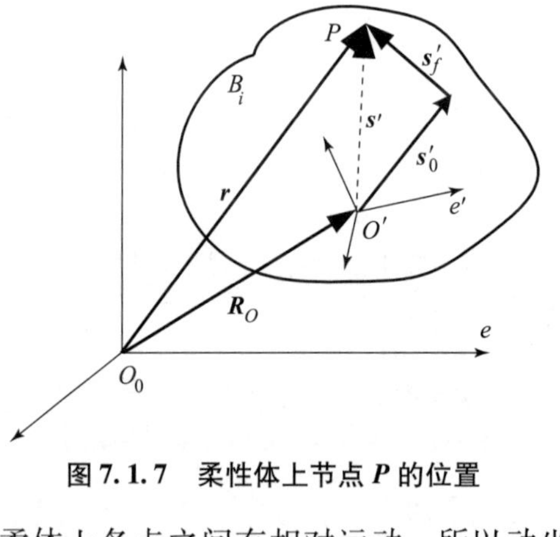

图 7.1.7　柔性体上节点 *P* 的位置

与刚体不同，柔性体是变形体，体内各点的相对位置时时刻刻都在变化，只靠动坐标系不能准确描述该柔性体在惯性坐标系中的位置，因此，引入弹性坐标来描述柔性体上各点相对动坐标系统的变形。这样柔性体上任一点的运动就是动坐标系的“刚性”运动与弹性变形的合成运动。由于柔体上各点之间有相对运动，所以动坐标系的选择不是采用随体坐标系，而需要采用随着柔性体形变而变化的坐标系，即浮动坐标系。

（2）柔性体上任意点的位置矢量

在分析刚体运动的时候，把复杂的刚体运动分解为几种简单的运动。对柔性体的运动，尤其是在小变形的情况下，也可以采用类似的方法。如某柔性体从位置 L_1 运动到位置 L_2，

其间运动可以分解为：刚性移动→刚性转动→变形运动。对于柔性体上任意一点 P，其位置矢量为

$$\boldsymbol{r} = \boldsymbol{R}_O + \boldsymbol{A}(\boldsymbol{s}'_0 + \boldsymbol{s}'_f) \tag{7.1.15}$$

式中，$\boldsymbol{r}$ 为 P 点在惯性坐标系中的矢量；$\boldsymbol{R}_O$ 为浮动坐标系原点在惯性坐标系中的矢量；$\boldsymbol{A}$ 为方向余弦矩阵；$\boldsymbol{s}'_0$ 为柔性体未变形时 P 点在浮动坐标系中的矢量；$\boldsymbol{s}'_f$ 为相对变形矢量。

如果柔性体的变形始终处于弹性范围内，可以采用模态坐标来描述相对变形矢量 $\boldsymbol{s}'_f$，即

$$\boldsymbol{s}'_f = \boldsymbol{\Phi}\boldsymbol{q}_f \tag{7.1.16}$$

式中，$\boldsymbol{\Phi} = [\boldsymbol{\Phi}_1 \quad \boldsymbol{\Phi}_2 \quad \cdots \quad \boldsymbol{\Phi}_n]$，为满足里兹基矢量要求的假设变形模态矩阵；$\boldsymbol{q}_f = [q_{f_1} \quad q_{f_2} \quad \cdots \quad q_{f_n}]$，为变形的广义模态坐标。

如果参考多刚体的广义坐标形式，以 $\boldsymbol{R}_O = [x \quad y \quad z]^{\mathrm{T}}$ 表示浮动坐标系的坐标矢量，以欧拉角 $\boldsymbol{\Theta} = [\varphi \quad \theta \quad \varphi]^{\mathrm{T}}$ 描述浮动坐标系变形前姿态，以 $\boldsymbol{q}_f$ 描述结构变形矢量，柔性体的广义坐标可以表示为

$$\boldsymbol{q} = [x \quad y \quad z \quad \varphi \quad \theta \quad \phi \quad q_{f_i}(i = 1,\cdots,n)]^{\mathrm{T}} = [\boldsymbol{R}_O \quad \boldsymbol{\Theta} \quad \boldsymbol{q}_f]^{\mathrm{T}} \tag{7.1.17}$$

（3）柔性体上任一点的速度和加速度

柔性体上任一点的速度可以对式（7.1.15）求对时间的一阶导数，得到

$$\dot{\boldsymbol{r}} = \dot{\boldsymbol{R}}_O + \dot{\boldsymbol{A}}(\boldsymbol{s}'_0 + \boldsymbol{s}'_f) + \boldsymbol{A}\boldsymbol{\Phi}\dot{\boldsymbol{q}}_f \tag{7.1.18}$$

写成关于广义坐标的矩阵形式，有

$$\dot{\boldsymbol{r}} = [\boldsymbol{I} \quad -\boldsymbol{A}\tilde{\boldsymbol{s}}' \quad \boldsymbol{A}\boldsymbol{\Phi}]\begin{bmatrix}\dot{\boldsymbol{R}}_O\\ \dot{\boldsymbol{\Theta}}\\ \dot{\boldsymbol{q}}_f\end{bmatrix} = \boldsymbol{B}\dot{\boldsymbol{q}} \tag{7.1.19}$$

对式（7.1.19）对时间求导，得柔性体上任一点的加速度表达式为

$$\ddot{\boldsymbol{r}} = \ddot{\boldsymbol{R}}_O + \ddot{\boldsymbol{A}}(\boldsymbol{s}'_0 + \boldsymbol{s}'_f) + 2\dot{\boldsymbol{A}}\boldsymbol{\Phi}\dot{\boldsymbol{q}}_f + \boldsymbol{A}\boldsymbol{\Phi}\ddot{\boldsymbol{q}}_f \tag{7.1.20}$$

上式也可写成以欧拉角姿态坐标表示的矩阵形式，即

$$\ddot{\boldsymbol{r}} = \boldsymbol{B}\ddot{\boldsymbol{q}} + \boldsymbol{a}_v \tag{7.1.21}$$

$$\boldsymbol{a}_v = -\boldsymbol{A}\,\tilde{\boldsymbol{s}}'\dot{\boldsymbol{G}}'\dot{\boldsymbol{\Theta}} + \boldsymbol{A}\,\tilde{\boldsymbol{\omega}}'\tilde{\boldsymbol{\omega}}'\boldsymbol{s}' + 2\boldsymbol{A}\,\tilde{\boldsymbol{\omega}}'\boldsymbol{\Phi}\dot{\boldsymbol{q}}_f \tag{7.1.22}$$

如果物体为刚体，则模态坐标项均取零，上述式子退化为刚体运动学分析中的式子。在考虑柔性体变形时，柔性体的 $\boldsymbol{s}'$ 已经不是常数，它随体的弹性位移而改变。

（二）刚柔耦合动力学方程

与多刚体系统的建模思路类似，可以依据组装的约束方程建立刚柔耦合模型的运动学方程，并利用拉格朗日方程建立其动力学方程。为方便推导和运算，在含柔性体的模型中大多采用基于能量的拉格朗日方程获得动力学方程。

（1）约束方程与运动学分析

柔性体与柔性体之间、柔性体与刚性体之间的约束方程推导思路与多刚体系统是一样的，若体 i 和体 j 由铰连接在一起，定义两个单位矢量，分别固接在两个物体上，以及连接铰的矢量 $\boldsymbol{h}_{ij}$，约束方程利用上述矢量之间的运动关系描述。

含柔性体的约束方程具有两点特别之处：一是铰点在随体坐标系中的位置不再是常数，它将随体的变形而改变；二是定义在体上的单位矢量 $\boldsymbol{\alpha}_i$ 和 $\boldsymbol{\alpha}_j$ 相对于随体坐标系的方向也不再是固定的，它们也将随着体的变形而变化。为了描述这些弹性变形的影响，一般在铰点处

建立坐标系，以铰坐标系的平动和转动来描述由于体的变形所导致的变化。

类似于刚体约束方程的处理方法，体铰间矢量 $\boldsymbol{h}_{ij}$ 可表示为

$$\boldsymbol{h}_{ij} = \boldsymbol{R}_O^i + \boldsymbol{A}^i(\boldsymbol{s}_0'^i + \boldsymbol{\Phi}^i\boldsymbol{q}_f^i) - \boldsymbol{R}_O^j - \boldsymbol{A}^j(\boldsymbol{s}_0'^j + \boldsymbol{\Phi}^j\boldsymbol{q}_f^j) \tag{7.1.23}$$

式中，上标 i 和 j 分别表示体 i 和体 j。利用 $\boldsymbol{h}_{ij}$ 可以获得相对位移的铰约束方程。

对于描述体相对转动的约束方程，可利用固接在铰坐标系上的单位矢量 $\boldsymbol{\alpha}_i$ 和 $\boldsymbol{\alpha}_j$ 来描述。对于矢量 $\boldsymbol{\alpha}_i$ 和 $\boldsymbol{\alpha}_j$ 垂直的约束形式，其位置约束方程、速度约束方程和加速度约束方程同样可以写为如下形式

$$\boldsymbol{C} = \boldsymbol{\alpha}_i^{\mathrm{T}}\boldsymbol{\alpha}_j \tag{7.1.24}$$

$$\dot{\boldsymbol{C}} = \boldsymbol{\alpha}_j^{\mathrm{T}}\boldsymbol{D}_i\dot{\boldsymbol{q}}_i + \boldsymbol{\alpha}_i^{\mathrm{T}}\boldsymbol{D}_j\dot{\boldsymbol{q}}_j = 0 \tag{7.1.25}$$

$$\ddot{\boldsymbol{C}} = \boldsymbol{\alpha}_j^{\mathrm{T}}\boldsymbol{D}_i\ddot{\boldsymbol{q}}_i + \boldsymbol{\alpha}_i^{\mathrm{T}}\boldsymbol{D}_j\ddot{\boldsymbol{q}}_j + \tilde{\boldsymbol{\omega}}_i\tilde{\boldsymbol{\omega}}_i\boldsymbol{\alpha}_i + \tilde{\boldsymbol{\omega}}_j\tilde{\boldsymbol{\omega}}_j\boldsymbol{\alpha}_j + 2\dot{\boldsymbol{\alpha}}_j^{\mathrm{T}}\dot{\boldsymbol{\alpha}}_i = 0 \tag{7.1.26}$$

式中，$\dot{\boldsymbol{q}}_i$、$\ddot{\boldsymbol{q}}_i$ 和 $\boldsymbol{D}_i$ 的具体表达式依据柔性体广义坐标和模态形式确定，这里不一一列出。

(2) 动力学模型

在结构动力学中，通常结合变形体质点的动能和变形能来构建质点动力学方程，为方便推导，这里采用基于能量形式的拉格朗日方程来建立动力学模型。

在刚柔耦合系统中，系统能量主要包括系统动能 T 和系统势能 W（一般指重力势能和弹性势能）。如果引入拉格朗日函数 $L = T - W$，可利用下列拉格朗日动力学方程获得柔性体动力学方程

$$\frac{\mathrm{d}}{\mathrm{d}t}\left(\frac{\partial L}{\partial \dot{\boldsymbol{q}}}\right) - \frac{\partial L}{\partial \boldsymbol{q}} + \boldsymbol{C}_q^{\mathrm{T}}\boldsymbol{\lambda} - \boldsymbol{Q} = 0 \tag{7.1.27}$$

如果考虑由于阻尼作用引起的能量损失，引入能量耗散函数 Γ，可将上式改写为

$$\frac{\mathrm{d}}{\mathrm{d}t}\left(\frac{\partial L}{\partial \dot{\boldsymbol{q}}}\right) - \frac{\partial L}{\partial \boldsymbol{q}} + \frac{\partial \Gamma}{\partial \dot{\boldsymbol{q}}} + \boldsymbol{C}_q^{\mathrm{T}}\boldsymbol{\lambda} - \boldsymbol{Q} = 0 \tag{7.1.28}$$

(3) 柔性体的动能

柔性体的动能可通过体内各微小体元内的动能积分获得，表示为

$$T = \frac{1}{2}\int_V \rho \boldsymbol{u}^{\mathrm{T}}\boldsymbol{u}\,\mathrm{d}V \approx \frac{1}{2}\sum_p m_p\boldsymbol{u}_p^{\mathrm{T}}\boldsymbol{u}_p + \boldsymbol{\omega}_p^{\mathrm{T}}\boldsymbol{I}_p\boldsymbol{\omega}_p = \frac{1}{2}\dot{\boldsymbol{q}}^{\mathrm{T}}\boldsymbol{M}(\boldsymbol{q})\dot{\boldsymbol{q}} \tag{7.1.29}$$

式中，$\boldsymbol{M}(\boldsymbol{q})$ 为质量矩阵。由于质量矩阵与模态坐标显式相关，质量矩阵中的一些数据需要通过有限元模型获得，这里不对其进行介绍，感兴趣的读者可参考相关文献。

(4) 柔性体的势能

势能一般分为重力势能和弹性势能两个部分，可表示为

$$W = W_g(\boldsymbol{q}) + \frac{1}{2}\boldsymbol{q}^{\mathrm{T}}\boldsymbol{K}\boldsymbol{q} \tag{7.1.30}$$

式中，$\boldsymbol{K}$ 是对应于模态坐标 $\boldsymbol{q}_f$ 的结构部件的广义刚度矩阵，通常为常量；W_g 为重力势能，表示为

$$W_g = \int_W \rho \boldsymbol{r}\cdot\boldsymbol{g}\,\mathrm{d}W = \int_W \rho[\boldsymbol{R}_O + \boldsymbol{A}(\boldsymbol{s}_0' + \boldsymbol{\Phi}\boldsymbol{q}_f)]^{\mathrm{T}}\cdot\boldsymbol{g}\,\mathrm{d}W \tag{7.1.31}$$

式中，$\boldsymbol{g}$ 表示重力加速度矢量；重力 f_g 表示为

$$f_g = \frac{\partial W_g}{\partial \boldsymbol{q}} \tag{7.1.32}$$

(5) 能量损耗函数

考虑到阻尼力依赖于广义模态速度，因此一般采用瑞利能量损耗函数，表示为

$$\Gamma = \frac{1}{2}\dot{\boldsymbol{q}}_f^{\mathrm{T}}\boldsymbol{D}\dot{\boldsymbol{q}}_f \tag{7.1.33}$$

式中，$\boldsymbol{D}$ 为阻尼矩阵，包含阻尼系数 d_{ij}，它是常值对称阵。

将求得的 T、W 和 Γ 代入拉格朗日方程，可将含柔性体的多体动力学模型表示为

$$\boldsymbol{M}\ddot{\boldsymbol{q}} + \dot{\boldsymbol{M}}\dot{\boldsymbol{q}} - \frac{1}{2}\left(\frac{\partial \boldsymbol{M}}{\partial \boldsymbol{q}}\dot{\boldsymbol{q}}\right)^{\mathrm{T}}\dot{q} + \boldsymbol{K}\boldsymbol{q} + f_g + \boldsymbol{D}\dot{\boldsymbol{q}} + \boldsymbol{C}_q^{\mathrm{T}}\boldsymbol{\lambda} = \boldsymbol{Q} \tag{7.1.34}$$

（三）刚柔耦合模型的 CAE 应用

刚柔耦合多体动力学模型的建模思路和操作与多刚体模型类似，只是其中部分结构采用可变形的柔性体。对于柔性体结构，通常采用有限元方法通过模态分析方法创建，并在多体动力学计算软件中调用。

（1）柔性体的创建

可变形柔性体通常采用有限元模态分析创建，即先进行结构模型的创建，进而通过单元设置和网格划分获得有限元模型，再通过求解计算获得包含指定阶次的模态中性文件。

值得关注的是，柔性体创建过程中，需要指定外部节点。在进行模态计算时，外部节点是默认约束位置，获得的模态属于约束模态。在进行刚柔耦合建模时，外部节点是柔性体与其他结构的约束位置，也是施加外部载荷的位置。换言之，在进行刚柔耦合建模时，不能直接对有限元建模划分的单元和节点进行操作，只能通过外部节点进行建立结构间的连接关系。此外，还可通过外部节点与模型节点间的关联，起到传递载荷避免柔性体局部变形的作用。图 7.1.8 给出了通过外部节点进行端面载荷传递的模型示例。在该模型中，外部节点 N_1 与结构端面上的所有节点通过梁单元连接，作用在外部节点上的载荷能够有效地分布在端面节点上，避免出现局部应力集中或局部变形状态。外部节点与端面节点之间的梁单元通常具有较大的刚度和较小的质量，避免对实际结构的模态产生影响。

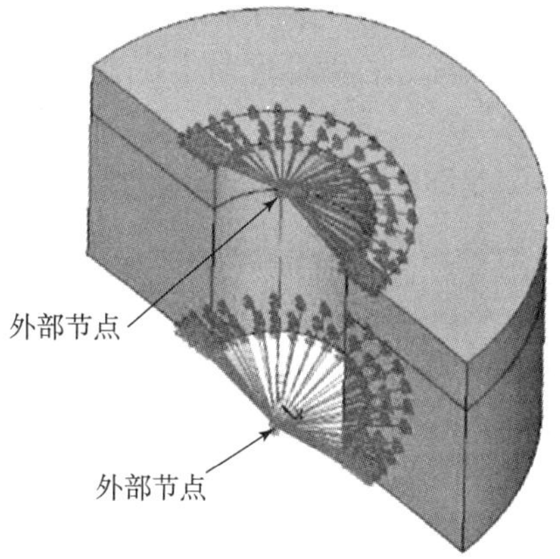

图 7.1.8　外部节点与结构节点的连接示意

（2）柔性体的连接与模态设置

通过有限元方法获得柔性体结构的模态中性文件后，在多体动力学模型中导入模态中性文件后，即可进行柔性体的设置和操作。

如前所述，柔性体与其他结构间的连接位置、作用在柔性体上的载荷等只能通过外部节点进行施加，因此，在建模时，需要规划好外部节点的数量和位置，在导入柔性体后，在外部节点位置施加约束或载荷即可。

刚柔耦合模型求解计算前，通常还需要对柔性体的模态进行检查和设置。模态检查主要是查看模态频率和振型是否合理，模态设置主要是激活参与计算的模态振型（模态坐标）。对于导入的模态中性文件，其前 6 阶模态通常为刚性运动模态，一般不能够将其激活参与计算；对于多数结构，通常只需指定频率相对较低的振型参与计算即可。

7.1.3 发射动力学分析实例

针对实际发射系统进行发射动力学仿真分析时，涉及的结构部件多，连接参数多，影响动力学响应的因素多，在进行仿真方案设计时，就需要对多种参数和状态有深入的考察和了解。为更深入地了解发射动力学分析的思路，这里分别从多管火箭发射系统阻尼特性和双联装发射装置动力学响应的影响因素考察出发进行实例介绍。

（一）多管火箭炮发射状态下的阻尼特性分析

多管火箭发射时，在定向管约束期间火箭弹运动质量激励作用、弹体与定向管碰撞接触作用力以及发动机喷出的燃气射流冲击等共同作用下，定向管管口产生显著的振动响应，并对齐射扰动产生显著影响。相关研究表明，多管火箭发射时，起落架与回转体间约束副的摩擦效应、起竖油缸阻尼和结构的材料阻尼等影响系统阻尼特性，其中，发射装置的俯仰特性主要通过起竖油缸和回转体与起落架间的约束副共同实现，则发射系统的阻尼主要是由起落架与回转体间约束副的摩擦阻尼和起竖油缸阻尼串联，再与结构的材料阻尼并联构成的，等效阻尼为 $C=\dfrac{C_1C_2}{C_1+C_2}+C_3$，其中，$C_1$、$C_2$ 分别为起竖油缸阻尼、约束副摩擦阻尼，C_3 代表与回转体一体固定的发射车结构的材料阻尼。随着 C_1、C_2 或 C_3 增大，系统阻尼增大。由阻尼分类知，起竖油缸阻尼和摩擦阻尼属结构阻尼，材料阻尼为物体内部阻尼，与结构阻尼相比，材料阻尼相对较小，因此 C_3 对总阻尼的贡献小，可以忽略不计，则等效阻尼可近似为 $C\approx\dfrac{C_1C_2}{C_1+C_2}$。

为进一步考察多管火箭炮的阻尼特性，这里采用数值计算方法，对发射过程中系统阻尼特性进行考察分析。

（1）计算分析模型

火箭弹脱离定向管管口后，振动响应的衰减速率主要由系统阻尼特性决定，进而决定多管火箭的射序和射击间隔，多管火箭炮发射装置结构比较复杂，为研究发射装置的阻尼特性，在建立动力学模型时，必须对其进行适当的简化。根据火箭炮系统各部件间运动关系，将该系统简化为与回转体一体固定的发射车、起落架、定向管、前/中/后三组定向钮及火箭弹五个部分。系统的物理模型如图 7.1.9 所示。

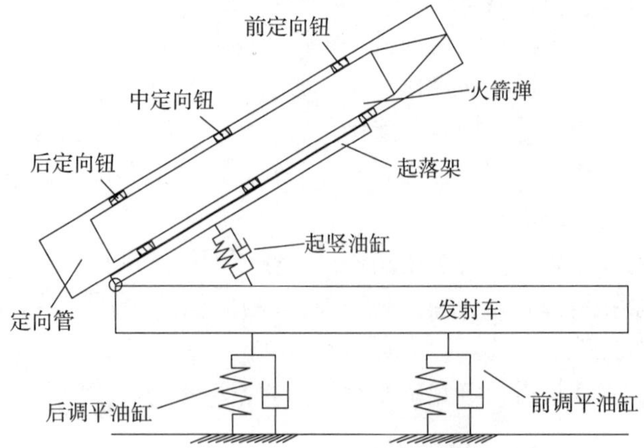

图 7.1.9 多管火箭发射装置模型

为考察多刚体动力学模型和刚柔耦合模型对应的阻尼差异，分别建立两类多体系统模型，其拓扑结构如图 7.1.10 所示。

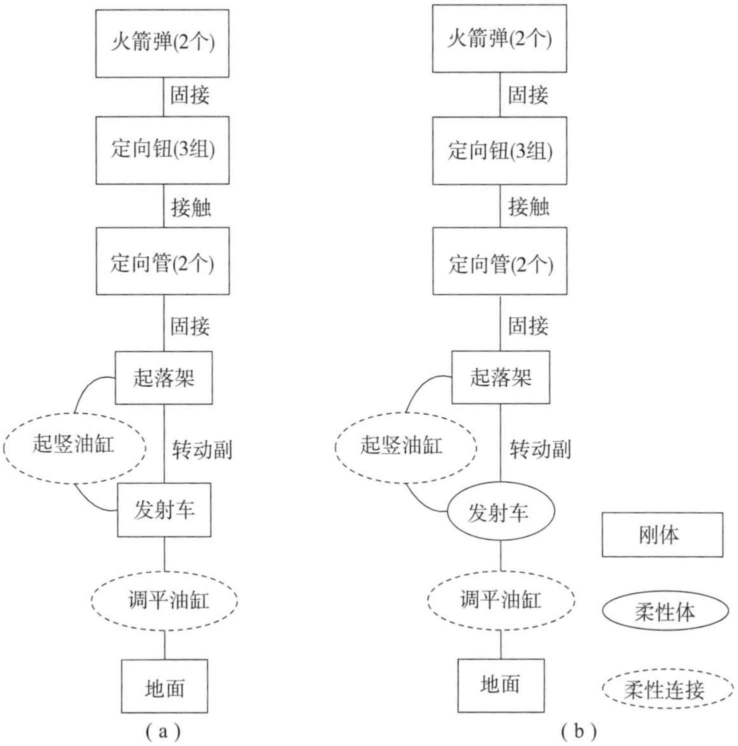

图 7.1.10　多刚体模型（a）与刚柔耦合模型（b）的拓扑结构

油缸柔性连接利用弹簧阻尼器来模拟，起竖油缸的刚度系数为 20 kN/mm，调平油缸的刚度和阻尼系数分别为 25 kN/mm 和 50 N・s/mm。定向钮与定向管间的接触力采用基于碰撞函数的接触算法获得，其主要参数设置见表 7.1.1。在不考虑推力偏心、质量偏心和燃气流作用等情况下，在常推力载荷激励下，就单发火箭弹发射时定向管管口的垂向位移振动响应进行分析，以基于对数衰减率法获得的阻尼比来表征系统阻尼特性。

表 7.1.1　接触主要参数

刚度系数/($kN \cdot mm^{-1}$)	阻尼系数/($N \cdot s \cdot mm^{-1}$)	幂指数	静摩擦系数	动摩擦系数
2.21	100	1.9	0.3	0.2

（2）典型计算结果

对多刚体动力学模型进行仿真计算，得到对应于不同起竖油缸阻尼系数、回转体与起落架间约束副摩擦系数和柔性体模态阻尼比的定向管管口垂向位移振荡曲线，如图 7.1.11 所示。从结果可以看出，约束期火箭弹受定向管约束时，随着火箭弹向前移动，定向管管口先下沉至最大下沉量后逐渐回弹，至火箭弹滑离定向管后，外部激励为零，此后发射装置进入自由振动响应阶段，并且响应幅值在自身阻尼特性作用下最终趋于收敛，但由于发射装置总重量的降低，发射装置无法再回复到原状态。

图 7.1.11（a）还描述了在回转体与起落架间理想转动副的约束下，起竖油缸阻尼系数在 20 ~ 200 N · s/mm 变化时多刚体模型管口垂向位移振荡曲线。可以看出，起竖油缸阻尼系数增大，定向管管口垂向位移幅值减小，响应周期变化小，并且随着时间的增加，幅值下降速度加快。以振荡曲线中火箭弹离筒后出现的第三个最大正向峰值 A5 为例进行分析，阻尼系数增加 4 倍，幅值减小 31.34%。

图 7.1.11（b）给出了在起竖油缸阻尼为零的前提下，约束副静摩擦系数分别为 0.1、0.15、0.3、0.5、0.6，相对应的动摩擦系数为 0.05、0.1、0.2、0.3、0.4 时，多刚体模型下管口垂向位移振荡曲线。可以看出，静摩擦系数增大，定向管管口垂向位移幅值减小，并且随着时间的增加，幅值减小速度加快。同样地，以静摩擦系数分别为 0.1 和 0.5 时曲线中的 A5 为例，摩擦系数增加 4 倍，幅值减小 66.67%。从图中还可以看出，系统响应周期变化较小，这主要是由于阻尼对系统的影响较小，自由振动响应周期主要受固有频率的影响。

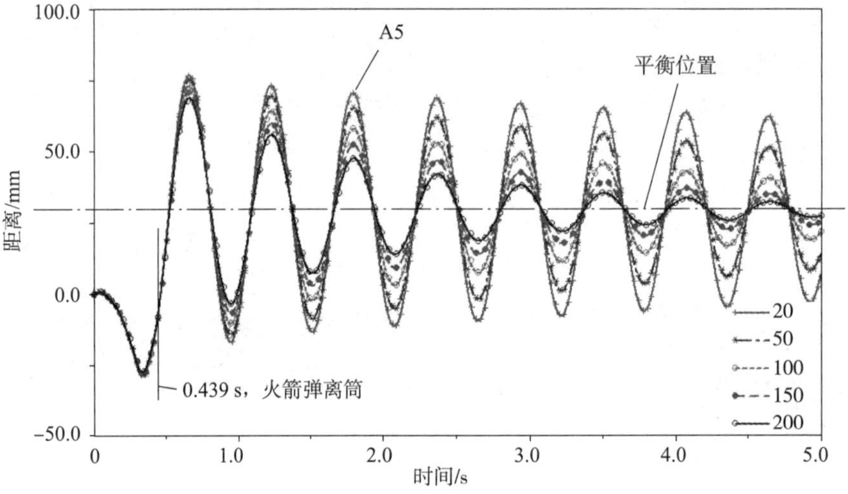

（a）

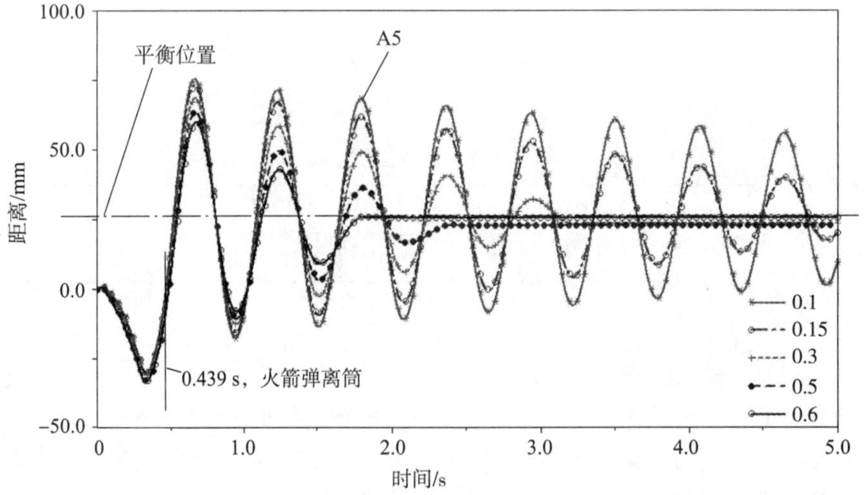

（b）

图 7.1.11　多刚体模型定向管管口垂向位移曲线

（a）不同起竖油缸阻尼；（b）不同约束副摩擦系数

图7.1.12描述了多刚体模型下，起竖油缸阻尼系数分别为0、20 N·s/mm、100 N·s/mm时，静摩擦系数从0到0.6变化时相应的阻尼比。从图中可以看出，阻尼比随着起竖油缸阻尼系数或静摩擦系数的增大而增大，摩擦阻尼为0时，起竖油缸阻尼系数增加4倍，阻尼比增加2.60倍；起竖油缸阻尼为0时，静摩擦系数增加4倍（0.1～0.5），阻尼比增加4.89倍。由以上分析可知，随着起竖油缸阻尼系数或起落架与回转体间约束副静摩擦系数的增大，则定向管管口垂向位移振荡衰减加速，系统阻尼比增大，并且约束副摩擦阻尼对阻尼比的影响较起竖油缸阻尼大，与理论分析相一致。

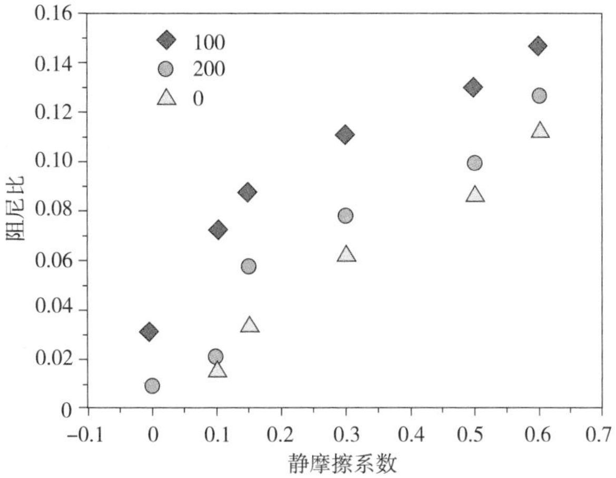

图7.1.12　基于多刚体模型的阻尼比

图7.1.13描述了在起竖油缸阻尼系数为100 N·s/mm和理想约束副的前提下，基于多刚体模型与刚柔耦合模型的定向管管口垂向位移响应曲线。可以看出，柔性体的加入使得定向管管口垂向位移幅值增加。同样以A5为例，与多刚体模型相对比，加入柔性体的模型的定向管管口垂向位移幅值增加57.32%，并且刚柔耦合模型的系统振动响应明显滞后于多刚体模型，这主要是由柔性体的弹性变形造成的。

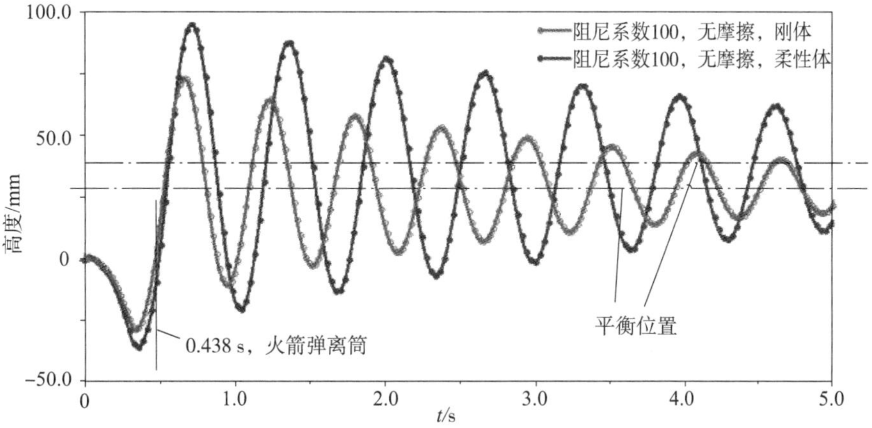

图7.1.13　多刚体模型与刚柔耦合模型的管口垂向位移曲线

图7.1.14给出了不计约束副摩擦阻尼和起竖油缸阻尼时，柔性体模态阻尼比为0、

0.02、0.04（默认）、0.08 和 0.1 时的定向管管口垂向位移响应曲线。从图中可以看出，不同模态阻尼比下的位移响应衰减均较小，并且响应周期不变，以 A5 为例，模态阻尼比增加 4 倍（0.02～0.1）时，幅值减小 2.15%。由于模态阻尼比是物体材料阻尼的一种表征形式，故柔性体材料阻尼的变化对系统振动响应幅值和周期影响小，与理论分析相符。

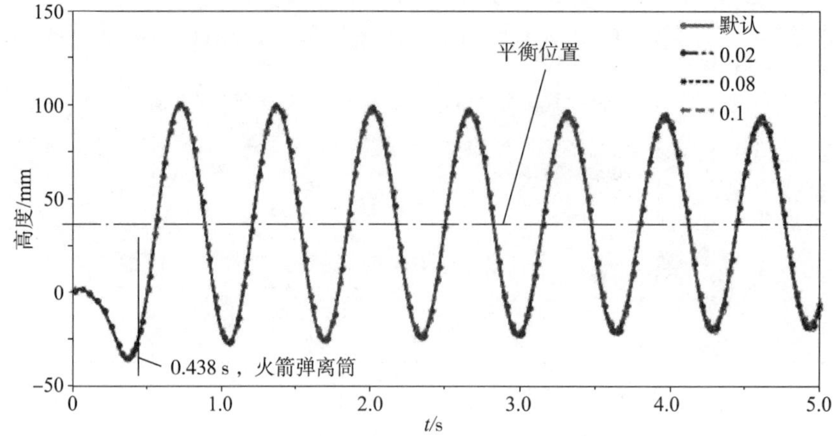

图 7.1.14　不同柔性体模态阻尼比下的管口垂向位移曲线

图 7.1.15 描述了起竖油缸阻尼系数分别为 20 N·s/mm、100 N·s/mm 时，静摩擦系数从 0 变化至 0.6 时基于多刚体模型与刚柔耦合模型的阻尼比值。其中，柔性体模态阻尼比设为 ADAMS 默认值。从图中可知，在同一起竖油缸阻尼和约束副摩擦系数条件下，加入柔性体的动力学模型比多刚体模型的阻尼比小，这主要归因于柔性体的弹性变形。由仿真结果知，起竖油缸阻尼系数为 100 N·s/mm，静摩擦系数为 0.15 时，刚柔耦合模型的系统阻尼比为 0.051，多刚体模型的系统阻尼比为 0.087。

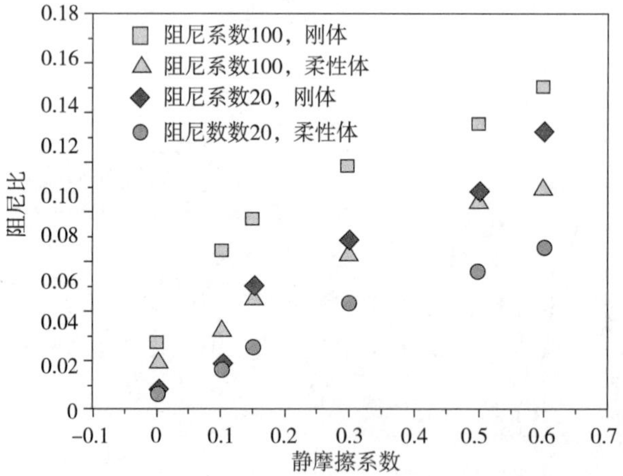

图 7.1.15　多刚体模型与刚柔耦合模型的阻尼比

数值结果表明，结构的材料阻尼对系统的阻尼特性影响较小，而起竖油缸阻尼、起落架与回转体间约束副摩擦效应及柔体的弹性变形影响较大，并且约束副摩擦阻尼对阻尼比的影响较起竖油缸阻尼大，验证了理论分析的可靠性，并明确了系统振动响应的影响因素。

（二）车载倾斜发射装置的动力学扰动因素分析

这里以车载倾斜发射装置在发射过程中的动力学响应为例，利用多体系统动力学对其进行计算分析。

对于车载倾斜发射装置，导弹在发射箱内滑行引起的发射装置动力学响应是影响最小让开距离和初始扰动的重要因素。在发射装置的动力学响应过程中，柔性体将会对整个系统的动力学过程产生重要影响。在进行动力学分析时，如果不考虑柔性体的影响，将会造成很大的误差；同样，整个系统的运动情况也反过来决定每个构件的受力状况和运动状态，从而决定构件内部的应力应变分布。因此，这里采用刚柔耦合模型对发射过程的动力学响应过程进行模拟，并分析发射过程中柔性车架、柔性转台、柔性支架以及燃气激励等因素对导弹发射过程的影响。模拟过程采用 ANSYS 软件建立柔性体的有限元模型，利用 ADAMS 进行刚柔耦合的动力学求解计算。

（1）计算分析模型

考虑到车载倾斜发射装置中转台为悬臂结构、支架为桁架结构、车架承受纵向弯矩较大，容易发生变形，因此，在模型中将这三个部件作为柔性体，分析其变形对导弹发射过程的影响。液压油缸（起竖缸和调平缸）由于液压油的压缩能够产生轴向变形，在模型中将其处理为柔性连接，并通过弹簧阻尼进行模拟。其他构件由于在发射过程中变形较小，在模型中处理为刚性部件。发射装置中车体、发控箱、液压泵站、配电箱等附加设备对发射过程直接影响较小，在建模过程中省略其结构，并将这些部件的质量和惯量等效为附加质量，与发射装置的车架固接。该车载倾斜发射装置的多体系统动力学模型如图 7.1.16 所示。

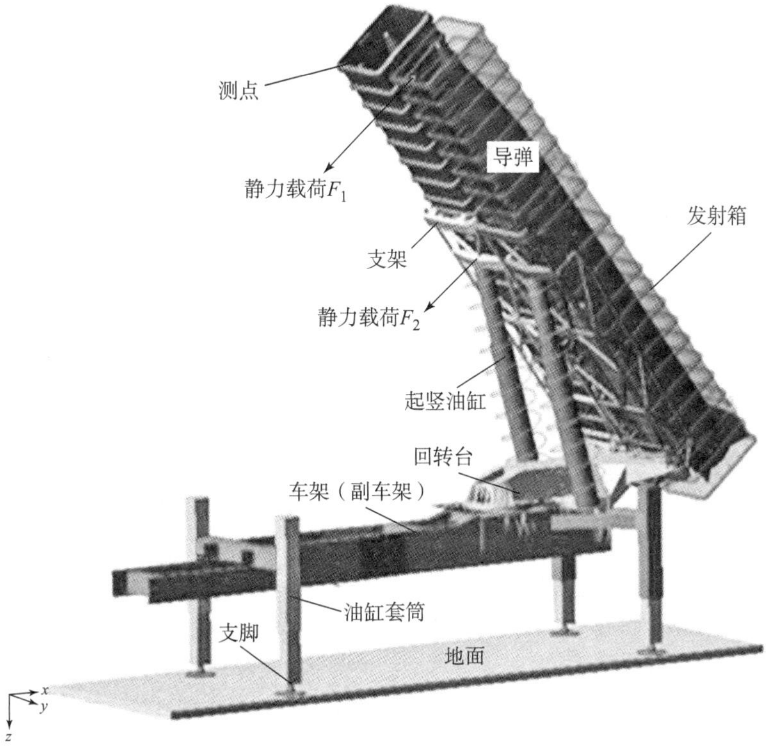

图 7.1.16　发射装置总体结构

由于实际发射装置中各运动副间隙很小，可忽略不计；同时，发射过程中这些运动副产生的相对运动较小，模型部件间的连接与约束采用理想约束。导弹滑块与导轨间的接触力依据 Hertz 碰撞函数简化为弹簧阻尼力，依据导弹和滑块材料特性设置刚性系数为 350 000 N/mm，阻尼系数为 28 N · s/mm；接触力静摩擦系数取 0. 15，动摩擦系数取 0. 05。其他弹性、阻尼元件的参数由实验测定。

模型激励主要来自发动机推力和燃气流对发射箱的作用力，发动机推力依据实际发动机推力测试数据给出；燃气流对发射箱的作用力依据导弹在不同位置上燃气流仿真计算结果给出。

为验证仿真计算模型，分别采用静态测量结果与模型计算结果进行对比分析。静态测量时在图 7. 1. 16 所示静力载荷方向（垂直于发射箱底面）分别施加作用力 F_1 和 F_2，并测量发射箱出口下底面相对于初始状态的位移值。依据静态测量方法，在模型中建立对应测点，并施加相应作用力，获得测点位移值。发射装置在不同回转角情况下的试验结果与计算结果对比见表 7. 1. 2。

表 7. 1. 2　静态测试结果与计算结果对比

回转角/(°)	-20		-20		-45		-45	
作用力位置	F_1		F_2		F_1		F_2	
试验/计算结果 /mm	试验	计算	试验	计算	试验	计算	试验	计算
	-37. 1	-39. 16	-14. 57	-16. 18	-48. 15	-46. 04	-21. 63	-22. 46
误差/%	5. 4		11. 0		4. 2		3. 8	

从试验结果与计算结果对比可以看出，各种工况下试验结果与仿真结果的误差小于 12% ，表明计算模型能够较好地反映发射装置在静力状态下的响应特性。

（2）模型计算与结果分析

为具体分析发射过程中柔性部件以及燃气流作用对发射过程动力学响应的影响程度，在仿真模型的基础上对多种影响因素进行不同工况计算分析，并利用比例分析法进行定量的分析评估。

计算工况中考虑燃气流作用、发射车架变形、发射转台变形、发射箱支架变形以及起竖油缸变形等五个因素对发射姿态的影响，具体工况见表 7. 1. 3。表中“柔”是指将该部件考虑为柔性体，在发射过程中可以发生变形；“刚”指将该部件当作刚性体处理，不考虑发射过程中的变形。为保证这些影响因素的一致性，所有工况采用同样的方位角和起竖角进行研究。

由于图 7. 1. 16 所示测点位于发射箱出口，反映了发射过程中各种影响因素的综合效应，因此取该点为观测对象，分析各影响因素对该点位置变化的影响。分析时，以综合考虑了各种因素的工况 1 测量下沉量为基准，下沉量 D 表示测点垂直于地面方向的下沉量，下沉量 d 表示测点垂直于发射箱底面的下沉量。各种工况下的下沉量 D 与基准下沉量 D_0 之差除以基准下沉量得到全局坐标影响因子 R，下沉量 d 与基准下沉量 d_0 之差除以基准下沉量得到局部坐标影响因子 r，即

$$R = \frac{D - D_0}{D_0},\ r = \frac{d - d_0}{d_0}$$

通过计算分析，获得计算结果，见表 7.1.3。

表 7.1.3　仿真工况及计算结果列表

工况	车架	转台	支架	油缸	燃气	D /mm	d /mm	R	r	备注
1	柔	柔	柔	柔	有	58	25	—	—	原始状态
2	柔	柔	柔	柔	无	47	19	0.19	0.24	无燃气
3*	刚	刚	刚	柔	有	14	8.5	0.24	0.34	刚性系统
4*	刚	刚	柔	刚	有	6.5	3.8	0.11	0.15	柔性支架
5*	刚	柔	刚	刚	有	24.5	6.5	0.42	0.26	柔性转台
6*	柔	刚	刚	刚	有	6.3	2.6	0.11	0.10	柔性车架
7	柔	柔	柔	刚	有	42	15	0.275	0.40	刚性油缸
8	柔	柔	刚	柔	有	53	22	0.086	0.12	刚性支架
9	柔	刚	柔	柔	有	29.5	17	0.49	0.32	刚性转台
10	刚	柔	柔	柔	有	51	22	0.12	0.12	刚性车架
说明：表中标 * 的工况直接利用下沉量 D 或 d 除以基准的 D_0 或 d_0。										

从分析结果可以看出，燃气流作用、支架变形、车架变形、转台变形以及起竖油缸变化等因素均对发射箱出口下沉有一定影响，进而影响到导弹初始姿态。结合表中的具体数据，可以得出以下结论：

①转台变形是影响发射箱出口下沉量的主要因素。这是因为转台前后约束位置使其近似为一个悬臂结构，当转台内部刚度较小时，容易产生大的变形，进而影响发射装置整体响应。

②起竖油缸变形是影响发射箱出口下沉量的另一个主要因素。其原因是起竖油缸油液压缩产生的变形直接引起发射箱油缸支承位置变化，并通过支承形式使得其位移在发射箱出口位置被放大。

③燃气流对发射箱的作用对发射装置有较大影响，因此，应充分考虑燃气流对发射箱的作用，减小燃气流作用对发射精度的影响。

7.2　发射系统的其他动力学响应

7.2.1　发射系统运输动力学分析

发射动力学除重点考察火箭导弹发射过程中的动力学响应外，也经常考察发射系统在运输和操瞄时的动力学响应状态。这里的操瞄主要指发射装置起竖、调平操作以及发射角、方位角调整时的动作过程。与发射过程动力学响应重点关注发射初始扰动和发射载荷不同，发射系统运输动力学分析重点关注发射系统在运输时的振动响应，发射系统操瞄动力学分析重点关注操瞄装置驱动方式和弹体承受的横向冲击载荷。

本节先对发射动力学运输动力学响应分析进行介绍。火箭导弹武器系统涉及车载、舰载、机载以及列车运输等不同类型，相应地考察重点和方法及存在差异。这里仅对常见的车载运输动力学响应分析进行介绍，其他运输模型可参考相关文献。

（一）车载运输动力学的模型与载荷

发射系统车载运输动力学模型同样结合发射系统运输平台结构建立，在忽略次要因素基础上，考察对动力学响应有显著影响的结构部件及连接关系。

当车载发射系统在凹凸不平的路面上行驶时，会产生振动激励。在实际应用中，通常采用路面谱和确定路面不平度的方式进行运输情况下的振动响应分析。

（1）路面谱

路面不平时，路面相对基准平面的高度 q 沿路程 l 的变化 $q(l)$，称为路面不平度。路面波的波长为 λ 时，它的空间频率为 $n=1/\lambda$。路面不平度在空间频率 n 的傅里叶变化为

$$Q_q(n)=\int_{-\infty}^{\infty}q(l)\mathrm{e}^{-2jn\pi}\mathrm{d}l \tag{7.2.1}$$

在分析车辆振动输入的路面不平度时，主要用路面空间频率单边功率谱密度函数 $G_q(n)$ 描述其统计特性，简称路面谱。国家标准 GB 7031—1987《车辆振动输入——路面不平度表示方法》建议路面功率谱密度 $G_q(n)$ 用下式作为拟合表达式，即

$$G_q(n)=G_q(n_0)\left(\frac{n}{n_0}\right)^{-W} \tag{7.2.2}$$

式中，n_0 为参考空间频率，取 $n_0=0.1\ \mathrm{m}^{-1}$；$G_q(n_0)$ 为参考空间频率下的路面谱值，称为路面不平度系数；W 为频率指数，为双对数坐标上斜线斜率，它决定路面谱的频率结构。

依据国家标准，按路面功率谱密度把路面按不平程度分为 8 级。国内公路路面不平度基本在 A、B、C 三级范围内，但 B、C 级路面占的比重较大。表 7.2.1 列出了 A、B、C、D 四级路面不平度系数 $G_q(n_0)$ 的范围及其几何平均值，分级路面谱的频率指数 $W=2$。

表 7.2.1 路面不平度系数 $G_q(n_0)$ 的分级

路面等级	$G_q(n_0)/(\mathrm{mm}^2\cdot\mathrm{m})$		
	下限	几何平均	上限
A	8	16	32
B	32	64	128
C	128	256	512
D	512	1 024	2 048

车辆以平均速度 u 通过 l 路程的时间为 $t=l/u$，以平均速度通过波长为 λ 的路面波的时间 $T=\lambda/u$ 称为周期，其倒数称为时间频率 $f=1/T$，简称频率。结合前面介绍的由国标规定的空间频率谱密度，可得到路面不平度时间频率单边谱的表达式为

$$G_q(f)=G_q(n_0)n_0^W n^{W-1}f^{-W} \tag{7.2.3}$$

在实际使用中，通常将上述路面不平度时间频率单边谱转换为一系列离散的正弦波，取频率为 f_i，振幅为 $Z_i(f_i)$，频率间隔为 Δf。由随机过程法则及线性系统理论可知，正弦波的均方值 $Z_i^2(f_i)/2$ 除以 Δf 即等于 f_i 对应的功率谱密度，于是有

$$Z_i(f)=\sqrt{2G_q(f_i)\Delta f} \tag{7.2.4}$$

这些正弦波即为以时间频率为自变量的路面位移输入，可用于基于频域的振动特性响应分析。

（2）确定路面不平度模拟

在发射动力学分析中，经常采用的一种方法是利用路面谱生成一个确定的路面不平度 $q(l)$，在时空域内进行振动特性分析。

在已知路面谱的基础上，可采用下述方法构造路面不平度 $q(l)$ 的表达式

$$q^d(l)=\sum_{K=1}^{N}A_K\sin(2\pi n_K l+\varphi_K) \tag{7.2.5}$$

式中，l 为路程；φ_K 为相角，为（0，2π）区间均匀分布的随机变量，并且相互独立。

如空间频率分布区间为 (n_u, n_l) 时，可按对数坐标上的等距方式来获得中心频率数，表示为

$$N=\frac{\lg n_u-\lg n_l}{\frac{1}{3}\lg W} \tag{7.2.6}$$

当取 $W=2$ 时，第 K 个中心频率表示为 $n_K=2^{\frac{1}{3}}\left(K-\frac{1}{2}\right)n_l$。

幅值 A_K 可由下式确定

$$A_K=\int G_q(n)\,\mathrm{d}n=G_q(n_0)n_0^W\left(\frac{1}{1-W}\right)\left(n_{Ku}^{1-W}-n_{Kl}^{1-W}\right) \tag{7.2.7}$$

式中，n_{Ku}、n_{Kl} 为指定频段的上限频率和下限频率。

应用软件进行分析时，在构造出确定的路面不平度函数后，可由此生成路面模型，让车辆以指定速度通过该段路面，以研究路面特性、车辆行驶速度与振动响应的关系。

（二）发射系统运输动力学分析实例

这里采用模拟路面不平度方法，对车载发射系统运输过程的动力学响应进行示例分析，主要包括路面模型、轮胎及结构模型、典型结果响应等。

（1）路面模型

为在空间域内表示路面不平度问题，采用如下路面不平度的过滤泊松过程模型

$$Y(x)=\sum_{k=1}^{N(x)}a_k W(x,\xi_k,b_k) \tag{7.2.8}$$

式中，$N(x)$ 为区间 x 内凹凸发生的个数，令其为一个稳态的泊松过程，单位长度凹凸的发生率 U_0 为常数；a_k 为第 k 个凹凸的中心高度，它是概率分布密度为 $P(a)$ 的随机变量；b_k 为第 k 个凹凸在 x 轴上的存在区间，其概率分布密度为 $P(b)$；ξ_k 为第 k 个凹凸在 x 轴上的起始位置；$W(x,\xi_k,b_k)$ 为在位置 ξ_k 所发生的路面凹凸的形状函数。以上随机变量均假定为相互独立的随机变量。

形状函数 $W(x,\xi_k,b_k)$ 应根据实际路面的起伏情况选定，但一般的道路都是十分复杂的随机过程，这里选用半正弦形状函数

$$W(x,\xi_k,b_k)=\begin{cases}\sin\dfrac{\pi}{b_k}(x-\xi_k), & \xi_k\leqslant x\leqslant \xi_k\\ 0, & \text{其他}\end{cases} \tag{7.2.9}$$

选用正态概率密度分布建立路面剖面，如图 7.2.1 所示。

图 7.2.1　路面剖面图

（2）轮胎及结构模型

在进行运输动力学分析时，轮胎性能对系统响应有着重要影响，因此通常需要依据实际轮胎结构，选择合适的轮胎模型，关于轮胎模型的内容可参考相关文献，这里不做详细介绍。示例研究采用 UA 轮胎模型，使用摩擦圆概念计算由侧偏角、滑移角、外倾角及垂直方向变形等综合影响下的力和力矩。解析轮胎特性文件需要 11 个参数，其定义见表 7.2.2。

表 7.2.2　UA 轮胎模型及参数设置

模型类型	自由半径/mm	胎冠半径/mm	径向刚度/$(N\cdot mm^{-1})$
Analytical	641	300	1 200
纵向滑移刚度/$(N\cdot mm^{-1})$	侧偏刚度/$(N\cdot rad^{-1})$	外倾刚度/$(N\cdot rad^{-1})$	滚动阻力系数
80 000	46 000	4 000	1.615
径向相对阻尼系数	最大摩擦系数	最小摩擦系数	
75	0.94	0.24	

结合车载发射系统结构、建立的路面模型及轮胎模型，建立多体动力学模型，如图 7.2.2 所示。通过指定的行进速度驱动发射车沿路面行进，可考察发射系统在运输过程中的响应状态。

图 7.2.2　发射系统运输动力学分析模型

（3）典型结果响应

在示例计算中，设置发射车从 0 时刻开始加速运动，在 10 s 时速度增加到 15 m/s，如图 7.2.3（a）所示。对应发射车质心在垂向的位移变化和速度变化如图 7.2.3（b）和 7.2.3（c）所示。

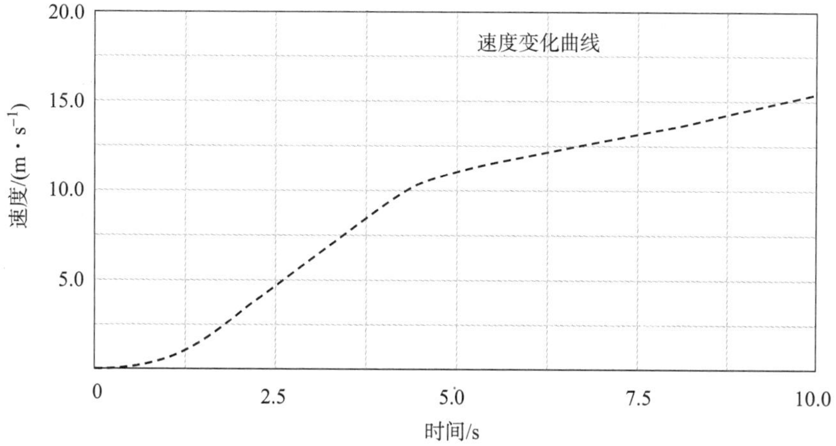

（a）

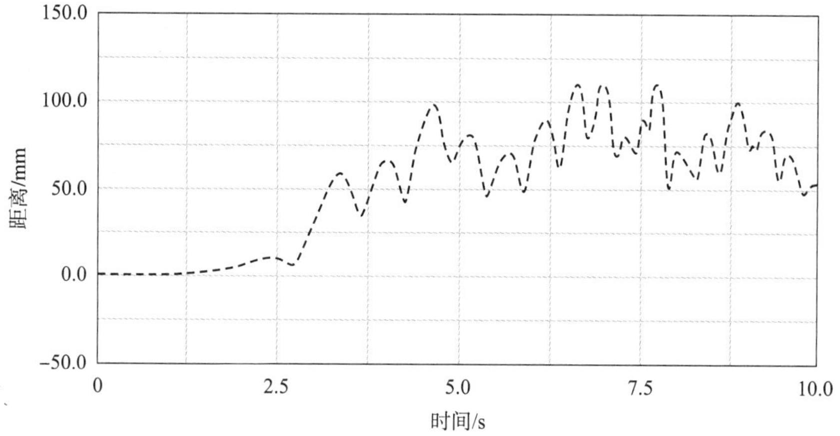

（b）

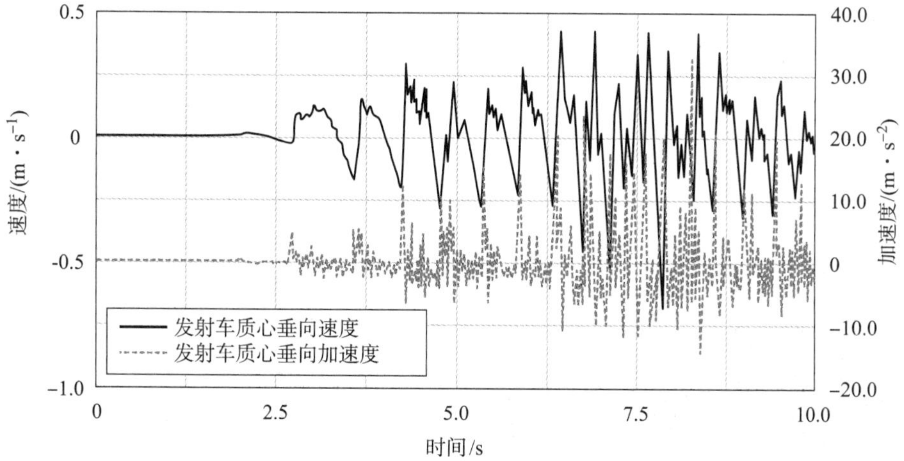

（c）

图 7.2.3　发射系统运输过程典型响应

（a）行进速度；（b）发射车质心垂向位移变化；（c）发射车质心垂向速度与加速度变化

7.2.2 发射系统操瞄动力学响应

发射系统操瞄动力学响应主要指发射装置在执行调平、起竖、回转等动作时的动力学响应状态。考察发射系统操瞄动力学响应时，重点是研究驱动装置的控制方式和弹体承受的冲击载荷状态。发射系统调平、起竖、回转等动作的驱动装置通常采用两类形式：一类是液压缸驱动，一类是电动缸驱动。对于不同的驱动方式，动力学响应研究采用的模型存在显著差异。

对于常见的车载发射系统，发射装置起竖时间占发射系统展开时间的 1/5 ~ 1/3。由于起竖速度的限制延长了发射准备时间，不利于武器系统适应未来的快速作战，快速起竖技术一直是相关研究关注的重点。因此，这里主要以车载发射系统的起竖过程为例进行相应的动力学响应分析介绍。

（一）起竖过程动力学模型结构

车载起竖系统的多体动力学模型通常具有如图 7.2.4 所示的结构形式，相应的计算模型较为简单。

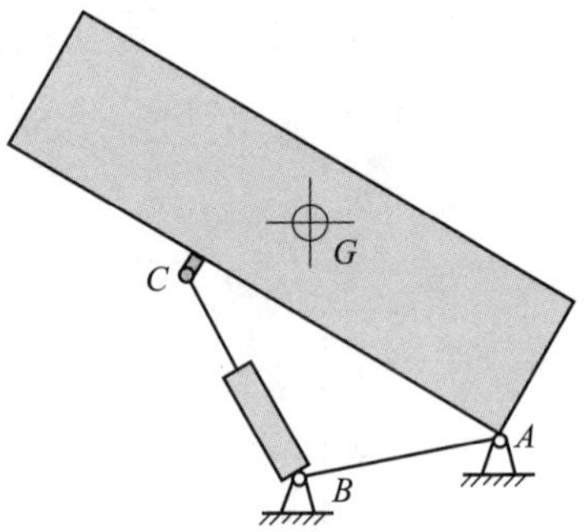

图 7.2.4 车载起竖系统的动力学模型

但在起竖过程中，作为动作机构的液压缸或电动缸主要由驱动系统的控制策略决定，并具有显著的非线性特征。在研究发射装置起竖动力学响应时，不但需要建立由多个结构组成的多体系统动力学模型，还需要构建液压缸或电动缸驱动系统的动力学模型，并结合具体的控制方式进行计算分析。本节重点对这部分内容进行介绍。

（二）液压缸驱动系统动力学模型

液压缸驱动系统是由液压控制元件、执行元件、管路以及辅助元件构成的复杂系统。控制元件的作用是控制液压传动系统中的液流方向、压力和流量，从而改变执行元件的运动方向、作用力和运动速度；执行元件是把原动机提供的机械能转变为液体压力能的转换装置；管路是连接其他元件的基本通路；辅助元件是电器元件等其他设备，是液压系统正常工作不可缺少的部分。

在构建液压驱动系统的动力学模型时，常用的一种方法是容腔节点法，这里主要对这一方法进行简要介绍。

在进行容腔节点法建模时，液压驱动系统最小的对象是元件，如控制元件、执行元件等。液压元件之间的连接通过容腔节点（管路）来实现，液压元件和容腔节点可视为实体对象，而电气元件和液压元件、电气元件和电气元件之间的连接通过电压或电流来实现较为简单，无须视为对象实体。因此，液压驱动系统中仅有元件和容腔节点这两类实体对象。它们的关系如图 7.2.5 所示，其中，p 表示压力，q 表示流量，S 表示位移，θ 表示角度，f 表示力，v 表示速度，a 表示加速度。

容腔节点法一般包括两类模型：一类是采用节点法建立的液压管路模型，通过流量平衡方程表达节点压力与进出该节点流量之和的关系，表示在流量作用下的节点压力变化情况；一类是结合元件自身特性建立的流量计算模型。组合两类模型，即可构成完整的计算模型。下面介绍几类常见的容腔节点模型和节点模型。

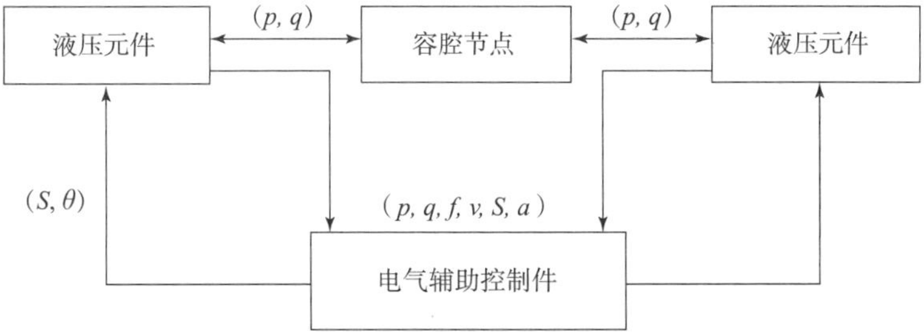

图 7.2.5　元件与容腔节点关系图

（1）容腔节点集中参数模型

如果忽略管道效应或按集中参数来考虑管道效应，此时液压元件之间可以看成是以容腔节点进行连接，液压缸的正、反腔也作为液压容腔来考虑。

在容腔节点中，最主要的参变量为压力 p、流量 Q、体积 V 和流体介质弹性模量 E_0。设 $\sum Q_i$ 是进出容腔流量总和，则由连续性方程可以推得容腔的压力方程为：

$$p_i = \frac{1}{C}\int \sum Q_i \mathrm{d}t = \frac{E_0}{V_i}\int \sum Q_i \mathrm{d}t \tag{7.2.10}$$

式中，V_i 是连接在节点上的所有液压元件的容腔体积的代数和；$\sum Q_i$ 是流过节点上所有液压元件的流量的代数和，E_0 是有效体积的弹性模量。当压力小于 200 MPa 时，其值随压力的变化幅度很大，在仿真时必须予以考虑。

（2）容腔节点分布参数模型

容腔节点（液压管路）的本质是分布参数系统，用偏微分方程组（PDEs）来描述的分布参数模型有较好的精确性。但是，由于 PDEs 的求解相当困难，在算法设计和软件研究上都远没有常微分方程组求解那样成熟和实用；同时，要解决机液耦合系统时域动态特性的仿真及控制问题，直接采用分布参数模型也是不适宜的。解决这一问题的一个基本思路是，从液压管道分布参数模型出发，将无限维的分布参数模型以有限维的微分方程组（ODEs）形式的模型进行逼近，得到精确近似的集中参数模型，可以获得满足精度要求且数值计算稳定性好的液压管路动态特性的数学模型。

对于图 7.2.6 所示的一段圆形光滑流体传输管路，按分布参数模型考虑，可以导出管路横截面 0 和横截面 1 上的压力、流量之间关系式，用拉普拉斯变换后的偏微分方程组来描述：

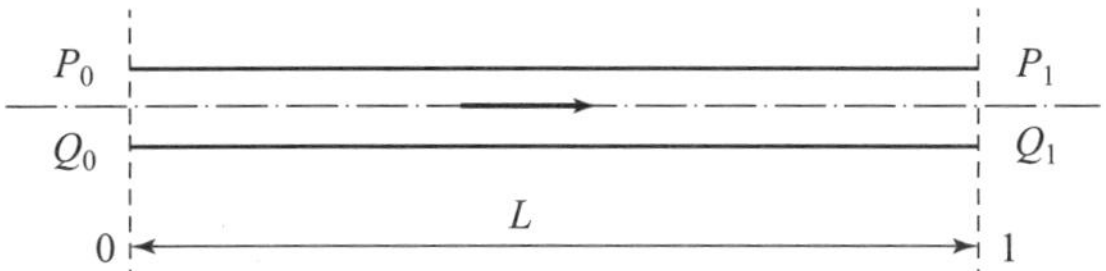

图 7.2.6　流体传输管路模型

$$\frac{\mathrm{d}[p(x,\bar{s})]}{\mathrm{d}x} = -\frac{Z_0\Gamma^2(\bar{s})}{L\bar{s}}Q(x,\bar{s}) \tag{7.2.11}$$

$$\frac{\mathrm{d}[Q(x,\bar{s})]}{\mathrm{d}x} = -\frac{\bar{s}}{LZ_0}P(x,\bar{s}) \tag{7.2.12}$$

消去式中的变量 Q，得到压力 p 为因变量的方程

$$-L^2\frac{\mathrm{d}^2[p(x)]}{\mathrm{d}x^2} + \Gamma^2 p(x) = 0, \quad x \in (0,L) \tag{7.2.13}$$

以管路两端流量（流入为正）为输入，即具有 Neumann 边界条件

$$p'(0) = -\frac{Z_0\Gamma^2}{L\bar{s}}Q_0, p'(L) = -\frac{Z_0\Gamma^2}{L\bar{s}}Q_1 \tag{7.2.14}$$

对上述分布参数模型，可采用多种方法获得其内部压强分布形式，如有限差分法、有限容积法、模态近似法、特征线法和变分法等，具体内容可参考相关文献，这里不再进一步展开。

（3）静态元件模型

在建立液压元件模型的过程中，忽略运动部件动作的详细过程，直接利用液压元件的压力-流量特性建立其基本模型，称为静态元件模型。针对一般元件，通用压力-流量特性可表示为

$$Q = CA\sqrt{\frac{2\Delta p}{\rho}} \tag{7.2.15}$$

式中，C 为流量系数；A 为阀口面积；Δp 为元件进出口压力差；ρ 为介质密度。为避免静态模型中流量突变，对于换向阀等运动部件响应较慢的模型，引入运动参量以表征运动部件的动作，上式可表示为

$$Q = XCA\sqrt{\frac{2\Delta p}{\rho}} \quad (|X| \leqslant 1) \tag{7.2.16}$$

式中，X 为运动参量，可理解为阀口开启比例。在实际应用中，受液压油液的可压缩性、黏性等影响，液压元件压力-流量特性与通用压力-流量特性有较大差异，在这种情况下，可针对实际测量的压力-流量曲线，采用曲线拟合的方式表示液压元件的压力-流量特性，如下式所示：

$$Q = A + B \times \Delta p + C \times \Delta p^2 + \cdots \tag{7.2.17}$$

式中，A、B、C 为拟合参数。

（4）动态元件模型

如果考虑液压元件的动态特性，将运动部件的动作过程引入液压元件模型中，即构成动态特性模型。由牛顿第二运动定律得到运动部件的运动微分方程式：

$$\dot{y}(t) = \frac{1}{M}\int_0^t \sum F_i \mathrm{d}t + \dot{y}_0 \tag{7.2.18}$$

$$y(t) = \int_0^t \dot{y}\mathrm{d}t + y_0 \tag{7.2.19}$$

式中，M 为运动部件质量；$\dot{y}_0$、y_0 为运动初始条件；F_i 为作用于运动部件上的力因子，主要包括以下内容：

➢ 油压作用力：$F_0 = \pm p(t) \cdot A_y$

➢ 弹簧作用力：$F_F = -C_{FY}(y + y_0)$

➢ 牛顿摩擦力：$F_{RN} = -D \cdot \dot{y}$

➢ 库仑摩擦力：$F_{RC} = -\mathrm{sign}(\dot{y}) \cdot \mu_c \cdot F$

➢ 液动力：$F_s = \begin{cases} -f \cdot (y - y_d) \cdot |\Delta p|, & y < y_{A\max} \\ 0, & y_{A\min} < y < y_{A\max} \end{cases}$

除上面五种力因子外，还包括限位力和电磁力。其中，限位力、库仑摩擦力和电磁力都是非线性或不连续的因子。

运动部件运动方程、压力－流量方程和作用力方程联立即可获得考虑动态特性的液压元件动态模型。

（三）电动缸驱动系统动力学模型

电动缸驱动系统动力学模型主要考察电动缸负载、推力以及行程间的关系。对于不同的电动缸，驱动系统模型也有所不同。这里以一种交流伺服电动机驱动的电动缸为例，对其模型进行简要介绍。

对起竖电动缸进行数学建模，得到负载作用在伺服电动机上的扭矩与电动缸推力的对应关系、伺服电动机输出转速与电动缸运动速度的对应关系、伺服电动机转动圈数与电动缸行程的对应关系。

（1）电动机扭矩

电动机的扭矩与电动缸的推力、丝杠导程、总减速比及传动效率有关，电动缸伺服电动机的扭矩 η_1 与电动缸推力 $\eta_1 = \dfrac{\tan\alpha}{\tan(\alpha + \beta)}$ 的对应关系可以表示为

$$T = \frac{F_1 \cdot ph}{2\pi I\eta} \tag{7.2.20}$$

式中，η 为电动缸的总效率，$\eta = \eta_1\eta_2\eta_3$，$\eta_1$ 表示滚珠丝杠正向传动机械效率，η_2 表示齿轮副、导向键等摩擦环节的机械效率，η_3 为减速器的传动效率；I 为总减速比。

（2）伺服电动机输出转速

电动机输出转速与电动缸运动速度、丝杠导程和总减速比有关，电动机转速 I 与电动缸速度 r 的对应关系可以表示为

$$n = \frac{60v \cdot I}{ph} \tag{7.2.21}$$

（3）伺服电动机转数

伺服电动机转数与电动缸行程、丝杠导程和总减速比有关，电动机转数 $r(\theta)$ 与电动缸行程的 L 的对应关系可以表示为

$$r(\theta) = \frac{L(\theta) \cdot I}{ph} \tag{7.2.22}$$

（四）驱动装置的控制方式

发射系统起竖过程往往需要满足多方面的要求，如在起始阶段往往具有较大负载，而在结束阶段需要有效制动并抑制冲击，此外，还需要具有最少的起紧时间等，因此，起竖驱动装置的控制方式往往较为复杂，需要综合多种控制策略来满足应用需求，图 7.2.7 给出了一种具有较快起竖速率的控制策略示意。相应地，在进行发射系统起竖动力学分析时，也应反映这些控制方式对动力学的影响。驱动装置控制方式往往结合具体的控制策略进行建模处理，这里不进行详细介绍。

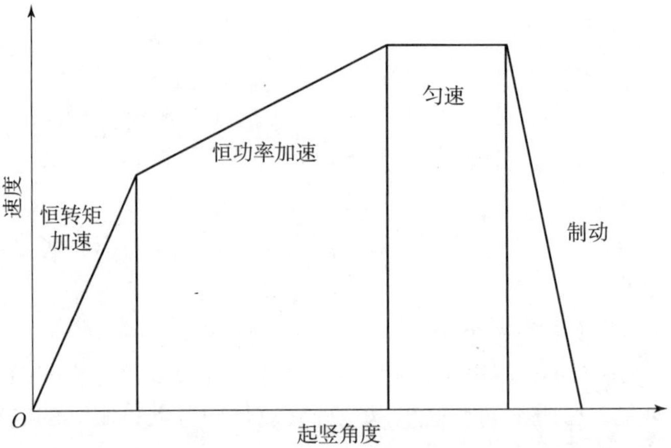

图 7.2.7　一种具有较快起竖速率的电动缸起竖控制方式示意

7.2.3　发射系统典型机构响应分析

发射系统典型机构响应分析主要指发射过程中闭锁机构、插拔机构、前后盖结构以及其他动作结构的响应状态及载荷特性。在某些情况下，机构动力学响应对发射整体动力学响应和发射安全有着重要影响，因此，在发射动力学分析时，有时需要对这些机构的动力学响应特性进行考察分析。

发射系统中的动作机构具有多种形式和多种响应状态，因此，需要采用不同的模型和方法进行处理，经常用到的机构动力学分析模型和方法包括如下一些内容。

（一）基于运动驱动的多体动力学分析

对于发射系统中依靠弹体运动来驱动的机构动力学响应，可直接采用多体动力学模型进行计算分析。如图 7.2.8 所示的四连杆形式的插拔结构，在弹体运动时，直接带动连杆运动，通过考察机构的响应过程，即可获得插拔机构作用载荷以及发射过程的动作时序等内容。

（二）飞行轨迹与多体动力学模型耦合分析

发射过程中，发射箱前盖、适配器等分离结构的脱落状态和散布区域，是考察发射安全性及安全范围的重要内容。分离结构在分离过程中不但受脱落时运动状态的影响，也会受到气动载荷的显著作用，建立合理的气动载荷表征模型，将气动载荷作用下的结构运动模型与多体动力学模型相互耦合，是处理这类问题的主要方法。

值得关注的是，在进行这类多体动力学计算时，计算模型和载荷状态往往在与运动结构相关联并随结构运动的局部坐标系（即气动模型中的弹体坐标系）上考察，而计算飞行轨迹的气动参数往往采用攻角、侧滑角等与速度坐标系有关的姿态角进行表征。因此，在进行飞行轨迹与多体动力学模型的耦合时，通常需要在多体动力学模型中引入新的坐标系来表征气动载荷。

这里以采用多体动力学方法进行滚转导弹飞行轨迹计算的气动载荷处理方式为例，对将气动载荷从其表征的气动坐标系转到弹体坐标系的方法进行简要介绍。气动载荷转换涉及的坐标系包括地面坐标系 $Oxyz$、弹体坐标系 $Ox_1y_1z_1$、弹道坐标系 $Ox_2y_2z_2$、速度坐标系

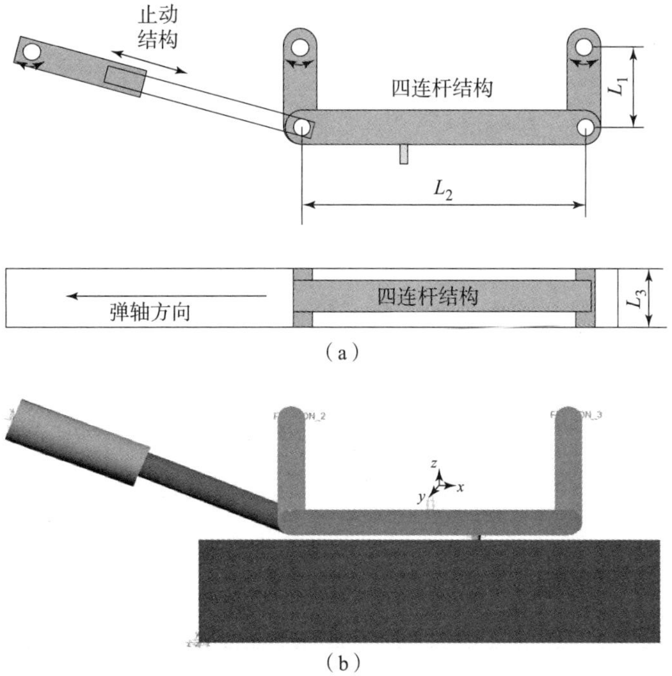

图 7.2.8　运动驱动的机构动力学模型示例

（a）四连杆插拔机构示意；（b）多体动力学模型

$Ox_3y_3z_3$、准弹体坐标系 $Ox_4y_4z_4$ 和准速度坐标系 $Ox^*y^*z^*$。

（1）弹道坐标系相对于地面坐标系的角度参数

弹道倾角 θ：导弹的速度矢量 $\boldsymbol{v}$ 与水平面间的夹角。速度矢量指向水平面上方为正，反之为负。其可以表示为

$$\theta = \arctan \frac{v_y}{v_{xz}} \tag{7.2.23}$$

式中，$v_{xz} = \sqrt{v_x^2 + v_z^2}$，$v_x$、$v_y$ 和 v_z 分别为导弹速度矢量沿地面坐标系三个坐标轴上的分量。

弹道偏角 ψ_v：导弹的速度矢量 $\boldsymbol{v}$ 在水平面内的投影与地面坐标系的 Ax 轴间的夹角。迎 Ay 轴俯视观察，逆时针为正，反之为负。其可以表示为

$$\psi_v = \arctan \frac{-v_z}{v_x} \tag{7.2.24}$$

（2）弹体坐标系相对于地面坐标系的角度参数

俯仰角 ϑ：导弹的纵轴（Ox_1 轴）与水平面间的夹角。导弹的纵轴指向水平面上方为正，反之为负。

偏航角 ψ：导弹的纵轴在水平面内的投影与地面坐标系 Ax 轴之间的夹角。迎 Ay 轴俯视观察，逆时针为正，反之为负。

滚转角 γ：弹体坐标系的 Oy_1 轴与包含导弹纵轴的铅垂面之间的夹角。由弹体底部顺纵轴前视，弹体向右倾为正，反之为负。

上述三个角度参数可直接从多体动力学模型中获得。

(3) 准速度坐标系相对于准弹体坐标系的角度参数

准侧滑角 β^*：导弹质心的速度矢量 $\boldsymbol{v}(Ox^*$ 轴) 与铅垂面之间的夹角。产生负侧向力对应的侧滑角为正，反之为负。其可以表示为

$$\beta^* = \arcsin[\cos\theta\sin(\psi - \psi_v)] \tag{7.2.25}$$

准攻角 α^*：导弹质心的速度矢量 $\boldsymbol{v}(Ox^*$ 轴) 在铅垂面上的投影与弹体纵轴 Ox_4 的夹角。产生正升力的准攻角为正，反之为负。其可以表示为

$$\alpha^* = \vartheta - \arcsin\left(\frac{\sin\theta}{\cos\beta^*}\right) \tag{7.2.26}$$

(4) 准速度坐标系相对于弹道坐标系的角度参数

速度倾斜角 γ_v^*：准速度坐标系的 Oy^* 轴与包含速度矢量的铅垂面之间的夹角。由弹体底部顺纵轴前视，弹体向右倾为正，反之为负，可以表示为

$$\gamma_v^* = \arcsin(\tan\beta^*\tan\theta) \tag{7.2.27}$$

(5) 准速度坐标系下的升力、阻力和侧向力

在准速度坐标系下，弹体受到的阻力 X^*、升力 Y^* 以及侧向力 Z^* 可以表示为

$$X^* = c_x(\alpha^*, m)qA \tag{7.2.28}$$

$$Y^* = c_y(\alpha^*, m)qA \tag{7.2.29}$$

$$Z^* = c_z(\alpha^*, m)qA \tag{7.2.30}$$

式中，c_x、c_y、c_z 分别为阻力系数、升力系数以及侧向力系数；q 为作用在导弹上的空气动力与来流的动压 $\left(q = \frac{1}{2}\rho v^2，其中，\rho 为导弹所处高度的空气密度\right)$；$A$ 为导弹的特征面积。

(6) 准弹体坐标系下的俯仰力矩、偏航力矩和滚动力矩

在准弹体坐标系下，弹体受到的滚动力矩 M_{x4}、偏航力矩 M_{y4} 以及俯仰力矩 M_{z4} 可以表示为

$$M_{x4} = (m_{x_40} + m_{x4}^{\bar{\omega}_{x4}}\bar{\omega}_{x4} + m_{x4}^{\bar{\omega}_{y4}}\bar{\omega}_{y4} + m_{x4}^{\bar{\omega}_{z4}}\bar{\omega}_{z4})qAl \tag{7.2.31}$$

$$M_{y4} = (m_{y4}^{\beta^*}\beta^* + m_{y4}^{\bar{\omega}_{y4}}\bar{\omega}_{y4} + m_{y4}^{\bar{\omega}_{x4}}\bar{\omega}_{x4})qAL \tag{7.2.32}$$

$$M_{z4} = (m_{z4}^{\alpha^*}\alpha^* + m_{z4}^{\bar{\omega}_{z4}}\bar{\omega}_{z4} + m_{z4}^{\bar{\omega}_{x4}}\bar{\omega}_{x4})qAL \tag{7.2.33}$$

式中，$m_{y_4}^{\bar{\omega}_{x4}}$、$m_{z_4}^{\bar{\omega}_{x4}}$ 为马格努斯力矩系数的导数；$m_{x_4}^{\bar{\omega}_{y4}}$、$m_{x_4}^{\bar{\omega}_{z4}}$ 为交叉力矩系数的导数；l 为导弹的翼展；L 为导弹弹身长度。

在多体动力学模型中，可直接获取的是弹体坐标系下的弹体滚转、俯仰和偏航角速度，需要利用下述关系式将其转换为准弹体坐标系下的滚转、俯仰和偏航角速度。

$$w_{x_4} = w_{x_1} \tag{7.2.34}$$

$$w_{y_4} = w_{y_1}\cos\vartheta - w_{z_1}\sin\vartheta \tag{7.2.35}$$

$$w_{z_4} = w_{y_1}\sin\vartheta + w_{z_1}\cos\vartheta \tag{7.2.36}$$

(7) 弹体坐标系下的升力、阻力和侧向力

在弹体坐标系下，可利用弹体坐标系下的受力同准速度坐标系下的受力的关系式进行计算：

$$\begin{bmatrix} X_1 \\ Y_1 \\ Z_1 \end{bmatrix} = L(\dot{\gamma}t)\left\{L(\alpha^*, \beta^*)\begin{bmatrix} X^* \\ Y^* \\ Z^* \end{bmatrix}\right\} \tag{7.2.37}$$

式中，$L(\dot{\gamma}t)$ 和 $L(\alpha^*,\beta^*)$ 为两个相对应的坐标转换矩阵，其可以写成

$$L(\dot{\gamma}t)=\begin{bmatrix}1 & 0 & 0\\ 0 & \cos(\dot{\gamma}t) & \sin(\dot{\gamma}t)\\ 0 & -\sin(\dot{\gamma}t) & \cos(\dot{\gamma}t)\end{bmatrix} \tag{7.2.38}$$

$$L(\alpha^*,\beta^*)=\begin{bmatrix}\cos\alpha^*\cos\beta^* & \sin\alpha^* & -\cos\alpha^*\sin\beta^*\\ -\sin\alpha^*\cos\beta^* & \cos\alpha^* & \sin\alpha^*\sin\beta^*\\ \sin\beta^* & 0 & \cos\beta^*\end{bmatrix} \tag{7.2.39}$$

整理可得

$$\begin{bmatrix}X_1\\ Y_1\\ Z_1\end{bmatrix}=\begin{bmatrix}M\\ N\cos(\dot{\gamma}t)+O\sin(\dot{\gamma}t)\\ -N\sin(\dot{\gamma}t)+O\cos(\dot{\gamma}t)\end{bmatrix} \tag{7.2.40}$$

式中

$$M=(\cos\alpha^*\cos\beta^*)X^*+(\sin\alpha^*)Y^*-(\cos\alpha^*\sin\beta^*)Z^* \tag{7.2.41}$$

$$N=(-\sin\alpha^*\cos\beta^*)X^*+(\cos\alpha^*)Y^*+(\sin\alpha^*\sin\beta^*)Z^* \tag{7.2.42}$$

$$O=(\sin\beta^*)X^*+(\cos\beta^*)Z^* \tag{7.2.43}$$

（8）弹体坐标系下的俯仰力矩、偏航力矩和滚动力矩

在弹体坐标系下，弹体承受的力矩可由准弹体坐标系下的力矩的关系式获得，即

$$\begin{bmatrix}M_{x_1}\\ M_{y_1}\\ M_{z_1}\end{bmatrix}=L(\dot{\gamma}t)\begin{bmatrix}M_{x_4}\\ M_{y_4}\\ M_{z_4}\end{bmatrix} \tag{7.2.44}$$

整理可得

$$\begin{bmatrix}M_{x_1}\\ M_{y_1}\\ M_{z_1}\end{bmatrix}=\begin{bmatrix}M_{x_4}\\ M_{y_4}\cos(\dot{\gamma}t)+M_{z_4}\sin(\dot{\gamma}t)\\ -M_{y_4}\sin(\dot{\gamma}t)+M_{z_4}\cos(\dot{\gamma}t)\end{bmatrix} \tag{7.2.45}$$

（三）结构动力学与多体动力学模型耦合分析

由于结构变形和动力学响应的相互耦合，在进行刚柔耦合多体动力学模型分析时，已经采用了结构动力学与多体动力学模型的耦合分析方法。在进行结构动力学分析时，同样经常用到这两种方法的耦合。

结构动力学与多体动力学的耦合有多种方式，最常用的是弱耦合形式，即通过结构动力学模型或多体动力学模型分析确定载荷状态，进而代入另一模型中考察变形或运动状态。刚柔耦合模型是另外一种耦合形式，主要通过结构动力学模型获得结构的模态坐标，进而代入多体模型中进行求解计算。除此以外，直接在结构动力学模型中进行多体动力学响应特性的计算分析，也是目前关注较多的一种耦合形式。在目前的工程应用中，主要采用弱耦合形式和刚柔耦合模型形式。

思　考　题

1. 发射动力学模型的简化原则是什么？传统的单自由度模型、两自由度模型、三自由

度模型考察了发射系统的哪些自由度？

2. 刚柔耦合模型中基于中性模态解的可变形柔性体设置外部节点有何作用？设置外部节点需要注意哪些问题？

3. 发射系统公路运输时的路谱表达形式是什么？如何将路谱转换为运输动力学模型的激励形式？

4. 发射系统操瞄动力学中，如何进行液压驱动系统的建模分析？液压管路的集中参数模型和分布模型有何区别？

5. 发射系统典型机构包含哪些？常用什么方法进行典型机构的动力学分析？

6. 结构优化的基本思路是什么？拓扑优化与参数优化有何区别？

发射动力学分析示例_
前盖开启与飞行轨迹

输运动力学分析实例 -
平整路面

输运动力学分析实例 -
崎岖路面

参 考 文 献

[1] 赵承庆，姜毅．气体射流动力学［M］．北京：北京理工大学出版社，1998.
[2] 帕坦卡．传热与流体流动的数值计算［M］．张政译．北京：科学出版社，1984.
[3] 阎超．计算流体力学方法及应用［M］．北京：北京航空航天大学出版社，2006.
[4] Morton K W，Mayers D F. 偏微分方程数值解［M］．李治平，等译．北京：人民邮电出版社，2006.
[5] 傅德熏，马延文．计算流体力学［M］．北京：高等教育出版社，2002.
[6] 王福军．计算流体动力学分析［M］．北京：清华大学出版社，2004.
[7] 于勇，张俊明，姜连田．FLUENT 入门与进阶教程［M］．北京：北京理工大学出版社，2008.
[8] 张福祥．火箭燃气射流动力学［M］．哈尔滨：哈尔滨工程大学出版社，2004.
[9] 郭烈锦．两相与多相流动力学［M］．西安：西安交通大学出版社，2002.
[10] 刘鸿文．材料力学教程［M］．北京：高等教育出版社，1993.
[11] 曾攀．有限元分析及应用［M］．北京：清华大学出版社，2004.
[12] 王世忠．结构力学与有限元法［M］．哈尔滨：哈尔滨工业大学出版社，2003.
[13] 练章华．现代 CAE 技术与应用教程［M］．北京：石油工业出版社，2004.
[14] 张洪武，关振群，李云鹏．有限元分析与 CAE 技术基础［M］．北京：清华大学出版社，2004.
[15] 郭乙木，陶伟明，庄茁．线性与非线性有限元及其应用［M］．北京：机械工业出版社，2004.
[16] 陈铁云，沈惠申．结构的屈曲［M］．上海：科学技术文献出版社，1993.
[17] 姚昌仁，张波．火箭导弹发射装置设计［M］．北京：北京理工大学出版社，2004.
[18] 李惠彬．振动理论与工程应用［M］．北京：北京理工大学出版社，2006.
[19] Harris M Cyril，Piersol G Allan. 冲击与振动手册［M］．刘树林，等译．北京：中国石化出版社，2008.
[20] 陈烈民，杨宝宁．复合材料的力学分析［M］．北京：中国科学技术出版社，2006.
[21] 王永岩．理论力学［M］．北京：科学出版社，2007.
[22] 朱仕明．动力学［M］．武汉：华中理工大学出版社，2000.
[23] 张雄，王天舒．计算动力学［M］．北京：清华大学出版社，2007.
[24] 袁士杰，吕哲勤．多刚体系统动力学［M］．北京：北京理工大学出版社，1992.

[25] 洪嘉振. 计算多体系统动力学 [M]. 北京：高等教育出版社，1999.
[26] 陈立平，张云清，任卫群. 机械系统动力学分析及 ADAMS 应用教程 [M]. 北京：清华大学出版社，2005.
[27] 黄文虎，邵成勋. 多柔体系统动力学 [M]. 北京：科学出版社，1996.
[28] 芮筱亭，贠来峰，陆毓琪，等. 多体系统传递矩阵法及其应用 [M]. 北京：科学出版社，2008.
[29] 毛保全，张金忠，杨志良. 车载武器发射动力学 [M]. 北京：国防工业出版社，2010.
[30] 柴山，刚宪约，焦学健，等. 车辆结构有限元分析 [M]. 北京：国防工业出版社，2013.